NACIDOS DE LAS ESTRELLAS

ROBERTO TROTTA

NACIDOS DE LAS ESTRELLAS

Qué seríamos sin los astros que nos crearon

Traducción de
MARC FIGUERAS

PASADO & PRESENTE
BARCELONA

A Elisa, Benjamin y Emma.
Lo que está arriba es como lo que está abajo.

Mostradme, estrellas, vuestro andar,
que cruzáis cada noche el cielo ancestral,
sin dejar ni huella ni sombra ni señal,
sin temor a la edad ni al eterno morar.

RALPH WALDO EMERSON
Poemas, «Fragmentos de la naturaleza y la vida»

PRÓLOGO

Todavía sabes: lluvia de estrellas que cruzaban
por el cielo brincando, cual caballos
sobre varas blandidas
por nuestros deseos —¿y teníamos tantos?—,
pues brincaban estrellas, innúmeras estrellas.

RAINER MARIA RILKE, «Todavía sabes»

LA NOCHE QUE CAMBIÓ MI VIDA

La noche que cambió mi vida empezó de un modo algo decepcionante. La obra había resultado ser una *commedia degli errori*, una astracanada de Eduardo de Filippo en la que tres hombres luchan por ocultar sus aventuras amorosas, casarse y librarse de la responsabilidad de haber dejado embarazadas a las novias de los otros. No era algo muy propicio para una velada romántica, pero tenía dos entradas de estudiante baratas y el teatro local, con sus filas de butacas rojas aterciopeladas, parecía un lugar sofisticado y atractivo para pasar una velada con mi pareja.

No era la primera vez que salíamos. Ya habíamos hecho largos paseos a la orilla del lago, escuchando el murmullo de los álamos y viendo cómo sus hojas cubrían el agua y los patos alzaban el vuelo. Las tardes de junio en la piscina parecían detener el Sol en el cénit; sus rayos se reflejaban en el agua e iluminaban los sonrientes ojos verdes de mi pareja. Luego, los helados de fresa y nuestros pies desnudos balanceándose mientras nos sentábamos en un embarcadero de madera dieron paso a tes calientes y tortas de *vermicelle*. Habíamos ido a las proyecciones en el club de cine inglés local y nos habíamos esforzado para seguir los subtítulos de *El paciente inglés*, *Regreso a Howard's End* y *Thelma y Louise*. Habíamos paseado y charlado y, luego, charlado aún más durante las noches otoñales, disfrutando de la compañía mutua; nuestra misteriosa resonancia era como una nebulosa planetaria esperando la chispa que haría nacer una estrella. Nos estábamos enamorando.

Aquella noche de noviembre, envueltos en un caparazón de miradas furtivas, prestamos bien poca atención al escenario; la obra avanzaba como si se representara en una lejana galaxia. Nuestras manos se rozaban sobre el afelpado brazo de la butaca y los elegantes dedos de pianista de ella aleteaban como pequeños animales explorando un nuevo territorio. Aplaudimos respetuosamente cuando los actores salieron a saludar, pero una sarcástica sonrisa en sus labios me indicó que, al igual que yo, no recordaba nada de las últimas dos horas excepto la corriente eléctrica que había pasado por entre las yemas de nuestros dedos. Su sencillo vestido negro contrastaba con el pelo rubio recogido en una horquilla y que acentuaba sus delicadas mejillas.

Salimos acompañados por una multitud que se desperdigó por la desierta plaza mayor. Sorteamos los coches aparcados que salpicaban la Piazza Grande; el sonido de nuestros pasos retumbaba en las arcadas decimonónicas mientras nos dirigíamos al puente peatonal que cruzaba el río.

No sé qué es lo que nos llevó a detenernos poco antes del puente. Quizá sentíamos que la velada estaba llegando a su fin y, a pesar del frío intenso, queríamos seguir un poco más dentro de nuestro cascarón. Ahí estábamos, de pie en la oscuridad, con el murmullo del río arrastrando nuestros pensamientos. No había luna en el cielo nocturno y las formas de las montañas se recortaban como trozos de papel frente a un denso fondo de estrellas. Estábamos solos, unos personajes solitarios en un escenario de miles de millones de años de antigüedad. Nos giramos para mirarnos directamente a la cara, agarrándonos las manos a través de los gruesos guantes. Por encima del gorro de mi pareja, se alzaba la constelación de Orión enmarcada por la oscuridad de las montañas. Con suavidad, la agarré por los hombros, hice que se girara y le señalé el contorno del gigante: en su hombro derecho, el brillo anaranjado de Betelgeuse; en su pie izquierdo, el resplandor azulado de Rigel; en su cinto, la perfecta línea de Mintaka, Alnilam y Alnitak, de la cual colgaba una espada hecha de estrellas. La nebulosa de Orión adornaba el arma y, a mil trescientos años luz de distancia, tenía el mismo tamaño y consistencia que el blanco aliento que se condensaba ante nuestros labios.

Hace cinco mil años, los sumerios miraron a estas mismas estrellas y en ellas vieron una imagen de Gilgamesh, el héroe mítico que buscaba la inmortalidad y que mató al Gran Toro de los Cielos, la cercana constelación de Tauro. Cuatro mil años atrás, los chinos bautizaron al cinturón de Orión como Shen, las tres estrellas. Hace tres mil años los egipcios vieron a Osiris en este grupo de estrellas, y tal vez diseñaron las pirámides de manera que guiaran al faraón hacia él tras la muerte. Y dos mil años atrás, los griegos vieron al sobrino de Zeus, Orión, un cazador sin par que, según diferentes leyendas, o bien ofendió a la diosa Ártemis o bien, por su amor no correspondido, persigue y fuerza a las hijas de Atlas y Pléyone, las Pléyades, y como castigo muere a causa de la picadura de un escorpión. Desde entonces, Orión y Escorpión habitan en hemisferios opuestos del cielo y el gigante se oculta justo cuando se alza su némesis.

Le dije a mi pareja que yo veía a un hombre que sostenía un escudo en su mano izquierda extendida (de hecho, la piel de un león en el mito griego). En la mano derecha, en lugar del irrompible garrote de bronce que describe Homero —con el que Orión va «persiguiendo por el prado de asfódelo a las fieras que había matado en los montes desiertos»—,[1] ella imaginaba al gigante en el acto de sacar una flecha de un carcaj. Mientras hablábamos, nuestros rostros casi se tocaban.

De golpe, un rayo de luz hizo un tajo en la oscuridad y cubrió los hombros de Orión con una resplandeciente cinta, como si un pincel gigante con pintura blanco-azulada hubiera decorado la constelación. Apenas duró uno o dos segundos, pero parecía como si el meteoro estuviera viajando a cámara lenta; la sensación fue que duró mucho más que cualquier otra cosa que hubiera presenciado. No había ninguna necesidad de hacer notar su presencia a mi pareja, pues los dos mirábamos en la misma dirección en ese mismo momento, aunque tampoco hubiéramos podido avisarnos el uno al otro, pues nos quedamos demasiado absortos hasta que ya había pasado todo. Una estrella fugaz que nos dejó maravillados hasta que se quemó y desapareció, sin dejar tras de sí ninguna otra marca más que el asombro.

Cuando nos volvimos a mirar, la imagen persistente del meteoro todavía centelleaba en el fondo de sus ojos, o eso me parecía. Habíamos expresado el mismo deseo silencioso en el preciso momento en que se nos concedió.

MOLDEADOS POR LAS ESTRELLAS

Décadas más tarde, tuve la oportunidad de rememorar el sinuoso camino por el que me han llevado las estrellas.

Es tradición que los catedráticos del Imperial College de Londres, la universidad en la que he pasado la mayor parte de mi carrera académica, ofrezcan una conferencia pública sobre su tema de investigación más o menos un año después de su nombramiento. Estas conferencias inaugurales a menudo son la ocasión para que el recién nombrado catedrático reflexione sobre la trayectoria personal y académica que le ha llevado hasta allí, lo que en mi caso era la culminación de un objetivo de veinte años.

En mi conferencia inaugural de 2020 expliqué que al inicio de mis estudios de física me di cuenta de que no estaba hecho para la astronomía observacional. Tenía muchas ganas de poder medir las propiedades de un sistema estelar binario, pero el mal tiempo había echado por tierra nuestra semana de observación de campo en las montañas suizas. Cuando la tormenta de nieve nos dio un pequeño respiro, decidimos observar manchas solares a través de las nubes, ya que la observación nocturna había quedado descartada. «¡Nunca miréis al Sol directamente por el ocular de un telescopio!» —nos advirtió nuestro profesor con severidad— «es un error que solo haréis dos veces en vuestra vida... ¡una vez por cada ojo!».

Tras abrir con palas un camino a través de la nieve, que nos llegaba hasta la cintura, y situar el telescopio, yo no conseguía proyectar la imagen del Sol en un trozo de cartón para observarlo con seguridad. ¡No lograba apuntar correctamente el telescopio al mayor objeto astronómico del cielo! Abochornado y frustrado, hice lo que me habían dicho que tenía que evitar a toda costa: me agaché y miré directamente por el ocular para ver qué era lo que no acababa de encajar con la orientación del tubo. Una fracción de segundo demasiado tarde me di cuenta de mi error. Sabía que la ceguera podía ocurrir de manera casi instantánea y sin dolor; me incorporé, aterrorizado, y parpadeé. Por suerte, mi ineptitud me había salvado la vista: había dejado puesta la tapa de la lente todo el rato.

Tras aparcar la astronomía observacional, hice un doctorado en cosmología teórica. Si la física es la ciencia que se ocupa de los mecanismos fundamentales de la naturaleza, nada podía ser más grandioso que el universo entero. Lo que me atraía no eran las estrellas, ni las galaxias, ni los cúmulos galácticos; lo que me atraía era un universo más simple, más temprano, más suave: el cosmos tal como era antes de que se formaran las estrellas, antes de que se formaran las galaxias, antes de que aparecieran los ladrillos de la vida. Era el universo tal como surgió después del Big Bang, la explosión primigenia que señala el inicio del tiempo y del cosmos en expansión tal como lo conocemos.

Nunca fui un teórico de pura sangre; carecía de la virtuosidad matemática de algunos de mis compañeros estudiantes que se encontraban a sus anchas en once dimensiones de espacio-tiempo. Pero me hice mayor de edad, científicamente hablando, cuando la cosmología se estaba volviendo una ciencia de precisión. Llegaban a borbotones nuevas y detalladas mediciones del fondo cósmico de microondas (el resplandor del Big Bang), de la distribución de galaxias y de explosiones de estrellas, y todo ello aportaba información sobre la edad del universo, sobre la reciente aceleración de su expansión, sobre las propiedades de la materia oscura y sobre muchos otros aspectos de la naturaleza fundamental de la realidad. Telescopios más grandes y más rápidos equipados con la por entonces novedosa tecnología digital lograban ver cada vez más lejos. Casi de la noche a la mañana, la cosmología pasó de estar hambrienta de datos a estar avasallada por ellos, y la cuestión más urgente era entonces cómo extraer conocimiento científico de toda esta catarata de información. Mi carrera se convirtió en mirar el cosmos a través de un torrente de dígitos en una pantalla de ordenador en lugar de mirarlo durante gélidas noches en la oscura cúpula de un observatorio.

Cuando preparaba mi conferencia, apenas había vuelto a

mirar por un telescopio desde el deprimente fracaso de mis observaciones solares. Sin embargo, con la ventaja que aporta una mirada retrospectiva, empecé a darme cuenta de cuánto las estrellas habían moldeado mi vida. Formaba parte de un grupo de científicos resueltos a revelar la naturaleza fundamental del cosmos. Estábamos usando instrumentos cuya genealogía se remonta a un tubo de madera con lentes pulidas a mano y construido por Galileo Galilei en 1610. Nuestro pensamiento había sido moldeado por Isaac Newton, que arrancó su ley de gravitación universal a partir del movimiento de los cometas, y luego fue remozado por Albert Einstein quien, con dieciséis años, tuvo su primera corazonada sobre la relatividad imaginándose a sí mismo montado a lomos de un rayo de luz estelar en el espacio.[2] Incluso muchos de nuestros útiles matemáticos habían sido inspirados directamente por problemas astronómicos.

Mi campo de investigación académica estaba encaramado a un edificio construido a partir de miles de años de curiosidad humana. «Desde que hubo hombres sobre la Tierra, el cielo tuvo admiradores», escribió el poeta italiano Giacomo Leopardi.[3] Con el tiempo, esos mismos admiradores se convertirían primero en los filósofos naturales de la Revolución Científica y, hoy, en los ingenieros espaciales que manejan los todoterreno de la NASA en Marte.

Las estrellas también han hecho algo más por mí, además de trazar mi camino académico. Cuando acabé la conferencia, mis hijos salieron de la audiencia y corrieron hacia mí para abrazarme. Con ojos humedecidos recogí el ramillete de lilas blancas que me ofrecieron y los abracé con fuerza; luego alcé la vista hacia el público.

Una mata de pelo blanco, pulcramente peinado hacia atrás, coronaba la cabeza de un hombre mayor sentado en primera fila; mi padre aplaudió pausadamente, con unas manos aún fuertes tras una vida de trabajo manual. A su lado, su nuera le cuchicheó algo que le hizo sonreír; cuando volvió a mirarme, sus ojos verdes brillaron con el recuerdo del meteoro que nos había unido tanto tiempo atrás. Con la cabeza, hice un pequeño gesto de asentimiento a mi esposa, la madre de mis hijos, y supe que en mi vida nada hubiera sido lo mismo en un mundo sin estrellas.

La partera de la ciencia

¿Qué debemos a las estrellas? Han guiado en silencio mi propia vida y me preguntaba cuánto debían de haber orientado el curso de la humanidad.

La ciencia era mi punto de partida natural. Las preguntas que impulsan mis investigaciones —¿De qué está hecho el universo? ¿Cómo surgió a partir del Big Bang? ¿Cuál será su destino final?— son el extremo de una ramita que puede recorrerse hacia abajo por el árbol de la ciencia moderna hasta su poderosa base, cuando Newton afirmó que lo que giraba por encima de nuestras cabezas obedece a las mismas leyes inteligibles que lo que hay debajo. Tal como escribió el historiador de la ciencia Lewis Mumford, «las estrellas no podían ser halagadas o corrompidas: sus cursos eran visibles a simple vista y podían ser seguidas por cualquier observador paciente».[4] La astronomía era, por así decirlo, la partera de todas las ciencias; la física, la geología, la química y la biología aportaban luz, sucesivamente, a un universo sometido a leyes aprehensibles.

Y con la noción de una naturaleza sometida a las leyes llegó la ambición de subyugarla a nuestra voluntad: dejamos de ser suplicantes y miedosos ante unos caprichosos dioses celestes, nos volvimos maestros y empezamos a remodelar la Tierra, a vencer a las enfermedades y a guiar cohetes que atravesaban las inexistentes esferas cristalinas imaginadas por Aristóteles. Pero el árbol de la ciencia ha dado frutos dulces y amargos:

nuestra voracidad ahora amenaza la estabilidad de la naturaleza en el planeta y, tras haber traído a la Tierra el fuego atómico que alimenta las estrellas, somos capaces de desatarlo con el simple movimiento de un dedo. Somos más poderosos que Zeus, más fieros que Ares y tan veleidosos como cualquiera de los viejos dioses. Los cielos nos han concedido los medios para satisfacer nuestros sueños más alocados, pero también para crear nuestra propia destrucción. Sin duda, las estrellas tienen mucho que decir sobre el tema. La influencia de las estrellas en la historia humana no empezó con la Revolución Científica. Sus raíces se hunden a mucha más profundidad que el trampolín que supuso esa era hacia la modernidad tecnológica y descienden hacia el fértil y negruzco suelo del mito y la religión, hasta llegar a la prehistoria. La pregunta del origen del mundo y de nuestro lugar en él ha turbado a la humanidad desde mucho tiempo antes de que tuviéramos detectores de microondas en el espacio capaces de revelar el débil susurro del Big Bang.

En todas las culturas, el desfile de las estrellas, la reaparición del Sol cada mañana, las fases cíclicas de la Luna, la brillante luz de los «errantes» —el significado que tenía la palabra griega *planeta*— se vieron como expresiones obvias de unos poderes superiores que gobernaban el cosmos desde las alturas, por encima de las nubes, inalcanzables, eternos y todopoderosos. «Las regiones por encima del alcance del hombre, los lugares estrellados, están investidos de la majestad divina de lo trascendente, de una realidad absoluta, de eternidad», escribe el historiador de las religiones Mircea Eliade.[5] Es revelador que el vocablo griego *kosmos* signifique tanto 'orden' como 'ornamento' —y de aquí nuestras palabras *cosmología* (el estudio de la ordenada belleza del universo) y *cosmética* (la ornamentación y embellecimiento ordenados del rostro, el pelo y la piel)—.

Los dioses antiguos se podían ocultar en el trueno, frecuentar los bosques, surgir entre las olas del mar, surcar el aire con el viento o adoptar la forma de un toro. Pero los dioses superiores gobernaban los cielos desde su trono celeste, soberanos del cosmos. Zeus, el rey de los olímpicos, recibe su nombre de una raíz sánscrita más antigua que significa 'brillar', 'día' y 'cielo'; los romanos le dieron el nombre de Júpiter, del sánscrito *Dyaus pitar*, 'padre cielo'. Al igual que en hebreo (*shamáyim*) y griego (*ouranós*), nuestra palabra *cielo* significa tanto aquello que está sobre nuestras cabezas, el firmamento, como la morada de Dios según la teología cristiana: «Padre nuestro que estás en los cielos...». De un extremo a otro del mundo, a lo largo de milenios, grabados en tablillas de arcilla en escritura cuneiforme, chapados en las tumbas de los faraones o pintados sobre cuero en manuscritos aztecas, *cielo* y *dios* se convirtieron casi en sinónimos. Los fineses llamaban a su ser supremo del cielo Jumala; los sumerios, An; los iroqueses, Oke. El dios más poderoso recibía el nombre de Wakan entre los siux, Tengri entre los mongoles y Mawy entre los ewé de Togo. Los nombres cambian, pero el sentimiento expresado es el mismo, tal como afirma un miembro del pueblo ewé: «Siempre he mirado al cielo visible como si fuera Dios. Cuando hablo de Dios, hablo del cielo, y cuando hablo del cielo, pienso en Dios».[6]

Desde las alturas, los dioses del cielo podían verlo todo y, por lo tanto, saberlo todo, como el Gran Padre Espíritu de los aborígenes de Nueva Gales del Sur o el dios halcón egipcio Horus, que vigilaba el mundo con sus dos ojos, el Sol y la Luna. Miles de años más tarde, todavía alzamos nuestros ojos al cielo en señal de desesperación y levantamos los brazos en señal de victoria. En la escena final de *El show de Truman*, el poderoso director que durante décadas ha controlado la vida del protagonista, un tipo que sin saberlo está atrapado en un enorme estudio de televisión, retruena desde el falso cielo como un semidiós de nuestros días. Aún hoy, los chamanes navajo usan rituales y estados alterados de conciencia para ascender a los cielos donde entran en contacto directo con lo divino. Por encima de las nueve esferas de los cielos, nos informa Dante Alighieri en *La Divina Comedia*, se halla el Empíreo, donde el poeta, al final de su viaje, se encuentra cara a cara con Dios, «el amor que mueve el Sol y las demás estrellas».[7] Teniendo todo esto en cuenta, ¿es acaso sorprendente que los antiguos escrutaran las estrellas cuando estaba en juego nada más y nada menos que la voluntad de los dioses? ¿Es chocante que se esforzaran tanto para predecir sus movimientos, en los cuales se apoyaban los destinos de reyes y soberanos? ¿Es de extrañar que se aterrorizaran cuando el orden del universo quedaba alterado y el día se volvía noche durante un eclipse solar —palabra, por cierto, derivada del término griego para 'abandono'—?

La práctica de la astrología se origina en la convicción de que lo que sucedía en los cielos tenía una influencia directa en las vidas de los seres humanos en la Tierra, tal como veremos en el capítulo 9. La astrología impulsó a los sacerdotes sumerios, a los vigilantes del tiempo egipcios y a los mandarines chinos a elaborar registros detallados de sucesos celestes remarcables. El interés en la astrología de faraones, reyes y emperadores creó una casta de hombres dedicados a estudiar las estrellas, los precursores de los científicos del presente. Gracias a la astrología, Tycho Brahe construyó y dirigió el primer observatorio profesional de la historia, cuyos datos sirvieron a los cálculos de Johannes Kepler sobre el movimiento de Marte.

Lo que empezó como una rememoración personal de mi camino en la vida se convirtió en una exploración de cuestiones que nunca me había planteado, que sacaron a la luz conexiones que nunca me había imaginado. Al hundirme más en el pasado siguiendo ramas en continua bifurcación, lo que encontré fueron más conexiones con la cosmología moderna.

Las estrellas y los planetas estimularon la invención de las matemáticas; la Luna, la del calendario. ¿Podría ser que el hecho de prestar atención a los cielos fuera el arma secreta que concedió a *Homo sapiens* la supremacía sobre los neandertales hace cincuenta mil años? Los colegas que se dedican a buscar vida en planetas que orbitan alrededor de otras estrellas describen las condiciones extremadamente diferentes con las que se pueden encontrar: planetas con varios soles, planetas en una penumbra permanente, planetas envueltos en nubes perennes; en resumen, planetas en los que las estrellas no serían visibles para cualesquiera formas de vida que pudieran evolucionar ahí. Tras asistir a seminarios y conferencias sobre estas otras y fabulosas Tierras, me preguntaba: ¿Y si nuestro destino hubiese sido no ver nunca las estrellas?

Esta idea de un mundo sin estrellas me empezó a perseguir. Hasta allí donde podía llegar mi mirada, me parecía que los cielos habían afectado a mucho más que solo la física o solo la ciencia en general. ¿Cuán menguados estaríamos, me preguntaba, sin la poesía, la música y el arte que los cielos han inspirado? ¿Cómo sería nuestra espiritualidad sin nuestros dioses del cielo? ¿Cuán diferentes serían nuestras leyendas, nuestras grandes novelas, nuestras concepciones del universo; cuán diferentes nosotros mismos, en un mundo sin estrellas?

Hace casi treinta siglos, el bardo ciego, Homero, imaginó lo que una falta de estrellas provocaría en la humanidad. Su héroe, Odiseo, al abandonar la isla de la maga Circe tras un año de lujo y lujuria, navega hacia el noroeste, más allá de los linderos del mundo conocido, y «llegó nuestra nave a los confines de Océano de profundas corrientes». En estas lejanas costas, le había dicho Circe, la frontera que nos separa del inframundo es delgada: con libaciones y sacrificios, Odiseo consigue atraer a los espíritus de los muertos fuera del Hades y conseguir su ayuda para regresar a su isla natal de Ítaca.

Homero describe este lugar liminal entre mundos como «el pueblo y la ciudad de los hombres cimerios», un pueblo mítico tal vez inspirado por los habitantes de las costas del mar Negro, en la actual Crimea, una región famosa entre los griegos por su clima neblinoso, frío e inhóspito.[8] Por esta razón, Homero acostumbrado al mar azul y los límpidos cielos del Mediterráneo, describe a los cimerios como «desgraciados mortales», pues su tierra está siempre «[cubierta] por la oscuridad y la niebla. Nunca Helios, el brillante, los mira desde arriba con sus rayos, ni cuando va al cielo estrellado ni cuando de nuevo se vuelve a la tierra desde el cielo, sino que la noche se extiende sombría sobre estos».[9]

«Cubiertos por la oscuridad y la niebla», sin ver nunca el Sol ni las estrellas, los cimerios son solo semihumanos, a un paso de estar muertos, como los espíritus que visitan a Odiseo, atraídos por sus ofrendas.

Empecé a sospechar que lo mismo pasaría con la humanidad en su conjunto si no hubiésemos tenido nunca la oportunidad de contemplar las estrellas.

I

UN PUNTO AZUL PÁLIDO

> Pensemos qué tan restringida estaría la humanidad si, bajo cielos constantemente nublados, tal como Júpiter debe ser, hubiese permanecido ignorante de las estrellas. ¿Seríamos lo que somos en tal mundo?
>
> HENRI POINCARÉ, *El valor de la ciencia*

UNA POSTAL DESDE EL ESPACIO EXTERIOR

El día de san Valentín de 1990, la sonda espacial *Voyager 1* recibió una peculiar orden desde la Red de Espacio Profundo de la NASA. La sonda se había lanzado trece años antes en una trayectoria que la iba a llevar a sobrevolar Júpiter y Saturno; en tres años revolucionó nuestra comprensión de los gigantes gaseosos y sus lunas con imágenes detalladas y otros datos. Con la misión cumplida, la *Voyager 1* estaba condenada a proseguir su solitario viaje cada vez más lejos del Sol, husmeando el espacio interplanetario durante unos cinco años más.

Más de una década después, la *Voyager 1* había superado las expectativas de todo el mundo. Desde los lejanos confines del sistema solar, aún se comunicaba con su hogar.

La orden enviada era la ocurrencia del astrónomo y escritor Carl Sagan, quien necesitó seis peticiones y ocho años de espera antes de que la NASA se convenciera de usar las delicadas cámaras de la *Voyager 1* para una cosa diferente a la ciencia. Cuando recibió la curiosa orden de la NASA, la sonda había sobrepasado la órbita de Neptuno y se adentraba en el espacio profundo a una velocidad de quinientos millones de kilómetros por año. Ahora, la sonda tenía que darse la vuelta tranquilamente, encender sus cámaras diez años después de haberlas usado por última vez y apuntarlas hacia casa. Enfocando y orientando, nuestro lejano centinela buscó en la oscuridad hasta identificar seis puntos apenas visibles y así creó un retrato único de seis de los ocho planetas que forman nuestra familia cósmica alrededor del Sol (Mercurio no aparece porque estaba demasiado cerca del Sol para ser visible y Marte resultó ser demasiado débil).

Es una de las imágenes más icónicas de la exploración espacial. Desde la privilegiada posición de la *Voyager 1*, nuestro hermoso planeta no es más que una mota de polvo, una polilla que flota en un rayo de luz solar. «Echemos otro vistazo a ese puntito. Ahí está. Es nuestro hogar. Somos nosotros. Sobre él ha transcurrido y transcurre la vida de todas las personas a las que queremos, la gente que conocemos o de la que hemos oído hablar y, en definitiva, de todo aquel que ha existido», escribió Sagan, subrayando la importancia de cuidar de ese punto azul pálido, el único lugar del universo que podemos llamar *hogar*.[1]

Con su breve carrera de fotógrafo de viajes terminada, la *Voyager 1* apagó sus cámaras para conservar su menguante energía de cara al viaje que aún tenía por delante. Hoy en día es el objeto más lejano fabricado por los seres humanos, tras haber dejado atrás los borrosos límites de nuestro sistema solar en 2012. Más de cuatro décadas después de haber salido de la Tierra, la nave todavía nos envía datos. No se topará con ninguna otra estrella hasta dentro de cuarenta mil años; para entonces, sus creadores puede que hayan caído en el olvido.

HASTA EL FONDO DEL POZO DE LA HISTORIA

¿Cómo es que una forma de vida bípeda, que hace apenas un instante se afanaba en el interior de cuevas, ha logrado enviar una nave espacial del tamaño de un pequeño turismo y captar una imagen de su planeta natal desde seis mil millones de kilómetros? ¿Cómo unas moléculas sin vida encajaron para pasar de ser materia inerte a ser esa masa trémula que llamamos *vida* en los océanos de la Tierra primitiva? ¿Cómo la gravedad formó y prendió nuestra estrella dadora de vida, el Sol, a partir de una nube de gas en rotación hace cinco mil millones de años? ¿Cómo el universo llegó a formarse, creando espacio, tiempo, partículas y luz a partir de la nada, hace poco menos de catorce mil millones de años? Para entender la condición humana cósmica, debemos desandar la historia del mundo hasta sus mismos inicios.

Los resultados de la física teórica, la astronomía, la biología evolutiva, la química, la paleontología, la antropología y la neurociencia se combinan para revelar el modo en que los átomos de tu cuerpo llegaron a ser capaces de comprender estas palabras que estás leyendo. Como en un cuadro puntillista de Georges Seurat, solo desde la distancia la imagen emerge como un todo coherente; si se mira de cerca, explota en una miríada de disciplinas separadas. Pero para obtener un poco de perspectiva, primero debemos comprimir la cronología cósmica a una escala que podamos apreciar.

En promedio, la vida humana en la actualidad, en los países occidentales, dura unas cuatro mil semanas. Una semana es un pedazo de tiempo útil, porque es fácil captar su duración. Todos podemos hacernos una idea de un año como un con-

28 NACIDOS DE LAS ESTRELLAS

junto de cincuenta y dos semanas e incluso cuatro mil es una cifra comparativamente pequeña, aceptable para nuestra intuición. Comprimamos ahora una semana entera en un milisegundo: siete noches de sueño, siete desayunos, siete almuerzos y siete cenas, cinco días laborables, quizá una noche fuera el sábado, un domingo de descanso, todo reducido a la milésima parte de un segundo. Un milisegundo es un tiempo demasiado corto para que podamos apreciar directamente su duración; incluso el proverbial «parpadeo» dura unos eternos trescientos milisegundos. Pero también podemos imaginar un milisegundo como el tiempo que tarda nuestro coche en recorrer tres centímetros mientras viajamos por la autopista. Si estrujamos toda una semana en un milisegundo, entonces una vida humana media pasa en apenas cuatro segundos. En esta escala comprimida, la civilización humana ha florecido durante los últimos nueve minutos. *Homo sapiens* salió a escena hace una hora y media, la vida en la Tierra surgió hace seis años y medio y el universo apareció hace veintidós años y medio.

Echemos un último vistazo a nuestro alrededor, rodeados por la brillante luz de la Tierra del siglo XXI, antes de embarcarnos en un viaje de descubrimiento por el pozo de nuestro pasado. Nos encaramamos al borde y al empezar a bajar, nuestro agarre es fuerte y firme: el registro escrito de la civilización nos deja bajar con facilidad hasta la antigüedad clásica (hace unos cien segundos, en nuestra escala temporal) y, con algo más de dificultad, hasta los tiempos babilónicos (otros cien segundos más hundiéndonos en nuestro pasado). Cuando descendemos más, la luz que nos aporta la escritura desaparece y queda sustituida por las pistas más débiles de los artefactos, utensilios líticos, huesos fosilizados y pinturas rupestres. Nos hallamos ahora en el dominio del paleontólogo, cuyos cepillos y cinceles pronto se ven reemplazados por microscopios y secuenciadores de ADN, taladros y martillos cuando, a la hora y media de nuestro descenso, entramos en el reino del biólogo evolutivo y luego en el del geólogo. En nuestra ceñida cronología, nos deslizamos vertiginosamente hacia el principio de la vida en la Tierra. Cogemos velocidad y tres días más abajo la forma humana se desdibuja en la de un gran simio; en un abrir y cerrar de ojos pasamos al lado de osos perezosos del tamaño de canguros y armadillos acorazados más grandes que un hipopótamo, antes de que las aves pierdan sus plumas y se retrotraigan hasta los dinosaurios, mientras los tiburones continúan nadando inalterados. A esta profundidad pasamos días enteros de nuestra cronología —equivalentes a millones de años de tiempo real— mientras la vida en el planeta sigue sin aflojar, eón tras eón: los glaciares crecen y se retraen e incontables seres vivos prueban suerte en la lotería de la vida y compiten en la despiadada carrera de la evolución. De vez en cuando, un cambio catastrófico perturba el curso de la vida, como el asteroide que barrió a los dinosaurios, a los cuarenta días desde que hemos empezado el descenso, y abrió un mundo de oportunidades a los mamíferos de sangre caliente. En ocasiones, fructifica alguna variación que lleva a ramificaciones perdurables. Las plantas con flor aparecen a los ochenta días y, con ellas, un nuevo ecosistema de insectos, aves, frutos y pastos que, con el tiempo, alimentarán a la humanidad.

Mientras bajamos aún más hacia el pasado de la Tierra, notamos los cambios climáticos: las edades de hielo van y vienen, el nivel del mar aumenta, los continentes se desplazan y se unen en una única masa terrestre llamada Pangea y la atmósfera se vuelve irrespirable cuando nos hundimos por debajo del momento en que evolucionaron las cianobacterias productoras de oxígeno. A los seis años y medio, presenciamos un cambio radical: desaparece ese pringue que llamamos *vida*, células simples capaces de controlar su entorno químico y que, por un azar, se han topado con el truco de la reproduc-

ción. Abandonamos el terreno del biólogo y entramos en el
dominio del planetólogo, en el que la Tierra es una bola de
lava fundida y la Luna puede que haya sido arrancada de nuestro planeta por el impacto gigantesco de otro protoplaneta. Y
seguimos bajando.

Unos siete años y medio en nuestro descenso, los útiles
principales que nos aportan algo de luz en nuestro camino son
la física y las simulaciones informáticas. Notamos que a nuestro alrededor se forma el sistema solar a partir de una nube de
gas en rotación y el Sol se enciende por culpa de la gravedad
cuando colapsa sobre sí mismo. Al abrir nuestra mirada, es el
astrofísico el que ahora nos guía mientras caemos por miles de
millones de años, cada mil millones comprimido en un año y
medio. Ignoramos la energía oscura y su misteriosa fuerza re-
pulsiva que acelera la expansión cósmica al pasar por los diez
años en nuestro descenso —los cosmólogos todavía se rascan
la cabeza con este tema—. Avanzamos por los eones y no podemos detenernos: llegamos casi a los veinte años y la Vía
Láctea, nuestra galaxia, empieza a formarse, con la ayuda de la
materia oscura; jóvenes estrellas azuladas resplandecen con
elementos pesados reciclados a partir de la muerte de ancestros más masivos.

Hacia el fondo del pozo de la historia se nos aparece, ame-
nazador, el Big Bang; si se trata de un fondo blando o duro, no
lo sabemos. Llegados a este punto, la física teórica y la cosmología unen sus fuerzas para empujar cada vez más atrás el velo
de oscuridad. La luz remanente del Big Bang brilla, tenue, a
apenas cinco horas y media del fondo; es el último peldaño
firme en nuestro descenso. Más abajo, más atrás en el tiempo,
nuestra visión se emborrona, nuestro entendimiento de la realidad se vuelve incierto. Los físicos de partículas identifican
con claridad la formación del helio y el hidrógeno en el horno
primordial; entrevén cómo se unen tres de las cuatro fuerzas
fundamentales un poco más atrás; especulan acerca de la pri-

mera fracción infinitesimal de segundo; y andan a tientas rodeados de oscuridad cuando llegan al mismísimo comienzo, incapaces de unir la gravedad con las otras tres fuerzas. La física que ha guiado nuestros pasos durante la mayor parte del camino nos abandona, incapaz de enfrentarse al momento cero, el momento del principio definitivo. Más allá de las estrellas, en el inicio del tiempo, en el origen del universo, la ciencia y la religión se topan, rodeadas de misterio.

El ingrediente secreto

Para fraguar las condiciones conducentes a nuestra existencia, el universo necesitó enormes cantidades de tiempo y espacio. Después de que el Big Bang dejara solo una de cada mil millones de partículas de materia, mientras el resto desaparecía en forma de energía pura, el universo necesitó un tiempo para enfriarse mientras se expandía; tiempo para que diminutas arrugas en la sopa cósmica primordial de partículas crecieran hasta formar galaxias, estrellas longevas y planetas habitables; tiempo para lanzar los dados de la variación aleatoria una y otra vez de modo que la evolución pudiera jugar su improbable mano de cartas. Cada noche, por encima de nuestras cabezas podemos apreciar el registro de todo ese tiempo y espacio: un cosmos visible que, actualmente, se extiende por cien mil millones de años luz, con unos cincuenta mil millones de galaxias, cada una con unos trescientos mil millones de estrellas, la mitad de las cuales puede que alberguen planetas, uno de los cuales, el nuestro. Un universo que puede crear la complejidad necesaria para volverse consciente de sí mismo ha de tener miles de millones de años de antigüedad y, en consecuencia, dado que el espacio se está expandiendo, tiene que ser enorme... majestuosamente enorme.

Nuestro punto azul pálido ha sido afortunado, qué duda

cabe: afortunado por formarse a la distancia adecuada del Sol para poder contener agua en estado líquido; afortunado por tener la gravedad suficiente para que su atmósfera no se escape al espacio; afortunado por tener una gran luna que ha ayudado a estabilizar nuestro clima y cuyas potentes mareas impulsaron el salto de la vida de sus orígenes oceánicos a tierra firme; afortunado por tener un hermano mayor como Júpiter, que actúa de vigilante de asteroides y en buena medida mantiene a raya la amenaza de una colisión. Es posible que la materia oscura, tan elusiva, haya tenido un papel protagonista lanzándonos cometas a intervalos regulares, con lo que volvía a poner a cero las condiciones iniciales para que la evolución jugueteara con especies hasta ese momento inferiores, como los mamíferos y nosotros mismos.[2]

Y cuán afortunados hemos sido de dar nuestros primeros pasos erguidos en un planeta con una visión bien clara de las estrellas. Desde que *Homo sapiens* estiró el cuello hacia atrás por primera vez, acuclillado entorno a un fuego, el cielo nocturno ha sido nuestro compañero permanente, una guía segura y confiable, una visión asombrosa; una fuente de pasmo, un lugar misterioso y, a menudo, un gobernante temido. La misma majestuosidad que era necesaria para nuestra existencia física también nos preparó para la veneración: cuando miramos al cielo nocturno, este «revela directamente una trascendencia, un poder y una santidad» que, según Mircea Eliade, pudo haber llevado a la primera experiencia religiosa de la mente humana.[3] Al parecer, no solo nuestro cuerpo biológico, sino también nuestra alma, requirió de un grandioso escenario cosmológico para surgir.

A menudo se dice que estamos hechos de polvo de estrellas, puesto que los átomos de nuestro cuerpo se crearon en los hornos atómicos de estrellas muertas hace tiempo. Pero aún más que esto, el hecho de que podamos ver las estrellas, adorarlas y estudiarlas es el ingrediente secreto que ha hecho que seamos quienes somos. Para los que sabían leerlo, el cielo era un reloj, un calendario, un almanaque y un mapa. Los astrólogos lo usaban para predecir el futuro; los reyes y los faraones, para justificar su poder. Los movimientos misteriosamente regulares de los cielos pueden haber modelado el cerebro de nuestros antepasados y encaminarlo hacia el pensamiento racional; han llevado a importantes avances en matemáticas y pusieron en marcha la Revolución Científica; han inspirado algunas de las expresiones más sublimes del arte humano.

Hoy, al igual que en tiempos babilónicos, una casta especializadísima se encarga de leer las estrellas. A partir de diminutos bamboleos y manchitas en la luz estelar, los astrónomos pueden inferir la presencia de otros puntos azul pálido alrededor de otras estrellas, mientras que los astrofísicos sintonizan y escuchan el temblor producido por el abrazo de dos agujeros negros; los cosmólogos auscultan el latido del Big Bang y los alquimistas de la ciencia de datos conjuran en sus ordenadores el surgimiento, a cámara lenta, de una nebulosa planetaria. Sin embargo, ya no recordamos qué estrella anuncia la llegada de la cosecha, ya no nos maravillamos ante la sinuosa forma de la Vía Láctea, ya no esperamos el joven creciente lunar como símbolo de un esperado renacer, ya no pedimos a las estrellas que nos orienten cuando navegamos por alta mar.

Es muy fácil olvidarnos de las estrellas, ocultas de nuestra visión por la contaminación lumínica, con el cielo inundado de satélites artificiales y confinados a nuestro escritorio. Aun así, unos tensos hilos todavía nos ligan a ellas, sutiles como una telaraña centelleante a la luz de la Luna. Cada vez que echas una mirada a las doce divisiones de las horas en la esfera de un reloj estás viendo las agrupaciones estelares que los egipcios usaron cuatro mil años atrás para indicar el paso del tiempo por la noche. El GPS de tu teléfono y de tu coche serían imprecisos hasta el punto de resultar inútiles sin la teoría de la relatividad general de Albert Einstein, que explicó el misterioso recorrido en forma de pétalo de la órbita de Mercurio y que fue comprobada mediante la reubicación de las estrellas durante un eclipse solar total y el suave enlentecimiento de los faros cósmicos que son las estrellas de neutrones en rotación. Nada de esto hubiera sido posible en un mundo sin estrellas.

Por el simple hecho de estar ahí, en el cielo, para que las admiráramos, nos desconcertaran y nos preguntáramos sobre ellas, las estrellas nos han llevado de la Edad de Piedra a la inteligencia artificial, han moldeado el curso de la historia humana de un modo remarcable aunque a menudo poco apreciado. Este libro es un relato de cómo se ha producido todo este proceso.

También es el relato de cómo podrían haber sido las cosas de otra manera. En su libro de 1905 *El valor de la ciencia*, el físico, matemático y erudito francés Henri Poincaré homenajea a la astronomía como la más fundamental de las ciencias. Plantea que la utilidad de esta rama de la ciencia se extiende mucho más allá de sus aplicaciones prácticas, por muy importantes que estas sean: «La astronomía es útil porque nos eleva por encima de nosotros mismos; es útil porque es grandiosa; es útil porque es bella».[4] A continuación, Poincaré nos presenta un mundo ficticio cubierto de nubes, acaso inspirado en los cimerios homéricos:

Pensemos qué tan restringida estaría la humanidad si, bajo cielos constantemente nublados, tal como Júpiter debe ser, hubiese permanecido ignorante de las estrellas. ¿Seríamos lo que somos en tal mundo? [...]
¿Puede alguien creer que, sin las lecciones de las estrellas, bajo el cielo perpetuamente nublado que recién hemos supuesto, hubieran [nuestras almas] cambiado tan rápido? ¿Hubiese sido posible tal metamorfosis o, hubiese sido, por lo menos, mucho más lenta?[5]

Este libro acepta la provocación de Poincaré: «¿Seríamos lo que somos en tal mundo?». Nos imaginaremos las consecuencias que tendría en la trayectoria de la humanidad retirar la visión de los cielos viajando a una versión alternativa de nuestro punto azul pálido, una que, vista desde la distancia, parece más bien una blanquecina canica. En esta Tierra contrafactual, cubierta de nubes que ocultan la visión de las estrellas en todo momento y en todo lugar, la ausencia de un cielo visible lo cambia todo. Al eliminar algo que damos por sentado espero que podamos ver las cosas desde un nuevo punto de vista —una lección que muchos aprendimos durante la pandemia del coronavirus, cuando libertades que pensábamos inatacables quedaron limitadas de la noche a la mañana—. En un mundo sin estrellas, que bautizaremos como Caligo,* la humanidad avanza por bifurcaciones no andadas en el curso de nuestra historia. «Para ver las cosas como realmente son, debes imaginarlas como podrían haber sido».[6] Lo que el activista por los derechos civiles estadounidense Derrick Bell planteó como una manera de enfatizar las injusticias raciales, nosotros lo usaremos para comprender mejor cuán singular ha sido nuestra ruta plagada de estrellas.

Empezaremos el viaje, en el capítulo 2, con el desencanto del presente y recurriremos a nuestros vínculos ancestrales con el cielo para revivir el asombro que las estrellas provocaban en generaciones anteriores. En el capítulo 3, correremos un velo sobre el cielo, planteando la premisa de un mundo sin estrellas al lado de la investigación de la historia cósmica real de la humanidad.

Volveremos a precipitarnos por el pozo de la historia en el capítulo 4, hasta el alba de *Homo sapiens*, sonsacando la importancia que para nuestros ancestros prehistóricos tuvo ese

---

* En latín 'oscuridad', 'tiniebla', y, por extensión, 'niebla', 'nube'. *(N. del T.)*

«disciplinado ejército» que, en las palabras de Poincaré, eran las estrellas.[7] Los cambios cíclicos apreciados en el firmamento fueron el primer reloj de la humanidad, un precursor crucial de «la máquina clave de la moderna edad industrial», según el historiador Lewis Mumford: el reloj.[8] Las variadas consecuencias de una medición del tiempo basada en el cielo, algo que moldea casi todos los aspectos de nuestras vidas actuales, se exploran en el capítulo 5.

La contemplación del cielo proporcionó a nuestros antepasados los medios para orientarse en el espacio y en el tiempo, y para navegar por las grandes extensiones oceánicas que dan su color a nuestro punto azul pálido. En el capítulo 6 nos toparemos con los amplios horizontes, siempre en expansión, que nos ofrece la visión ininterrumpida del cielo, crucial para navegar más allá de las aguas costeras y para expandir al *Homo sapiens* por todos los rincones del planeta. Seremos testigos de la excepcional cuasicoincidencia de la tradición de orientación polinesia con el enfoque occidental a la navegación, lo que aportará luz a la manera en que las estrellas fueron decisivas para ambas culturas, aunque por caminos muy diferentes.

En el capítulo 7, la astronomía se convertirá en la partera de todas las ciencias de la Tierra, aunque no para los menos afortunados caligoanos. Nicolás Copérnico, Galileo Galilei, Isaac Newton, Pierre-Simon de Laplace, Carl Friedrich Gauss: todos ellos inventaron y perfeccionaron el método científico para comprender y describir el movimiento de los planetas y las leyes que rigen el cielo. En el proceso, elaboraron nuevos tipos de matemática pero, lo que es igual de importante, también crearon una nueva manera de observar la naturaleza, centrada en regularidades, mediciones y predicciones. Tal como comentaremos en el capítulo 8, esta mentalidad no solo se propagó como un incendio a todo tipo de empresas científicas y técnicas, sino que abrazó asimismo el dominio humano e influyó en la forma en que reflexionamos sobre nosotros y sobre las sociedades que formamos.

En el capítulo 9, prestaremos atención a un lado más interior y exploraremos el modo en que el simbolismo de los cuerpos celestes ha influido en nosotros y continúa permeando nuestras vidas hoy en día. La creencia en la astrología cambió el curso de la historia y su estudio proporcionó el apoyo y, a menudo, la chispa de inspiración a los que pusieron en marcha la Revolución Científica.

Al regresar de nuestro viaje por la historia, echaremos una mirada a la forma en que empezamos a reimaginar el cielo: a medida que nuestra esfera de influencia invade el espacio, nuestra visión del cielo se está modificando con rapidez, y no solo por la contaminación lumínica. Ahora que nuestra tecnología inspirada por las estrellas amenaza con destruir todo el ecosistema del planeta, algunos consideran dirigirse hacia las estrellas para salvarnos. El capítulo 10 se ocupa del futuro de nuestro legado cósmico y de nosotros mismos: ¿es dirigirnos a las estrellas la respuesta? ¿O deberíamos mirar a las estrellas para obtener un tipo de inspiración diferente?

Con la supervivencia de la vida en la Tierra en juego, como consecuencia del cambio climático, la pérdida de biodiversidad y los rumores bélicos, tengo la esperanza de que, una vez más, las estrellas nos puedan mostrar el camino.

LAS CRÓNICAS DE CALIGO

El Recuerdo

El Fulgor había acabado. Era el momento del Recuerdo. Aplasté el último pedazo de carbón entre mis dedos y lo desparramé sobre la nube, oscureciéndola para ocultar el brillo de los cristales que salpicaban la bóveda. Di un paso atrás y lo observé todo: la alfombra de nubes subía por las paredes de la cueva, se deslizaba por el techo y bajaba por el otro lado, hasta donde alcanzaba la vista. Bajo la parpadeante luz, parecía fluir y moverse. Me sentí orgulloso.

Uno tras otro, fueron entrando todos: el primero fue Buscabisontes, seguido por Remendazapatos, Abrerrutas, Lanzajabalinas, Colmena, Fulgor de Antaño y, por último, Vigilanubes. Colmena se detuvo un momento para admirar mi trabajo. Como siempre, me dio su opinión sobre algún detalle: demasiado grueso aquí, un poco más de gris por allá, una pizca menos contundente por allí.

Cuando nos unimos a los demás alrededor del fuego y ocupé mi sitio habitual, no puede evitar mirar al escaño de piedra vacío: Aguafresca no había regresado, estaba fuera desde un Fulgor atrás y quién sabe si la volveríamos a ver. Le había dicho que no se fuera; cuando se marchó, había Oscuridad en sus ojos. Tiendefuego estaba cuidando los troncos y las llamas saltaron más alto, lamiendo la bóveda ennegrecida. La flauta de Pastor llenó la cueva de música y nuestros corazones de niebla. Como siempre al principio del Recuerdo, Pastor tomó el cuenco lleno de carboncillos de Tiendefuego, invocó el poder del Rayo y vertió agua sobre él. Una densa nube de humo blanco se elevó del cuenco; la Nube estaba entre nosotros.

La figura de Pastor casi había desaparecido entre la blancura, pero su voz resonaba como si la propia Nube estuviera hablando:

—Hijas e hijos —recitó—, nos hemos reunido al acabar el Fulgor para poder Recordar. Pero primero, enviemos ayuda a nuestra hermana Aguafresca, que está afuera, en la Oscuridad, y tal vez esté perdida. ¡Que el Rayo atraviese la Oscuridad y le muestre el camino!

A continuación, todos vociferamos nuestra mejor invocación del Trueno. Cuando volvió el silencio, Pastor reanudó su discurso:

—Hijas e hijos, ¡recordemos! —Caminaba alrededor del fuego y emergía de la sombra blanquecina a medida que se acercaba a cada uno de nosotros. Se inclinó para mirarme a los ojos, tan cerca que nuestras cejas casi se tocaron. Sostuvo mi mirada por un largo rato y luego prosiguió. Pasó junto a Colmena sin detenerse; luego, de repente, señaló a Vigilanubes y le ordenó:— Vigilanubes, tú estás más cerca de la Nube que cualquiera de nosotros. ¡Recuerda el camino de la Nube!

Vigilanubes se puso en pie y así empezó su relato.

2

EL CIELO PERDIDO

Si el hombre ha de estar solo, que mire las estrellas. [...] Se diría que la atmósfera ha sido hecha transparente con esta intención: brindar al hombre, en los cuerpos celestes, la presencia perpetua de lo sublime.

RALPH WALDO EMERSON, *Naturaleza*[1]

EN BUSCA DE LA TOTALIDAD

Hemos viajado más de ocho mil kilómetros para llegar aquí, a través de océanos y montañas, pero el éxito de toda la expedición depende de estos último quinientos metros.

La senda polvorienta serpentea en su ascenso, flanqueada por un susurrante pastizal de hierba alta en el que, según nos han dicho, se pueden ocultar serpientes venenosas. El olor de tierra seca y de pino llena el aire de la mañana y nuestros pasos levantan nubecillas de polvo que se pegan a nuestros cuerpos sudorosos. Nuestro hijo, Benjamin, con dos años aún no cumplidos, disfruta de su viaje en la mochila portabebés, oteando desde su atalaya la tierra polvorosa. Emma, de cinco años, se aferra orgullosa a un bastón que no es más que una rama muerta; un chambergo rosa le protege de un sol implacable. En pocos minutos ya no lo necesitará. Hemos venido a esta remota parte de Oregón en busca del eclipse solar total perfecto. Bautizado como «el Gran Eclipse Americano», el fenómeno del 21 de agosto de 2017 es el primer eclipse solar en atravesar los Estados Unidos desde 1918. El recorrido de la totalidad, la estrecha franja sobre la Tierra en la que la Luna se alinea exactamente con el Sol, atravesará el país desde la costa del Pacífico, en Newport, Oregón, hasta el Atlántico en Charleston, Carolina del Sur, pasará por trece estados y dará la oportunidad a millones de personas de presenciar uno de los espectáculos más impresionantes que el cielo puede ofrecer.

Ya había intentado ver un eclipse antes. Cuando la Tierra, la Luna y el Sol fueron tan amables de alinearse justo al lado de casa en agosto de 1999, en mis años de estudiante universitario de física, me desplacé de Zúrich al sur de Alemania; un cómodo viaje en tren y autobús hasta el campo y una caminata hasta la cima de una suave colina, con trípodes, cámaras, filtros solares y carretes de película fotográfica a punto. Igual que el tren suizo en el que viajamos, el eclipse fue puntual esa mañana, pero mis compañeros físicos y yo solo pudimos intuirlo a través de las gruesas nubes y gracias a los teleobjetivos de nuestras cámaras. Más tarde presumiríamos de que habíamos estado allí, con las fotografías del Sol eclipsado para demostrarlo, cual trofeos de un safari, pero en nuestras sonrisas se intuía la decepción y el cielo gris parecía burlarse del trío que éramos... no sentíamos haber experimentado un eclipse de verdad.

Esta vez me había informado bien y sabía que las mejores condiciones se hallaban en la parte oriental de Oregón, donde la cordillera de las Cascadas mantiene a raya el aire húmedo procedente del Pacífico y es muy probable que el cielo estival estuviera despejado a las 10:21 del 21 de agosto de 2017. Por desgracia para nosotros, en la era de internet, millones de estadounidenses y cazaeclipses habían llegado a la misma conclusión y pronto descubrí que los hoteles, apartamentos, cámpings, parcelas de autocaravanas e incluso campos abiertos desde Bend hasta Portland estaban llenos. Todo el mundo quería bañarse en la sombra de la Luna mientras atravesaba el continente.

Pero tenía un as en la manga: el astrónomo Tyler Nordgren, un colega mío, forma parte del minoritario grupo de personas que se autodenominan *coronáfilos*, fanáticos de los eclipses. Con docenas de eclipses a sus espaldas, es un tipo que tenía un plan para el Gran Eclipse Americano, y era un plan que no desilusionaba en absoluto: cuando me puse en contacto con él, nos invitó a unirnos en un rancho privado cerca de Kimberly, donde había organizado una acampada para el eclipse. Habría barbacoas, habría mulas y caballos, habría la amplitud de las tierras salvajes americanas y, sobre todo, habría la probabilidad más alta de un minuto y cincuenta y ocho segundos de totalidad bajo un cielo de un azul intenso. Hice llamadas, reunimos ahorros y reservamos los billetes de transporte. Habíamos volado de Londres a San Francisco y ajustado nuestros relojes biológicos a la hora del Pacífico en el condado de Marin. En Newark, en la hora punta de un viernes por la tarde, recogimos una autocaravana más amplia que mi primer piso de estudiante, nos pusimos en marcha hacia el norte por la autopista 5, giramos hacia el este en Redding, pasamos la noche rodeados de aromáticos pinos en el condado de Lassen, pasamos volando por desiertos con lagos de un azul profundo, llenamos el depósito en Wagontire (dos habitantes) y cocinamos un poco de *pasta al sugo* bajo una bóveda estrellada. No podíamos entretenernos, teníamos una cita cósmica. La estatal 19 nos llevó hasta Kimberly, pasando por el John Day Fossil Beds National Monument; luego, era cuestión de buscar un determinado hito y un buzón rojo con una mula encima y hacer bajar delicadamente la autocaravana por una senda de tierra hasta lo que, a la luz de los faros, parecía un campo abierto. Cuando abrí los ojos esa mañana, el subidón de adrenalina fue inmediato. Corrí las cortinas de la caravana y miré afuera: el cielo mostraba una propicia tonalidad rosada, de melocotón, lo que auguraba un día sin nubes. Teníamos el éxito al alcance de la mano. Contemplé las colinas jaspeadas de oscuras coníferas, artemisa plateada, retama negra con sus flores amarillas y unos matorrales de color verde amarillento que no identificaba. Este paisaje es tan icónico del Oeste americano que nuestra autocaravana lo tenía pintado en los costados.

Habíamos decidido subir a una de las colinas para tener una visión del paisaje mientras se acercaba la sombra lunar, y también para alejarnos de los seiscientos cazaeclipses que habían transformado el remoto rancho en una fiesta llena de buen rollo. Si queríamos conectar con el cielo necesitábamos aislamiento y silencio tanto como una buena visión. Pero resulta que el altiplano que habíamos escogido como lugar de observación estaba más lejos de lo que nos imaginábamos, la pendiente era más pronunciada de lo que esperábamos y preparar a nuestros dos miniexploradores para el último tramo de la aventura esta mañana nos llevó más tiempo de lo planeado. Como resultado, eran las nueve y diez y el inicio del eclipse nos encontraba aún a medio camino de la cima. Nos perdimos el primer contacto, cuando la Luna da su primer y tímido mordisco al disco solar; había que apresurarse si queríamos llegar arriba a tiempo para el número principal.

El heraldo de la destrucción

Mi amigo y colega Mark McCaughrean, un hombre de ciencia poco dado a las efusiones líricas, me dijo una vez que la totalidad le había transformado en «un mono boquiabierto». Isaac

Asimov fue más allá e hizo que un eclipse solar pusiera fin a toda una civilización en su relato breve de 1941 *Nightfall*. La historia tiene lugar en un planeta permanentemente bañado por la luz solar, Lagash, cuyos habitantes no tienen constancia de la existencia de las estrellas. Sin embargo, cada 2050 años, una luna provoca un eclipse solar total que sume al planeta en la oscuridad y, así, revela el cielo nocturno repleto de estrellas. Unos cuantos científicos predicen el espectáculo y avisan del fenómeno, pero son ridiculizados por la gente y atacados por los miembros de una secta que creen que el eclipse traerá el fin del mundo. Cuando la oscuridad sepulta el día y aparecen miles de estrellas, las mentes de los lagashianos se rinden y se desmoronan bajo el insoportable peso de un terror desenfrenado y el horizonte se enrojece con los incendios que están destruyendo las ciudades.

La reacción extrema de los lagashianos es algo exagerada, pero quizá solo un poco. Los eclipses solares totales siempre se han visto como portentos y, en muchos casos, como heraldos de muerte y destrucción. Cuando el Sol, fuente de calor, de luz y de vida, desaparecía del cielo sin previo aviso, el orden natural de las cosas quedaba alterado. A menudo se creía que los eclipses eran el ataque de alguna fuerza maligna: un dragón para los chinos, una serpiente para los mayas, un par de lobos para los vikingos, un espíritu maléfico en forma de sapo para el pueblo shan de Annam (en el Vietnam actual), un vampiro para los tártaros de Siberia. El profeta Joel advierte: «El sol se cambiará en tinieblas y la luna en sangre, ante la venida del Día de Yahveh, grande y terrible».[2]

Nuestros ancestros consideraban que los sucesos del cielo estaban conectados con los asuntos humanos, de modo que una alteración tan drástica e imprevista como un eclipse solar se veía como una amenaza que había que disipar con cualesquiera medios mágicos que hubiera disponibles. Entre los remedios estaban gritar para asustar al atacante del Sol, arrojar piedras y lanzar flechas con puntas de carbón al cielo, y cantar y salmodiar. Solo un poco menos aterrador era el espectáculo de la luna llena oscureciéndose y tornándose de un rojo sangre durante un eclipse lunar, algo que exigía las contramedidas mágicas correspondientes. Solo en raras ocasiones se interpretaba la unión del Sol y la Luna en el cielo como el feliz apareamiento de marido y mujer, como creían los aborígenes australianos y los tlingit de Norteamérica.

Un aspecto aterrador de un eclipse solar era que en la antigüedad nadie podía predecirlos de manera fiable, hasta Edmond Halley en el siglo XVIII. Un eclipse solar se produce cuando la Luna pasa por delante del Sol, lo que, en promedio, sucede cada dieciocho meses.[3] Ahora bien, el tipo de eclipse depende de los caprichos orbitales de la Luna; los eclipses totales (el Sol desaparece por completo) son espectaculares, mientras que los parciales (no se cubre el disco solar en su totalidad) y anulares (el disco lunar deja un anillo de luz solar a su alrededor) no resultan tan asombrosos: un eclipse solar parcial a menudo pasa desapercibido a no ser que uno lo esté buscando expresamente. Menos de un tercio de los eclipses solares son totales y, además, el recorrido de la totalidad, el trazo sobre la superficie de la Tierra en el que uno puede observar la Luna y el Sol en alineación perfecta, es bastante angosto, de solo unos cien o doscientos kilómetros de anchura; fuera de esta región, un eclipse total queda rebajado a parcial. Así, la posibilidad de experimentar el espeluznante momento de un eclipse solar total desde cualquier lugar de la superficie de nuestro planeta es limitada: en promedio, solo dos o tres veces por milenio. En cambio, los eclipses lunares, que ocurren cuando la Luna queda oculta por la sombra de la Tierra, se pueden observar desde cualquier lugar del lado nocturno de la Tierra, por lo que se puede observar un eclipse lunar total más o menos una vez al año, en promedio, desde cualquier lugar.

Muchas civilizaciones antiguas registraron con inquietud los patrones de eclipses solares y lunares, con la esperanza de predecir su ocurrencia futura, una tarea que exigía una atención constante, un registro preciso y un conocimiento astronómico transmitido de generación en generación. Desde el segundo milenio a. C., los chinos intentaron predecir los eclipses lunares como parte de su método calendárico sistemático, denominado *Lifa*, mientras que los eclipses solares se consideraban parte del *Tianwen*, los fenómenos impredecibles de los cielos. Algunos sí lograron descifrar el código: los astrólogos babilónicos observaron en el segundo milenio a. C. que los eclipses lunares se repiten exactamente cada 6.585 días (algo más de dieciocho años). En la actualidad a este ciclo lo llamamos *saros* y comprende 223 lunas nuevas, un período después del cual las posiciones relativas del Sol y la Luna en el cielo se reproducen casi exactamente. Los babilonios, al igual que los chinos, no podían predecir los ominosos eclipses solares, pero acaso se dieron cuenta de que un eclipse solar total siempre es precedido o seguido por un eclipse lunar, con una diferencia de catorce días entre ambos eventos; por consiguiente, saber cuándo ocurriría el próximo eclipse lunar los habría ayudado a prepararse para la posible ocurrencia de un eclipse solar total.

Tal vez fue esta la estrategia adoptada por el astrónomo y matemático griego Tales de Mileto, quien, según Heródoto, predijo el eclipse solar total del año 585 a. C., que se produjo en el norte de la actual Turquía durante el sexto año de una larga guerra entre los lidios y los medos. Cuando los ejércitos en liza «vieron que el día se había mudado en noche, [...] desistieron de la batalla y los dos bandos se aplicaron muy intensamente a hacer las paces».[4] El círculo megalítico de Stonehenge pudo haberse empleado como predictor de eclipses, al indicar el momento en que la Luna se acercaba a la zona de peligro orbital en la que podía oscurecer al Sol.

El pavor premoderno a los eclipses solares cobra vida en un relato de Bernardino de Sahagún, un misionero franciscano que pasó más de sesenta años entre los aztecas de México, dejando constancia de sus costumbres y creencias antes de que acabaran diezmados por la conquista española. Los aztecas creían que el inframundo estaba situado en el cielo y que no podía verse a causa del brillo del Sol; durante un eclipse total surgían unas monstruosas criaturas con apariencia de esqueletos, llamadas *tzitzimimeh*, que traían la destrucción al mundo. La reacción de los aztecas a la destrucción de la luz del Sol durante un eclipse en el siglo XVI recuerda a la de los lagashianos de Asimov: «Cuando le ve la gente luego se alborota y tómale gran temor, y luego las mujeres lloran a voces y los hombres dan gritos hiriendo las bocas con las manos y en todas partes se daban grandes voces y alaridos, y luego buscaban hombres de cabellos blancos y caras blancas, y los sacrificaban al sol, y también sacrificaban cautivos: se untaban con la sangre de las orejas, y juntamente se agujereaban estas con puntas de maguey, y pasaban mimbres o cosa semejante, por los agujeros que las puntas habían hecho; y luego por todos los templos cantaban y tañían haciendo gran ruido, y decían si del todo se acababa de eclipsar el sol: nunca más alumbrará, ponerse han perpetuas tinieblas, y descenderán los demonios y vendránnos a comer».[5]

Los eclipses solares totales llegaron a ser considerados como algo relacionado con la caída y la muerte de hombres poderosos, como reyes, emperadores, papas y profetas, o como un presagio de su muerte. El Evangelio de Lucas describe que el Sol se oscureció durante tres horas después de la crucifixión de Jesús, pero esto no pudo haber sido un eclipse astronómico, ya que sabemos que Jesús murió el día de Pascua, que coincide con la luna llena, no con la luna nueva que se requeriría para un eclipse solar.[6] Tal vez Lucas hablaba metafóricamente o aprovechó la poderosa imagen de un eclipse para recalcar retóricamente el dramático momento de la muerte de Cristo, con el que se cumplía la profecía bíblica sobre el momento del juicio final para Israel: «Sucederá aquel día —oráculo del Señor Yahveh— que yo haré ponerse el sol a mediodía, y en plena luz del día cubriré la tierra de tinieblas».[7] Se dice que el hijo de Carlomagno, Luis el Piadoso, murió por el terror que le produjo el eclipse solar del año 840. Y según la sabiduría popular recogida en la *Crónica anglosajona*, el eclipse total del 2 de agosto de 1133 hizo lo propio con Enrique I, rey de Inglaterra y duque de Normandía: «En este año el rey Enrique navegó por mar en el día de Lammas [el primero de agosto];[*] y al día siguiente, mientras dormía en el barco, el día se oscureció sobre todas las tierras, y el sol era como una luna vieja de tres noches, y había estrellas a su alrededor en mediodía. Los hombres estaban muy asombrados y aterrorizados, y decían que después vendría un gran acontecimiento. Y así fue; porque ese mismo año el rey murió, al día siguiente del día de San Andrés [es decir, el primero de diciembre], en Normandía».[8]

Que el rey Enrique I muriera más de dos años después del eclipse (el primero de diciembre de 1135) y por razones más mundanas (indigestión de lampreas, de las que se atiborró sin hacer caso del consejo de sus médicos) muestra cuán arraigada estaba la conexión entre portentos celestes y sucesos terrenales en la mente de los observadores.[**] Los asirios de Meso-

---

[*] Lammas es una fiesta celebrada en varios países anglosajones como ofrenda de los primeros frutos de la cosecha. Su nombre procede del anglosajón *hlāfmæsse*, es decir 'misa de la hogaza', ya que los fieles llevan a la iglesia una hogaza de pan horneado con el cereal recién cosechado. *(N. del T.)*

[**] La *Crónica anglosajona* reúne los dos sucesos en el mismo año de 1135, pero sabemos con certeza que el eclipse en cuestión se produjo el 2 de agosto de 1133 a las 12:08, con una totalidad que duró unos cuatro minutos y medio. *(N. del T.)*

potamia intentaban desviar las consecuencias nefastas de un eclipse reemplazando a su rey por un sustituto, cuyo papel era enfrentarse a los peligros de los malos augurios en lugar del soberano.[9] En general, este rey títere era un prisionero, un criminal o un plebeyo, nombrado a sugerencia de los astrólogos de la corte; tras un eclipse, como el del 15 de junio del año 763 a. C. (el primer eclipse solar registrado de forma inequívoca), se le entronizaría, ataviado con ropajes regios y se le daría una reina consorte.[10] Se le obligaba a hacer un juramento especial en el que «asumía sobre sí mismo todos los portentos celestes y terrestres» y durante un máximo de cien días se le alimentaba, se le entretenía y se le mantenía rodeado de guardaespaldas (no fuera a ser que escapara), mientras que el rey de verdad se mantenía oculto. Cuando se consideraba que el peligro celeste ya había pasado, se ejecutaba al sustituto y se reinstauraba al rey auténtico. Sin duda, el eclipse traía la muerte para el rey suplente.

El principio de la vida

Mientras sudo bajo un sol abrasador, subiendo la colina lo más rápido que me permiten las cortas piernas de mi hija y el peso de mi hijo, ya dormido en el portabebés, pienso en lo mucho que se ha modificado nuestra relación con nuestra estrella. Hoy en día, el término *adorador del Sol* evoca poco más que cócteles helados en una playa de arena blanca al atardecer, con el aire impregnado de olor a protector solar de factor 50. Sin embargo, en la antigüedad, cuando la supervivencia de la humanidad estaba a merced de sequías sofocantes, lluvias torrenciales o inundaciones devastadoras, los rituales para apaciguar al dios supremo no eran ninguna broma.

Muchas civilizaciones antiguas adoraban al Sol como una divinidad principal y en él (porque muy a menudo, aunque no siempre, se trataba de una deidad masculina) identificaban el principio de la vida. Con más razón, pues, la gente se aterrorizaba por su súbita desaparición del cielo. Ninguna civilización estuvo más obsesionada con el Sol, ni era más fervientemente devota de él, que los egipcios. En el antiguo Egipto, el dios solar Ra, con cabeza de halcón, cada día atraviesa triunfante el cielo en su barca, flanqueado por deidades menores que luchan y mantienen a raya a los eventuales enemigos que puedan interponerse en su camino. En el ocaso, la barca solar se hunde por el horizonte occidental, momento festejado por el parloteo de los monos, y se enfrenta a un viaje de retorno plagado de peligros por el inframundo. Allí, Ra debe vencer a enormes serpientes de cuerpos monstruosos, surcar doce oscurísimas regiones (una por cada hora, algo sobre lo que volveremos más adelante) por las profundidades de la Tierra y atravesar lagos de fuego, hasta enfrentarse, por fin, a su gran rival, Apofis, la serpiente de la muerte, con un cuchillo en cada uno de sus bucles. Con la ayuda de sus aliados de la luz, animado por los monos y los espíritus de los muertos, Ra finalmente se impone tras una cruenta batalla, pero para renacer debe entrar con su barca en la cola de la serpiente y ser regurgitado desde la boca, transformado en un escarabajo sagrado que hace rodar la rejuvenecida esfera del Sol cuesta arriba desde el horizonte oriental. Para los egipcios, este ciclo diario de muerte y resurrección encarnaba la lucha por la existencia y la esperanza de una nueva vida después de la muerte. Es curioso que los egipcios no dejaran ninguna constancia de eclipses; tal vez una alteración tan radical del curso normal de Ra era considerada demasiado bochornosa para que el faraón, la encarnación del dios en la Tierra, la compartiera con la posteridad.[11]

El segundo protagonista de la unión cósmica que se desarrolla sobre nuestras cabezas tuvo un papel igual de importante a la hora de moldear las creencias de nuestros antepasados.

Hasta donde podemos sondear en las profundidades oceánicas de nuestros mitos más pretéritos, era la Luna el núcleo original de la vida religiosa, no el Sol. Su ciclo de mengua y crecimiento extendió el cómputo del tiempo más allá de la simple alternancia del día y la noche. Como veremos en el capítulo 4, los primeros calendarios estaban basados en la Luna; pero, lo que reviste igual importancia es que las fases lunares se acabaron asociando con el ciclo siempre recurrente de la vida, la ley universal del devenir, la ineludible rueda del nacimiento, el crecimiento, la decadencia y la muerte humanos, algo que también exploraremos más a fondo.

Hermano y hermana, madre e hijo, ojo izquierdo y ojo derecho del cielo, novio y novia: cualquiera que sea su relación imaginaria, el antiguo simbolismo asociado con el Sol y la Luna se basa en su tamaño aparente casi idéntico en el cielo: el Sol es aproximadamente cuatrocientas veces más grande que la Luna, pero resulta que está asimismo cuatrocientas veces más lejos. Esta oportuna coincidencia astronómica nos brinda eclipses solares totales y también es el origen de una miríada de mitos en los que la Luna y el Sol son, si no iguales, al menos de estatus similar en sus respectivos papeles. Ahora bien, esta delicada unión no durará para siempre: a medida que la Luna se aleja de la Tierra, a un ritmo cada vez mayor de cuatro centímetros por año, en algún momento estará ya demasiado lejos para que su disco cubra completamente al del Sol; dentro de unos seiscientos millones de años, llegará el día en que el último eclipse solar total adorne la Tierra.[12]

Estrellas escoba y cometas de Newton

Los eclipses eran las más espeluznantes apariciones inesperadas del cielo, pero había asimismo otras que nuestros antepasados relacionaban con el drama del devenir humano. El evangelista Mateo nos cuenta que los magos visitaron al rey Herodes en Jerusalén, en busca del recién nacido rey de los judíos, que cumpliría la profecía de Balaam: «de Jacob avanza una estrella, un cetro surge de Israel».[13] «Vimos su estrella en el Oriente y hemos venido a adorarle», dicen. En el relato de Mateo, la estrella reaparece luego en el sur para guiar a los magos hasta Belén y el pesebre: «he aquí que la estrella que habían visto en el Oriente iba delante de ellos, hasta que llegó y se detuvo encima del lugar donde estaba el niño».[14]

Los intentos de identificar la Estrella de Belén con un fenómeno celeste real los inició el astrónomo alemán Johannes Kepler, quien, en 1604, describió con detalle una nueva estrella que vio aparecer al pie de la constelación de Ofiuco. Se trataba, como sabemos hoy, de una explosión de supernova, que marcó la muerte de una estrella densa y compacta, desgarrada por una reacción termonuclear descontrolada. La aparición de la estrella de Kepler, que tuvo lugar a tan solo veinte mil años luz de distancia, fue el último acontecimiento de este tipo que tuvo lugar en nuestra galaxia.[15] La nueva estrella había surgido en la región del cielo que Kepler estaba vigilando mientras buscaba una inusual conjunción de los planetas Saturno, Júpiter y Marte. Cuando calculó que habría ocurrido una configuración planetaria similar en torno a los años del nacimiento de Jesús, Kepler sugirió que «la estrella que llevó a los magos hasta el pesebre de Cristo [...] se podría comparar con nuestra estrella». Para Kepler, era posible que su nova fuera una reaparición de la Estrella de Belén, anticipada a él, como a los magos, por la conjunción de Júpiter y Saturno: «¿Qué más podían concluir los caldeos [los magos] a partir de las reglas de su arte [la astrología], todavía existentes, sino que algún suceso de la mayor relevancia era inminente?».[16]

Muchos otros se dedicaron a escrutar libros de astronomía, registros antiguos y comentarios de manuscritos perdidos; se consultaron traducciones, se revisaron trayectorias orbitales y se debatieron argumentos teológicos en un esfuerzo por identificar la Estrella de Belén: Venus era demasiado mundano; para el cometa Halley era demasiado pronto; un meteoro resultaba efímero en exceso. ¿Podría ser que el presagio que había convencido a los magos de ensillar sus camellos fuera una «estrella escoba», un cometa del que se daba noticia en un rollo de seda chino que databa de la época del nacimiento de Jesús? Que esta sea la interpretación de la Estrella de Belén que se mantiene hasta la actualidad en tarjetas de Navidad puede que sea culpa de Giotto, que se inspiró en la visión del cometa Halley en 1301 para representar del mismo modo la Estrella de Belén en la capilla de los Scrovegni, en Padua. Sea un acontecimiento astronómico, una señal sobrenatural o una invención alegórica, la Estrella de Belén nos cuenta una historia más grande: la de señalar un nacimiento milagroso con una aparición igualmente milagrosa en el cielo, un augurio procedente de los cielos para la humanidad en la Tierra, un signo de buena fortuna que se opone al «Sol oscurecido» que acompaña a la crucifixión.

Los cometas se consideraban versátiles presagios astronómicos: cual signo de exclamación cósmico, podían proclamar el nacimiento del hijo de Dios o arrastrar a un emperador a la muerte. Tanto la élite como el pueblo común respetaban los cometas como prodigios, apariciones monstruosas que anunciaban algún suceso inusual de importancia cósmica. El astrónomo danés Tycho Brahe dijo acerca de ellos: «Tales nacimientos antinaturales en los cielos [...] siempre han tenido algo grande que ofrecernos en este mundo inferior».[17] La pregunta difícil de responder era qué significaba exactamente el cometa. Los romanos creían que el gran cometa del año 44 a. C., uno de los más brillantes de la historia, era el alma de Julio César que ascendía al cielo tras su asesinato dos meses antes. Bien consciente del destino de César, el emperador Vespasiano, enfermo terminal, intentó desviar hacia otros el presagio de muerte que parecía profetizar el cometa del año 79 d. C.; en referencia al cometa, que describe como «estrella cabelluda»,* dijo: «Es un presagio, pero no para mí, sino para el rey de Partia; pues él lleva el pelo largo, mientras que yo soy calvo».[18] La argucia no funcionó y unas semanas después Vespasiano había muerto. Según san Tomás de Aquino, san Jerónimo veía los cometas como una de las señales del apocalipsis: «En el séptimo día, todas las estrellas, tanto los planetas como las estrellas fijas, arrojarán colas de fuego como cometas».[19] Lucas nos dice que el propio Jesús advirtió de que, antes de la venida del Señor, «habrá señales en el sol, en la luna y en las estrellas».[20]

Los cometas no solo subrayan los acontecimientos históricos, sino que también los moldean. El año es 1066, el cometa es el Halley, que aparece despreocupadamente casi seiscientos años antes del nacimiento de aquel del cual recibiría el nombre. Visible incluso a plena luz del día, el espectáculo es magnífico por la noche: «un cometa con tres largos rayos iluminó una gran parte del sur durante quince noches»; otros describieron su triple cola que «se desparramaba como el humo». Apenas con cuatro meses al frente de su precario reinado, Harold Godwinson, el último rey anglosajón de Inglaterra, se maravillaba ante la «nueva estrella» mientras su gente rezaba para evitar el desastre. Un monje de la abadía de Malmesbury, que tal vez había presenciado el paso del cometa Halley en el año 989 y que había anticipado la invasión vikinga de Britania, se exclama: «Hete aquí una vez más, causa de lágrimas

---

* De hecho, la palabra *cometa* significa justamente 'cabelludo', pues procede del griego κομήτης, *cometes*, 'de pelo largo'. En griego, ἀστὴρ κομήτης, *aster cometes*, 'estrella cabelluda', ya era el término habitual para referirse a los cometas. La ocurrencia de Vespasiano tal como la relata Casio Dion, pues, se basa en un juego de palabras entre los dos significados de *cometes*. *(N. del T.)*

para tantas madres. Ha pasado mucho tiempo desde que te vi por última vez, pero ahora te veo, más terrible que nunca, y amenazas a mi tierra con la ruina absoluta».[21] Doscientas millas al sur, Guillermo de Normandía también se maravillaba ante la nueva estrella, pero en su cola cabelluda que apuntaba hacia el castillo de Harold ve un augurio divino de victoria para su campaña militar; su ejército se reúne al grito de «¡Una nueva estrella, un nuevo rey!». Cinco meses después, mientras el cometa Halley se dirige con poca energía hacia su hogar en el frío y oscuro cinturón de Kuiper, una flecha normanda acaba con la vida de Harold en la batalla de Hastings y convierte a Guillermo en rey.

Algo más tarde, la triple cola del Halley en todo su esplendor adornará un exquisito lienzo conmemorativo de la campaña de Guillermo el Conquistador. El tapiz de Bayeux, un rollo de tela de setenta metros de largo y finamente bordado en toda su extensión, fue encargado por el hermanastro de Guillermo para conmemorar la conquista normanda de Inglaterra con motivo de la consagración de la catedral de Bayeux en el año 1077.[22] La aparición del cometa Halley abre una secuencia de escenas que se desarrollan como una tira cómica hasta la muerte de Harold.

El poder de los cometas no pasó inadvertido para el niño que, seis siglos después, los situaría en órbitas parabólicas y así domaría sus caprichosas trayectorias. Cuando iba a la escuela, Isaac Newton solía hacer volar linternas de papel atadas a las colas de cometas caseras, que muchos aldeanos confundían con un cometa real en las oscuras noches de invierno. Más tarde, ya como estudiante en Cambridge, Newton «se quedó tantas veces alerta el año 1664 para observar un cometa que apareció entonces, que se sintió muy trastornado». Otro esplendente cometa a finales de 1680 tuvo un papel central en su obra maestra, la teoría de la gravitación universal, tal como veremos en el capítulo 7.[23]

UN ASOMBRO ESTREMECEDOR

Acelero el ritmo por la ladera de la colina, con el sudor que me chorrea por la espalda; mi mujer y yo agarramos de la mano a nuestra hija. Debemos llegar a la cima bien pronto o la totalidad nos enganchará a medio camino. Ya sé que no podremos nunca experimentar un eclipse solar total como lo hacían nuestros antepasados, pero si queremos recuperar ni que sea una pizca del asombro que los atenazaba, tenemos que hallar un lugar aislado, alejado de la muchedumbre. Nos detenemos con frecuencia para tomar un respiro, nos giramos, nos ponemos nuestras gafas para eclipses y comprobamos el avance del mordisco del dragón (¿o es un hombre lobo?) en su incesable marcha por el disco solar. De golpe, la empinada pendiente se acaba: estamos en la cima de la cresta, un inhóspito paisaje de colinas desnudas salpicadas de artemisa y pinos a todo nuestro alrededor. Al Sol aún le falta otra media hora para subir y situarse en un alineamiento perfecto con el círculo negro que lo va cubriendo. Dejo a mi hijo en el suelo, aliviado por dejar el portabebés y agradecido por estar aquí.

Unos minutos antes de la totalidad, los colores desaparecen del paisaje, como si algo los hubiera sorbido, y las sombras toman un aire espeluznante, recortadas por un lado y desdibujadas por el otro, porque estamos de pie bajo un enorme foco en forma de medialuna. Había oído que a veces se describe como un «ocaso en pleno día», pero no se le parece en nada: al atardecer, los colores viran hacia el rojo y el mundo se baña en una luz cálida, suave y resplandeciente. Justo antes de la totalidad, en cambio, la luz se vuelve siniestra, gris, ominosa; el Sol parece impotente mientras la oscuridad avanza. La sombra de la Luna se desliza hacia nosotros a más de tres mil kilómetros por hora, más rápido que la velocidad del sonido, fundiéndose sobre cordilleras indistintas, bosques de pinos, las refulgentes ciudades del hombre y millones de ojos expectantes detrás de gafas de Mylar. Ahora hace frío, como si de nuestro planeta se estuviera escapando la energía vital del universo. Los pájaros también lo sienten: «Los pájaros cayeron al suelo», nos dice la crónica de un eclipse en Escocia en 1652.[24] ¿Duermen o están helados de miedo? Las flores se cierran, engañadas para pasar a su posición nocturna por un fenómeno que no volverán a presenciar.

Y entonces sucede: el Sol se desliza por completo tras el disco negruzco. La quietud de un momento más allá del tiempo se ve interrumpida por nuestras exclamaciones, a las que pronto se suman los vítores y gritos de la multitud en el rancho que se encuentra debajo de nosotros. Es imposible contenerse; el asombro tiene que salir y expresarse. Gritamos, vociferamos, berreamos, aullamos: retornamos a un estado más primitivo. A través de las grietas del cielo, las estrellas aparecen como si estuvieran ansiosas por presenciar la fatalidad inminente. La corona —la parte exterior de la atmósfera solar, cientos de veces más caliente que su superficie pero habitualmente invisible— irradia y se muestra alrededor de ese antinatural agujero negro en el cielo. Es un anillo de fuego donde tendría que estar el Sol, feroz y siniestro. Sé que la apariencia de la corona no cambia en cuestión de minutos; sin embargo, me resulta difícil quitarme de encima la impresión de que está vibrando con una fría energía. Sé que la totalidad durará un minuto y cincuenta y ocho segundos; no obstante, el tiempo parece dilatado. ¿Y si el Sol no reaparece nunca? Estoy de pie a la sombra de la Luna y ese rayo de oscuridad me conecta con las estrellas. Toco mi mejilla y mi mano se humedece.

El cielo olvidado

En los últimos tiempos, con los viajes aéreos de larga distancia al alcance de muchos, el dramatismo de los eclipses solares y la danza de las auroras boreales han atraído a millones de fieles. Algunos han llegado a todo tipo de extremos: vuelos del *Concorde* para seguir a velocidad supersónica la trayectoria de un eclipse solar y alargar la totalidad a más de una hora; cruceros oceánicos hábilmente pilotados para situarse bajo un claro entre las nubes durante cuarenta segundos de totalidad; manadas de motos de nieve lanzadas a toda velocidad por la noche ártica, llenas de cazaauroras faltos de sueño y pegados a pronósticos poco fiables de tormentas magnéticas. En la era de las redes sociales, tampoco basta con estar presente; aún más importante es transmitir al mundo ese fugaz momento con actualizaciones continuas. La experiencia vivida del cielo, que requirió tanto esfuerzo lograr, se degrada en una vista pixelada de la pantalla de un teléfono inteligente, no muy diferente de lo que cualquiera con una conexión a internet tiene a apenas un par de clics de distancia (aunque mucho más caro).

Para el resto de nosotros, «los cuerpos celestiales, la perpetua presencia de lo sublime», en las palabras de Ralph Waldo Emerson, se alejan tras cortinas cada vez más gruesas de luz artificial. En 1869, el astrónomo Edwin Dunkin publicó su ahora clásico libro *The Midnight Sky*, en el que con hermosas ilustraciones a mano muestra a la Vía Láctea brillando con todo su esplendor sobre la catedral de san Pablo de Londres, por entonces la mayor metrópolis del mundo. Todavía faltaban veinte años para la iluminación eléctrica de las calles y en una noche clara y sin Luna, los londinenses podían reconocer sin problemas la descripción que en el siglo XVII hiciera de ella John Milton: «suntuoso y ancho camino, en que el polvo es oro y la calzada de estrellas, como las ves en la galaxia o Vía Láctea que descubres por la noche, a la manera de una zona tachonada de estrellas».[25] Milton escribió esta descripción de memoria, tras quedarse ciego por completo hacia los cuarenta años. En esta parte de su obra maestra, el poema épico *El pa-*

raíso perdido, evoca una visión de los cielos de la que había quedado privado.

Dunkin señaló que desde Londres se podían ver hasta dos mil estrellas en cualquier momento, un espectáculo celestial cuya «pintoresca belleza [es] más que suficiente para dejar en la mente del observador más apático tan profundas impresiones de la majestuosidad de la creación que no se pueden borrar fácilmente».[26] Una noche de verano sin luna, me encontraba en el espacio público más grande de Londres: mil doscientos acres de antiguos brezales y ciénagas cerca de Wimbledon que han estado habitados durante milenios;* no logré contar más de ciento cincuenta estrellas, trémulas y casi perdidas entre la neblina anaranjada que emanaba de la ciudad de nueve millones de habitantes que me rodeaba.

Con algo de esfuerzo, aún podemos recobrar algo de lo que veían nuestros ancestros. Acampa en la montaña, camina por el desierto, navega hasta que el último destello de la costa desaparezca bajo el horizonte; apaga todas las luces y espera a que los ojos encuentren el punto de referencia. Entonces lo verás: un intrincado bordado con apliques hechos de hidrógeno resplandeciente, puntadas imaginarias que conectan reactores de fusión que flotan en el vacío, pedazos negros como el carbón que un par de binoculares revelan llenos de un polvo refulgente, pequeños discos esplendentes que chispean con la promesa de otros mundos.

Para nuestros antepasados, las estrellas no eran un mero tapiz decorativo con una deslumbrante variedad de brillos y colores; delineaban en su imaginación formas de osos, babuinos, águilas, escorpiones y serpientes, princesas y dragones, jóvenes doncellas y héroes, viejos reyes y humildes pastores.

---

* Se refiere a los Wimbledon and Putney Commons, un gran parque público. Junto con los jardines reales de Richmond, justo al lado, forman un enorme espacio verde en la zona suroccidental de Londres. *(N. del T.)*

Personajes heroicos, seres míticos, animales sagrados y objetos mágicos llenaban el cielo en forma de constelaciones.
Algunos de estos productos de nuestra imaginación son sorprendentemente parecidos en diversas culturas, como el toro u
Orión. El cielo nocturno no tiene profundidad: las estrellas que
contemplamos una al lado de la otra en una constelación pueden
estar a miles de años luz de distancia en el espacio tridimensional. Cástor y Pólux, las dos estrellas más brillantes de la constelación de Géminis, están en realidad separadas por veinte años
luz; su aparente proximidad no es más que una ilusión. Las
constelaciones también se transforman con el paso del tiempo,
ya que el movimiento de las estrellas en el espacio distorsiona su
forma hasta hacerla irreconocible; no sabríamos identificar las
constelaciones que los neandertales veían en su cielo hace un
millón de años si las hubieran conservado en piedra (algo que
no hicieron).

Una vez conocí a un estudiante de doctorado de física de
Nueva York, al que llamaré Max, en una isla mediterránea
donde yo impartía un curso de especialización. Había cenado
con un grupo de estudiantes en una terraza con vistas al mar al
pie de unos espectaculares acantilados y caminábamos juntos
de regreso al solitario lugar donde se impartía el curso. Era
una noche oscura y, mientras avanzábamos, echamos el cuello
atrás para contemplar las estrellas; la Vía Láctea se mostraba
como un camino tan característico como la acera que pisába-
mos. Comenté casualmente su belleza, a lo que Max respondió
que nunca había visto las estrellas en su vida. Al principio
pensé que quería decir que nunca las había experimentado así,
pero me explicó que, al haber crecido cerca de la ciudad de
Nueva York, hasta que empezó el doctorado estaba convencido de que las estrellas solo se podían ver con un telescopio.

Me quedé pasmado. Un joven de veintipocos años, gra-
duado en física y especializado en cosmología no es precisamente alguien sin conocimientos. Y sin embargo, Max no te-

nía la menor idea de que podemos apreciar el brillo de las estrellas y las nebulosas a simple vista, esperando pacientemente y lejos de las luces de la gran ciudad. Las estrellas no son más que la última víctima de nuestra incesante conquista de la oscuridad, que retrocede sin parar bajo el avance de las farolas, los focos, los reflectores, las vallas publicitarias digitales, las guirnaldas de colores alimentadas por energía solar en los jardines y las lámparas de descarga de alta intensidad en los estadios.

La primera en quedar arrinconada fue la Vía Láctea de Milton, que ya hace mucho tiempo desapareció de las áreas urbanas para retirarse al campo, donde quedó rodeada y perseguida por el resplandor del cielo de las ciudades. Ahora ha huido a desiertos remotos, parques nacionales y pequeñas islas. Es posible que los residentes actuales de las ciudades no sean ni tan solo capaces de identificar sus exiguas apariciones. En la noche del 9 de noviembre de 1965, un apagón a escala estatal la hizo destacar por encima de los habitualmente resplandecientes rascacielos de Manhattan. Algunos personajes de la novela *Submundo* de Don DeLillo no pueden evitar darse cuenta, aunque no saben exactamente qué es en realidad ese «cielo veteado»: «La gente hablaba entre sí y cada dos por tres miraba hacia arriba. Miraban hacia el cielo del centro de la ciudad o intentaban mirar hacia el extremo de la isla, bloqueada por supuesto por un amasijo de edificios, pero siempre hacia arriba, observando el cielo, y señalaban y hablaban [...] Podía ver las siluetas de las torres del centro de la ciudad, precisas y planas, recortadas contra el cielo veteado».[27]

Cuando el cielo estrellado iluminó Los Ángeles a las 4:31 de la madrugada del 17 de enero de 1994, después del terremoto de Northridge que dejó sin electricidad a la ciudad, los desconcertados habitantes llamaron al Observatorio Griffith, desorientados por el «extraño cielo» que contemplaban... extraño porque estaba lleno de estrellas.[28]

La paradoja de nuestro tiempo es que, mientras el cielo real se aleja, unos pocos clics pueden transportarnos a los rincones más distantes del universo visible y, en un instante, desde la nube, podemos conjurar los fantasmas pixelados de unos cuantos fotones que acabaron cayendo sobre los espejos de nuestros telescopios gigantes después de un viaje de miles de millones de años a través del espacio. Ya no reconocemos las deshilachadas constelaciones de nuestros cielos urbanos, pero la realidad aumentada de nuestros teléfonos inteligentes se encarga de rellenar nuestra mermada experiencia.

Ahora bien, nuestros telescopios, observatorios espaciales y cámaras digitales no son las meras extensiones de nuestros sentidos que a menudo imaginamos que son. Potentes y fiables, han abierto la puerta a imágenes y generado conocimientos que habrían parecido prodigiosos a Galileo, quien utilizó por primera vez un telescopio para estudiar el cosmos hace más de cuatrocientos años. También están concebidos para captar un determinado fenómeno y descartar todos los demás; los datos que producen están depurados de imperfecciones, limpiados de señales irrelevantes y amplificados por encima del ruido. Si el objetivo es la investigación científica, el flujo digital se introduce en una compleja maquinaria informática que exprime la respuesta que buscamos; si las imágenes son para consumo público, se enmarcan, se colorean y se cuelgan en galerías virtuales que podemos visitar en toda la web.

El encuentro personal con el cielo profundo es otra cosa, completamente distinta.

UNA MADEJA DE LUZ

Hace unos años organicé un congreso en un centro de la ciudad suiza de Ascona. Como crecí a menos de un kilómetro de ese hermoso lugar, conocía su historia, que se remonta a principios del siglo XX. Es fácil entender por qué Monte Verità ('el monte de la verdad'), enclavado entre bosques tranquilos y situado en la cima de una colina con vistas a un lago subalpino, fue elegido en su día por un grupo de idealistas como el lugar para empezar una nueva vida basada en la libertad, el vegetarianismo y la proximidad a la naturaleza (lo que incluía el nudismo). El estimulante entorno de Monte Verità encantó a una mezcla ecléctica de artistas e intelectuales, entre ellos Carl Gustav Jung, Paul Klee, Rudolf Steiner, Walter Gropius, Marcel Breuer y Hermann Hesse. El artista de la Bauhaus Xanti Schawinsky capturó su carácter bohemio como «el lugar donde las cejas alcanzaban el cielo y los traseros viajaban en tercera clase».[29]

En 2009, Monte Verità se había convertido en un centro de congresos de primer orden dirigido por la ETH de Zúrich, mi *alma mater*, e invité a cincuenta colegas de todo el mundo, astrofísicos y estadísticos, para discutir acerca de los retos que plantean al análisis de datos la materia oscura y la energía oscura para nuestra comprensión del universo. Sentí que un tema así de esotérico habría complacido a los originales habitantes del lugar. La invitación a alcanzar el cielo planeaba con fuerza durante el evento, gracias a unas noches comparativamente oscuras, así que organicé una sesión pública de observación astronómica en colaboración con la sociedad astronómica local. Con los telescopios instalados en el jardín que casi colgaba sobre el lago y el dosel estrellado brillando sobre nosotros en un cielo sin nubes, sucedió algo extraordinario.

Después de que los astrónomos locales agotaran la lista de objetivos que querían mostrar, Chris Genovese, un estadístico del Carnegie Mellon, tomó uno de los telescopios reflectores y lo giró suavemente para apuntar a lo que parecía una dirección aleatoria. La gente se inclinó para mirar a través del telescopio y se levantó todo un coro de exclamaciones; luego, en dos hábiles movimientos, Chris volvió a orientar el telescopio y más gritos de sorpresa rompieron el silencio. Apreté mi ojo contra el ocular, la primera vez que lo hacía desde que me arriesgué a perder la vista como estudiante; de la oscuridad temblorosa surgió una delicada nebulosa, una flotante y enmarañada madeja de luz que parecía estar a la vez al alcance de la mano e imposiblemente lejana. Sabía que los gases brillantes que formaban la neblina azulada que estaba contemplando se extendían por el espacio sobre distancias inimaginablemente vastas, tal vez de decenas de billones de kilómetros de anchura; sin embargo, también parecía como si estuviera observando una forma de vida microscópica. La distancia y el tamaño quedaban fuera de toda proporción a causa del truco de magia del telescopio. Comprendí entonces por qué muchos eclesiásticos simplemente se habían negado a creer lo que veían a través del telescopio de Galileo. Lo que veía no se parecía en nada a las imágenes nítidas, de alta definición y a todo color del telescopio espacial *Hubble*, sino más bien a una diminuta mancha de luz que revoloteaba al borde de la percepción visual. Miré ese objeto hasta que se desplazó fuera del campo de visión, mientras Monte Verità, el telescopio y yo mismo éramos arrastrados por la Tierra en sentido opuesto.

Un estudio de 2015 sobre estudiantes universitarios de Estados Unidos descubrió que, de promedio, los estudiantes de grados no científicos solo reconocían dos constelaciones (Orión y la Osa Mayor son las constelaciones que se identifican correctamente con mayor frecuencia) y una sola estrella (la estrella polar y Betelgeuse en Orión son las únicas dos estrellas que se identifican con una frecuencia superior al simple azar). Resultó sorprendente que el hecho de haber crecido bajo cielos oscuros no implicaba ninguna diferencia estadística en la capacidad de los estudiantes para nombrar estrellas y constelaciones: tal vez hemos perdido el interés, así de simple.[30] En 2050, nueve de cada diez estadounidenses vivirán en zonas urbanas, donde una cúpula de luz artificial cubrirá sus noches y desterrará por completo las estrellas de su vista y de sus mentes.

El más famoso predicador estadounidense de la experiencia directa con la naturaleza, Henry David Thoreau, exploró su conexión con el cielo durante su retiro en Walden Pond a mediados del siglo XIX. En sus famosas cavilaciones, Thoreau escribe sobre pescar a la luz de la luna en el «pozo limpio, verde oscuro» que es la laguna y cómo, en las noches sombrías, sus pensamientos derivan «con temas sin límites y cosmogónicos a otras esferas [...] me era dado lanzar mi sedal al aire tanto como lo más hondo de ese elemento».[31] Ralph Waldo Emerson, amigo y mentor de Thoreau, de modo parecido, sentía que «[l]os rayos que vienen de esos mundos celestiales se interpondrán entre [el hombre] y lo que toca».[32] Si fuerzo mi imaginación, aún puedo asir un débil reflejo de la experiencia de Thoreau, que se desvanece a medida que resuena a lo largo de las cinco o seis generaciones que nos separan. Es aún más difícil imaginarse caminando por las oscuras calles de Londres, como debió de hacer Edwin Dunkin en la misma época en que Thoreau pescaba en Walden y miraba hacia arriba para ver la Vía Láctea.

¿Qué perdemos por ya no sentir esta conexión con las estrellas?

Para responder a esta pregunta, debemos descubrir qué es lo que hemos obtenido de este asombro que nos hace echar el cuello atrás. Debemos remontarnos miles de generaciones atrás, regresar a ese mundo desaparecido cuando monstruos míticos, grandes héroes y hermosas princesas poblaban la noche, debemos sumergirnos en el tiempo profundo.

Pero primero, visitaremos un mundo sin estrellas.

LAS CRÓNICAS DE CALIGO

El cuento de Vigilanubes

Vigilanubes se puso en pie y su canto llenó la cueva. Todos recordábamos las palabras, pero nuestros corazones empezaron a temblar como si estuvieran llenos del Trueno.

¡Hijas e hijos!
Lo que somos lo debemos a la Nube,
que nos envía la lluvia que abre las hojas,
que hace soplar el viento que seca la tierra,
que da vida al Disco con el poder del Rayo.

Contemplar la Nube es mi Recuerdo:
la Nube que trae a los pájaros,
que hace crecer las manzanas,
que hace caer los frutos.
Contemplar la Nube es mi Recuerdo:
su canto llega en su aliento desde el borde del Disco
y arrulla al Oso en su largo sueño;
su Trueno nos da fuerza en la guerra,
su Fulgor aleja la Oscuridad.
Contemplar la Nube es mi Recuerdo.
Contemplar la Nube es comprender la Nube.
Contemplar la Nube es sentir la Nube.
Contemplar la Nube es estar vivo.

Cuando el sueño se acorta y el Fulgor crece,
la cría de venado entra en el Disco,
los huevos motiazules son suaves a la lengua
y felices crujimos huesos llenos de tuétano.
Pero cuando la hierba es parda y el Bisonte se ha ido,
cuando el Fulgor de la Nube es breve y débil,
buscamos amargas raíces para masticarlas largo tiempo.
Cuando crece la Oscuridad y el Fulgor nos abandona,
nos sentamos al fuego, la piedra trabaja las pieles
y nos protegemos del frío.

Con el Fulgor, observo la Nube
y veo cómo se mueve,
cambia su forma, cambia su color.
Con el Fulgor, observo la Nube
y nos dice cuándo vendrá la cría de venado
y dormirá el Bisonte.
Con el Fulgor, observo la Nube
y me dice «Lluvia en las montañas»;
y si oigo el débil Trueno, sé que los cantos ruedan
sobre el Techo del Disco, sobre la Nube,
lejos, donde las cimas sostienen el Techo.
Con el Fulgor, observo la Nube
y busco el nido del Rayo,
el fuego blanco que brilla en la Oscuridad.
Con el Fulgor, observo la Nube
y esto es lo que he visto:
el Trueno se acerca y con él llegará el Rayo.

3

LA VIDA BAJO UNA NUBE

Ato al trono del sol un cinturón de llamas
y al de la luna uno de perlas.
Los volcanes no bullen y duermen los luceros
cuando alza el viento su bandera.
Con la forma de un puente, del uno al otro polo,
sobre una mar impetuosa,
coloco un techo inmenso que tiene por columnas
las cordilleras sinuosas.

PERCY B. SHELLEY, «La nube»

ENTRE LAS PIEDRAS ERECTAS

Abrí la puerta y me sumergí en la noche oscura.

El vendaval casi me tiró al suelo. Me puse la capucha forrada de lana de mi chubasquero y di unos pasos más por el camino de grava. La oscuridad me envolvió. A solo unos metros, la luz suave y cálida que salía de las ventanas de la cabaña parecía retroceder mucho más rápido de lo que permitían las leyes de la física.

Apenas podía distinguir el borde del camino de acceso, más allá del cual empezaba el *machair*.* El viento chirriaba al

---

* El *machair* es un tipo de terreno típico de las Hébridas y las costas

unísono con el rugido del invisible Atlántico Norte. Escudriñé el horizonte en busca de indicaciones: el páramo ondulado era una oscuridad purpúrea más profunda allí donde terminaba el cielo nocturno. Mientras caminaba, encorvado contra el viento, una inquietud se afianzó en la boca de mi estómago: la sensación de sombras en movimiento, la noche acechándome. Buscando una presencia, estiré el cuello hacia atrás y escruté el cielo: no había ni una sola luz a la vista. Me sentí perdido.

Había viajado hasta las Hébridas Exteriores para hacer una presentación en el Hebridean Dark Skies Festival, un festival de dos semanas en el que se mezclan astronomía, música, comedia, gastronomía y arte. Ubicada a cincuenta y ocho grados de latitud norte, la escasamente poblada isla de Lewis disfruta de uno de los cielos más oscuros del Reino Unido, lo que ofrece la oportunidad de admirar la Vía Láctea e incluso la galaxia de Andrómeda a simple vista. Las auroras boreales también son un fenómeno habitual cuando el cielo está despejado. Pero esto último no es algo que esté en absoluto garantizado en febrero en el norte de Escocia, y aquel año la tormenta Dennis, uno de los ciclones extratropicales más fuertes registrados, amenazaba con arruinar las fiestas de observación estelar.

Y sí, Dennis llegó y borró el cielo nocturno.

Los días eran solo un poco mejores. La capa de nubes era tan espesa que ni siquiera se veía el disco solar; la luz difusa no proyectaba sombras y los colores desaparecían de los páramos y los lagos. Recordé entonces los grises e interminables días invernales en Ginebra, donde había vivido como estudiante de posgrado. Las nubes permanecían atrapadas durante semanas enteras entre los Alpes al sur y las montañas del Jura al

---

del norte de Escocia e Irlanda; es una especie de páramo arenoso, en algunos casos con una capa de tierra apta para el cultivo. *(N. del T.)*

norte, formando un velo que también enmudecía mi espíritu interior. La palabra *sombrío* puede describir tanto un cielo nublado y opaco como una persona de aspecto deprimido o una habitación oscura y mal iluminada. Era como si la falta de sol en el exterior se introdujera en mi paisaje interior. Cuando la tristeza y la depresión se apoderan regularmente del espíritu de uno durante la parte sombría del año, la afección se denomina *trastorno afectivo estacional* (TAE).* No sabemos con certeza qué causa el TAE, pero es más frecuente cuanto más lejos del ecuador vive la gente: el TAE es nueve veces más común en Alaska que en Florida, el «estado del Sol». Me pregunté qué efectos tendrían unas nubes permanentes sobre mi salud mental; nada bueno, fue la respuesta.

Un día, mientras la tormenta continuaba, visité el círculo de piedra prehistórico de Callanish, o Calanais, como se denomina en gaélico, un conjunto monumental de cuarenta y ocho piedras puestas en pie, o menhires (que en bretón significa 'piedra larga'), además de un megalito central que se eleva a casi cinco metros por encima de una cámara funeraria. Un habitante de Lewis, John Morisone, escribió en 1680 que, según la leyenda, los menhires son «una especie de hombres convertidos en piedra por un hechicero».[1] Algunos tienen el extremo puntiagudo; algunos tienen un aspecto retorcido, arqueándose como tentáculos petrificados de quién sabe qué criatura prehistórica olvidada; otros se asemejan a lápidas acharradas, algunos a dientes de tiburón veteados de cuarzo blanco, otros a falos gigantes que desafían los eones. Todos fueron erigidos con gran esfuerzo para resistir a los elementos y los arañazos del tiempo hace unos cinco mil años, en una disposición semejante a una cruz celta, con el brazo más corto alinea-

---

* En inglés, las siglas del *seasonal affective disorder*, SAD, resultan mucho más pertinentes, pues *sad* significa 'triste'; pequeño juego de palabras que el autor aprovecha en el texto original. *(N. del T.)*

do muy cerca de la dirección este-oeste. Es probable que los menhires todavía sigan en pie dentro de cinco mil años, mucho después de que nuestros rascacielos de acero y vidrio, la gloria del Antropoceno, hayan quedado reducidos a polvo.

A veces denominado *el Stonehenge de las Hébridas*, Calanais es, en muchos aspectos, más impresionante que su más famoso y grande primo del sur de Inglaterra, quizá más sorprendente a primera vista por el hecho de ser menos familiar. A medida que uno se acerca a Calanais desde el oeste, los menhires se perfilan contra el cielo sobre una cresta, gigantescos dedos de gneis que sobresalen de la Tierra y se extienden hacia el cielo. El erudito griego Eratóstenes, el primero en medir el radio de la Tierra utilizando la sombra del Sol, escribió acerca de un «templo alado» de los hiperbóreos, los habitantes del lejano norte de Europa, quizá en referencia a las hileras de piedras de Calanais, orientadas de este a oeste. Una enigmática mención del historiador griego Diodoro de Sicilia en el año 55 a. C. apunta a la razón de ser de Calanais: la observación astronómica.

Diodoro escribe: «Afirman también que, desde esta isla, la Luna parece realmente poco distante de la tierra y dotada de algunas protuberancias de tierra visibles en ella. Se dice también que el dios se presenta en la isla cada diecinueve años, en los cuales se llevan a término los reposicionamientos de los astros [...] Y durante esa manifestación, el dios [Apolo] toca la cítara y baila continuamente por las noches desde el equinoccio primaveral [hacia el 21 de marzo] hasta la salida de la Pléyade [el 10 de abril en 1750 a. C.]».[2] Diodoro parece referirse a un remarcable fenómeno que puede apreciar un observador situado en mitad de la hilera principal de menhires cada 18,6 años, cuando la Luna sale y se pone en sus puntos más meridionales, lo que se denomina *lunasticio mayor*. Los arquitectos de Calanais, según los astrónomos y a partir de Norman Lockyer en 1909, podían haber diseñado y orientado su planta como cruce entre observatorio astronómico y lugar de veneración con este singular espectáculo en mente. La luna llena que se produce alrededor del solsticio de verano en un año con lunasticio mayor se alza por el sureste por encima de una cadena de colinas lejanas que recuerdan el perfil de una mujer recostada (en gaélico Cailleach na Mointeach, algo así como 'la vieja de los páramos'), luego se desplaza hacia el oeste, rozando el horizonte; después, la Luna desaparece detrás de una ondulación en las colinas, antes de reaparecer en una extraordinaria perspectiva enmarcada por los menhires. Para los sacerdotes astrónomos del Neolítico allí reunidos, habría parecido como si la Luna (la hermana de Apolo en la mitología griega) se hubiera materializado entre las piedras, tal vez la señal para que Apolo se uniera a la celebración. Como bien sabe cualquiera que haya presenciado la salida de la Luna llena, el disco de nuestro satélite se ve enorme cerca del horizonte. Esta ilusión de una «superluna», que se mantiene a lo largo de toda la trayectoria mientras la diosa parece jugar al escondite entre los menhires, debe de haber sido tan asombrosa para nuestros antepasados neolíticos como lo es para nosotros. Y el período de diecinueve años mencionado por Diodoro coincide bien con el ciclo astronómico real de 18,6 años entre lunasticios, lo que hace que este momento de gran tensión sea un espectáculo poco común, que se experimenta tal vez una o dos veces en la vida.[3]

Me dirigí hacia el círculo central por el pasaje principal; era un visitante solitario flanqueado por menhires en un día tempestuoso. Una oveja solitaria mordisqueaba la hierba mientras me acercaba, ajena a mí y a mis preguntas llenas de nubarrones. Cuando llegué al círculo central de trece piedras (¿acaso una referencia al número máximo de lunas llenas en un año solar?, me pregunté), deambulé a su alrededor, aún no del todo preparado para entrar en la zona más interna de lo que sentía como un santuario. Continué hasta el final del pasaje y miré hacia los páramos, tratando de reconstruir la forma de la mujer acostada en las colinas distantes, solo para ser empujado hacia atrás por el viento que aullaba en ese extremo tan expuesto del afloramiento. Mientras volvía sobre mis pasos, me detuve junto a un menhir y puse mi mano sobre su superficie de gneis veteado, áspera y fría. En mi mente se formó una imagen de otra mano, en otro tiempo y otro mundo, alzada en un gesto similar: un hombre o una mujer del Neolítico, biológicamente idénticos a mí en todos los aspectos esenciales, pero a la vez tan inaccesiblemente diferentes. ¿Qué significaban esas piedras para él o para ella? ¿Qué motivos había detrás del monumento?

«¿Por qué construisteis esto?», grité al viento, con las palabras arrancadas por el viento apenas salidas de mi boca. La profundidad del tiempo no me devolvió respuesta alguna.

Entré en el anillo interior, con la espalda contra el megalito central, que se alzaba con elegancia hacia las nubes ondulantes, impasible ante las borrascas. Cuando saqué mi delicado teléfono inteligente para tomar una foto, me sentí como si estuviera en un reflejo de la escena inicial de *2001: Una odisea del espacio*. En la película, un grupo de primates prehumanos se sorprende al toparse con un megalito alto, negro y liso, que los inspira a usar huesos como utensilios rudimentarios en un primer paso hacia la tecnología y la supremacía sobre la naturaleza. En febrero de 2020, en la isla de Lewis, el megalito espacial se había transformado en un dispositivo portátil repleto de tecnología indistinguible de la magia. Y, al igual que los simios de la película de Stanley Kubrick, yo no tenía ni idea del propósito y el significado de los menhires de Calanais, tan inescrutables para mí como el monolito negro para el grupo de monos.

Escruté el cielo a medida que asumía nuevas tonalidades de gris. El término inglés para 'cielo', *sky*, procede del nórdico antiguo *ský*, que significa 'nube', y en muchos idiomas nórdicos actuales, el vocablo para 'cielo' procede de una raíz con el significado de 'ocultar'. En cambio, en los idiomas latinos del sur de Europa, un clima más soleado ha llevado a una cierta afinidad entre la palabra *cielo* y la de un color azul claro, *celeste*, y el adjetivo que hace referencia a la morada de los dioses y el paraíso, *celeste*, *celestial*. Yo me preguntaba: ¿cómo sería la vida en un mundo en el que cielo es sinónimo de nube? Para responder, tenía que hallar el lugar más nuboso de la Tierra.

UNA CIUDAD PRIVADA DE SOL

Crecí en el clima casi subtropical del sur de Suiza, acostumbrado a más de dos mil horas de sol al año, por lo que mi traslado a Oxford y luego a Londres estuvo acompañado de un toque de triste TAE: un estado de ánimo deprimido que se apoderaba de mí durante los veranos que en nada se parecían a los largos ratos de cielo azul que mi psique había sido condicionada a esperar. Mi desconcierto inicial hacia la obsesión inglesa por el clima había dado paso, con el discurrir de los años, a una perezosa aceptación de la habitual charla intrascendente sobre el tiempo. Caí en muchos diálogos sobre cielos grises, siempre al tono de «al menos no está lloviendo», pero nunca me había detenido a considerar los puntos más exquisitos de la clasificación de las nubes.

Así pues, tal vez no resulte sorprendente que la clasificación sistemática de las nubes sea obra de un inglés, el farmacéutico Luke Howard, quien quedó fascinado por las espectaculares puestas de sol provocadas por la erupción del volcán Krakatoa en agosto de 1883. La explosión llenó la atmósfera de ceniza y polvo volcánico y, durante más de un año, produjo ocasos con unas sobrenaturales tonalidades intensamente rojizas y «resplandores sanguíneos» que al principio mucha gente confundió con grandes incendios más allá del horizonte. Se ha dicho que tales estampas inspiraron el dramático fondo del cuadro de Edvard Munch *El grito* una década más tarde.[4] Howard ideó un sistema de clasificación para las nubes similar al que ya se utilizaba para plantas y animales y que le concedería la inmortalidad como el «bautizador de nubes». Hoy en día, las nubes se dividen en diez grupos, o géneros, principales. Dentro de la mayoría de los géneros, la estructura de la nube determina su especie, y, dentro de esta, variaciones de forma y transparencia definen subespecies. Los nombres resultantes son unos de los descriptores de la naturaleza más evocadores y sensuales: un cumulonimbo (una «nube densa y pesada, con un considerable desarrollo vertical, en forma de montaña o de gran torre», que se asemeja a un enorme montón de nata flotando en el cielo) puede ser *calvus* ('calvo') o *capillatus* ('peludo', con protuberancias de estructura fibrosa o estriada, «una gran masa de cabello más o menos desordenado»); puede también ser *mammatus*, con protuberancias en forma de burbuja o de mama en la parte inferior. Un cirro puede ser *fibratus*, *uncinus* o *spissatus*; un estrato puede calificarse de *fractus*, *undulatus* u *homogenitus* (es decir, creado por los seres humanos, en concreto como consecuencia de las estelas de condensación de los aviones). Los descriptores son interminables, en un quijotesco intento de sistematizar lo que contiene infinitas variaciones.

Hay ciertos tipos de nubes que son especialmente efectivos para cubrir el cielo. Entre las oníricas formas del *Atlas Internacional de las Nubes*, descubrí que el culpable de mi sombrío estado de ánimo cuando era estudiante en Ginebra era el estrato *nebulosus*, una capa gris y uniforme que puede dar llovizna o nieve; su compañero, igual de deprimente, era el nimboestrato, también difuso pero con más probabilidades de mostrarse de una tonalidad gris oscura. Ambos eliminan el azul del cielo y, si son lo bastante gruesos, pueden ocultar el disco solar. Por la noche, incluso las nubes más delgadas pueden cubrir con una cortina infranqueable la débil luz de las estrellas.

El mundo gris de los nimboestratos suele asociarse con Londres, con su supuesta niebla y llovizna permanentes, tal vez debido a la memoria colectiva de los años pasados en que el cielo estaba lleno de esmog, un término que combina las palabras inglesas *smoke*, 'humo', y *fog*, 'niebla', y que se acuñó en 1905. Sorprendentemente, resulta que los habitantes de Miami, Sídney y Río de Janeiro (entre otras) soportan más días de lluvia al año que los londinenses. Pero para encontrar la ciudad que más se acerca a perder el cielo entre las nubes, tenemos que viajar al centro del Atlántico Norte, aproximadamente a medio camino entre el extremo de Escocia e Islandia.

En medio del Atlántico Norte, azotadas por los vientos, se encuentran las diminutas islas Feroe, un archipiélago de dieciocho islas creado por erupciones volcánicas hace unos cincuenta y cinco millones de años. Su espectacular nacimiento todavía se puede apreciar en acantilados rocosos que se hunden a plomo en el mar, montañas escarpadas, formaciones rocosas basálticas y fiordos que llenan antiguos volcanes. Hoy, las islas Feroe son una nación autónoma de cincuenta mil habitantes, ochenta mil ovejas y un ganador del Premio Nobel: Niels Ryberg Finsen, cuyo Nobel de Fisiología en 1903 otorga a las Islas Feroe la distinción de ser el país con más ganadores por habitante, casi veinte veces más que Estados Unidos.

La capital feroesa, Tórshavn, tiene el dudoso honor de ser la ciudad con menos horas de luz solar (lo que se conoce como *insolación*) del mundo. Edward Gryspeerdt, climatólogo y experto en nubes del Imperial College de Londres, a quien recurrí en busca de consejo para localizar el lugar más nublado sobre la faz de la Tierra, advierte que «con la menor insolación» no significa necesariamente «el más nublado»: las nubes blancas y delgadas pueden dejar pasar suficiente luz para constar como «soleadas» en las estaciones meteorológicas terrestres, mientras que una cobertura de nubes localizada se registraría erróneamente como «nublada». Tras barrer el planeta desde una órbita geoestacionaria, Gryspeerdt identificó el lugar más nublado de la Tierra alrededor de El Danubio, una región situada entre el océano Pacífico y los Andes en el oeste de Colombia, donde el aire húmedo que llega desde el océano queda atrapado y produce una capa de nubes casi constante. Con una impresionante cobertura de nubes del 98,6 por ciento, El Danubio supera fácilmente a Tórshavn: las imágenes satelitales de El Danubio para 2020 muestran, día tras día, un manto de blancura casi ininterrumpido.[5]

Aun así, las islas Feroe tienen, qué duda cabe, una gran cobertura nubosa y una historia de registros del cielo más prolongada que El Danubio, gracias a un instrumento parecido a una bola de cristal conocido como *heliógrafo Campbell-Stokes*, con el que se ha medido la insolación en las islas Feroe desde finales del siglo XIX hasta 2007.[6] Al examinar las mediciones del heliógrafo de la capital feroesa, descubrí que en diciembre de 1942 y enero de 1967 no hubo ninguna hora de Sol. Tal vez las nubes se abrieron durante las largas horas nocturnas, para revelar un atisbo de las estrellas y, acaso, de las auroras boreales (algo que el heliógrafo no puede registrar), pero durante semanas, la conexión de los habitantes de las islas Feroe con el cielo se tensó hasta el límite. Si bien no pude encontrar documentación del impacto psicológico de este alejamiento, tal vez su famoso nobel, Finsen, nos pueda ofrecer alguna pista, ya que ganó el premio por descubrir el efecto beneficioso de los «rayos químicos del sol» (es decir, la luz ultravioleta) en el tratamiento de enfermedades de la piel. Finsen sufría una enfermedad discapacitante que le empujó a estudiar lo que más faltaba en su tierra natal: horas de Sol.[7]

El clima de Tórshavn durante esos dos meses sin Sol es un buen modelo de un mundo sin estrellas, pero hay otros que están provocados por el hombre. La contaminación atmosférica en las ciudades de Inglaterra durante la segunda mitad del siglo XIX y la primera mitad del XX alcanzó niveles difícilmente imaginables. Las fábricas que funcionaban con carbón arrojaban su humo junto a las casas adosadas construidas para alojar a los obreros, lo que se sumaba al nocivo humo de la calefacción con llama viva y de las estufas de carbón cargadas de pelas de patata y carbonilla. Londres se veía asfixiada periódicamente por el mortal «puré de guisantes», así llamado por su color amarillento o verdoso y su consistencia similar a la de una puré: una mezcla tóxica de hollín y dióxido de azufre que causaba problemas respiratorios generalizados y miles de muertes. El escritor estadounidense Jack London, que visitó la capital inglesa en 1903, comentó la falta de fuerza, la palidez insalubre, la jerga inusual y la costumbre de hablar en voz alta de los londinenses, esto último mo debido a sus fosas nasales siempre congestionadas y a la necesidad de hacerse oír entre el esmog.[8] La niebla tóxica lo cubría todo con hollín negro: no solo la ropa, sino también los animales y los árboles. «Pensé que las ovejas eran grises hasta que salimos fuera de vacaciones ¡y vi que eran blancas!», confesó una mujer de Yorkshire.[9] Una mutación poco habitual de la mariposa de los abedules, que volvía su cuerpo y sus alas, habitualmente blancos, de color negro, se convirtió en una importante ventaja evolutiva en la Inglaterra posterior a la Revolución Industrial, ya que los insectos negros se camuflaban perfectamente contra los troncos de los árboles cubiertos de hollín. En pocas décadas, la variedad negra, otrora rara, se volvió dominante y todavía hoy constituye un ejemplo clásico de evolución darwiniana en acción.

Durante el letal Gran Esmog de Londres en diciembre de 1952, un peculiar patrón atmosférico impidió la circulación de aire sobre la ciudad durante cinco días, con el resultado de que la concentración de esmog se volvió intolerable. La gente informaba de que, a pleno día, no podía verse las manos delante de sus ojos ni tampoco los pies mientras intentaban regresar a casa andando, ya que se detuvo todo el transporte a causa de la falta de visibilidad; ni tan solo un foco colocado frente al autobús para guiar al conductor a paso de tortuga conseguía penetrar el esmog. Los cines limitaron la entrada a las tres primeras filas, pues desde más atrás la pantalla desaparecía. El puré de guisantes entraba en los hogares por cualquier apertura, hasta el punto de que la gente no podía ver la pared opuesta de la habitación en la que estaban. Un testimonio explica esta invasión terrorífica: «Fui al salón y vi que el esmog penetraba como el agua por el buzón abierto. Lo cerré y tosí. En el salón había un pequeño mar de esmog».[10] Se cree que murieron más de diez mil personas como consecuencia del Gran Esmog.

Las imágenes de Londres durante ese fatídico diciembre justifican la reputación del Gran Esmog: nubes negras arremolinadas sumían todo en una oscuridad ominosa; las farolas, encendidas durante el día, apenas eran visibles. Incluso el Sol quedó eclipsado, al igual que la Luna y las estrellas. La pesadilla londinense quedó como algo del pasado después de que el gobierno del Reino Unido aprobara la Clean Air Act ('ley de aire limpio') en 1956, en respuesta a la crisis de salud pública que se había producido. Por desgracia, muchas otras ciudades experimentan hoy en día valores peligrosos de contaminación atmosférica, y doce de las quince ciudades más contaminadas están en la India, según la Organización Mundial de la Salud.[11] La contaminación producida por el hombre está convirtiendo grandes zonas de nuestro planeta en mundos tóxicos sin estrellas.

AMOR Y ÁCIDO SULFÚRICO

No ver nada más que nubes durante un tiempo o en un lugar determinado resulta inquietante y puede llegar a ser debilitante, pero yo necesitaba aumentar el grado de desafío si quería un modelo realista de un mundo sin estrellas. ¿Qué tal un planeta entero cubierto de nubes? El lugar más cercano al que recurrir en busca de inspiración era el objeto más brillante en el cielo nocturno a excepción de la Luna: Venus. Un director del Observatorio Smithsoniano, el astrofísico Charles Abbot, argumentó en 1922 que «su gran poder de reflexión parece mostrar que Venus está cubierto en gran parte por nubes, lo que es indicativo de humedad abundante, probablemente a temperaturas casi idénticas a las nuestras».[12] El segundo planeta desde el Sol es casi un gemelo de la Tierra por lo que respecta a su tamaño y su composición rocosa, hasta el punto de que al principio del siglo XX se creía que podía albergar vida bajo sus impenetrables nubes a pesar de estar mucho más cerca del Sol que nosotros. Algunos científicos, incluido el nobel Svante Arrhenius, llevaron la especulación un poco más allá y describieron la superficie de Venus como una especie de cálida selva tropical hipervitaminada, donde todo «rezuma humedad».[13] Este entorno fue el escenario ideal para el inquietante cuento de Ray Bradbury de 1950, «La larga lluvia», en el que cuatro viajeros espaciales varados en un pluvioso Venus se vuelven locos por la incesante lluvia mientras buscan en vano las «bóvedas solares» que les aportarán calor, luz y seguridad frente a los hongos que avanzan sin cesar y los hostiles venusianos acuáticos que habitan el océano.[14]

La ciencia ficción, un género que debe su existencia a las estrellas, ha tomado a Venus como escenario de muchas aventuras interplanetarias, y las nubes del planeta a menudo aparecen como una de las características definitorias de su biosfera. El hecho de que la superficie de Venus quedara oculta a la mirada de nuestros telescopios ofreció a los autores de finales del siglo XIX y principios del XX una mayor libertad imaginativa que Marte, otro de los lugares favoritos del género. Novelas y relatos cortos describen a Venus como habitado por dragones, dinosaurios (modelados a partir de la prehistoria de la Tierra), plantas conscientes, colores vivos, monstruos marinos, humanos alados, tentaculares o de piel azul, criaturas angelicales y (como corresponde por la asociación de Venus con la diosa del amor) hermosas mujeres.

Solo en contadas ocasiones se ha explorado el papel de las nubes en la descripción de las culturas y civilizaciones venusianas. Los amtorianos, tal como se llama a los habitantes de Venus en *Los piratas de Venus* de Edgar Rice Burroughs, creen que las estrellas que a veces vislumbran a través de una fisura en las nubes son chispas del mar de lava que rodea lo que ellos consideran un planeta en forma de disco.[15] Un relato más intrigante se encuentra en un curioso manuscrito publicado en 1891, bajo el seudónimo de Antares Skorpios, por el reverendo James Barlow, padre de la novelista irlandesa Jane Barlow. Marcado por el doloroso divorcio de sus padres y obsesionado con la idea de que su madre sufriera la condenación eterna después de su suicidio, Barrow describe a los venusianos como inmortales impíos que contraen matrimonios y se divorcian de mutuo acuerdo; como estos, a los que él llama *hesperianos*, no tienen hijos, sus rupturas no pueden perjudicar a sus jóvenes.

Los hesperianos cavilan sobre su Creador Desconocido y no tienen ninguna noción de la vastedad del universo más allá de las nubes. La impenetrable capa nubosa sobre sus cabezas «también les impide llegar a Él por medio de Sus obras», con lo que es posible que Barlow se esté refiriendo a los cuerpos celestes.[16] Con un gran esfuerzo, los hesperianos consiguen por fin alcanzar la cima de un pico montañoso de treinta kilómetros de altura, que se alza por encima de las nubes y les revela las estrellas, una visión de la Tierra distante y el ardiente Sol naciente. A diferencia de los lagashianos de Isaac Asimov, la visión de las estrellas no desata la locura en los hesperianos, sino una profunda crisis espiritual. Con suma rapidez, desarrollan la astronomía celeste y pronto superan el conocimiento de la Tierra del siglo

xix. Pero su asombro inicial se convierte en alienación; se dan cuenta de que en un cosmos tan grandioso, no son más que «motas insignificantes en sus profundidades insondables. En la vasta profusión de mundos se sienten perdidos. Si su Creador hubiera estado a cargo de ese vastísimo universo, bien podría haberlos olvidado por completo».[17] La experiencia imprevista de lo sublime quebranta su espíritu, que no se templa tras la visión temprana de las estrellas.[18]

Si hubieran existido, los hesperianos habrían constituido un valiosísimo contraejemplo de vida inteligente en un mundo sin visión alguna del cielo. Pero no iba a ser así. En los albores de la era espacial, el descubrimiento de que la atmósfera de Venus está compuesta en un 96 por ciento por dióxido de carbono (un potente gas de efecto invernadero, como bien sabemos hoy) inclinó la balanza en contra de un paraíso tropical húmedo y exuberante para pasar a ser un «árido desierto planetario», como concluyó Carl Sagan en 1961.[19] El golpe definitivo a los inexistentes venusianos lo asestó la constatación de que la capa principal de nubes está formada por ácido sulfúrico, lo que la hace millones de veces peor que el infame puré de guisantes londinense, y de que las presiones en la superficie de Venus superen a las que se dan en el fondo de los océanos de la Tierra. Todas las naves espaciales que hemos enviado en misión de exploración bajo las nubes han acabado rápidamente despachadas por un calor capaz de derretir el plomo y por las presiones aplastantes; nuestro último emisario, una sonda soviética en 1985, duró menos de una hora.[20]

Cuando una nube no basta

Necesitaba ir a buscar aún más lejos, entre los varios miles de exoplanetas descubiertos desde 1992: mundos que orbitan estrellas distantes y que nos ofrecen un extraordinario abanico de posibilidades que supera con mucho todo aquello que podemos encontrar en el Sistema Solar. Planetas con atroces vientos huracanados de diez mil kilómetros por hora; planetas con lluvias de vidrio fundido; planetas de un color como el del Vantablack, una de las sustancias más oscuras que conocemos (y muy apreciada por el artista Anish Kapoor); planetas cubiertos de lava con una temperatura media que bastaría para fundir el hierro. Y también planetas velados por una bruma rosada y, en algunos casos, nubes.

La primera confirmación de la existencia de nubes en un exoplaneta se produjo en 2014, cuando un equipo dirigido por Laura Kreidberg utilizó el telescopio espacial *Hubble* para analizar la luz estelar que atravesaba la atmósfera de un exoplaneta al pasar frente a su estrella, a cuarenta años luz de distancia de nosotros. El equipo llegó a la conclusión de que es probable que el planeta esté cubierto por una gruesa capa de nubes a gran altura, aunque no se trata de los cirros de agua de la Tierra, sino posiblemente de nubes compuestas de cloruro de potasio (el polvo blanco que se suele utilizar en fertilizantes para plantas) y sulfito de zinc, una sustancia fosforescente.[21] ¡Un planeta con nubes que brillan en la oscuridad! Esto habría encantado a Henri Poincaré, que había imaginado medio en broma precisamente esta posibilidad para salvar a sus jovianos de la oscuridad: «Sé muy bien que bajo esta oscura bóveda nos habríamos visto privados de la luz del Sol, necesaria para organismos como los que habitan la Tierra. Pero, si estamos dispuestos, podemos admitir que estas nubes sean fosforescentes y que desprendan un brillo suave y constante. Puesto que estamos formulando hipótesis, otra más no nos resultará más caro».[22] A veces, la realidad supera a la imaginación.

Aunque puede que haya planetas sin estrellas merodeando por el espacio profundo, hasta la fecha no tenemos ningún indicio de la existencia de vida en tales lugares, y ya no digamos de vida inteligente. Pero las profundidades de los océanos de la Tierra y los hábitats subterráneos como las cuevas ofrecen ejemplos de entornos exóticos sin estrellas justo frente a nuestras narices. La vida allí ha desarrollado astutas adaptaciones evolutivas: las simas lúgubres de los océanos están pobladas por criaturas con ojos enormes, formas extrañas y cuerpos bioluminiscentes, seres fantásticos que nos siguen resultando misteriosos, ya que son difíciles de estudiar y no sobreviven en condiciones de laboratorio. Las cuevas completamente oscuras son el hogar de animales que han perdido la vista, compensada por otros medios de navegación espacial, como el sonar de los murciélagos.

Unos pocos humanos han pasado varios meses en una cueva, investigando las reacciones fisiológicas y psicológicas al aislamiento prolongado y a la privación del ciclo natural de luz solar. No resulta sorprendente que vivir en un espacio con luz artificial interfiera en nuestros ritmos circadianos; sin relojes, naturales o mecánicos, el patrón de sueño se altera y la percepción del paso del tiempo se distorsiona. Josie Laurel, una comadrona que en 1965 se prestó voluntaria para pasar ochenta y ocho días sola en una cueva, comentó acerca del tiempo pasado bajo tierra: «Tejía y tejía, y esperaba con ansia el momento en que podría ver por fin el Sol».[23] Un sociólogo italiano, Maurizio Montalbini, que ha pasado un total de más de tres años de su vida en una cueva, por su cuenta (en un caso, soportó todo un año bajo tierra), quedó perturbado por la experiencia: «No voy a volver allí. Necesito el Sol. Solía soñar con el amanecer».[24]

Estos experimentos estaban destinados, sobre todo, a estudiar el impacto fisiológico y psicológico del aislamiento en un espacio cerrado y restringido, a imitación de las condiciones que habría en un viaje espacial de larga duración. Estudios más extremos sobre privación sensorial también muestran que nuestra aprehensión de la realidad se debilita con rapidez cuando se reducen o se eliminan por completo los estímulos que recibe el cerebro —por ejemplo en oscuridad absoluta—, hasta tal punto que se ha utilizado como forma de tortura. Se ha observado ansiedad extrema, paranoia y alucinaciones en voluntarios que han pasado apenas unas pocas horas en cubículos insonorizados y con un aporte sensorial mínimo. Por fascinantes y reveladores que sean estos estudios sobre la condición humana, no son de mucha ayuda para imaginar un mundo sin estrellas. El mundo que yo buscaba, el único que, por él solo, pudiera poner de relieve el papel de las estrellas en la evolución cultural, espiritual y psicológica de la humanidad, no es un mundo de oscuridad total, sino uno en el que se ha eliminado selectivamente un único elemento: la visión clara y límpida de los cielos. Como no existe un mundo así, al final recurrí a los poderes de la imaginación para crear el mío propio.

Imagínate un mundo en el que los estratocúmulos *undulatus* dan paso a nimboestratos *praecipitatio*, seguidos por estratos *nebulosus*, en un conjuro perenne de tonos grises que nunca revelan ni un solo rincón de cielo azul, nunca se abren para dejar pasar la luz de las estrellas, nunca muestran siquiera el disco del Sol o la forma cambiante de la Luna.

Bienvenido a Caligo, un mundo sin estrellas.

DONDE LAS NUBES NO SE ABREN NUNCA

Caligo es una Tierra alternativa imaginaria, idéntica a la nuestra en todos los aspectos, salvo por un pequeño detalle de enorme importancia: al igual que Venus, está completamente envuelta en nubes, aunque a diferencia de Venus, las nubes de Caligo son de inocuo vapor de agua.

Caligo, que en latín significa 'niebla' o 'neblina', todavía se usa en el dialecto triestino con este significado; en latín también significa 'oscuridad' y, por extensión, se refiere a la incapacidad de ver las cosas con claridad. En cualquier día de Caligo, el manto de nubes brilla suavemente con una luz difusa de origen desconocido que se mueve por el cielo y luego desaparece por el oeste para regresar a la mañana siguiente desde el este. Las noches oscuras como la que yo experimenté en la isla de Lewis se ven adornadas de manera regular y misteriosa por un débil resplandor que se hace más intenso y luego se desvanece en un ciclo de 29,5 días. En Caligo nadie ha visto nunca una estrella.

Como físico, me pregunté qué tipo de suposiciones acientíficas tendría que hacer para construir el Caligo que yo quería. ¿Es posible un Caligo real?, me pregunté. Aunque la compleja física de la formación de nubes no se entiende por completo, los patrones nubosos a gran escala de la Tierra son consecuencia de la rotación de nuestro planeta, de la inclinación de su eje (que cambia la irradiación solar en función de la latitud) y de las formas de las masas continentales, los océanos y las cadenas montañosas. Un patrón similar de nubes a franjas se observa en la atmósfera de Júpiter, pero más claramente porque la rotación del gigante gaseoso es más rápida que la de la Tierra. Podríamos lograr una cubierta completa de nubes con más facilidad si supusiéramos que la superficie de Caligo está formada casi en su totalidad por océanos y luego modificáramos la química de la atmósfera para mantener el planeta habitable a pesar de que más nubes reflejan una fracción mayor de la luz solar, con lo que el clima se enfría. Ahora bien, en un Caligo acuático como este, podría suceder que los primates terrestres no llegasen a evolucionar; si queremos aprender algo sobre la influencia de las estrellas en la condición humana, debemos por lo menos partir de un mundo que albergue seres humanos similares a nosotros. Desde el punto de vista de la física, no es fácil diseñar un planeta así.

Si pasamos a la biología, podemos pensar que la capa nubosa de Caligo podría haber modificado la trayectoria de la evolución de muchos modos. Por suerte, la fotosíntesis —la base de la pirámide de la vida en nuestro planeta— funcionaría igual bajo la luz difusa de Caligo, tal como confirma un estudio del impacto del asteroide de diez kilómetros de diámetro que acabó con los dinosaurios hace sesenta y seis millones de años. En un escenario, la Tierra queda envuelta por una capa de hollín escupida a la alta atmósfera por los gigantescos incendios provocados por el impacto. Sumido en la oscuridad, el planeta se enfrió entre dieciséis y dieciocho grados durante una década, mientras que la luz solar que llegaba a la superficie se redujo en un 80 por ciento a lo largo de dos años —más o menos el mismo efecto que nubes tormentosas muy oscuras—.[25] La Tierra inmediatamente posterior a los dinosaurios era un modelo de Caligo bastante bueno.

Incluso con una iluminación tan escasa, la fotosíntesis siguió siendo efectiva, excepto en aguas profundas. En Caligo, podemos esperar que los árboles latifolios (de hojas anchas) y las algas oceánicas sobrevivan mejor, ya que su fotosíntesis de baja energía es más eficiente, mientras que las gramíneas como las que podemos hallar en las llanuras de América del Norte lo tendrían algo más difícil. Esto tendría implicaciones directas para los seres humanos, ya que los alimentos básicos de nuestra dieta provienen de la familia de las gramíneas, como el maíz, el arroz y el sorgo. En cualquier caso, está claro que las adaptaciones evolutivas de las plantas a las condiciones de poca luz crearían un ecosistema novedoso con características completamente nuevas y difíciles de imaginar. Si ciertas cianobacterias pueden sobrevivir en el espacio durante más de un año, soportando el vacío, la radiación y temperaturas extremas, no tenemos por qué dudar de que la evolución encontraría una solución a medida para el problema de la poca luz en Caligo.

Un reino animal moldeado por la evolución en un entorno sin luz solar directa podría adoptar y ampliar las adaptaciones que vemos en los animales nocturnos, los moradores de las cavernas y los habitantes de los fondos oceánicos en la Tierra: ojos más grandes para aprovechar al máximo una luz más tenue, fotoluminiscencia para ahuyentar la oscuridad, sensibilidad a otras longitudes de onda de la luz, audición excelente, olfato y percepción táctil excepcionales, ecolocalización y navegación por geomagnetismo. Las mismas presiones evolutivas redirigirían la línea de primates que, en la Tierra, finalmente llevó hasta nosotros, y seleccionarían, generación tras generación, a criaturas que estarían soberbiamente adaptadas a vivir bajo las nubes.

Los habitantes de Caligo no sufrirían como nosotros cuando nos vemos privados de la luz solar, ya que esta sería una condición natural de su existencia. Si tuvieran nuestra misma biología, además del trastorno afectivo estacional, otra consecuencia de la vida bajo nubes permanentes sería la falta de vitamina D, una hormona esencial que produce la piel cuando se expone a la luz ultravioleta y que también se encuentra en alimentos como las yemas de huevo y el aceite de hígado de bacalao. La falta de vitamina D impide la absorción de calcio y fósforo, lo que debilita los huesos y aumenta el riesgo de una grave enfermedad carencial conocida como *raquitismo*, sobre todo en los niños. En 1890, el médico escocés Theobald Adrian Palm observó que el raquitismo era común en los distritos mineros del país, donde el aire estaba lleno de hollín y la luz solar era escasa. Como vimos antes, los humos de la Revolución Industrial de Inglaterra nos evocan una versión extremadamente insalubre de Caligo; en un planeta en sombra permanente de manera natural, es muy posible que los seres humanos hubiesen desarrollado otra forma de obtener su dosis de vitamina D, o de lo contrario se habrían extinguido.

Ni siquiera podemos dar por sentado que en Caligo existiéramos bajo ningún aspecto reconocible. El biólogo y evolucionista Stephen Jay Gould señaló que la evolución no es una progresión lineal hacia una mayor complejidad de las formas de vida y que padecemos una «provinciana obsesión» en nosotros mismos como si fuéramos la autoproclamada cumbre de un proceso que comenzó con la vida unicelular en un estanque turbio hace unos cuatro mil millones de años. La contingencia —los acontecimientos fortuitos e impredecibles, como el impacto de un asteroide que mató a los dinosaurios hace 66 millones de años o el probable impacto de un cometa que se cree que contribuyó a la extinción de megafauna hace 12.800 años— desempeña un papel tan importante en la determinación de los ganadores y los perdedores en la lotería de la vida como lo hacen la variación genética aleatoria y la selección de los más aptos.[26] Según Gould, debemos «considerar la firme posibilidad de que *H. sapiens* no sea más que una pequeña ramita tardía en el arbusto enormemente arborescente de la vida, un pequeño brote que casi con seguridad no aparecería una segunda vez si pudiéramos replantar el arbusto a partir de la semilla y dejarlo crecer de nuevo».[27] Si es realmente improbable que *H. sapiens* reaparezca incluso en condiciones evolutivas idénticas, debemos concluir que nuestra especie no existiría —ciertamente no en una forma que pudiéramos reconocer— si el arbusto de la vida se sembrara bajo los cielos alterados de Caligo: las nubes influirían en la evolución lo suficiente como para podar linajes enteros y potenciar otras ramitas hasta convertirlas en grandes ramas nunca vistas en la Tierra.

La física, la química y la biología me gritaban que mi experimento imaginario no se podía realizar en la naturaleza. Extender las nubes por toda la Tierra cambiaría tanto las condiciones iniciales de la vida que la historia de nuestro mundo se descontrolaría demasiado rápido para que los humanos pudieran surgir. No tuve más opción que seguir a Poincaré: ya que estamos formulando hipótesis, otra (o dos, o tres) no nos resultará más caro. Así pues, supondré —de manera acientífica por completo— que la historia geológica, la prehistoria, la bioquímica y la evolución de Caligo son idénticas a las de la Tierra hasta el momento en que comienza nuestra historia, es decir, hasta hace cincuenta mil años. La física no es ajena a los experimentos imaginarios, o experimentos mentales, que suelen emplearse como útiles de reflexión para comprender las propiedades más relevantes de un sistema. Los matemáticos incluso utilizan contrafactuales para demostrar teoremas: se empieza por suponer que una determinada afirmación es falsa y luego se demuestra que esto conduce a una contradicción lógica y, con ello, se demuestra que la afirmación inicial debe ser verdadera.

El escenario está así listo para mi experimento imaginario, que en su mayor parte nos resulta familiar, pues incluye a todos los actores de nuestra propia prehistoria, excepto las nubes que están a punto de cambiarlo todo. A medida que seguimos el camino de la humanidad desde la prehistoria hasta el día de hoy, los caligoanos nos mostrarán una de las infinitas alternativas posibles. Mientras exploramos cómo las estrellas nos ayudaron a construir el mundo moderno y, lo que es igual de importante, nuestra comprensión de quiénes somos, las *Crónicas de Caligo* nos aportan un contrapunto ficticio, no como un contraejemplo real de nuestra propia trayectoria, sino como una instigación.

En aquel sombrío día de febrero en Calanais, me refugié en el coche, tiritando, y no solo por el viento. Miré las nubes una vez más. Miré las piedras erguidas: su imperecedera disposición descansaba, me di cuenta, sobre un delicado rayo de luz estelar que llegaba hasta el suelo. Empecé entonces a apreciar el modo en que la flor de *Homo sapiens*, un brote del impredecible arbusto de la vida, había florecido en plena noche y se había abierto gracias a la luz de las estrellas.

LAS CRÓNICAS DE CALIGO

El cuento de Aguafresca

Vigilanubes había regresado a su sitio en el círculo y Pastor se había alzado de nuevo para escoger al siguiente Recordador; en ese momento, de la oscuridad surgió una sombra. Todos nos pusimos en pie, con los cuchillos a punto, pero enseguida reconocimos la figura que temblaba a la luz del fuego. Colmena y yo nos apresuramos para ayudar a Aguafresca, pero no nos prestó atención. No parecía estar herida; se limitaba a estar ahí, de pie, con los brazos colgando y su mirada perdida entre las llamas, contemplando la nada. Colmena y yo nos miramos.

Pastor también comprendió al instante lo que había pasado. Agarró a Aguafresca por los hombros y la condujo con suavidad hasta el centro del círculo. En la voz de la Nube, le habló así:

—Aguafresca, te damos la bienvenida en tu regreso de la Oscuridad. Únete al círculo del Recuerdo y dinos qué has visto. Explícanoslo para que podamos recordarlo.

Sabía lo que Pastor intentaba hacer: usar el poder de la Nube para arrancarla de las garras de la Gran Negrura. Pero Aguafresca parecía estar ya demasiado lejos; su cuerpo, frente a nosotros, tan vacío de vida como la piel de un bisonte. Por eso, me quedé asombrado cuando habló. Era poco más que un susurro, una monodia lenta apenas audible sobre el crepitar del fuego. Aguafresca habló así:

—Te saludo, Pastor. Dos Fulgores atrás dejé la cueva y seguí las huellas de los uros por el bosque. Busqué durante todo el Fulgor el manantial en el que sabía que abrevaban los uros, pues nuestro arroyo está casi seco estos días. Cuando llegué, el Fulgor casi había acabado y sabía que, en tal caso, no podría encontrar el camino de regreso. Dónde está el manantial, ya no os lo puedo decir.

Se detuvo, como si intentara recordar algo importante. Luego continuó:

—Da lo mismo. Con el manantial o sin él, la Oscuridad está dentro de todos nosotros... Da lo mismo. Solo la Oscuridad, nada más tiene sentido. Ya no puedo... no puedo... no...

Su voz se fue apagando y luego se giró y salió del círculo de luz.

Me abalancé para detenerla, pero la mano de Pastor en mi hombro me frenó. Como sospechaba, la Gran Negrura se había llevado a Aguafresca, tal como se había llevado a Desolladora y a Tallalanzas en el último despertar de los murciélagos, y a tantos otros antes que ellos. Cuando la Gran Negrura entra en alguien, no hay forma de salvarlo; tarde o temprano, se van y no se los vuelve a ver nunca más o, como en el caso de Desollador, se los encuentra en el fondo de la Caída, con los ojos devorados por los cuervos.

Nos volvimos hacia el círculo y Pastor volvió a ordenar:

—Fulgor de Antaño, ¡te han hablado de los mayores peligros que corre nuestro pueblo! ¡Recuerda la batalla con los Embaucadores!

Fulgor de Antaño se puso de pie y así comenzó su historia.

4

EL PESO DE LA LUZ ESTELAR

Pronaque cum spectent animalia cetera terram,
os homini sublime dedit caelumque videre
iussit et erectos ad sidera tollere vultus.

Mientras que los demás animales, inclinados,
miran hacia el suelo, al hombre le dio una cabeza que se eleva por encima del cuerpo y le
ordenó mirar al cielo y levantar el rostro erguido hacia las estrellas.

Ovidio, *Metamorfosis*

Un enfrentamiento paleolítico

Como siempre, la sección de evolución humana en el ala este
del Museo de Historia Natural de Londres estaba poco concu-
rrida. El aluvión de visitantes y de niños que se precipitan a
través de la entrada de Exhibition Road se divide en dos ramas: una hacia el Hintze Hall y su esqueleto de ballena azul
suspendido del techo; la otra, hacia los volcanes del segundo
piso por unas escaleras mecánicas que atraviesan una reconstrucción del interior de la Tierra bañada por un infernal resplandor rojo. Es fácil pasar por alto el lugar donde se disponen

en forma de pirámide unos cuantos cráneos, sin ojos, sin lengua: en la base, *Homo habilis*, pequeño y con aspecto simiesco; a su lado, *Homo erectus* y *Homo rudolfensis*, con sus prominentes pómulos; más arriba y después, *Homo heidelbergensis* y sus primos; luego, *Homo neanderthalensis*, con su gran capacidad craneal y sus prominentes cejas. En la cima, con una sonrisa irónica, *Homo sapiens* y su suave y ovalado cráneo que tantas veces hemos visto en representaciones de Hamlet, en clases de anatomía y en decoraciones de Halloween.

Pero ahora me encuentro cara a cara con algo más que calaveras. Una ruidosa clase de niños con uniformes morados y negros y chaquetas reflectantes de color naranja pasa a toda prisa, riéndose ante la total desnudez frontal del hombre de Neandertal que he venido a conocer. Una vez que los gritos de los niños se han desvanecido en la distancia, me encuentro a solas con el modelo realista al que en mi cabeza he comenzado a llamar «Fred». Fred tiene una intensidad y una presencia de la que carecen por completo las reproducciones de celebridades y figuras históricas que podemos ver en los museos de cera. Tal vez sea el aura de un linaje que se remonta a cientos de miles de años o la leve tristeza que también rodea a la taxidermia de los dodos unas cuantas salas más allá. Gran parte de ello está en la pose: Fred está de pie, desnudo, con la pierna izquierda ligeramente doblada, como un David prehistórico, con las manos entrelazadas detrás de la espalda, en la postura de un filósofo primitivo. Su pecho y hombros desnudos y musculosos están tatuados con líneas paralelas en forma de V, del color de meteoritos quemados, y cuyos extremos puntiagudos se unen entre sus pectorales. De su cuello corto y poderoso sobresalen gruesas capas de músculo, parcialmente ocultas por una espesa barba y un frondoso cabello. Como soy un sapiens de estatura media, soy un poco más alto que él, a pesar del pedestal sobre el que se encuentra.

Parece como si Fred me estuviera contemplando con la misma intensidad con la que yo lo estoy contemplando a él, con la frente robusta surcada por profundas arrugas. Me giro para seguir su mirada y entonces me doy cuenta: al otro lado del estrecho pasillo, otra vitrina contiene un segundo modelo, un hombre mayor, más delgado, más alto y de complexión más esbelta: uno de nuestros antepasados, un sapiens. Sus creadores, los paleoartistas gemelos neerlandeses Adrie y Alfons Kennis, han recreado en su diorama prehistórico el enfrentamiento que tuvo lugar hace cincuenta mil años. Los dos modelos se miran el uno al otro en desafío, cual vaqueros primitivos listos para desenfundar sus armas en un duelo del que saben muy bien que solo uno de ellos sobrevivirá. Excepto por el hecho de que, cuando los sapiens y los neandertales compartían la Tierra, las únicas armas en las que podían confiar eran dardos y puntas de piedra, además de todas las ideas que se formaban, silenciosamente, en el espacio entre sus orejas.

Mientras me giro para observar a Fred y su perpleja mirada por última vez, me pregunto cómo es posible que me haya encontrado fuera de la vitrina en lugar de dentro de ella. La disposición piramidal de los cráneos, con nuestra especie en el vértice, delata la suposición latente de que los sapiens representan la cúspide de una mejora progresiva, con intentos anteriores y menos logrados que fueron despiadadamente extinguidos por la evolución. Pero tal vez las cosas no sean tan sencillas como parece ni nuestra supremacía esté tan garantizada. Tal como escribe la arqueóloga Rebecca Wragg Sykes, «La evolución no siguió una línea recta por la autopista de los homininos hasta llegar a nosotros».[*][1] Puede que seamos el úl-

---

* Se usa aquí el término *hominino* con el significado de 'seres humanos actuales y todos sus antepasados y ramas laterales hasta el ancestro común con los chimpancés'. En este punto vale la pena hacer un breve

timo representante que queda del género *Homo*, pero los esqueletos que ahora están dispuestos en una ordenada (y engañosa) flecha evolutiva que apunta hacia nosotros fueron en su día serios contendientes, y, en algunos casos, competidores directos, por la corona de señores de la Tierra. Ni siquiera somos tan diferentes de algunos de nuestros primos ahora extintos como nos gustaría pensar: los análisis genéticos han demostrado que los europeos y asiáticos modernos tienen entre un 1 y un 2 por ciento de material genético neandertal, mientras que el ADN de los aborígenes australianos contiene entre un 3 y un 6 por ciento de ADN de los denisovanos, homininos que vivieron en Asia hace entre doscientos mil y cincuenta mil años.[2]

Entre nuestros parientes perdidos hace tiempo, la especie a la que pertenece Fred nos ha fascinado de un modo especial desde que se descubrió el Neandertal 1 en la cueva Feldhofer del valle de Neander, en Alemania, en 1856, y se reconoció como la primera especie fósil de hominino en 1864. Los neandertales no fueron, como todavía se cree a menudo, un puente entre nosotros y los simios de los que divergió nuestro linaje común hace más de seis millones de años; descubrimientos recientes en paleoantropología muestran que encarnaban una forma diferente de ser humano, con una capacidad mental similar a la nuestra y una fuerza física superior. Eran «humanos de vanguardia, solo

---

inciso sobre la terminología, que a veces puede parecer confusa: a partir de los homínidos (familia Hominidae: orangutanes, gorilas, chimpancés y humanos), las agrupaciones más modernas son menos conocidas: los homínidos se dividen en orangutanes, por un lado, y la subfamilia Homininae, que incluye a los demás; estos se dividen a su vez en gorilas, por un lado, y la tribu Hominini, los llamados *homininos* (aunque a veces este término se usa para los Homininae y no para los Hominini). Algunos autores incluyen en esta tribu a chimpancés y humanos (y sus antepasados), mientras que otros la reservan solo para los humanos (y sus antepasados). (*N. del T.*)

que de un tipo diferente», en palabras de Wragg Sykes.[3] El hecho de que llevemos dentro de nosotros rastros de su ADN significa que nuestros antepasados se encontraron y, al menos en algunos casos, se aparearon con ellos.

Los neandertales habitaron en un vasto territorio, que abarcaba Europa y Oriente Medio, durante cientos de miles de años antes de que nuestros antepasados, los *Homo sapiens* modernos, migraran desde África hace unos setenta mil años. Cuando se encontraron con los sapiens, los neandertales habían superado varias eras glaciales, retrocediendo hacia el sur con la marea glacial y luego regresando al norte cuando la temperatura volvía a subir. Sus narices grandes y aplanadas pueden haber sido una adaptación al aire frío, que calentaban al respirar. Eran unos cazadores sin par, dotados de una musculatura digna de culturista y sostenida en un esqueleto más grueso que el nuestro, que podía soportar mejor las lesiones; excelentes lanzadores de jabalina, tenían una visión más aguda que 20/20 y ojos un 30 por ciento más grandes que los nuestros, lo que les proporcionaba una mejor visión nocturna. El análisis del genoma de los microbios fósiles encontrados en los dientes de los neandertales sugiere que, lejos de ser exclusivamente carnívoros, tenían una dieta rica en almidón, que incluía quizás papilla de cebada silvestre. La ingestión de tubérculos y plantas cocidos podría haber ayudado al crecimiento de sus cerebros, más grandes que los nuestros, ya hace seiscientos mil años.[4] Eran resueltos nómadas que controlaban grandes territorios de los que extraían no solo alimentos, sino también piedras para herramientas, madera para quemar, pieles para calentarse, plantas medicinales para la salud y pigmentos, conchas y garras de rapaces para adornar sus cuerpos. Es probable que enterraran a sus muertos.

Hace cincuenta mil años, un apostador desapasionado podría haber dado a los neandertales una ventaja sobre los últimos muchachos llegados a la liga de los homínidos, los *Homo sapiens.* Tanto los neandertales como los sapiens están equipados con cerebros de gran tamaño para sus cuerpos, un agarre preciso para manejar herramientas y visión estereoscópica; ambos son maestros del fuego, fabricantes de herramientas, hábiles creadores de objetos y perspicaces diseñadores de señales que hoy llamaríamos arte. Pero los de la vieja guardia eran mejores atletas —mejores, al parecer, a la hora de gestionar la mecánica misma de la supervivencia— con varias eras glaciales en su haber colectivo.

Sin embargo, hace cuarenta mil años estos últimos prácticamente desaparecieron, dejando solo escasos rastros de su existencia bien ocultos en lo profundo de nuestras células y en los huesos del fondo de las cuevas.

¿Qué fue lo que condenó a Fred y a todos los de su especie a sobrevivir solo en museos, mientras que nosotros, los desvalidos, nos las arreglábamos solos? Es cierto que durante la edad de hielo que precedió a la extinción de los neandertales, el clima se había vuelto extremadamente frío a medida que el manto glaciar se deslizaba hacia el sur (las temperaturas invernales alcanzaron los dieciséis grados bajo cero en lo que luego se convertiría en Londres), pero esto no era nada que los neandertales no hubieran experimentado antes. Tal vez la rápida sucesión de cambios climáticos hace entre cuarenta y cuarenta y cinco mil años alteró la disponibilidad de recursos alimenticios con demasiada rapidez para que los neandertales se adaptaran, momento en el que unos despiadados competidores ya habían salido a toda prisa de África. Pero las bayas o los uros que los sapiens conseguían arrebatar bajo los enormes morros de los neandertales no se conseguían solo con la fuerza bruta: el agarre de un neandertal podía aplastar una mano humana. Nuestros antepasados ciertamente no mataron a palos a los neandertales.

Si no se trató de fuerza, entonces tal vez fue ingenio. Con los neandertales y los sapiens compitiendo por recursos escasos en un entorno impredecible, la más mínima innovación podría haber inclinado la balanza a nuestro favor. Tomemos como ejemplo la humilde aguja de coser con ojo: hecha de hueso (huesos de aves y, en algunos casos, de caballos de Przewalski), apareció por primera vez en Asia hace entre cuarenta y cuarenta y cinco mil años, una innovación tecnológica de *Homo sapiens*. Un instrumento aparentemente tan insignificante marcó una enorme diferencia cuando los sapiens se encontraron cara a cara con los avances recurrentes de los glaciares y luchando contra temporadas de invierno cada vez más prolongadas. Las posibilidades de sobrevivir en un mundo azotado por tormentas de nieve y cubierto de hielo mejoraron cuando pudieron abrigarse con pieles y cueros bien ajustados. La aguja con ojo atravesaba múltiples capas para coser prendas más capaces de resistir el frío y el viento, para fabricar con pieles y tendones de caballo zapatos resistentes y duraderos y bolsas para transportar herramientas, bebés y comida; la aguja también dio origen a la moda prehistórica: los bordados y adornos puramente decorativos significaban nuevas formas de establecer y señalar el estatus dentro de un grupo.[5]

Sabemos de la existencia de agujas prehistóricas porque están hechas de un material duradero que sobrevivió al paso del tiempo. Pero es posible que los sapiens también hayan empleado en su beneficio un tipo de conocimiento que no habría dejado registro fósil: el conocimiento del cielo.

Durante los calamitosos cambios climáticos que definieron la época de la desaparición de los neandertales, tanto su ingenio como el de los sapiens se pusieron a prueba a niveles extremos. Llegar a un bosque de bayas silvestres nutritivas antes que otros animales (a menudo equipados con mejores órganos sensoriales) en el momento adecuado del año podía marcar la diferencia entre un bebé amamantado hasta la edad adulta y un montón de huesitos enterrados en una cueva. Localizar el tipo correcto de piedra, madera, huesos o conchas significaba fabricar herramientas complejas, desde lanzas con punta de sílex hasta hachas de mano. Encontrar agua, refugio y leña durante el viaje significaba no ser atacado hasta la muerte por depredadores. A medida que las estaciones se alteraban en el curso de una sola vida, quienes sabían cómo estar en el lugar correcto en el momento adecuado tenían una ventaja. Y no se trataba solo de supervivencia material: las redes sociales parecen haber sido más fuertes y amplias entre los sapiens que entre los neandertales, a juzgar por la distancia a la que se transportaban las herramientas de piedra desde su lugar de origen. Las reuniones de grupos de sapiens requerían medios de comunicación y coordinación: acordar, transmitir y recordar un lugar y una hora comunes para reunirse. Transmitir conocimientos y experiencias de generación en generación en una sociedad sin escritura significaba idear dispositivos mnemotécnicos a los que cualquier persona pudiera acceder en cualquier momento y en los que se pudiera confiar a perpetuidad, más allá de lo que duraba una sola vida.

Para afrontar todos estos retos, la salida de determinadas estrellas, la luz de la Luna, la forma imaginaria de las constelaciones en el cielo y el ciclo anual del Sol ofrecían una ayuda potencialmente crucial a todos aquellos que pudieran descifrar, recordar y predecir tales fenómenos.

El meollo de la Luna

Nunca sabremos lo que la mente prehistórica de los sapiens captó en la majestuosa belleza de la noche tachonada de estrellas. Los utensilios y los escasos restos que existen, incluso cuando se examinan a nivel atómico con las poderosas herramientas de la ciencia moderna, no nos pueden hablar de una mano alzada para protegerse los ojos del resplandor del sol poniente, buscando la primera rodaja de la luna creciente; no pueden reproducir un canto que salude la reaparición de las Pléyades. Pero, sin embargo, sí disponemos de pistas, de indicios. Tal vez el mejor lugar para empezar a investigar cómo un conocimiento íntimo del cielo podría haber ayudado a los sapiens prehistóricos sea nuestro satélite. La Luna gira alrededor de la Tierra cada 27,3 días con respecto a las estrellas distantes, y su apariencia cambia a medida que la luz del Sol la ilumina desde diferentes ángulos: está oscura cuando es nueva y está alineada con el Sol en el lado diurno de la Tierra; es redonda cuando está completamente iluminada, cuando sale exactamente cuando el Sol se pone. A medida que la Luna gira alrededor de la Tierra, nuestro planeta sigue su camino a lo largo de su órbita anual entorno al Sol, de modo que, cuando la Luna ha completado un círculo completo alrededor de la Tierra con respecto a las estrellas (después de 27,3 días), todavía necesita deslizarse un poco más para alinearse con el Sol en la siguiente fase de luna nueva. Es por eso por lo que el período entre lunas nuevas es más largo y tiene un promedio de 29,5 días.

Acostumbrados como estamos a la luz artificial, quizá no apreciemos la enorme diferencia que supone la luz de la Luna en un mundo que, por lo demás, está casi totalmente a oscuras. Aunque la luna llena es cuatrocientas mil veces más tenue que el sol, su frío resplandor transformaría un paisaje de sombras amenazantes en terreno navegable para los sapiens, que tienen una visión nocturna peor que la de muchas de sus presas, depredadores y competidores, incluidos los neandertales. El frescor de la noche también sería preferible para atravesar zonas que serían ardientes durante el día, como el desierto del Sahara (las poblaciones nómadas han empleado esta práctica hasta tiempos muy recientes, viajando solo cuando la luz de la Luna es favorable). Y como no hay luna llena todas las noches, los sapiens habrían tenido que aprender a seguir su ciclo y a planificar con antelación sus movimientos y sus cacerías más fructíferas. Cuando los seres humanos se convirtieron en cazadores, las noches con Luna ofrecían las condiciones más favorables. Cuanto más grande era la presa, más difícil era matarla en el acto; resultaba mucho más fácil y menos peligroso herirla y acecharla hasta que cayera exhausta, algo en lo que nuestros antepasados descollaban gracias a una resistencia que les permitía (y nos permite) superar, a grandes distancias, incluso a un caballo sano, y algo en lo que los neandertales, con los mayores requerimientos energéticos de su poderosa complexión, pueden haber sido menos buenos. ¿Qué mejor momento para una cacería de tan larga duración que el final del día, cuando la luz del sol poniente permitía avistar claramente la presa mientras llegaba la parte más fresca del día? Si la persecución se extendía durante la noche, la luz de la Luna ayudaría a los excitados cazadores a desafiar las sombras que se alargaban y el peligro de que su codiciado mamut, ciervo o bisonte se desplomara en una grieta oscura, sin ser visto, y quedara perdido para sus perseguidores. Los san hablantes de ǀgui del Kalahari* todavía siguen el ritual de arrojar los huesos de un animal muerto hacia la primera franja de la Luna nueva cuando aparece, pidiendo su ayuda en la caza: «Hay huesos de carne, muéstranos el mañana para ver bien que no deambulamos y no nos perdemos. Seamos orondos todos los días».[6]

Con nada más y nada menos que su supervivencia en juego, los mejores cazadores no habrían dejado de apreciar lo que

---

* Los san (antes conocidos como *bosquimanos*, término que ahora se considera peyorativo) son varios grupos de cazadores-recolectores de África meridional, hablantes de lenguas de las familias khoe, tuu y kx'a. La lengua ǀgui, o ǀgwi, o ǁgwi, citada en el texto, forma parte de la familia khoe y, como muchas otras, emplea chasquidos consonánticos, de ahí el signo ǀ en su nombre, que indica un clic dental. *(N. del T.)*

la mayoría de nosotros nunca hemos notado: la diferencia entre la Luna creciente y la Luna menguante. La Luna creciente, con sus cuernos en forma de cuna orientada hacia el Sol en el oeste, cuelga del cielo justo después de que el Sol se ha puesto, y su débil resplandor mantiene a raya la oscuridad. Noche tras noche, la creciente luna intensifica su luz, y cada puesta de Sol sucesiva encuentra a la Luna más alta en el cielo. El foco que iluminaba a los cazadores se volvía más brillante y duraba más tiempo después de que el Sol se hubiera puesto; si fuera necesario, la persecución de los cazadores podría extenderse hasta altas horas de la madrugada a medida que la fuerza de su presa menguara. La Luna llena marca el ápice de este ciclo; su luz más brillante dura toda la noche y es la más favorable para la caza. En una versión del mito fundacional de la cultura egipcia, según lo relata el historiador griego Plutarco, es precisamente mientras cazaba «en la noche de luna llena» que Seth descubre el cuerpo de su hermano Osiris, a quien había asesinado.

Pero después de la Luna llena, la partida cósmica se volvía contra los cazadores: durante la fase menguante, una Luna cada vez más débil no salía hasta algún tiempo después del ocaso, con un retraso de cincuenta minutos cada noche. El cazador incauto que aún no había puesto las manos sobre su presa y el viajero desventurado que no había encontrado refugio antes del ocaso se veían sorprendidos por la oscuridad total antes de que una Luna menguada pudiera acudir en su rescate. Los tiempos propicios habían terminado, hasta que la Luna fuera nueva otra vez.[7]

Un mayor grado de seguridad frente a los depredadores, un paso del tiempo nocturno más rápido y una mayor posibilidad de obtener una comida nutritiva serían las recompensas de aquellos sapiens que supieran leer el ciclo de la Luna. Al principio, las capacidades de los sapiens puede que fueran en todo análogas a las habilidades de navegación y orientación de otros animales. La espectacular migración de las mariposas monarca depende del Sol que actúa como brújula, mientras que se ha descubierto que al menos una especie de polilla se orienta utilizando la Luna y las estrellas; varias aves canoras migratorias nocturnas utilizan el centro de la rotación estelar como brújula, y el humilde escarabajo pelotero mantiene la orientación mientras transporta una bola de estiércol con la ayuda de la luz de la Luna, la luz de las estrellas e incluso, en una especie, la orientación de la Vía Láctea. Por descontado, el escarabajo pelotero no tiene la menor idea de que el brillo de la Vía Láctea es producido por cientos de miles de millones de soles distantes, pero a través del proceso de prueba y error de la evolución, los escarabajos peloteros que «aprendieron» a utilizar la Vía Láctea como una flecha en el cielo pudieron transportar sus bolas de estiércol más lejos y con menos esfuerzo que sus competidores menos duchos en cuestiones celestes. Esto habría implicado mayores recursos alimenticios, mejores probabilidades de supervivencia, mayor fuerza y aptitud reproductiva y, en definitiva, una descendencia más abundante; en pocas generaciones, los escarabajos peloteros astrónomos se apoderaron de toda la especie.

Al igual que el escarabajo pelotero buen conocedor de la Vía Láctea, los primeros astrónomos inconscientes entre las poblaciones de *Homo sapiens* habrían prosperado a expensas de los que no conocían el cielo, incluidos, tal vez, los neandertales. Nuestra obsesión por las estrellas probablemente comenzó con una pequeña ayuda por aquí y una pequeña ventaja por allá. Como las ballenas que tantean su camino en el fondo del océano gracias a las invisibles líneas magnéticas que emanan del núcleo ferroso de la Tierra; como el escarabajo pelotero que hace rodar su maloliente carga siguiendo los caminos que le indica la Vía Láctea; como el estornino que sabe mantener la Estrella Polar a su espalda mientras viaja a climas más cálidos a finales del verano, acaso fuera así como empezó todo: una intuición que, misteriosamente, proporcionó comidas más abundantes y frecuentes, mantuvo a raya los peligros y, generación tras generación, incrementó el número de individuos de *Homo sapiens* en comparación con el de nuestros primos menos versados en el cielo, los neandertales. Ahora bien, un aspecto crucial es que, a diferencia del escarabajo pelotero, el conocimiento sobre las estaciones, las fases lunares, los puntos cardinales y la orientación estelar que tanto podía contribuir a mejorar las posibilidades de supervivencia y a aumentar el número de descendientes no se transmitió a través de nuestros genes, sino a través de un medio mucho más rápido, más flexible y más poderoso para traspasar información: el lenguaje.

CÓMPUTOS LUNARES

El origen del lenguaje sigue siendo un misterio: algunos sostienen que fue posible gracias a una repentina modificación neurológica o genética que se produjo hace entre 70 000 y 50 000 años, cuando diversos grupos de *Homo sapiens* salieron de África y se dispersaron por otros lugares; otros postulan que fue un proceso gradual que comenzó hace 150 000 años. El arqueólogo Francesco d'Errico ha sugerido que la innovación cultural reorganizó las conexiones del cerebro sin necesidad de ningún cambio genético o morfológico subyacente.[8] Según este punto de vista, la cultura fue la fuerza impulsora de la evolución humana reciente, y no tanto un subproducto de ella. Lo que parece claro es que el lenguaje complejo fue a la vez el prerrequisito y la consecuencia de la organización social simbólica de los primeros seres humanos, caracterizada por el pensamiento abstracto, la expresión artística, la ornamentación corporal, la música y la cooperación en la caza mayor. Parte de la respuesta podría estar en la función social del lenguaje y la estrecha cooperación que permitió: aquellos individuos que podían comprender y trabajar mejor la dinámica de su grupo social serían preferidos como compañeros sexuales, lo que llevaría a un rápido fortalecimiento evolutivo de las capacidades cognitivas, un proceso que el antropólogo Brian Hare ha denominado «la supervivencia del más amigable».[9] En el proceso de arranque de la cultura a partir de la nada, las estrellas podrían haber proyectado una especie de «poder blando» sobre aquellos que tenían la capacidad cognitiva para ejercerlo. Los líderes políticos, desde los faraones hasta Luis XIV, intentaron justificar el origen divino de su poder terrenal con las estrellas. En las primeras formas de sociedades humanas prehistóricas podría haber sucedido algo parecido; aquellos que podían guiar sin errores a su tribu hacia un refugio siguiendo las estrellas, o proporcionar carne de manera confiable durante la luna llena, o predecir cuándo comenzarían a alargarse los días nuevamente, asumían un estatus más alto dentro del grupo y, por lo tanto, ascendían a líderes de la tribu. De un modo de lo más literal, las estrellas habrían sido el primer poder en la sombra.

En opinión del antropólogo Chris Knight, toda la primera organización social de los sapiens podría haber girado en torno al ciclo lunar: no solo es muy probable que regulara el comportamiento de caza, como ya hemos visto, sino que también marcase el ritmo de las prácticas sexuales y reproductivas y ordenara fiestas rituales para que coincidieran con la luna llena, cuando el ciclo de caza llegaba a su clímax, tal vez en combinación con la fertilidad femenina.[10] Knight intentó explicar la misteriosa y exacta coincidencia de las fases lunares con la duración media del ciclo menstrual de las mujeres, un fenómeno único entre los primates (con la posible excepción de los gorilas y los orangutanes, cuyos ciclos duran unos treinta días). Hay pruebas controvertidas de que los sapiens seguían atentamente el ciclo lunar hace ya treinta y cinco o cuarenta mil años.

En la década de 1960, el periodista y redactor científico Alexander Marshack causó un gran revuelo en la comunidad arqueológica con una nueva explicación para las marcas observadas en miles de artefactos paleolíticos: notación lunar. Marshack creía que las muescas en guijarros, marcas en pinturas murales de cavernas y huesos de reno y colmillos de mamut grabados, algunos de ellos de hasta treinta y cinco mil años de antigüedad, no eran unos meros garabatos decorativos, tal como otros habían supuesto, sino que eran una prueba de un seguimiento sofisticado del ciclo lunar y que, en algunos casos, detallaba las fases de la Luna, el paso de las estaciones e incluso el lugar de la puesta de la Luna en el horizonte.[11] Se trataba de una hipótesis de lo más polémica: ¿cómo podía ser que los pueblos prehistóricos dominaran el recuento e incluso la aritmética cuando no tenían escritura y unas capacidades todavía muy poco maduras para la abstracción?[12]

Entre las muestras más controvertidas que recopiló Marshack, el peroné (uno de los dos huesos que conectan la rodilla y el tobillo) derecho de un babuino descubierto en 1973 en las montañas Lebombo, en la frontera entre Sudáfrica y Eswatini (antes conocida como Suazilandia), es notable por estar marcado con una secuencia de veintinueve muescas espaciadas regularmente y por su superficie muy pulida, lo que sugiere una manipulación continua y prolongada. La serie de muescas está interrumpida por una rotura en el hueso, por lo que no podemos saber si la cantidad era originalmente más grande. Un total de veintinueve o treinta muescas podría haber representado un ciclo lunar completo (cuya duración exacta, 29,54 días, se sitúa entre veintinueve y treinta) o un ciclo menstrual completo. Se ha datado la fíbula en cuarenta y tres mil años de antigüedad; de modo que más o menos por la época en la que los últimos neandertales abandonaban el escenario de la vida, los sapiens podrían haber estado contando las revoluciones de los cuerpos celestes. No podemos saber si el hueso de Lebombo es en realidad uno de los primeros calendarios lunares o menstruales, pero un análisis microscópico revela que las muescas fueron talladas en cuatro series, cada una con una herramienta distinta y en momentos diferentes, lo que sugiere que su creador estaba interesado en agregar y almacenar algún tipo de información numérica en él; una vez terminado, el hueso podía consultarse en la oscuridad palpando las muescas, en una prolongada caricia de un dispositivo preciado y tal vez compartido que explicaría su superficie lisa.[13]

El hueso de Lebombo es único, pero cientos de estatuillas de «Venus» prehistóricas encontradas en toda Europa, desde Gran Bretaña hasta Italia, desde España hasta Ucrania, son testimonio de una conexión entre las fases lunares, el ciclo femenino y el desarrollo cultural de la humanidad. Las Venus paleolíticas son estatuillas talladas o bajorrelieves que representan mujeres desnudas con grandes pechos, caderas voluminosas y vientres llenos y embarazados, en una celebración de la fertilidad y el poder de dar vida de las mujeres, y por ello reciben su nombre de la diosa griega del amor.[14]

La más intrigante de todas ellas es la Venus de Laussel, una figura de cuarenta y seis centímetros de altura tallada en la piedra caliza de una cueva en la región de Dordoña, cerca de Burdeos, en Francia. Su mano izquierda descansa justo encima de su ombligo, tal vez acariciando a su hijo aún no nacido o tal vez apuntando hacia sus genitales. Su mano derecha sostiene un cuerno de bisonte, con su extremo puntiagudo hacia arriba. Le falta la cara, pero por la posición de su cabeza, girada para mirar por encima de su hombro derecho, parece que está contemplando el cuerno. Si seguimos su invitación de hace veinticinco mil años para mirarlo de cerca, podemos discernir en él trece marcas verticales regularmente espaciadas. El número es significativo: normalmente hay doce lunas llenas en un año solar, aproximadamente una por mes, pero como el ciclo lunar dura 29,5 días, los doce ciclos lunares suman 354 días, 11,25 días menos que un año solar completo. Por lo tanto, cada dos años y medio, se inserta una decimotercera luna llena en un año solar, la llamada *luna azul*.[15] Llevar un registro del número de lunas llenas es crucial para sincronizar un calendario basado en la Luna con el año solar. Trece es también el número de noches que transcurren entre la reaparición de la luna creciente después de la fase de luna nueva y el momento en que parece llena (que ocurre un día o dos antes de la luna llena real, ya que es difícil distinguir una luna casi llena de una luna llena real).

La talla aún conserva restos de su pintura ocre original: el mismo rojo que la sangre menstrual, en consonancia con los rasgos sexuales exagerados de la figura y tal vez en referencia a la conexión entre la menstruación y el ciclo lunar. Si Chris Knight está en lo cierto, se puede considerar que la Venus de Laussel simboliza el vínculo entre el ciclo menstrual, el ciclo cósmico (la luna creciente representada por el cuerno de bisonte) y la abstracción matemática (el número trece que une los ciclos lunares y biológicos); sería, acaso, la semilla de lo que se convertiría en un calendario lunar completo. Como hemos visto anteriormente, la luna llena ofrecía a los cazadores prehistóricos un banquete rico en carne, y la celebración que lo acompañaba podría haber coincidido con el pico de fertilidad de las mujeres del grupo. El ciclo cósmico de la Luna, por tanto, marcaba el ritmo en torno al cual se organizaban las sociedades prehistóricas primitivas: no solo la caza y los desplazamientos, sino también las ceremonias, las relaciones sexuales y la reproducción se regían por el ritmo de las fases lunares.[16]

El número de días que transcurren entre dos lunas llenas, sorprendentemente similar al ciclo de fertilidad promedio, puede haber sido uno de los primeros registros que llevó la

humanidad, uno de los más importantes no solo para la supervivencia individual sino para toda la organización social de la
vida prehistórica. Dado que el ciclo de fertilidad de las mujeres, ya fuera a modo individual o grupal, se reflejaba simbólica o literalmente en la aparición de la Luna en el cielo, resulta
plausible que fueran las mujeres quienes llevasen la cuenta de
la Luna y, por lo tanto, que fueran ellas las responsables de los
primeros calendarios lunares.

«Las mujeres fueron las primeras observadoras de la periodicidad básica de la naturaleza, la periodicidad sobre la que
se realizaron todas las observaciones científicas posteriores»,
escribió el filósofo social William Thompson, destacando así
la importancia del ciclo lunar no solo como base para los calendarios sino como prototipo para un enfoque inquisitivo del
mundo natural.[17] El planteamiento de Thompson parece acer-
tado cuando consideramos a la primera autora de la historia de
quien conocemos el nombre, la princesa acadia Enheduanna,
hija de Sargón el Grande. En el siglo XXII a. C., Enheduanna
escribió poemas que fueron copiados una y otra vez a lo largo
de miles de años, y se la conmemoró como una deidad menor
durante siglos después de su muerte.

Su nombre refleja su papel como esposa terrenal del dios
de la Luna, Nanna —una deidad masculina—, con quien estaba unida en un matrimonio ritual sagrado: *en* significa 'sacerdotisa mayor', *hedu* significa 'adorno' y *anna* significa 'de
los cielos'. Vivía en la ciudad sumeria de Ur, en el actual Irak,
donde su tarea era «medir los cielos de arriba» y anunciar el
inicio de cada nuevo mes cuando se avistaba la primera luna
creciente por encima del horizonte occidental.[18] En la antigüedad clásica, los romanos veneraban a Diana como la diosa
de la caza, de la fertilidad, de la concepción y del parto, y también de la Luna. Su nombre puede haber procedido de *dius*,
que significa 'luz del día': en la luna llena, cuando la noche casi
se torna en día, la diosa propiciaba una buena caza, y las cele-

braciones subsiguientes terminaban con la congregación de hombres y mujeres.

Independientemente de que las hipótesis de Chris Knight y Alexander Marshack sean correctas o no, es sugerente que hasta el día de hoy, la misma antigua raíz indoeuropea *meh-, que significa 'medir', une en un débil eco de asociaciones, perdidas ya hace mucho tiempo, los vocablos ingleses *measure* ('medida'), *month* ('mes'), *meal* ('comida'), *moon* ('luna') y *menstruation*.*,¹⁹

LÍNEAS DE CANTO Y MIRILLAS

Un grupo de hombres agazapados esperando en tensa emboscada bajo la luna llena; un anciano de pie en una cresta esperando la salida de las Pléyades antes del amanecer; un canto que guía los pasos de una banda a través de una tundra sin senderos bajo las estrellas... nada de todo esto deja restos fósiles. Los pocos que han sobrevivido a la polvorienta marcha de los eones —cráneos, fragmentos de comida en dientes fosilizados, las muescas laboriosamente talladas en huesos, las magníficas pinturas que adornan cuevas como las de Lascaux, las estatuillas de Venus con vientres gloriosamente grandes y fecundos— no son más que una débil sombra del mundo vivido por nuestros olvidados antepasados.

Si queremos buscar más indicios de la utilidad del cielo, dejemos de lado la paleoantropología y recurramos a la etnografía. Aunque los actuales cazadores-recolectores están sepa-

---

* En español, el verbo *medir* y el sustantivo *medida* también se pueden retrotraer, a través del latín, a la raíz protoindoeuropea *meh-, al igual que *mes* y *menstruación*. No así *luna* (que se supone que se remonta a la raíz *lewk-, 'brillar') ni *comida* (tal vez de *hédti-, 'comer', a través del latín *edo*, 'comer', con el prefijo *con-*). *(N. del T.)*

rados de los pueblos prehistóricos por tantos eones como el resto de nosotros, de algún modo han superado retos similares en condiciones parecidas a las de nuestros antepasados, y han adquirido así una compleja sabiduría derivada de los cielos. Esto no significa que los sapiens del Paleolítico comprendieran el cielo de la misma manera, pero el estudio de la importancia de las estrellas para los cazadores-recolectores que vivieron en tiempos históricos puede resultar como mínimo indicativo del papel que podrían haber desempeñado las estrellas para nuestros antepasados de hace tanto tiempo.

Entre las mejores fuentes de pruebas etnográficas se encuentran los pueblos aborígenes australianos, cazadores-recolectores nómadas que, hasta el siglo XVIII, habían vivido en un aislamiento cultural casi absoluto en Australia desde que sus antepasados colonizaron la isla hace unos cuarenta y cinco mil años. A partir del 70 000 a. C., los primeros *Homo sapiens* se propagaron desde África central por el Oriente Próximo, luego siguieron la costa de la India y China y cruzaron desde la Sunda (las actuales islas de Borneo, Java y Sumatra, por entonces unidas en una sola masa continental debido a un menor nivel del mar) hasta el continente de Sahul, que por entonces unía en una sola masa terrestre lo que hoy es Australia, Nueva Guinea y Tasmania. Por lo que sabemos, los neandertales nunca llegaron a pisar Australia.[20]

La cultura aborigen se mantuvo intacta hasta la invasión británica en 1788, que diezmó a muchas comunidades aborígenes a causa de hambrunas, enfermedades y, en algunos casos, genocidio; la población aborigen se redujo de unos trescientos mil en 1788 a apenas noventa y tres mil en 1900. Aun así, algunos grupos han podido mantener sus tradiciones, su lengua y su cultura hasta el día de hoy. Solo en los últimos años los etnógrafos han «descubierto» sus conocimientos ancestrales, algo que habían desestimado e ignorado durante siglos. Los pueblos aborígenes nos ofrecen numerosos y sorprendentes ejemplos del modo en que un conocimiento profundo del cielo ha sido fundamental y provechoso para su forma de vida tradicional.

La amplitud y el detalle de la tradición estelar aborigen son asombrosos: algunos ancianos pueden nombrar casi todas las aproximadamente tres mil estrellas apreciables a simple vista y conocen leyendas e historias asociadas con cada una de ellas. El conocimiento de las estrellas se considera sagrado y los ancianos lo transmiten a los jóvenes como parte de su iniciación a la edad adulta. Uno de los rasgos más relevantes de la astronomía aborigen, compartida por muchos grupos, es Gawarrgay, el «emú del cielo», que no es una constelación en el sentido occidental, sino dos nubes de polvo que oscurecen la Vía Láctea, asociadas, por su forma, con la gran ave no voladora nativa de Australia. «Cuando los ancianos veían esta forma [el emú] en el cielo, sabían que los emús estaban poniendo sus huevos, así que los ancianos salían al bosque a buscar los huevos para alimentarse», relató un participante aborigen en un estudio etnográfico.[21] Cuando aparece la cabeza del emú en febrero, los kamilaroi abandonan su campamento de verano; cuando las patas se hacen visibles en abril, es hora de llegar a su campamento de invierno. La aparición de ciertas estrellas justo antes del amanecer también anuncia el cambio de estaciones y así avisa de las inminentes bandadas de aves migratorias, de la floración o fructificación de las plantas o de la disponibilidad de huevos y bayas. El avistamiento de las Pléyades antes del amanecer indica a los pitjantjatjara de la región del desierto central que ha comenzado la temporada de reproducción de los dingos, lo que les brinda la oportunidad de darse un festín con sus crías y realizar rituales de fertilidad.[22]

También para la orientación los indicadores celestes han tenido un papel significativo, sobre todo cuando los hombres se pasaban la noche fuera cazando: Bill Yidumduma Harney, veterano anciano de los wardaman, explica que «cada noche, cuando nos disponíamos a viajar de regreso al campamento [...] la única pista era una estrella. ¿Cómo viajar? Sigue la estrella».²³ Al atravesar grandes distancias, se estudiaba el cielo estrellado como preparación para el viaje: tanto los euahlayi como los wardaman memorizaban la ruta asociando estrellas concretas con indicadores específicos a lo largo de la ruta: un vado, un jagüel, una curva en el camino, una disposición particular de rocas, un árbol marcado. El camino imaginario que conectaba las estrellas representaba la ruta que el viajero seguiría por tierra, aunque solo de una manera algo vaga, más como un recordatorio que como un mapa estelar en el sentido occidental. Cada ruta tenía su propia *línea de canto*, que se desplegaba a lo largo del camino que conectaba los puntos de orientación, un conjunto ritual de direcciones que creaba un vínculo, cantado y vivo, entre la tierra y el cielo. Algunas líneas de canto —también llamadas *pistas de ensueño*, ya que remiten al Ensueño, la creación ancestral del mundo por los seres primigenios en las culturas aborígenes— se extendían por todo el continente e incluso cambiaban de lengua en función del territorio atravesado. Por ejemplo, la línea de canto del águila audaz, de los euahlayi, va de Alice Springs, en pleno centro de Australia, hasta la bahía de Byron, en la costa oriental, a lo largo de miles de kilómetros. Los colonos europeos siguieron los caminos de los pueblos aborígenes y trazaron carreteras siguiendo las líneas de canto; allí surgieron asentamientos, que se convirtieron en pueblos y ciudades. Se dice que algunas de las carreteras actuales, como la Victoria Highway en el norte y la Great Western Highway, siguen las pistas de ensueño de los pueblos aborígenes. Cuando viajamos por Australia a toda velocidad, refrescados gracias al aire acondicionado, deberíamos recordar la antigua tradición estelar que, incluso hoy, guía nuestro camino.

En el extremo opuesto del planeta, en la insondable blancura del círculo polar ártico, las estrellas también desempeñaron un papel importante —y a menudo ignorado— en la cultura tradicional inuit, a pesar de las pasmosamente pobres condiciones para observar las estrellas. En la aldea inuit de Igloolik (que en inuktitut significa 'aquí hay una casa'), ubicada a setenta grados de latitud norte y habitada desde hace miles de años, entre fines de noviembre y mediados de enero el Sol nunca se alza por encima del horizonte. Ahora bien, en las largas noches de invierno, incluso en ausencia de nubes, las estrellas suelen quedar oscurecidas por la nieve que se alza a causa del viento, la niebla helada, la luz de la luna, las auroras boreales y su propia luz reflejada en el hielo. En primavera y verano, el Sol, que nunca se pone, y el largo crepúsculo que lo acompaña ocultan las estrellas desde mediados de abril hasta finales de agosto; en resumen, pues, los movimientos estelares solo pueden seguirse durante tres meses al año. Dada la extrema latitud, muchos paisajes celestes familiares para quienes viven en regiones más templadas y ecuatoriales son prácticamente invisibles para los inuit: por ejemplo, la Vía Láctea y las constelaciones de Escorpión y Sagitario nunca se pueden observar por completo. Para muchos cazadores del extremo norte, la Estrella Polar está demasiado cerca del cenit para servir de marcador direccional útil; de hecho, los inuit del noroeste de Groenlandia ni tan siquiera tienen un nombre para ella.[24]

En conjunto, el conocimiento que tienen los inuit del firmamento estrellado es muy inferior al de los aborígenes australianos, que disfrutan de condiciones mucho más favorables para la observación estelar (por no hablar de temperaturas nocturnas menos gélidas). Frente a tres mil, los inuit reconocen solo treinta y tres estrellas individuales, de las cuales solo seis o siete tienen nombres propios: dos cúmulos estelares (las Híades y las Pléyades), la nebulosa de Orión y la Vía Láctea. Incluso en unas condiciones que empiezan a parecerse a las de Caligo, los inuit usan las estrellas y las constelaciones como

ayuda para orientarse, complementando así su notable conocimiento de los hitos topográficos locales, los bancos de nieve
y otros rasgos que escaparían por completo a la atención de un
ojo menos experto. El anciano de Igloolik Noah Piugattuk
explica que, en viajes largos, «utilizando una estrella como
orientación viajábamos durante algún tiempo [...] luego em-
pezábamos a movernos hacia la izquierda de la estrella» para
compensar el movimiento de las estrellas en el cielo a lo largo
del tiempo.[25]

Otro uso esencial de las estrellas, común tanto a los aborígenes como a los inuit, era el registro del paso del tiempo. «En
aquella época no teníamos relojes. Siempre seguíamos la estrella para vigilar [...] Emú, Cocodrilo, Pez gato, Águila audaz, y
todo el cielo en una de las estrellas», explica Bill Harney, recordando su juventud en el norte de Australia en la década de
1940.[26] Mientras Harney cazaba de noche durante el verano
australiano con las estrellas sobre su cabeza como reloj, los inuit
de Igloolik también confiaban en las estrellas para marcar la
hora de levantarse o de acostarse durante el largo invierno ártico sin sol. Los iglúes tenían lo que podríamos llamar «mirillas»
dedicadas a vigilar las estrellas; Tukturjuit (la Osa Mayor), que
trazaba las horas alrededor de la Estrella Polar, se consideraba
que representaba la forma de un caribú, y cuando parecía estar
de pie sobre sus patas traseras, con la cabeza en alto, se acercaba
la medianoche. Y además de las estrellas, la Luna tenía un papel
de lo más fundamental en el seguimiento del tiempo a lo largo
del año, como investigaremos más adelante.

LA HERMANA PERDIDA

Si bien casi todos los cazadores-recolectores modernos tienen
algún tipo de sistema astronómico —incluidos los inuit que
viven sobre el círculo polar ártico, casi sin estrellas—, los re-

latos de las prácticas contemporáneas pueden darnos, como mucho, un atisbo de lo que los sapiens prehistóricos podrían haber visto en los cielos. Sin duda, con el tiempo, la cultura y los conocimientos de los cazadores-recolectores han ido evolucionando y cambiando, y lo mismo ha sucedido con los cielos mismos. Como hemos visto, las formas de las constelaciones se deforman a lo largo de varios miles de años a causa del movimiento propio de las estrellas, mientras que la precesión de los equinoccios desincroniza las estrellas y las estaciones con las que se corresponden. Esto quiere decir que, cualquiera que fuera el conocimiento del cielo que pudieran haber poseído los sapiens protoaustralianos hace cuarenta mil años, su contenido era necesariamente diferente de cualquier tradición oral transmitida hasta nuestros días.[27]

De todos modos, teniendo en cuenta que el conocimiento del cielo tiene un papel fundamental para los cazadores-recolectores contemporáneos, parece razonable que también fuera prominente en las vidas de nuestros ancestros prehistóricos, quienes podrían haber usado las estrellas a su favor como ayuda para orientarse, contar el tiempo y marcar las estaciones, y tal vez incluso como inspiración para los primeros mitos. Antes de la invención de la escritura, la valiosa (y a menudo secreta) tradición estelar necesaria para encontrar el camino a casa desde la banquisa o tras un largo viaje por el *outback* australiano tenía que recolectarse fragmento a fragmento, generación tras generación, y transmitirse oralmente durante miles y miles de años. Las leyendas, los mitos, las historias y las canciones podrían haber sido el recurso mnemotécnico necesario para codificar la abundancia de conocimientos sobre las estrellas, las estaciones, los planetas, la Luna, el Sol y su compleja relación con todo lo que los sapiens prehistóricos necesitaban para sobrevivir. Los ancianos inuit de hoy sostienen que «las estrellas [pueden] recordarse por las leyendas asociadas a ellas».[28]

Hay indicios de que la fascinación de los sapiens por las estrellas se remonta hasta donde nuestra mirada puede penetrar en el abismo de la historia. Por toda Australia, se encuentran formaciones de piedras de creación aborigen, algunas de las cuales rivalizan en tamaño con las estructuras megalíticas del norte de Europa, y se cree que tenían, al menos en algunos casos, una función ceremonial. En concreto, las formaciones lineales de piedras en Nueva Gales del Sur parecen estar alineadas preferentemente con los puntos cardinales, lo que acaso refleje el interés de sus constructores por el cielo. Otros lugares sagrados en el sureste de Australia, conocidos como *bora*, se utilizaban para ceremonias de iniciación masculina y consistían en dos círculos de piedras, uno más pequeño que el otro, unidos por un camino. Se cree que los círculos de piedra reflejan las dos nubes negras que representan al emú del cielo: dado que es el emú macho el que cría a los polluelos, el ave era un símbolo apropiado para la iniciación masculina, cuando los ancianos convertían a los niños en hombres. El inicio del tiempo ceremonial estaba marcado por el emú del cielo cuando «baja a beber», que es el momento del año en que su cabeza llega al horizonte.[29] En este caso, las estrellas eran una pista clara de cuándo debía tener lugar la ceremonia, las estrellas guiaban a los asistentes a lo largo de cientos de kilómetros de tierra sin caminos hasta el lugar de la ceremonia, las estrellas proporcionaban una señal celeste para el ritual, conectando así el cielo y la Tierra, el tiempo y el espacio, la realidad y el símbolo.[30]

En Europa, la orientación de las cuevas y los refugios del valle de Vézère, en la región de la Dordoña (Francia), un complejo que incluye las mundialmente famosas cuevas de Lascaux y de la Venus de Laussel, nos da una pista de que los sapiens ya prestaban atención al cielo hace treinta mil años. Las entradas de las cuevas sin decoración tienen orientaciones aleatorias, mientras que las que albergan arte rupestre suelen

estar orientadas hacia la dirección del sol naciente en el solsticio de invierno y hacia la puesta del sol en el solsticio de verano.[31] Parece como si los habitantes prehistóricos de esas cuevas eligieran los lugares en los que iban a exhibir su arte más
expresivo de acuerdo con puntos especiales en la trayectoria
del sol en el cielo, anticipándose así en miles de años a las sofisticadas alineaciones de Stonehenge y algunas pirámides
egipcias.

Una pista singular y seductora podría remontarnos hasta
cien mil años atrás. Es una de las vistas más espectaculares del
cielo nocturno: un grupo muy unido de estrellas azuladas que
brillan como un joyero y descansan suavemente sobre el hombro del toro, la constelación de Tauro, donde «se agrupan como
abejas doradas sobre tu melena [la del Toro]», según el poeta
estadounidense del siglo XIX Bayard Taylor.[32] Las Pléyades no
es que sean especialmente brillantes, pero su proximidad las
hace imperdibles; de hecho, a lo largo de la historia, pueblos de
todo el mundo las han reconocido y a menudo les han dado un
significado especial. Su aparición al amanecer abría la temporada de navegación entre los griegos (de ahí probablemente su
nombre, derivado del verbo πλέω, *pleo*, 'navegar') y anunciaba
la llegada de la cosecha para los romanos; su salida en el cielo
invernal señalaba una época de escasez y hambruna para aquellos que vivían en el hemisferio norte, mientras que su desaparición a finales de abril marcaba la llegada de la temporada de lluvias (y con ella, semanas de escasez sin caza) para el pueblo
barasana de Colombia. Conocidas por los hindúes como Krittikā,
pueden ser el origen del Diwali, el festival de las luces.[33] Las
Pléyades aparecen en numerosas obras literarias y poéticas, desde la Biblia hasta Milton, desde Plinio hasta Shakespeare, desde
Homero hasta Tennyson, quien las ensalzaba:

> Durante muchas noches he visto a las Pléyades, saliendo por la
> suave sombra,

brillar como un enjambre de luciérnagas enredadas en una trenza de plata.[34]

En China, las Pléyades ya se identificaron hace más de cuatro mil años; en Japón se conocen desde tiempos remotos como Mutsuraboshi, lo que significa 'seis estrellas', o, más recientemente, como Subaru, que significa 'reunirse' (y sirven como nombre y logotipo del fabricante de coches Subaru, nacido por la unión de seis empresas).[35] Incluso se ha llegado a afirmar que las Pléyades podrían estar representadas en una de las pinturas prehistóricas de Lascaux, con una antigüedad de entre diez mil y diecisiete mil años. Junto a una magnífica representación de un toro, y en una relación espacial que sugiere la posición relativa de las Pléyades con respecto a la constelación de Tauro, sin duda llama la atención una disposición de seis puntos negros.[36]

Su fama no es sorprendente, teniendo en cuenta su deslumbrante aspecto en el cielo nocturno. El misterio, sin embargo, es por qué en muchas culturas del mundo se describen a las Pléyades como siete hermanas o siete mujeres, cuando el ojo humano normalmente solo puede percibir seis estrellas en el cúmulo a simple vista. «Las Estrellas Hermanas que antaño eran siete / lloran su compañera perdida en el cielo», escribió el poeta inglés Alfred Austin.[37] Parece que en tiempos históricos, y antes de la invención del telescopio, la mayoría de las personas solo veían seis estrellas. En el siglo III a. C., el poeta griego Arato explicaba: «Entre los hombres son celebradas como las Siete Vías, aunque sean solamente seis las que se ven con los ojos. No es que, en modo alguno, una estrella ignorada ha desaparecido del cielo, pues también oímos hablar de ella desde su origen, sino que así se cuenta».[38]

Hay muchas leyendas que describen cómo y por qué se perdió la Pléyade ausente: se retiró entristecida, fue desterrada o fue salvada estableciéndose como la séptima estrella de la

Osa Mayor (que tiene una forma similar a las Pléyades, por lo que a menudo se la asocia con ellas), fue alcanzada por un rayo, fue secuestrada, se desvaneció mientras ascendía al cielo cantando, escondió su rostro avergonzada por enamorarse de un mortal, cayó de nuevo a la Tierra para convertirse en la Gran Mezquita o se transformó en un cometa.

En todas estas leyendas, podemos apreciar asombrosos paralelismos entre la historia de las siete hijas de Atlas y Pléyone contada en la antigua Grecia y la de las siete jóvenes contada en innumerables versiones entre los aborígenes de toda Australia. Según el mito griego, cuando Zeus obligó a Atlas a portar el cielo sobre sus hombros por toda la eternidad como castigo por hacer la guerra a los dioses olímpicos, sus siete hijas quedaron indefensas ante las indeseadas insinuaciones de Orión, el poderoso cazador. Zeus, compadecido por el sino de su padre, las convirtió en estrellas y las colocó en el cielo, donde Orión todavía las persigue.

Al otro lado del planeta, los pueblos aborígenes de Australia, que nunca tuvieron contacto alguno con la Grecia clásica, transmitieron relatos que, en sus elementos esenciales, son versiones de la misma historia: las Pléyades son siete hermanas o mujeres jóvenes perseguidas por un hombre o unos hombres en Orión, que las desean en contra su voluntad. En algunos casos, las hermanas están protegidas por sus dingos y resguardadas por un ayudante (a veces una hermana mayor) identificados con los cuernos de Tauro.[39] Se han documentado variaciones de este mito básico por toda Australia, y al menos hasta la década de 1970 todavía se representaban como parte de la ceremonia de las Siete Hermanas, un ritual de iniciación realizado por mujeres andagarinja. Durante este ritual, la líder ceremonial actúa haciendo el papel de Njuru (Orión), quien captura y viola a una de las hermanas; luego, ella muere de vergüenza por la naturaleza incestuosa del acto, mientras que las otras seis huyen al cielo.[40]

Si, como dice Arato, «no es que, en modo alguno, una estrella ignorada ha desaparecido del cielo, pues también oímos hablar de ella desde su origen», ¿de dónde provienen estos mitos? Si nos atrevemos a dar un salto audaz, estos relatos con tantos paralelismos podrían ser un susurro que nos llega desde las profundidades del tiempo: brotaron de una raíz imaginada por primera vez cuando los sapiens caminaban, acechaban a sus presas y yacían en la oscuridad de la sabana africana hace cien mil años, época en que, según sugieren las pruebas astronómicas, se perdió la séptima hermana.

Hoy en día, la séptima estrella está demasiado cerca de una de las otras seis para poder distinguirla a simple vista. En las mejores condiciones de observación, aquellos con una vista excepcional podrán ver más estrellas, pero casi nunca siete: si se ve una séptima, también se ven algunas más.[41] Un modesto binocular permite apreciar una docena más de estrellas bañadas por una nube de gas de un brillo azulado (Galileo vio treinta y seis con su telescopio), una pequeña parte de los centenares de miembros de este espectacular cúmulo. Pero hace cien mil años, debido al movimiento relativo entre las dos estrellas, la séptima estrella estaba tres veces más lejos de su vecina, lo que la habría situado a una distancia suficiente para que un ser humano con una vista aceptable pudiera distinguirla con claridad. Es concebible, como han sugerido Ray, Cilla y Barnaby Norris, que el origen del mito de las Siete Hermanas sea anterior a la gran migración que llevó a los sapiens fuera de África y finalmente a Europa, Australia y más allá.[42] De ser así, la historia de la hermana perdida podría codificar el recuerdo, desaparecido hace tiempo, de la fascinación de nuestros ancestros comunes por las estrellas. Ovidio cantó que el creador «al hombre le dio una cabeza que se eleva por encima del cuerpo y le ordenó mirar al cielo y levantar el rostro erguido hacia las estrellas», y bien pudo haber sido así desde el mismo momento en que los sapiens estiraron por primera vez sus cuellos, inclinaron la cabeza hacia atrás y miraron hacia los cielos.

UNOS SAPIENS DUCHOS EN LOS ASUNTOS DEL CIELO

Nuestra supervivencia, nuestra cognición, nuestro lenguaje y nuestra cultura en sus comienzos estuvieron a cargo de las estrellas, y tal vez de manera decisiva. Hace doscientos millones de años, «el peso de un pétalo [...] cambió la faz del mundo», como lo expresó el antropólogo Loren Eiseley, en referencia al momento en que las angiospermas cubrieron el planeta con flores, frutas, hierbas y manadas de animales que un día alimentarían los cerebros ávidos de calorías de los sapiens.[43] Hace cincuenta mil años, el peso de la luz de las estrellas elevó la mente humana hacia las alturas.

Es plausible que para nuestros antepasados el cielo nocturno fuera tanto un gimnasio cognitivo como un recurso mnemotécnico. Un gimnasio cognitivo que ayudaría al esfuerzo mental necesario para captar la noción abstracta de que un grupo de estrellas podría ser una representación de otra cosa, como por ejemplo un cazador que persigue a siete hermanas, o de que su aparición podía anunciar otro acontecimiento sin ninguna conexión causal evidente y, de esta manera, elevó el pensamiento de nuestros antepasados de lo material (se acerca una nube oscura; luego lloverá) a lo simbólico (la Luna reaparece periódicamente; algún día tal vez renazcamos de manera similar). Acaso la necesidad de llevar un registro de los ciclos celestes —en particular las fases lunares, ya que eran fundamentales como marcadores tanto de los fenómenos naturales como de la naciente vida social de la tribu— fue la chispa que encendió una idea tan útil como los números.

Sin duda, fue la base de los primeros calendarios que se conocen, como vimos antes. Después de que las observacio-

nes de las fases lunares proporcionaran una medida compartida del tiempo, la mayoría de las culturas idearon su propia y
peculiar forma de solucionar la discrepancia de 11,25 días entre doce ciclos lunares y un año solar y, de este modo, armo-
nizar su calendario lunar con las estaciones periódicas, que
siguen el ciclo del Sol. Los calendarios babilónico, egipcio,
judío, chino y griego eran todos lunares, y también lo era el
antiguo calendario romano. Los políticos colaboraban con los
sacerdotes para insertar días intercalares (para que el calendario lunar volviera a estar en sintonía con el año solar) siempre
que fuera conveniente, una práctica que zanjó Julio César con
su reforma del año 45 a. C., por la que fijó el año civil en 365
días, más un año bisiesto cada cuatro. Nuestro calendario moderno de doce meses todavía refleja la disposición romana, e
incluso los nombres de los meses desde septiembre hasta diciembre son herencia de su designación en latín (*septem*, que
significa 'siete', ya que era el séptimo mes en el calendario romano, y así sucesivamente hasta *decem*, 'diez').[44]

Los egipcios jugaban a un juego parecido a *Serpientes y escaleras*, llamado *senet*, en el que el tablero se dividía en treinta
casillas que seguían las fases lunares. El premio final era la resurrección de entre los muertos.[45] En Mesoamérica, los mayas, obsesionados con el tiempo, idearon un complejo sistema
calendárico que podía determinar los ciclos celestes con una
precisión equivalente a cinco dígitos. Entre los cazadores-recolectores contemporáneos, los aborígenes australianos utilizan palos para cavar tallados con muescas que representan su
edad en meses lunares; mientras que el calendario inuit, que
presenta hasta trece lunas con nombre propio, era lo que regu-
laba prácticamente todos los aspectos de su modo de vida tradicional antes de que se instalara la modernidad.[46] Hoy en día,
muchas festividades religiosas siguen ligadas al calendario
lunar en las principales religiones monoteístas: el calendario fes-
tivo judío sigue los meses lunares (con ajustes para evitar que

se desfase demasiado del año solar) y lo mismo ocurre con el de los musulmanes, para quienes el período del Ramadán comienza y termina con el avistamiento de la primera luna creciente del noveno mes. La Pascua cristiana para los credos occidentales cae el primer domingo después de la primera luna llena que sigue al equinoccio de primavera, mientras que los cristianos ortodoxos orientales aplican la misma fórmula pero siguen el antiguo calendario juliano, según el cual el primer día de primavera es el 3 de abril.

El cielo nocturno también ha servido durante mucho tiempo como un recurso mnemotécnico, como las líneas de canto aborígenes. Una vez que un nombre, una historia, una canción o la asociación con un evento natural importante se embebían en una estrella o constelación, su persistencia más allá de la vida del individuo requería que se transmitiera a las nuevas generaciones; así nació la cultura. Imagino a sapiens prehistóricos, desde Grecia hasta Australia, reunidos alrededor del fuego, tal como lo hacemos hoy en día cuando nos vamos de acampada, esperando la salida de las Pléyades para poder contarse entre ellos y a sus hijos la historia de esa séptima hermana que se perdió del collar azul de estrellas.

¿Cómo es, pues, que Fred, el neandertal, acabó dentro de la jaula de cristal del Museo de Historia Natural y yo, un sapiens, estoy fuera? El tiempo estaba de su parte: los neandertales tuvieron una ventaja de entre trescientos y cuatrocientos mil años para desarrollar el lenguaje, después de lo cual (si nuestra experiencia es un modelo válido) podrían ir surgiendo, a un ritmo cada vez mayor, la astronomía, la religión, las matemáticas y, con el tiempo, la tecnología espacial y la inteligencia artificial. Pero no fue así. Si bien la caracterización del arqueólogo Steven Mithen de la época de los neandertales en la Tierra como «un millón de años de monotonía técnica» es una exageración, es cierto que su tecnología básica no presenció grandes avances, solo mejoras graduales.[47]

Todas las pruebas sugieren que, a nivel individual, los neandertales no eran para nada inferiores a nosotros, lo que echa por tierra su descripción por parte de destacados antropólogos de la década de 1930 como «un tipo [de humano] anterior e inferior».[48] Sí es cierto que tendían a vivir en grupos más aislados, con menos intercambios entre bandas, lo que implicaba que cualquier innovación técnica o fragmento ventajoso de conocimiento se difundía con más lentitud hacia otros grupos, si es que llegaba a hacerlo. El menor número de neandertales también significó un menor potencial de innovación y descubrimientos por parte de los individuos. Durante cientos de miles de años, esto no fue ningún obstáculo para su supervivencia, pero cuando los fatídicos cambios climáticos de hace cuarenta y cinco mil años hicieron aumentar las apuestas, apareció en escena un nuevo tipo de homínido más social y que, a diferencia de los neandertales, apreció el potencial que había en un arma secreta escondida a plena vista justo encima de sus cabezas. Las estrellas no solo ayudaron a las bandas de sapiens a buscar comida y a cazar, como ya hemos visto, sino que es probable que desempeñaran un papel relevante en la reunión de grupos con fines ceremoniales, durante los cuales se intercambiaban utensilios, relatos y conocimientos. Esta superior capacidad de intercambio y de lo que podríamos calificar de trabajo en red bien podría haber sido la ventaja crucial de los sapiens sobre los neandertales cuando las cosas se pusieron en verdad difíciles.

En este sentido, las prácticas de los aborígenes australianos son igualmente sugerentes. El cielo nocturno no solo proporcionaba la guía necesaria para viajar hasta el lugar de reunión ceremonial, sino que también ofrecía la clave para sincronizar esa reunión, de modo que se podían congregar varias tribus en el mismo lugar y al mismo tiempo. Entre los aborígenes australianos, las fases de la Luna se utilizaban para programar ceremonias, a veces con meses o incluso años de antelación.

La invitación tenía la forma de una vara de mensajes: un trozo de corteza pintada, un palo tallado o un hueso de animal, a veces con algo de cabello del remitente atado a ella como medio para confirmar la identidad (una práctica extrañamente compartida por las tribus nórdicas tradicionales). El contenido del mensaje se representaba mediante pictogramas: en una vara de mensajes del siglo xix, una de las caras de un trozo de árbol de quinina muestra el lugar y una imagen estilizada del remitente y la ruta seguida por el mensajero a través de diversos ríos; una C hueca indica que el mensaje se envió en luna nueva; en el reverso, aparece el invitado junto con el remitente en el lugar de la reunión, en la unión de dos ríos. Una luna llena indica cuándo se celebrará la reunión.[49]

Hay unos cuantos indicios más que se suman a la imagen general: por lo que sabemos, los neandertales nunca se aventuraron fuera de Europa y Oriente Medio, mientras que los sapiens migraron desde África hasta Australia, cruzando las aguas abiertas que separaban Sahul de la Sunda. Hay vislumbres de que la colonización de Australia por parte de grupos protoaborígenes fue intencional, ya que parece que varios sitios fueron poblados en el breve lapso de solo un par de milenios, algo que la teoría de la llegada fortuita de la «mujer embarazada a la deriva en una balsa» no puede explicar.[50] ¿Estaba esa mayor capacidad exploratoria ligada, de algún modo, a las estrellas? Nos resulta imposible saberlo, pero asimismo difícil negarlo: la navegación en alta mar depende fundamentalmente de las estrellas, como veremos en el capítulo 6.

Es cierto que, en general, los neandertales vivían en latitudes más septentrionales que los sapiens, al menos antes de que estos migraran hacia el norte de Europa, donde las condiciones para observar las estrellas eran menos favorables. ¿Podría haber contribuido esto a una falta de interés por las estrellas? El contraejemplo de los inuit nos dice que, incluso en las difíciles condiciones del Ártico, el conocimiento de las estrellas sigue siendo relevante, aunque menos amplio y útil en comparación con aquel del que gozan los pueblos que viven más al sur. Tal vez el cielo despejado y las noches templadas de la sabana africana dieron a nuestros antepasados sapiens una ventaja sobre los neandertales que vivían en climas menos favorables y se llevaron consigo este conocimiento celeste fuera de África, tal como postula la hipótesis de las Siete Hermanas. Desde la lejanía de decenas de milenios, todavía no hemos encontrado ni un solo rastro material del interés de los neandertales por las estrellas.[51] El registro arqueológico de los neandertales es bastante escaso, sin duda, y el futuro podría traer nuevos hallazgos acerca de los antepasados de Fred, pero algunas pistas sí hay. Tal vez algunos neandertales concretos sí que miraron hacia arriba y contemplaron el cielo, pero lo que vieron en las estrellas parece haber muerto con ellos.

No con nosotros. Al dejar atrás las profundidades del Paleolítico para pisar el terreno más sólido de la historia registrada, descubriremos el papel que desempeñaron las estrellas como ayuda para ubicarnos tanto en el espacio como en el tiempo, dos conceptos inextricablemente vinculados y que abordaremos en los próximos dos capítulos sobre relojes y navegación.

LAS CRÓNICAS DE CALIGO

El cuento de Fulgor de Antaño

Fulgor de Antaño se puso en pie y así empezó su relato.

Muchos Fulgores atrás —tantos que nadie lo recuerda—, nuestro pueblo fue moldeado a partir de la Nube, y el Rayo nos dio el regalo de la vida. En esa época la caza era abundante, la fruta, copiosa y las setas alfombraban el suelo del bosque.

Pero un Fulgor, nuestro pueblo se halló entre los Embaucadores. Al principio eran pocos. Tenían dagas voladoras que podían matar a un uro desde lejos; llegaban a las bayas antes de que nuestra gente pudiera tocarlas; se comían nuestras setas y ocupaban nuestras cuevas. Allá donde iba nuestra gente, los Embaucadores habían llegado antes: brasas humeantes en un refugio, huesos relamidos, lascas de rocas por el suelo.

Nuestra gente luchó contra ellos, pero los Embaucadores eran rápidos. Tenían fuego y dejaban que se propagara sin freno entre la hierba seca para evitar que nuestra gente los siguiera. Robaron la piel del zorro blanco y se envolvieron en ella para escapar lejos, entre la nieve. Corrieron de un lugar a otro, llevando consigo sus trucos y sus niños a hombros. Los perseguimos una y otra vez, pero siempre regresaban.

La lucha prosiguió durante muchos despertares de murciélagos. Las lenguas de hielo iban y venían, tantas veces como caben en los dedos de dos manos. Cuando el hielo bajó de la montaña, los Embaucadores se desvanecieron. Pero siempre regresaban, y nuestra gente pasaba hambre.

Entonces, un Fulgor, la mujer que ahora conocemos como Castigaembaucadores dijo a nuestra gente cómo girar las tornas: tenían que esperar en la Oscuridad, hasta que aparecieran los Embaucadores.

Nuestra gente se ocultaba entre los arbustos, durmiendo durante el Fulgor y asiendo sus hachas durante la Oscuridad, con los ojos abiertos y los pies en silencio. La Gran Negrura se apoderó de muchos de nuestros héroes durante la larga espera, pero Castigaembaucadores no les permitió regresar a los fuegos de la cueva. Por fin, los Embaucadores se pusieron a andar entre los arbustos para comerse nuestras setas.

Un terrible Trueno llegó hasta la Nube cuando Castigaembaucadores saltó de detrás de los arbustos y golpeó la cabeza del primer Embaucador. Sus compañeros intentaron contraatacar, pero sus piedras voladoras no les servían y los niños que llevaban a cuestas les pesaban en el combate. Cuando se acabó, la tierra del bosque estaba roja con la sangre de los Embaucadores, y las hienas roían sus blancos huesos.

Castigaembaucadores guio a nuestra gente de regreso, con la cabeza de su primera presa en lo alto de un palo y el morral lleno de trucos en su mano. Todo el bosque se admiró de nuestra fortaleza. La Nube se regocijó: la Oscuridad quedó apartada por un Rayo tan intenso que nadie había visto nunca nada parecido; y tampoco lo hemos visto desde entonces. Nuestra gente bailó con la lluvia y el Rayo hasta el siguiente Fulgor.

Por eso, cuando viene el Rayo, lo recibimos con la danza que Castigaembaucadores nos enseñó hace tantos Fulgores. Bailamos y mostramos nuestra fuerza, para que los Embaucadores no regresen nunca.

5

RELOJES CELESTES

Debes atravesar el túnel más rápido que
el viento. Solo tienes doce horas.

Poema de Gilgamesh

EN LA ESFERA DE UN RELOJ

—¿Y ahora qué? —pregunté a mi hijo Benjamin al girar con el
dedo la manecilla pequeña hasta situarla a medio camino entre
las cuatro y las cinco y luego poniendo la manecilla larga apuntando al número seis, escrito con un gran número de color verde
en la esfera del reloj de madera. Una mirada de concentración;
casi podía oír el crujido de las sinapsis de su cerebro a medida que
se establecían nuevas conexiones, se recuperaba información
y se reforzaba un patrón. Entonces, animado, exclamó:
—¡Las cuatro y media!
Era todo un logro para un niño de cuatro años. Le dije que
lo había dicho bien y estaba a punto de mover las manecillas
para plantearle otra pregunta cuando me sorprendió con uno
de esos porqués que, en general, los adultos ya no se plantean:
—Papá, ¿por qué en un reloj hay doce horas?
Hice una pausa. Con los ojos claros de la infancia, mi hijo

había descubierto un camino que se adentraba en las profundidades de la historia.

—Mira, Ben, todo es culpa de las estrellas... —empecé, alzándolo y sentándolo en mi regazo.

Érase una vez, en la antigua ciudad de Uruk, había un rey poderoso pero cruel, que no se preocupaba por nadie más que por sí mismo. Su nombre era Gilgamesh. Gilgamesh era muy fuerte y un cazador fantástico, y los dioses enviaron a un salvaje, llamado Enkidu, para luchar contra él. Pero después de enzarzarse en una terrible pelea, Gilgamesh y Enkidu se hicieron muy amigos y decidieron compartir aventuras juntos. Un día, la diosa Ishtar vio a Gilgamesh y Enkidu matar al monstruo Humbaba, el terrible guardián del Bosque de Cedros, y de inmediato se enamoró del poderoso Gilgamesh. Pero Gilgamesh no quería tener nada que ver con Ishtar, quien, enfurecida por su rechazo, convenció a los dioses para que mataran a Enkidu como castigo.

Enloquecido por el dolor, Gilgamesh emprendió un viaje en pos de la inmortalidad, buscando a su antepasado Utanapishti, a quien los dioses habían concedido la vida eterna después del Gran Diluvio. Gilgamesh cruzó los Picos Gemelos para encontrar la entrada al túnel que atraviesa la Tierra, por donde los habitantes de Uruk creían que se hunde el Sol cuando se pone. Al otro lado del túnel se encuentra el jardín de los dioses, lleno de árboles repletos de joyas y racimos de corales que cuelgan como dátiles. Pero llegar allí no sería fácil, advirtió el hombre-escorpión que guarda la entrada:

—El túnel te lleva siempre hacia abajo, a través de la oscuridad más profunda. Todo estará completamente negro, por delante y por detrás de ti, todo estará completamente negro a ambos lados. Debes atravesar el túnel más rápido que el viento. Solo tienes doce horas. Si no sales del túnel antes de que el sol se ponga y entre, no podrás resguardarte de su fuego mortal.[1]

Cuando salió el Sol, Gilgamesh se adentró en el túnel y corrió en la oscuridad. Corrió y corrió; a la octava hora, el miedo lo invadió; a la novena hora, una brisa le acarició el rostro; a la duodécima hora, emergió al jardín de los dioses justo cuando el Sol ya asomaba por la entrada detrás de él y apenas logró evitar ser quemado. Gilgamesh afrontó muchas más aventuras aterradoras, pero al final regresó a Uruk como un hombre más sabio, aunque no logró vencer a la muerte.

Pero ¿te has fijado en las instrucciones que le dio el hombre-escorpión? Gilgamesh tenía solo doce horas entre el amanecer y el momento en que el Sol entraría de nuevo en el túnel que discurre por debajo de la Tierra y lo quemaría hasta convertirlo en cenizas. Doce horas.

DOCE DIAMANTES EN EL CIELO

El *Poema de Gilgamesh* o *Epopeya de Gilgamesh* es un poema sumerio que se puede remontar hasta el 2700 a. C. Su protagonista tal vez está inspirado en el personaje histórico de un rey de Uruk. Es el poema épico más antiguo que conocemos y ha sido fuente de inspiración para muchas otras sagas heroicas (y para cuentos para hijos preguntones). No sabemos con certeza por qué aparece el número doce en la epopeya como la cantidad de horas de la noche; y el poema no dice si la misma subdivisión se aplicaba al tiempo diurno.

Sabemos que los sumerios y, más tarde, los babilonios tenían matemáticas muy sofisticadas: su sistema numérico era sexagesimal, es decir, se basaba en el número sesenta (mientras que el nuestro se basa en el número diez, que parece quizás más natural porque está, literalmente, al alcance de la mano). Los babilonios inventaron la notación posicional, es decir, la idea de que el valor de un símbolo depende de dónde se lo coloca en la representación de una cifra. En nuestro sistema decimal, el símbolo «11» representa el número once, $1 \times 10 + 1$, donde el dígito de la izquierda representa un grupo de diez y el de la derecha una unidad; el mismo símbolo

«11» en el sistema babilónico representaría el número sesenta y uno, $1 \times 60 + 1 = 61$. Los babilonios sabían que la diagonal de un cuadrado de longitud unitaria es igual a la raíz cuadrada de dos unos trece siglos antes de que Pitágoras enunciara su teorema general; podían resolver ecuaciones lineales, cuadráticas y algunas cúbicas y utilizaban una forma de cálculo integral para determinar la posición de Júpiter en el cielo.[2]

El número sesenta como base resultaba muy útil porque podía dividirse entre muchos números (dos, tres, cuatro, cinco, seis, diez, doce, quince, veinte, treinta), lo que ayudaba a calcular fracciones. El apego sumerio a las fracciones está bien encarnado en Gilgamesh, quien, como hijo de una diosa y un rey mortal, no es simplemente mitad divino y mitad mortal sino más bien «dos tercios divino y un tercio humano», aunque nunca se explica cómo se llegó a esta peculiar división.[3]

Tal vez las doce horas nocturnas reflejaban el número habitual de ciclos lunares en un año, o tal vez se escogió el valor doce al ser uno de los divisores de sesenta, el símbolo numérico del padre de todos los dioses, el dios del cielo Anu. El dios lunar Nanna estaba vinculado al número treinta, una referencia a la duración del ciclo lunar en días: en cada luna nueva, Nanna se sentaba a juzgar los casos que los dioses le presentaban. El calendario sumerio fue dictado por Nanna, y cada mes se anunciaba con el avistamiento de la Luna creciente por parte de sacerdotes y sacerdotisas especializados, como Enheduanna, lo que tenía efectos en todos los aspectos de la sociedad. Por ejemplo, los salarios se pagaban después de un mes lunar, una práctica que continúa hasta nuestros días. Se añadía un mes intercalar cuando los sacerdotes consideraban necesario mantener sincronizados los calendarios lunar y solar. Los babilonios, que heredaron el calendario sumerio, introdujeron el *uš* (pronunciado 'ush'), el tiempo que tarda el cielo en girar un grado, lo que corresponde a cuatro de nuestros minutos. Una revolución completa tardaba 360 *uš*, lo que resulta en la división del círculo en 360 grados que todavía utilizamos hoy. Al igual que los antiguos babilonios, los astrónomos siguen empleando unidades de tiempo para medir la distancia en la esfera celeste: el ángulo horario (quince grados), el minuto de arco (una sexagésima parte de un grado) y el segundo de arco (una sexagésima parte de un minuto de arco).

Hacia 2100 a. C., los egipcios habían adoptado la misma subdivisión para las horas entre el alba y el ocaso. La simetría entre el día y la noche, entre el mundo superior donde brillaba el Sol y el inframundo que visitaba cada noche, llevó a dos períodos de doce horas cada uno, y el ciclo completo de veinticuatro horas se denominó *las horas dobles*. El tiempo se medía con las estrellas por la noche y con el Sol durante el día; los relojes de agua con escalas de doce segmentos tomaban el relevo cuando el cielo estaba encapotado. A medida que el Sol se desplazaba por el cielo, las doce franjas del día se marcaban con la sombra en movimiento de una vara vertical, llamada *gnomon* (del griego 'indicador'): un reloj de sol.

El reloj de sol más antiguo que se conoce data del siglo XIII a. C. y fue hallado en la zona de los trabajadores del Valle de los Reyes: consiste en una pieza plana de piedra caliza, del tamaño de una ensaladera, con un agujero para colocar el gnomon, que habría proyectado su sombra sobre un semicírculo pintado a su alrededor. El semicírculo está dividido en doce secciones, como los cortes de un pastel, de unos quince grados cada una. A medio camino entre los lados de cada corte, se utilizaba un punto para indicar las medias horas. Sus descubridores han sugerido que el reloj de sol podría haber sido un reloj portátil, mediante el cual los trabajadores podían establecer la hora de su descanso de mediodía, mientras que los segmentos de media hora acaso se utilizasen para delimitar actividades más extenuantes.[4]

Mientras tanto, la subdivisión de la noche en doce horas había adquirido una considerable sofisticación entre los egipcios, tal vez el único aspecto en el que la sabiduría astronómica egipcia rivalizaba con la de los babilonios. Los egipcios adoraban a Sirio, la estrella más brillante del cielo, asociada con la diosa Isis. En Egipto, el año nuevo comenzaba cuando Sirio se hacía visible justo antes del amanecer sobre el horizonte oriental, porque la llegada de Isis anunciaba la crecida anual del Nilo, las lágrimas de Isis por el asesinato de su esposo, Osiris. La inundación llenaba canales y cuencas con agua de riego y depositaba limo fértil sobre la tierra, ambos indispensables para la agricultura.

Noche tras noche, a medida que la Tierra se desplazaba más y más en su órbita (algo que los egipcios no sabían), Sirio salía cuatro minutos antes cada vez y se situaba más hacia el oeste, hasta hundirse bajo el horizonte occidental justo detrás del Sol. Durante los siguientes setenta días, Isis permanecía invisible: había muerto y se estaba purificando en la Casa del Embalsamamiento del inframundo, la Duat. Con el tiempo, renacería por el este para despertar una vez más el fértil poder del Nilo.[5] A medida que Isis/Sirio se alejaba cada vez más del horizonte oriental cuando salía el Sol cada mañana, una nueva estrella ocupaba su lugar al amanecer: una camarilla de treinta y cinco estrellas, separadas entre ellas unos diez grados y que salían, cada una, diez días después de su predecesora y se situaban en una silenciosa procesión detrás de Sirio. Espaciadas regularmente en la bóveda celeste como diamantes alrededor de la esfera de un reloj, los treinta y seis decanos (un nombre que deriva del intervalo de diez días entre ellos: «sucede que uno muere y otro vive cada diez días») marcaban el paso de la noche.[6] Debido a la semioscuridad del atardecer y el amanecer, era conveniente utilizar solo doce de los dieciocho decanos que teóricamente podían verse, y así nació el reloj de doce horas.

La procesión de los decanos se representó hermosamente como un diagrama diagonal dentro de las tapas de los ataúdes de los faraones en el Valle de los Reyes, cerca de Luxor, un reloj personal para los muertos ilustres en el más allá. Realizar rituales en el momento correcto de la noche requería interrogar al reloj estelar, una tarea importante que justificaba la creación de una profesión especializada: el vigilante de las horas. La descripción del trabajo de estos primeros astrónomos, grabada en una estatua que homenajea a uno de ellos, incluía algunos deberes que reconoceríamos y otros que en gran medida han desaparecido: «conocer el momento de la salida y la puesta de las estrellas, especialmente Sothis (Sirio), el progreso del Sol hacia el norte o el sur, la duración correcta de las horas del día y de la noche, y la ejecución adecuada de los rituales así como de hechizos contra los escorpiones».[7]

Las horas egipcias tenían una duración variable, en función de la duración del día a lo largo de las estaciones. En el solsticio de verano, una «hora» duraba sesenta y nueve minutos en Luxor, mientras que en el solsticio de invierno solo duraba cincuenta y uno. No fue hasta el siglo II a. C. que el astrónomo griego Hiparco inventó las «horas equinocciales» (es decir, de igual duración) «para determinar con exactitud la hora de la noche y para comprender los momentos de los eclipses lunares y muchos otros temas contemplados en la astronomía».[8]

Los griegos aplicaron su dominio de la geometría al reloj de sol, no limitándose a los relojes planos horizontales y verticales, sino inventando también relojes cónicos, cilíndricos, esféricos e incluso cubiertos, que marcaban la hora no mediante una sombra sino por medio de un haz de luz que pasaba por un agujero cuidadosamente diseñado en la tapa. También combinaron las horas egipcias con el sistema de numeración babilónico basado en sesenta subdivisiones, que el astrónomo, geógrafo y matemático Claudio Ptolomeo consideró muy superior porque lo salvó del «bochorno de las fracciones egipcias».[9] En el siglo II d. C., Ptolomeo consagró el enfoque babilónico en su gran trata-do, el *Almagesto*, en el que resumió todo lo que se sabía sobre astronomía hasta la fecha. El *Almagesto* contenía un catálogo de más de mil estrellas, cuya posición sobre el horizonte Ptolomeo presenta en horas, tal vez siguiendo a Hiparco, con un sistema que todavía utilizan los astrónomos en la actualidad. Nuestras unidades para medir el tiempo, que subdividen una hora en se-senta minutos y un minuto en sesenta segundos, son otro vesti-gio de la antigua obsesión sumeria por el número sesenta.[10]

El reloj celestial

Las veinticuatro divisiones del día, que provienen de Sirio y su séquito de decanos, y se remontan a la época del rey Gilga-mesh, se precipitan a través de los milenios para llegar hasta uno de los relojes mecánicos más antiguos que existen (y la máquina en funcionamiento más antigua de su tipo).

Mientras se bamboleaban de un puesto de mercado a otro, regateando el precio de dulcísimos higos y granadas del tama-ño de balas de cañón, las matronas italianas que llenaban la Piazza dei Signori de Padua no miraban nunca hacia la torre que coronaba el arco del lado oriental de la plaza. Pasaban a mi lado en tropel, con sus bolsas de la compra golpeándome de vez en cuando las piernas, mientras yo miraba hacia arriba, cautivado.

Alrededor de la esfera que domina la torre del reloj, del siglo XV, del Palazzo del Capitanio se disponen veinticuatro números romanos. Esta esfera es más antigua que la torre y fue diseñada por un médico y astrólogo llamado Jacopo de' Dondi, el cual, en su lápida, nos recuerda: «Mi arte era la me-dicina y conocer el cielo y las estrellas, adonde ahora me diri-jo, liberado de la prisión de mi cuerpo [...] Pero, en verdad,

querido lector, debes saber que es mi invención la que, desde
lejos, muestra en lo alto de la altiva torre el tiempo y las cam-
biantes horas que cuentas».[11]

Jacopo estaba orgulloso, y con razón, de su invento, «reloj
ingeniosísimo, que además de dar y marcar las horas, señalaba
los días del mes, el recorrido del Sol por los doce signos del
zodíaco, los días de la Luna, los aspectos de la misma con el sol
y su fase», tal como nos cuenta un ciudadano del siglo xvii,
lleno de admiración.[12] El reloj de Jacopo se consideró tal maravilla cuando se presentó que, a partir de ese momento, su
familia se conoció como *dall'Orologio*, 'del reloj'.

En aquella suave tarde de noviembre, mientras estaba ahí
como un pasmarote entre los puestos del mercado, podía imaginar por qué los ciudadanos de la Padua medieval quedaron
tan embelesados. La serie de veinticuatro números, tallados
en la piedra, comienza con el número uno situado alrededor
de las cuatro en punto en el anillo fijo más externo: es cuando
comienza la primera hora, media hora después del ocaso, el
momento del ángelus vespertino. Más hacia el centro de la esfera del reloj, un segundo anillo representa la esfera de las estrellas fijas, doradas sobre un fondo azul oscuro, después del
cual hay otros tres anillos giratorios: uno muestra el zodíaco
con figurillas doradas, el siguiente, los meses del año y el más
interno, los días del mes. Lo curioso es que solo hay once signos del zodiaco: el alargado Escorpión se estira para ocupar el
espacio que debería ser para Libra. Un cuento popular, repeti-
do con entusiasmo por los guías turísticos, es que el orfebre
encargado de fabricar las figurillas eliminó a Libra, el símbolo
de la justicia, porque no le habían pagado todo el dinero que le
habían prometido por el trabajo; la verdadera razón es simplemente que el zodíaco sigue la tradición de la antigua Grecia,
cuando la región del cielo que ahora ocupa Libra se consideraba las garras del Escorpión.

En el centro de la esfera se encuentra la Tierra, alrededor de la cual gira una ventana circular recortada en la superficie de la esfera que muestra la Luna con su fase actual, representada en unos elegantes tonos blancos y negros. La única manecilla del reloj lleva un sol resplandeciente que señala hacia afuera, hacia la hora del día, mientras que una mano enguantada indica el mes y el día en los anillos interiores. Hoy en día resulta tan magnífico como debió de parecerles a los ciudadanos de Padua cuando se inauguró en 1344.

Pero la verdadera maravilla, el corazón que hace mover el reloj, es el mecanismo oculto en el interior de la torre. Del original solo sobrevive la jaula, un artefacto de latón desgastado por el paso del tiempo que reposa sobre unos elegantes pies curvados y rematado con cuatro esferas de madera. El complejo sistema de ruedas dentadas engarzadas (algunas del tamaño de un neumático de camión, otras tan pequeñas como un platillo de café) y poleas accionadas por pesos es un reemplazo construido en 1434 por demanda popular después de que la estructura anterior quedara destruida durante una batalla por el control de la ciudad en 1390.

La exigencia de una atención constante al mecanismo quedó satisfecha gracias a la sacrificada vida de un *temperatore*, que vivía con su familia en un minúsculo cuarto en lo alto de la torre, cuidando el invento de Jacopo. Los pesos que hacen funcionar el reloj tenían que alzarse hasta nueve veces al día y el *temperatore* dormía a ratos para cumplir con sus obligaciones también durante la noche. El reloj se ponía en hora según las observaciones solares realizadas por los astrónomos de la universidad mediante un reloj de sol durante el día y por medio de las estrellas durante la noche, una práctica que se prolongó hasta el siglo xix, puesto que los relojes mecánicos no eran lo suficientemente precisos.

Los relojes mecánicos de la Europa medieval se construían más como una prueba del ingenio y la pericia humanas que como dispositivos para la medida del tiempo; de hecho, en las iglesias perduraron los sencillos y económicos relojes de sol para indicar la hora de las oraciones. En el mundo islámico, las horas de las cinco oraciones rituales diarias (las zalás) están determinadas por la posición del Sol en la ubicación del observador y para ello, a partir del siglo XIII, hay observadores especializados, los *muwaqqit*, cuyo cometido es regular los momentos de oración. Ya desde el siglo VIII, el astrolabio —un instrumento astronómico consistente en una placa, generalmente de latón, en la que se inscriben las coordenadas celestes y que incluye un mapa estelar giratorio y una línea de orientación— se utilizaba tanto para fijar las horas de la oración como para encontrar la alquibla, es decir, la dirección hacia La Meca, en la que debía orientarse el fiel para orar. El astrolabio permitía realizar cálculos astronómicos y calendáricos complejos (los manuales de instrucciones medievales enumeran más de cuarenta usos diferentes) y, de este modo, en muchos sentidos hacía superflua la necesidad de un reloj mecánico en el mundo islámico.

Sin embargo, los primeros relojes mecánicos de la Europa medieval tuvieron un inmenso impacto en el desarrollo del método científico, pues cuando, a finales del siglo XVII, surgió la necesidad de nuevos y más precisos instrumentos experimentales, ya se había afianzado una clase de artesanos que habían estado construyendo mecanismos intrincados y sofisticados durante siglos. Con cada tic-tac del reloj de Jacopo, los engranajes concebidos para reproducir los movimientos de los cielos se transformaban un poco más en las palancas, las líneas de montaje y las gigantescas ruedas dentadas de *Tiempos Modernos* de Charlie Chaplin. El físico e historiador de la ciencia Derek de Solla Price ha señalado que «a partir de [...] los mecanismos de relojería del siglo XVI, podríamos proceder en una interpretación histórica razonablemente continua a los avanzados instrumentos construidos por Robert Hooke para la temprana Royal Society [una de las primeras sociedades académicas, fundada en 1660 en Inglaterra] y, a partir de este punto, pasando por etapas igualmente sencillas, a los ciclotrones y radiotelescopios de los laboratorios de física actuales, así como a las líneas de montaje de Detroit».[13] El camino que lleva del reloj astronómico al Cadillac estadounidense es más corto de lo que uno podría pensar. Todos los estudiantes de física de secundaria recuerdan hoy a Robert Hooke por su ley homónima, que describe la fuerza necesaria para deformar un muelle elástico; en cambio, en general se ha olvidado su obsesión por los relojes de sol y su papel en el perfeccionamiento (si no la invención) de uno de los componentes fundamentales de los automóviles y muchos otros tipos de maquinaria.

Como primer *Curator of Experiments* ('comisario de experimentos') de la Royal Society, el talentoso a la vez que cascarrabias Hooke fue el primer científico contratado profesionalmente de la historia. A partir de 1662, se le encargó realizar tres o cuatro experimentos y demostraciones por semana para animar las reuniones, a menudo aburridas, de la Royal Society, cuyos «filósofos naturales» se reunían para debatir los avances científicos del momento.[14] Entre los curiosos artefactos que Hooke presentó frente a sus no siempre agradecidos colegas, podemos encontrar una máquina para disparar a las ballenas, un cañón de aire, una silla de montar con resortes, un artefacto para pulir lentes y un instrumento para medir la humedad del aire accionado por la barba de una cabra salvaje que, según se dice, incluso llegó a despertar el interés del rey.[15] Su amigo John Aubrey lo describió como «el mayor mecánico que hoy hay en el mundo».[16]

Hooke recorría las insalubres cafeterías de Londres, pasando tiempo con mecánicos y artesanos, buscando inspiración para sus demostraciones semanales en la Royal Society. Su pasión por los relojes de sol comenzó cuando era un niño, cuando, mientras vivía en la isla de Wight, se dice que construyó un reloj de sol a partir de una bandeja redonda de madera sin ningún tipo de instrucciones.[17] Esto le vino muy bien cuando se quedaba sin ideas: en un par de ocasiones, presentó un artefacto formado por dos ejes conectados de tal manera que, al girar el primero en pasos de quince grados (el ángulo que recorre el Sol en el cielo en una hora), el segundo eje recorría la división desigual de las horas en un reloj de sol. Su «delineador de relojes de sol» simulaba el funcionamiento de un reloj de sol gracias a la propiedad mecánica de la junta, que transformaba la rotación uniforme del primer eje en una rotación no uniforme del segundo.

Es probable que Hooke tomara prestada esta invención de sus amigos relojeros, ya que desde hacía cientos de años se utilizaba una junta similar para transferir el movimiento rotacional de un eje impulsor a un segundo eje situado en un cierto ángulo respecto al primero. Hooke se dio cuenta de que uniendo dos de estas «juntas universales» (también conocidas como *juntas de cardán*) se podía cancelar la rotación resultante no uniforme y, así, permitir la transmisión de la rotación entre dos ejes no coaxiales, es decir, orientados en cualquier ángulo relativo entre ellos.

Con la Revolución Industrial, la doble junta de Hooke se convirtió en el componente esencial de un enorme abanico de máquinas: de las fábricas de algodón a los ejes de transmisión de las locomotoras, de la máquina de vapor a la junta homocinética que transfiere la potencia de la máquina a las ruedas de un vehículo mientras estas sortean los baches de una carretera. Hoy en día, este retoño de los relojes de sol nos ayuda cada vez que cogemos el coche.

ÁNGELES CAÍDOS

En Padua, hacia 1364, el hijo de Jacopo, Giovanni, había superado a su padre y, de hecho, su amigo Francesco Petrarca, el poeta, describió a Giovanni como «con facilidad el líder de los astrónomos» en su testamento.[18] Giovanni dall'Orologio (o sea, 'Juan del Reloj'), diseñó y construyó, tras dieciséis años de esfuerzos, una máquina considerada «una de las maravillas del mundo», según el médico Michele Savonarola: el *astrarium*, o astrario.[19] Cuando el duque Gian Galeazzo Visconti compró el instrumento en 1381, le concedió un lugar de honor en la biblioteca de su castillo en Pavía, cerca de Milán. El matemático y astrónomo alemán Regiomontanus lo colmó de elogios después de su visita en 1463, y comentó que «para verlo, innumerables prelados y príncipes han acudido a ese lugar como si estuvieran a punto de presenciar un milagro; en el fondo, no sin razón».[20] Leonardo da Vinci pasó horas estudiando y trabajando en la biblioteca ducal durante su estancia de 1489-1490 en Pavía; los detalles de los engranajes del astrario se encuentran entre los más técnicos de sus bocetos.[21]

La asombrosa máquina de Giovanni dall'Orologio estaba encerrada en una estructura de latón de siete lados, con unas patas en forma de garra idénticas a las de la jaula del reloj de su padre y rematada con siete diales, cada uno del tamaño del volante de un automóvil y grabado con unas escalas exquisitamente detalladas, algunos con un sistema de coordenadas celestes y todos provistos de una manecilla móvil. Cada una de las manecillas mostraba con precisión la posición de uno de los «planetas» en el cielo: el Sol, la Luna, Mercurio, Venus, Marte, Júpiter y Saturno. Los movimientos eran ejecutados por un complejo conjunto de ruedas dentadas, impulsadas por un peso y basadas en un modelo ptolemaico geocéntrico en el que la Tierra se situaba en el centro del universo y el Sol, la Luna y los demás planetas giraban a su alrededor. El astrario tenía un dial para los puntos de intersección entre las órbitas del Sol y de la Luna, daba los tiempos del orto y el ocaso en Padua y disponía de un calendario anual que indicaba las festividades religiosas fijas y móviles, el santo de cada día, las horas de sol y el día de la semana. Y bueno, además, también marcaba la hora.

El reloj es, en palabras de De Solla Price, «nada más y nada menos que un ángel caído del mundo de la astronomía»: una maravilla creada para reproducir los movimientos de los cielos, reducida a lo largo de los siglos a indicar la hora del día y nada más, con unas manecillas que se mueven en dirección «al sol», habiendo sido diseñadas para imitar los relojes de sol horizontales del hemisferio norte.²² Si se hubieran inventado en el hemisferio sur, las manecillas de nuestros relojes probablemente girarían en la dirección opuesta.

Incluso un reloj que marcaba la hora nunca era solo un reloj. Si el astrario podía predecir fielmente el «movimiento enloquecedoramente cuasiuniforme de los planetas» en el cielo, en palabras de De Solla Price, ¿había algún límite para lo que podía alcanzar la tecnología o para el poder explicativo de la ciencia?²³ No es casualidad que la física, impulsada por la astronomía matemática, fuera la primera de las ciencias en despegar en el siglo XVII, tal como veremos más adelante, en el capítulo 7. La metáfora del «universo de relojería» o «universo mecánico» ya había sido utilizada en 1377 por el filósofo francés Nicole Oresme, quien, apenas tres décadas después de la obra maestra de Jacopo dall'Orologio, describió el mundo como «un mecanismo de relojería regular que no es ni rápido ni lento, no se detiene nunca y funciona tanto en verano como en invierno».²⁴ Después de proporcionar la inspiración para los relojes astronómicos que los imitaban, los cielos se convirtieron en sinónimo de los mismos mecanismos que habían engendrado, un cambio de perspectiva radical que tendría inmensas consecuencias para la civilización.

EL UNIVERSO EN UNA CAJA DE ZAPATOS

Los numerosos admiradores del astrario de Giovanni dall'Orologio lo consideraban un ejemplar único, «una obra magnífica, una obra de especulación divina, una obra inalcanzable para el genio humano y nunca producida en generaciones pasadas», según dijo un amigo en un arrebato lírico en 1388.[25] Pero este efusivo admirador de Giovanni dall'Orologio estaba equivocado: mientras escribía, hacía unos catorce siglos que un artefacto aún más asombroso que el astrario se estaba pudriendo a cuarenta metros bajo la superficie del mar Mediterráneo.

Pasarían cinco siglos más antes de que el mecanismo de Anticitera, como se lo conoce en la actualidad, fuera recuperado por unos incautos pescadores de esponjas en la primavera de 1900. Entre las islas de Citera y Creta, en una transitada y peligrosa ruta marítima que conecta el Mediterráneo oriental con el occidental, el capitán Demetrios Kondos y su tripulación, en medio de una tormenta, descubrieron en el fondo del mar un barco romano de cincuenta metros de eslora, repleto de ánforas de Cos (algunas de las cuales aún contenían huesos de aceituna), jarras de arcilla para vino, enseres de cocina de cerámica, cuencos de vidrio azul y marrón de Alejandría, monedas de oro y un broche de oro con perlas, una lámpara de Éfeso y dos magníficos bronces de tamaño superior al natural que fueron los que atrajeron su atención. El afortunado hallazgo valió a los buceadores titulares en los periódicos nacionales, una compensación de 30 000 dólares a cada uno en valores de hoy y, según algunos, una antigua maldición: uno murió durante las operaciones de recuperación, mientras que el capitán Kondos quedó lisiado.[26]

De todos modos, el auténtico tesoro del primer hallazgo arqueológico submarino de la historia permaneció oculto durante ocho meses más en el patio trasero de un museo de Atenas, incrustado en un bulto de restos dentro de una caja con fragmentos no identificados, mientras los restauradores se afanaban en restaurar las estatuas de bronce y de mármol que se habían reconocido como interesantes (pero que no eran la carga más llamativa del barco). Al secarse, tras dos milenios bajo el agua, uno de los montones de restos acabó resquebrajándose y dejó al descubierto unas sorprendentes entrañas mecánicas: múltiples engranajes de bronce entrelazados, algunos con líneas graduadas grabadas a lo largo del borde, y una placa posterior con un manual de instrucciones para la máquina. Lo que ahora se conoce como el mecanismo de Anticitera no solo es el instrumento más antiguo que conocemos que lleva marcas graduadas, sino también la primera computadora mecánica, una máquina que podía simular el aspecto de los cielos. Derek de Solla Price, el primero en darse cuenta de la importancia del descubrimiento, lo describió como «tan espectacular como si la apertura de la tumba de Tutankamón hubiera revelado partes deterioradas pero reconocibles de un motor de combustión interna».[27]

El orador, filósofo y político romano Marco Tulio Cicerón atribuyó la creación de un artefacto igualmente prodigioso, una esfera artificial de los cielos, a Arquímedes, el inventor y astrónomo griego que vivió en Siracusa, Sicilia, en el siglo III a. C. Cuando Siracusa cayó ante los romanos en el año 212 a. C., después de un largo asedio, el general romano Marcelo trajo de vuelta a casa un solo objeto del fantástico y rico botín de la ciudad: un planetario con engranajes supuestamente inventado por el propio Arquímedes. Un siglo y medio después, Cicerón afirmó haber visto el planetario de Arquímedes expuesto en la casa del nieto del general. Cicerón, admirador declarado de Arquímedes (y cuya tumba olvidada identificó en Siracusa, gracias a la inscripción de una esfera y un cilindro, y mandó restaurar), describe la esfera con asombro, un testimonio del genio del gran anciano de Siracusa: «cuando Arquímedes ligó en una esfera los movimientos de la luna, del sol y de los cinco planetas, hizo lo mismo que aquel que edificó el mundo en el Timeo, el dios de Platón, a saber, que una revolución única gobernase los movimientos más desemejantes por la lentitud y la celeridad. Y si esto no puede suceder en nuestro mundo sin la intervención de la divinidad, tampoco Arquímedes habría podido reproducir los mismos movimientos en una esfera si no hubiera tenido una inteligencia divina».[28]

Los historiadores habían considerado que la esfera de Arquímedes y otros globos similares que, según Cicerón, fueron fabricados por su contemporáneo Posidonio, eran, probablemente, exageraciones literarias, si no rotundas invenciones, hasta que el descubrimiento del mecanismo de Anticitera aportó la prueba de que en la época de Cicerón existía una tecnología de lo más sofisticada (e inspirada por las estrellas). De Solla Price incluso especula que el mecanismo de Anticitera podría haber sido parte de los bienes que Cicerón envió de regreso a casa después de su estancia en Rodas entre el 79 y el 77 a. C.

La esfera de Arquímedes, si es que alguna vez existió, se ha perdido para siempre, pero décadas de estudio han ido desvelando los secretos del mecanismo de Anticitera. Gracias a imágenes de rayos X de las piezas aún inmersas en los restos, De Solla Price descubrió y siguió una sucesión de números primos (números que solo son divisibles por ellos mismos y por uno) en los dientes del engranaje. Entre los engranajes, una sección de una rueda que probablemente contaba con 127 dientes le pareció peculiar. 127 multiplicado por dos da 254, que es el número de vueltas que la Luna da alrededor de la Tierra en diecinueve años y que corresponden a 235 lunas nuevas, para volver, después de este tiempo, a casi exactamente la misma posición y fase que tenía al principio.* Al final de

---

* El lector se puede preguntar por qué 254 vueltas de la Luna no corresponden a 254 lunas llenas, como parecería a primera vista. La clave,

este ciclo de diecinueve años, descubierto por el astrónomo griego Metón de Atenas en el siglo v a. C. y llamado *ciclo metónico* en su honor, la Luna, la Tierra y el Sol están dispuestos exactamente de la misma manera que al principio. Es una observación clave para sincronizar un calendario lunar con el año solar, y se utiliza hasta el día de hoy para fijar la fecha de la Pascua cristiana, tal como vimos, y para evitar que las festividades judías se desajusten a lo largo de las estaciones; de hecho, es tan importante que la posición de cada año en el ciclo metónico se llama su *número áureo*.

En lugar de representar el movimiento de los cuerpos celestes sobre una esfera, el desconocido inventor del mecanismo de Anticitera logró constreñir sus engranajes en un volumen no mayor que una caja de zapatos y representar sus resultados con manecillas que giraban sobre diales en la parte frontal de la máquina. Imaginemos una caja de madera exquisitamente decorada, con bruñidos diales en su parte frontal y una manivela extraíble en la parte posterior: al hacer girar la manivela, las ruedas dentadas del interior se ponen en movimiento y, mientras la «pequeña esfera dorada» (como reza el manual de instrucciones inscrito en la parte posterior) del Sol se desliza por el zodíaco en la parte delantera, la esfera blanca y negra de la Luna se desplaza en su órbita más rápida y cambia su aspecto a lo largo del camino, mientras que un pequeño broche astutamente concebido va avanzando por un calenda-

---

como ya ha comentado brevemente el autor en el capítulo anterior, es que cuando la Luna vuelve a estar en la misma posición respecto a las estrellas lejanas (el denominado *mes sidéreo*), no vuelve a estar exactamente en la misma posición respecto al Sol (el denominado *mes sinódico*), a causa de la traslación del sistema Tierra-Luna alrededor del Sol. Por esta razón no coincide el tiempo entre lunaciones (mes sinódico: 29,53 días) y la duración de una vuelta de la Luna teniendo como referencia las estrellas lejanas (mes sidéreo: 27,32 días). En los 19 años de un ciclo metónico hay, casi exactamente, 235 meses sinódicos y 254 meses sidéreos. *(N. del T.)*

rio espiral que muestra los 235 meses lunares. Según una reconstrucción reciente, otras manecillas mostraban la posición de los planetas, movimientos retrógrados incluidos; lo que se ha bautizado como una *mano de dragón* pudo haber advertido de la proximidad de un eclipse, en una referencia al Sol tragado por un monstruo, como en la mitología china. Quienquiera que fuese el que capturó los movimientos del cielo en una caja de zapatos en el siglo II a. C., tal vez siguiendo el ejemplo de Arquímedes, fue el pionero de una tecnología como no se volvería a ver hasta más de mil años después. Algunas de las soluciones de engranaje del mecanismo de Anticitera, como los diferenciales que hoy permiten que las ruedas de los automóviles giren a diferentes velocidades al tomar una curva en la carretera, no se redescubrirían hasta que llegó James Watt, ya en la Revolución Industrial. A diferencia del voluminoso astrario, del tamaño de una pequeña nevera, el mecanismo de Anticitera era una computadora en miniatura, con más de treinta engranajes, pasadores y husillos acoplados de un modo tan habilidoso que nos cuesta imaginar cómo pudieron ser fabricados con las herramientas disponibles en la antigua Grecia. Podría ser que la tecnología en él contenida se difundiera hacia el este y quedara preservada en los astrolabios islámicos con engranajes y luego se adoptara en los monumentales relojes de agua de la China imperial, antes de regresar de nuevo a Europa, donde resurgió en los maravillosos relojes de Jacopo y Giovanni dall'Orologio unos quince siglos después.

A diferencia del mecanismo de Anticitera, el astrario no perduró mucho. Era una máquina delicada que necesitaba la atención constante de un maestro relojero para mantenerla en buen estado; a lo largo de las décadas, los «custodios del reloj» se sucedieron en la nómina del duque a un ritmo cada vez mayor; algunos permanecían apenas un año en el puesto, como niñeras cansadas de cuidar a un mocoso cuyas rabietas son cada vez más insoportables. Al final, se fue averiando, sus más de mil ochocientos engranajes se desgastaron por el óxido y el nombre de Giovanni dall'Orologio cayó en el olvido. Sus restos llamaron la atención del emperador Carlos V durante un viaje a Italia en 1530; ordenó repararlo, pero la tarea resultó imposible. En el infructuoso intento fue desmantelado y, para apaciguar al emperador, se hizo una copia, que terminó en un convento en la frontera entre España y Portugal, donde languideció hasta 1809. Cuando las tropas francesas invasoras quemaron el convento hasta sus cimientos, los últimos restos del astrario ardieron con él.

¡PING! HA PASADO UNA ESTRELLA

—Papi, ¿tengo que recordar todo esto para leer un reloj? ¡Los escorpiones me dan miedo! —me dijo Benjamin.

—No te preocupes, Ben. Todo lo que necesitas recordar es cómo leer la manecilla grande y la manecilla pequeña. Y los únicos escorpiones que verás son los pequeñajos que se arrastran en nuestro garaje en verano, y no te harán daño. Pero hay otro animalito que se usaba para decir la hora hasta hace no mucho tiempo: ¡las arañas!

Las arañas fueron un componente clave de la tecnología que proporcionó la mejor medida del tiempo hasta la llegada del reloj atómico en la década de 1950: los hilos de seda más finos. En el siglo v a. C., los griegos se dieron cuenta de que el Sol no es un cronometrador especialmente bueno; el tiempo entre dos mediodías, definido como el momento en que el Sol alcanza su punto más alto en el cielo, el cénit, no es constante a lo largo de todo el año. Varía hasta dieciséis minutos, como consecuencia de que la órbita de la Tierra alrededor del Sol es una elipse en lugar de un círculo perfecto y debido asimismo a la inclinación del eje de la Tierra. La diferencia entre el tiempo solar medio (el que indica un reloj mecánico) y el tiempo solar aparente (el que muestra un reloj de sol), hoy llamada *ecuación del tiempo*, ya estaba tabulada en el *Almagesto* de Ptolomeo. A los griegos no les importaba mucho la precisión en la medida del tiempo, pero si uno la necesita, un reloj de sol no basta.[29] En cambio, las estrellas lejanas no presentan esta irregularidad. El tiempo que tarda una estrella determinada en volver a la misma posición en lo alto del cielo es casi exactamente el mismo durante todo el año (las pequeñas variaciones se deben a las irregularidades en la velocidad de rotación de la Tierra). Pero este llamado *día sidéreo* (del latín *sidus*, 'estrella') es unos cuatro minutos más corto que un día solar medio: esto se debe a que, mientras gira sobre su eje, la Tierra también se mueve a lo largo de su órbita alrededor del Sol. De este modo, el Sol se «queda atrás» en el cielo más o menos un grado al día con respecto al fondo de estrellas y tarda cuatro minutos más en volver a su posición exacta en el cielo con respecto a un observador terrestre. Para medir con precisión el paso de un día sidéreo, los astrónomos necesitaban telescopios especialmente diseñados para establecer cuándo una determinada estrella había regresado exactamente al cénit.

El llamado *telescopio de tránsito* fue inventado por el astrónomo danés Ole Rømer en 1704, en su vano intento de medir algún cambio en la posición de las estrellas distantes. Un telescopio de tránsito está alineado con un meridiano —un círculo de longitud geográfica constante sobre la superficie de la Tierra— y construido de tal manera que solo bascula hacia arriba y hacia abajo. Sin duda, el instrumento más famoso de este tipo es el círculo meridiano de Airy, diseñado por el Astrónomo Real George Airy y construido en 1851. Todavía se puede ver en el Observatorio Real de Greenwich, donde su eje, como veremos en el próximo capítulo, define el meridiano principal del mundo: la línea de longitud geográfica igual a cero grados, a partir de la cual se miden todas las distancias hacia el este y el oeste. En este punto es donde entran en escena las arañas, o más precisamente, en el ocular. Los astrónomos necesitaban un medio para equipar sus oculares con una retícula extremadamente fina y así poder apuntar el telescopio con precisión a la estrella que les interesaba. El astrónomo William Herschel se quejó en 1782 de que el cabello humano era insatisfactoriamente grueso: «He intentado en vano encontrar cabellos lo bastante finos como para extenderlos a través de los centros de las estrellas de modo que se pudiera despreciar su grosor».[30] Un astrónomo aficionado inglés llamado William Gascoigne tuvo toda una inspiración cuando encontró una telaraña dentro del tubo de su telescopio en 1639, pero la dificultad de estirar el hilo a través del ocular lo desanimó. Se atribuye al agrimensor, astrónomo y relojero estadounidense David Rittenhouse la introducción de las telarañas como retículo en forma de cruz en 1785, cuando informó: «Últimamente, con no pocas dificultades, he colocado el hilo de una araña en algunos de mis instrumentos; el resultado es hermoso: no llega a una décima parte del tamaño del hilo de los gusanos de seda y es más redondo y de grosor más uniforme».[31]

En 1824, el hijo de William Herschel, John, utilizaba oculares equipados con hilos de araña para medir la posición de las estrellas con una precisión, hasta entonces increíble, de un segundo de arco, es decir 1/3600 de grado. Así surgieron «granjas de arañas» para proporcionar a los astrónomos, topógrafos y militares (para su uso en miras de armas de fuego) una gran variedad de hilos de araña hilados a medida, cinco veces más fuertes que el acero y tres veces más resistentes que el kevlar: desde extragruesos (1/5000 de pulgada), hasta extrafinos (1/50 000 de pulgada), e incluso hasta la seda premium casi invisible de las crías de araña de una semana (1/500 ooo de pulgada). La criadora de arañas californiana Nan Songer, cuyos cientos de «obreras arañas» abastecieron al gobierno de los Estados Unidos durante la Segunda Guerra Mundial, prefería la seda de las hembras de la araña venenosa viuda negra, que «ordeñaba» haciéndoles cosquillas con un suave cepillo de pelo de camello. Según ella, «algunas de las productoras habituales se vuelven tan dóciles como las vacas lecheras viejas, en particular las viudas negras».[32]

Cada noche, cuando una de las numerosas «estrellas reloj» o «estrellas horarias» que giraban en el cielo cruzaba uno de los hilos de seda de araña que había en el ocular, el astrónomo sabía que, en ese preciso momento, la Tierra había completado su círculo: acababa de terminar un día sidéreo. ¡Ping! La estrella horaria pasa. ¡Ping! Otra. Y así es como ponía en hora sus relojes, tal como lo hacían los antiguos egipcios.

—Ah —respondió Benjamin, no muy convencido—. Pero cuando sepa leer mi reloj, ya no tendré que preocuparme de las estrellas, ¿no? ¡Mi reloj ya sabe qué hora es!

Los relojes de cuarzo marcan el tiempo de manera excelente, e incluso el de Benjamin (con su pulsera de colores llamativos y su pequeña linterna que proyecta aterradoras imágenes de dinosaurios en la oscuridad) es mejor que la obra maestra de John Harrison, un cronómetro marino que veremos en el próximo capítulo. Pero el estándar del tiempo actual proviene de los relojes atómicos: el segundo en sí se define como la duración de 9.192.631.770 períodos de la radiación electromagnética emitida cuando un átomo de cesio experimenta un tipo particular de transición mecánico-cuántica. En cierto sentido, no hemos hecho nada más que reemplazar el viejo péndulo por osciladores de escala atómica y las manecillas de los relojes por un haz de luz. Estos relojes atómicos son tan precisos que marcan el tiempo con un retraso inferior a un segundo en treinta mil años.

—Así, los relojes especiales hechos de luz nos dicen qué

hora es, ¿no? —me preguntó Benjamin, confiado en haber llegado, por fin, al fondo del asunto.

—No exactamente, bicho. Los relojes atómicos son casi perfectos, pero la rotación de la Tierra no. En general, cada vez gira más despacio: cuando existían los dinosaurios, ¡un día tenía solo veintitrés horas! Para que nuestros relojes coincidan con el tiempo real que tarda la Tierra en dar una vuelta completa sobre sí misma, de vez en cuando los cronometradores ajustan la hora de los relojes atómicos añadiendo o quitando un segundo.

—¿Y dónde encuentran todos esos segundos, papi?

—¡En el cielo! ¿Dónde, si no? Pasa que las estrellas cercanas se mueven demasiado para que nos sirvan, por lo que los astrónomos miran casi hasta el final del universo visible, donde las radiogalaxias casi no se mueven nada de nada. Los astrónomos extraen el segundo adicional de esas galaxias distantes. ¡Ping! Pasa esa radiogalaxia y se añade un segundo más.[33] Ya ves, en el fondo, todavía vivimos según el tiempo que nos dicen las estrellas.

Benjamin había obtenido más de lo que había pedido, con su pregunta. La relación entre la medida del tiempo y las estrellas está entremezclada con otras historias de la deuda que tenemos con la astronomía. Una medición precisa del tiempo es hoy, como hace siglos, absolutamente necesaria para una determinación precisa de la ubicación. La construcción de imperios coloniales, el transporte de mercancías de un extremo a otro del planeta y el trazado de mapas fieles de la Tierra requerían la capacidad de determinar la posición en medio del océano o en las orillas de una tierra nueva y extraña. Y eso significaba buenos relojes o, al menos, una visión clara de los cielos.

LAS CRÓNICAS DE CALIGO

El cuento de Pastor

Cuando Fulgor de Antaño terminó su relato, todos nos alzamos y pateamos en el suelo con todas nuestras fuerzas, con las conchas repiqueteando en nuestros collares, para avisar a los Embaucadores de lo que se encontrarían si alguna vez se atrevían a regresar. Una vez calmados, con el polvo revoloteando en el aire, Pastor se levantó una vez más, vertió más agua en un nuevo montón de carbón y habló así:

¡Hijas e hijos! Los Embaucadores vinieron y se fueron, pero una cosa permanece: la Nube avanza de un extremo del Disco a otro, Fulgor tras Fulgor, ola tras ola, gris tras negro tras gris. Y así vive también nuestro pueblo: Vigilanubes sigue a Viejo Vigilanubes, Fulgor de Antaño sigue a Viejo Fulgor de Antaño, Pastor sigue a Viejo Pastor. Como la Nube, nos seguimos unos a otros, diferentes pero siempre los mismos.

Ahora que Aguafresca se ha ido, Joven Aguafresca ocupará su lugar en el círculo. Este es el camino de la Nube.

Pero ¡cuidado! ¡Hay otros pueblos que no prestan atención al camino de la Nube! No honran al Rayo cortando su piel con su forma cada vez que los visita. No Recuerdan, Fulgor tras Fulgor, tal como hacemos nosotros invocando el poder de la Nube frente a la Oscuridad.

¡Hijas e hijos! Los vi con mis propios ojos: se llaman a sí mismos *el Pueblo de Foucault* y su cueva está a solo un Fulgor de distancia para un caminante rápido. Hay que bajar por un estrecho agujero, resbaladizo por el musgo, y luego arrastrarse en la Oscuridad por un pasaje angosto, cálido por el aliento de la Tierra. Al final, se abre una enorme cueva, con un techo tan alto que el fuego no puede alcanzarlo. Allí fue donde lo vi.

Una cuerda cuelga de la oscuridad, pues su extremo se pierde de vista, tan gruesa como el brazo de un hombre fuerte. Ni tan siquiera los del Pueblo de Foucault recuerdan cómo llegó allí ni por qué. Del extremo de la cuerda cuelga una enorme roca y su afilada punta roza mansamente el suelo.

La roca se balancea de un lado a otro y traza una línea en la arena del suelo. Dos de su gente empujan la roca, uno a cada lado, con suavidad y con los ojos vacíos. Durante muchos despertares de murciélagos esperan su turno para empujar la roca. Cuando empiezan, ya no comen, ya no beben, ya no duermen, no hacen más que vigilar la roca, hasta que uno cae, con el rostro en el polvo, y otro ocupa su lugar para empujar la roca.[34]

¡Hijas e hijos! ¡Los vi con mis propios ojos! ¡Mientras la roca se balancea de un lado a otro, la línea en la arena se mueve sola! ¡Tal es el poder de su Oscuridad! Dicen que es el propio Disco el que se mueve debajo de la roca, y juran que si la roca llega a detenerse alguna vez, será el final del Disco. Dicen que mantener la roca balanceándose es la única tarea que vale la pena hacer. Los vi empujar la roca hasta no poder más, para luego caer sobre el polvo con los ojos abiertos y sonriendo.

Pero nosotros sabemos que el Disco no se puede mover. Es la Nube la que avanza y fluye y sigue siendo ella misma aunque cambie, Fulgor tras Fulgor. ¡El Pueblo de Foucault viene de la Oscuridad! Si alguna vez os encontráis con uno de ellos, sin que el Rayo le haya marcado los brazos, sacad vuestra daga y cortadle la lengua.

Así habló Pastor, advirtiéndonos frente a la gente de la Oscuridad, ese pueblo despreciable que no sigue el camino de la Nube.

En el silencio que siguió, Pastor habló de nuevo:

—El Pueblo de Foucault no son las únicas gentes extrañas que Recordamos. Abrerrutas, cuéntanos la historia del Gran Trueque y de lo que trajimos la última vez que fuimos.

Abrerrutas se puso en pie y así empezó su relato.

6

ROBLE Y TRES CAPAS DE BRONCE

Cuya luz, entre tantas luces,
era como la estrella que en estrelladas noches
el marinero halla en el cielo
para guiar su barca para siempre.

THOMAS MOORE, «La luz del Haram»

NAVEGAR CON LAS ESTRELLAS

Entre la ingente colección de artefactos conservados en la Biblioteca Británica de Londres, uno nos permite presenciar un breve y extraordinario encuentro de dos enfoques entorno a la navegación: ambos se basaban en las estrellas, pero de maneras radicalmente opuestas. El objeto es un mapa, dibujado con un pulcro trazo sobre un papel, ahora amarillento después de más de dos siglos, y que muestra setenta y cuatro islas etiquetadas y los cuatro puntos cardinales, con el norte en la parte superior. Sería vano buscar en atlas contemporáneos esta misma disposición de islas: tal como se representan en el mapa, no existen. El mapa es una quimera, tanto en el sentido de un objetivo imposible como en el de una entidad que contiene material genético de diversas procedencias. También es una especie de epitafio, que marca el momento de aparente calma antes de la destrucción casi total del modo de vida de uno de sus creadores.

La historia del mapa de Tupaia (como se lo conoce hoy) nos llevará al corazón del arte y la ciencia de navegar mediante las estrellas. Para resumir, la búsqueda de un fenómeno astronómico poco común llevó al *Endeavour* de James Cook, el primer barco europeo que navegó intencionalmente hacia una isla del Pacífico medio, a Tahití, donde se encontró con la inesperada ayuda del sumo sacerdote y navegante polinesio Tupaia. El encuentro de estos dos maestros navegantes, cada uno en la cúspide de la capacidad de sus respectivas culturas para encontrar un camino en alta mar, condensa el curso de cientos, tal vez miles, de años de viajes bajo la luz de las estrellas: el teniente James Cook, con sus instrumentos y tablas lunares proporcionados por los mejores astrónomos reales y lleno de la mejor ciencia que podía ofrecer el hemisferio occidental, y Tupaia, que nunca había oído hablar de la Estrella Polar pero conocía cada estrella de los cielos meridionales y podía navegar entre motas de tierra esparcidas por el Pacífico sin mapas ni instrumentos, solo con el antiguo conocimiento que atesoraba en su cabeza.

Antes de su encuentro, veremos cómo, para los europeos, el hecho de que un barco llegara a su destino de forma segura y rápida acabó dependiendo de la solución al problema de la medición fiable del tiempo, y la respuesta a ambas cuestiones la proporcionaban las estrellas. Al otro lado del planeta, la forma de navegación polinesia tenía mucho más en común con las tradiciones de conocimiento estelar que vimos en el capítulo 4: las de los aborígenes australianos, que, durante miles de años, se basaron en las líneas de canto y las tradiciones relativas a las estrellas cuando viajaban por tierra, y las de los inuit, que lo hicieron en las condiciones aún más inhóspitas del Círculo Polar Ártico, donde las estrellas están mucho menos presentes y el hielo y su topografía se mueve bajo los pies, de manera literal. La navegación mediante las estrellas era importante en alta mar, sobre todo cuando los marineros se aventuraban por aguas desconocidas y se veían privados del conocimiento local de los vientos, las corrientes, las olas y otras señales sutiles que podrían ayudarlos a ubicarse en esa extensión azul de un horizonte al otro. Los mayores maestros del mundo de la navegación no instrumental fueron —y siguen siendo— los habitantes de las islas del Pacífico.

Habiendo crecido en Suiza, un país sin salida al mar, no soy marinero en absoluto; ahora bien, mi única experiencia en alta mar me llenó de asombro. Invitado como astrónomo a bordo de un crucero que recorría el Caribe, una noche dirigí una sesión de observación de estrellas. A petición mía, el capitán ordenó que se apagaran todas las luces, excepto las esenciales para la navegación y la seguridad, y cuando subí a la cubierta superior, el cielo engalanado resultaba apabullante y brillaba con una intensidad que nunca había presenciado antes, ni, de hecho, he vuelto a experimentar desde entonces. Un abismo negro nos rodeaba por todas partes, un abismo recorrido por el transatlántico de catorce cubiertas en el que me hallaba, guiado, era bien consciente, por satélites, envuelto por un radar y propulsado por un motor de doscientos mil caballos de potencia. Temblé ante la idea de enfrentarme a esa inmensidad en un barco de madera sacudido por las olas, a merced de los vientos y sin siquiera un mapa para guiarme. Y, sin embargo, esto fue justamente lo que navegantes, exploradores y viajeros decidieron hacer durante milenios. Como canta Horacio,

> Roble y tres capas de bronce
> el pecho cubrían de quien frágil nave
> entregó el primero al piélago.[1]

A los fenicios se les atribuye haber sido los más grandes marineros del mundo antiguo, quizás de manera equivocada, como veremos. Hacia 1500 a. C., el territorio fenicio se extendía por la costa de los actuales Líbano, Siria y norte de Israel, pero la «gente púrpura» (como los llamaban los griegos en referencia al color rojo púrpura con el que teñían sus ropas) pronto estableció puestos comerciales a lo largo de toda la costa del mar Mediterráneo. Navegando en barcos adornados con una cabeza de caballo en honor a su dios del mar, los fenicios recorrieron el Mediterráneo, se aventuraron hasta Gran Bretaña e incluso circunnavegaron África en el siglo VII a. C. por orden del faraón Necao II. Los fenicios no disponían de instrumentos de navegación. Confiaban en mantener la costa a la vista, en su conocimiento de los vientos, las corrientes y los puntos de referencia costeros y en la posición del Sol durante el día; por la noche, se guiaban por la constelación de la Osa Menor (también llamada hoy Carro Pequeño y, en Estados Unidos, *Little Dipper*, 'cazo pequeño'; ellos la conocían como Guía), manteniéndola a su izquierda cuando navegaban hacia el este y a su derecha cuando lo hacían al oeste.[2] Sabemos estos detalles porque de Tales de Mileto, que era de ascendencia fenicia y con quien ya nos topamos antes como el autor de la primera predicción exitosa de un eclipse total de Sol, «se decía que había medido las pequeñas estrellas del Carro, con las que navegan los fenicios» en el siglo VI a. C.[3] Antes de esa fecha, los griegos, que utilizaban el mismo método, hacían referencia a la constelación de la Osa Mayor (también llamada Carro Grande o simplemente Carro desde tiempos mesopotámicos y, en el Reino Unido e Irlanda, *Plough*, 'arado' y, a veces, *Charles' Wain*, 'carreta de Carlos', en una asociación medieval con Carlomagno), presumiblemente porque no identificaban a la Osa Menor. Como nos cuenta Homero en el siglo VIII a. C., Calipso ordena a Ulises que mantenga las estrellas de la Osa Mayor «siempre a babor», es decir, a su izquierda, para regresar al este, a Ítaca y a su fiel esposa, Penélope:

> Alegre desplegó las velas al viento el divino Odiseo, al tiempo que sentado al timón enderezaba el rumbo sabiamente. Y no caía el sueño sobre sus párpados mientras él contemplaba las Pléyades y Bootes que se sumerge tardío y la Osa, que llaman por sobrenombre el Carro, que por allí gira y acecha a Orión, y es la única privada de los baños en el Océano. Pues le había aconsejado Calipso, divina entre las diosas, que surcara el alta mar teniéndola siempre a mano izquierda.[4]

Podríamos preguntarnos por qué los fenicios y los griegos no utilizaron simplemente la estrella que hoy consideramos el epítome de la navegación: la Estrella Polar, la Estrella del Norte. El poeta romántico estadounidense William Cullen Bryant la homenajea como el faro que guía el rumbo de la humanidad, tanto en sentido literal como figurado:

> En tu inalterable resplandor
> sin compás el perdido marinero
> asienta su constante mirada,
> y navega sin zozobra hasta la costa amiga;
> el que de noche vaga por yermos inciertos
> se deleita cuando te dignas brillar para guiar sus pasos.[5]

Shakespeare también la emplea como metáfora de constancia y resolución, tal como proclama Julio César:

> pero soy constante como la estrella polar, que por su fijeza e inmovilidad no tiene semejanza con ninguna otra del firmamento.[6]

De hecho, la Estrella Polar no es del todo «fija», «constante» ni «inmóvil», y hay una razón sencilla por la que los fenicios, los griegos e incluso los romanos no la reconocieron como especial: en su época, aún no estaba en el lugar correcto.

MIL QUINIENTOS AÑOS DE FAMA

Como hemos visto antes, las estrellas distantes, a las que a menudo se denomina *estrellas fijas*, no son inmóviles. Simplemente tardan cientos de miles de años en cambiar sus posiciones relativas y, por lo tanto, en alterar las formas de las constelaciones. En un período mucho más corto, hay otro efecto que desplaza la posición aparente de todas las estrellas en la misma dirección, como si todo el dosel estelar girara como una esfera sólida. Digo *posición aparente* porque el efecto, llamado *precesión*, no es un movimiento real de las estrellas en el espacio, sino una consecuencia de un cambio de nuestro punto de visión sobre ellas.

En el siglo II a. C., el astrónomo griego Hiparco comparó la posición de las estrellas en el cielo en el equinoccio de otoño, cuando el día y la noche duran exactamente doce horas en toda la Tierra, con los registros que se conservaban en el observatorio de Alejandría de 150 años antes. Descubrió que todas las estrellas se habían movido hacia adelante, es decir, hacia el este, cuatro veces el diámetro de la Luna llena (de ahí el nombre de *precesión* 'movimiento hacia adelante'). Ptolomeo, en el siglo II d. C., atribuyó el fenómeno a un desplazamiento de la esfera celeste alrededor de una Tierra inmóvil, un modelo que prevaleció hasta Isaac Newton y su teoría de la gravitación en el siglo XVII.

Lejos de permanecer inmóvil, la Tierra gira sobre su eje mientras orbita alrededor del Sol. La rotación de la Tierra hace que sus regiones ecuatoriales se abulten, como una naranja achaparrada que gira sobre un pincho imaginario que la ensarta por su ombligo verde, el Polo Norte. El pincho, además, está inclinado 23,5 grados con respecto a la vertical,* y la dirección en la que apunta señala el norte verdadero (el polo norte geográfico), que se diferencia del llamado norte magnético que indica la aguja de una brújula: este último sigue el campo magnético de la Tierra, que cambia constantemente y que en estos momentos se encuentra a unos mil doscientos kilómetros del norte verdadero. Newton se dio cuenta de que, debido a la forma achaparrada de la Tierra, la atracción gravitatoria del Sol y la Luna en el ecuador es más fuerte en el lado más cercano que en el más lejano. Esto hace que el «pincho» gire en un lento círculo, como el eje tambaleante de una peonza que no gira exactamente en vertical. Este giro tarda unos veintiséis mil años en completarse y provoca el fenómeno de la precesión.

Cuando la Tierra vuelve a la misma posición exacta en su órbita alrededor del Sol después de un año solar, su eje de rotación (el pincho) se ha movido una fracción de grado, por lo que el equinoccio se desplaza en la misma cantidad (un día cada setenta y dos años) con respecto a las estrellas distantes. Esto significa que el ciclo de las estaciones da la vuelta por la bóveda estelar cada veintiséis mil años, un período de tiempo llamado *gran año* o *año platónico*. La posición de las estrellas el día del equinoccio con varios siglos de diferencia mostrará que todas están desplazadas hacia el este, algo a lo que volveremos en relación con la astrología en el capítulo 9. A medida que la punta del pincho traza ese círculo imaginario en el cielo a lo largo de un gran año, el punto de la esfera celeste alrededor del cual parecen girar todas las estrellas cambia con el tiempo. Por suerte para los exploradores y viajeros del hemisferio norte, durante los últimos cinco siglos, más o menos, el pincho ha apuntado hacia las proximidades de una estrella fá-

* Vertical en el sentido aquí de perpendicular respecto al plano de la órbita. *(N. del T.)*

cilmente reconocible: α Ursae Minoris, la estrella alfa, la más brillante, de la constelación de la Osa Menor.

Cual transeúnte que, por azar, se encuentra en el meollo de algún gran tumulto y con su cámara captura un evento histórico, α Ursae Minoris saltó a la fama una vez que el eje de rotación de la Tierra se inclinó hacia ella. En las tablas estelares trazadas en 1492, asumió por primera vez el apodo más afable de *Polaris*, aunque en ese momento estaba tres veces más lejos del polo norte celeste de lo que está hoy. Por la misma época, para los árabes se convirtió en Al Kiblah, porque mostraba a cada musulmán fiel la alquibla, la dirección hacia la cual volverse en oración; para los habitantes de Laponia era el Clavo del Norte; para los nativos americanos navajos, la Hoguera del Norte; para los chinos, el Gran Gobernante Imperial del Cielo, ya que todas las demás estrellas la rodeaban en sumisión; para los italianos, *la tramontana*, 'la que está más allá de las montañas', situada más allá de las escarpadas cimas alpinas que marcan la frontera norte de su territorio.[7] Hoy, *perdere la tramontana* significa en italiano 'perder la orientación' y, por lo tanto, también los nervios.

En la época en que se ambienta *Julio César* de Shakespeare, el año 44 a. C., la estrella que ahora denominamos Polaris estaba a unos diez grados del polo norte celeste, el cual no quedaba marcado por ninguna estrella de relevancia, de modo que César no pudo haberla usado como una metáfora de constancia.[8] En cualquier caso, el privilegiado estatus de α Ursae Minoris no durará: a medida que el pincho avanza sin descanso en su lento círculo a lo largo del gran año, la distancia de Polaris al polo norte celeste se reducirá primero a menos de medio grado en 2095 y luego volverá a crecer inexorablemente. Dentro de unos mil años, α Ursae Minoris cederá el cetro de estrella polar a Errai, en la constelación de Cefeo (también conocida como γ Cephei, la estrella gamma de Cefeo). Parafraseando a Andy Warhol, Polaris habrá tenido sus mil quinientos años de fama, al menos hasta que haya pasado otro gran año, y quién sabe qué ojos se volverán entonces hacia los cielos, si es que hay alguno.[9]

LOS MAESTROS POLINESIOS

Mientras los fenicios, los griegos y los romanos bordeaban las costas del mar Mediterráneo, los navegantes de Micronesia y Polinesia se adentraban en el océano Pacífico, en uno de los mayores logros de la exploración humana: el descubrimiento y asentamiento de casi todas las islas habitables del Pacífico, muchas de las cuales tienen poco más de un kilómetro de ancho en medio de una extensión azul que totaliza ciento sesenta y cinco millones de kilómetros cuadrados, más de cuatro veces la superficie total de la Luna. Cómo lo hicieron exactamente los polinesios sigue siendo un tema de debate. El antropólogo Geoffrey Irwin sostiene que fue un proceso sistemático de descubrimiento que se desarrolló de oeste a este, y luego de norte a sur, a lo largo de más de dos mil años; se inició en el segundo milenio a. C. desde Nueva Guinea hasta Fiji, Samoa y Tonga, luego a las islas Cook y Hiva (las islas Marquesas), y de allí a Hawái. Aotearoa (Nueva Zelanda) fue, según esta hipótesis, la última en ser colonizada alrededor del siglo xi d. C.[10]

Hasta el siglo xv, los polinesios navegaban regularmente los seis mil kilómetros que separaban Aotearoa de Hawái. Lo hacían sin instrumentos de navegación, sin cartas ni instrucciones escritas, navegando en unas extraordinarias canoas talladas a partir de troncos de árboles, unidas por fibras de coco tejidas y selladas con savia del árbol del pan.[11] El marino y comerciante José Ramón de Andía y Varela, nacido en Portugalete, en el País Vasco, se maravilló cuando visitó Tahití en 1774, a instancias del virrey Manuel de Amat y Junyent:

Una de las cosas que más admiré fueron las canoas, de que se sirven para la pesca, y para viajar de unas islas a otras en distancias largas. Al mejor constructor [europeo] le diera golpe, viendo unas embarcaciones, que no teniendo la que más tres palmos de abertor [manga], aguante a la vela tan grande, que en las nuestras corresponde a una de ocho a diez palmos, y que no pudiendo arrear la vela, y aferrarla, hagan burla de mar y viento bajo de una tormenta [...] Son tan delgadas de proa estas canoas como el filo de un cuchillo, por lo que andan más que la más veloz embarcación de las nuestras; siendo admirables, no solo en este, sino en la prontitud con que viran de uno y otro lado.[12]

Una de las tradiciones marineras mejor documentadas del Pacífico es la de las islas Gilbert, una cadena de dieciséis atolones en Micronesia, a medio camino entre Hawái y Papúa Nueva Guinea, el mayor de los cuales tiene la mitad de superficie que Manhattan. En gilbertino o kiribatiano no hay ninguna palabra para 'astrónomo'; si uno necesita a un experto en estrellas, busca un 'navegador'.[13] Los gilbertinos, como todos los demás maestros navegantes polinesios y micronesios, empleaban todas las pistas a su disposición para calcular la orientación, la distancia recorrida y la posición durante un viaje: los tipos de algas y peces que encontraban, las corrientes y el oleaje oceánico, la refracción y el color del agua, el vuelo de las aves (que indicaba la proximidad a la tierra), las formas, tipos y tamaños de las nubes y, por supuesto, las posiciones de la Luna, el Sol y las estrellas. Los navegantes polinesios identificaban más de doscientas estrellas, y pensaban que cada una pertenecía a la isla sobre la que pasaba cuando estaba en el cenit (es decir, directamente sobre la vertical); así pues, cuando una estrella guía se encontraba en el cenit, los navegantes sabían que se encontraban en la latitud correcta de la isla de destino. La presencia de aves terrestres ampliaba la huella de una isla, por muy diminuta que fuera, a unas treinta millas, lo que es todavía un objetivo muy pequeño en la inmensidad del Pacífico. Un error de medio grado al estimar la posición de la estrella cenital se traducía en un desvío del rumbo de treinta millas, suficiente para pasar de largo y seguir navegando hacia una muerte segura.[14] Aun así, las estrellas eran las guías más confiables, como lo atestigua el aforismo tongano «La brújula puede equivocarse; las estrellas, nunca».[15] La exactitud y confiabilidad del método polinesio fueron contempladas y muy admiradas por Andía y Varela:

Si la noche es clara, se gobiernan por las estrellas, y es la navegación más fácil para ellos, porque como son muchas, no solamente marcan con ellas los rumbos a que demoran las islas, con quienes se comunican, sino también los puertos de ellas; de modo que van derechos a la boca, siguiendo aquella estrella que sale o se pone sobre ella, y entran con tanto acierto como puede hacerlo el piloto más práctico de las naciones cultas.[16]

El amotinado del *Bounty* James Morrison, coincidía con esta apreciación, en 1788: «Puede parecer extraño a los navegantes europeos la manera en que esta gente encuentra su camino a tales distancias sin la ayuda o conocimiento de letras, cifras o instrumentos de ningún tipo, excepto su Juicio del Movimiento de los Cuerpos Celestes [*sic*], en el que son más expertos y pueden dar mejor explicación de las Estrellas que salen y se ponen en su Horizonte de lo que un Astrónomo Europeo estaría dispuesto a creer, pero, sin embargo, es un Hecho».[17]

Puede parecer extraño, en efecto, y aún más extraño resulta el hecho de que nadie se interesara por ello durante el siglo XVIII, la época de los primeros contactos entre europeos y polinesios. De todos modos, si alguien lo hubiera hecho, es probable que hubiera sido rechazado por los navegantes polinesios: los maestros marineros polinesios consideraban que su conocimiento era sagrado y secreto y que no debía compartir-se con los no iniciados.

Por desgracia, gran parte de ese conocimiento se perdería bajo el embate de la colonización europea.

UN PREMIO INALCANZABLE

Los viajes europeos de exploración —y explotación— de los siglos xv y xvi abrieron la navegación transoceánica a las potencias marítimas de la época: España, Portugal, Francia y Gran Bretaña. En su histórico viaje a América en 1492, Cristóbal Colón utilizó poco más que una brújula (introducida ya en el siglo xii) y la navegación por estima, la determinación a menudo inexacta de la posición de un barco a partir de su última ubicación conocida teniendo en cuenta su velocidad y orientación. La poca navegación astronómica que utilizó era tremendamente errónea, incluso para los estándares de su época.[18]

Navegar con brújula y estima era suficiente si uno se mantenía a la vista de la costa, pero resultaba de lo más impreciso en medio del océano Atlántico o del Pacífico: errores de hasta diez grados (equivalentes a seiscientas millas náuticas en el ecuador) eran habituales. Se necesitaba un método más fiable. Cuando Fernando de Magallanes llegó al Pacífico en noviembre de 1520, en lo que se convertiría en la primera circunnavegación del globo, los portugueses ya habían resuelto a efectos prácticos el problema de determinar la latitud, la posición norte-sur del barco, midiendo la altura de la Estrella Polar sobre el horizonte y compensando su movimiento circular alrededor del verdadero polo norte celeste durante la noche, un logro que los navegantes polinesios practicaban desde hacía siglos con su método de la estrella cenital, que también funcionaba en el hemisferio sur, donde Polaris no servía de nada. En los casos en que esta estrella no era visible, los portugueses medían la altura del Sol sobre el horizonte a mediodía, cuando había ascendido a su punto más alto en el cielo, para estimar la latitud tras corregir las variaciones estacionales de la trayectoria del Sol (más alto en verano, más bajo en invierno).

La parte difícil, sin embargo, era determinar la longitud, la distancia hacia el este o hacia el oeste respecto a un cierto punto de referencia. El problema es que no había ningún punto de referencia, ya que todas las estrellas se mueven de este a oeste, mientras que los planetas y la Luna se desplazan a lo largo de sus propias órbitas. En el siglo XVI, el problema de la longitud se había convertido en un apremiante asunto de Estado. El Tratado de Tordesillas de 1494 había determinado una línea de demarcación, 370 leguas al oeste de las islas de Cabo Verde, que separaba las tierras que podían ser reclamadas por el Imperio español (hacia el oeste y hasta el antimeridiano equivalente en el lado opuesto del globo) de aquellas bajo la influencia del Imperio portugués (hacia el este y hasta el antimeridiano). La complicación era que nadie sabía por dónde pasaba la línea de demarcación en el Atlántico ni dónde estaba su antimeridiano en el Pacífico. El historiador uruguayo Rolando Laguardia Trías sugiere que esta incertidumbre fue la culpable de la muerte de Magallanes en Guam en 1521: Magallanes, que partió con la intención de demostrar que las Molucas, un archipiélago al este de Indonesia rico en ansiadas especias, se encontraban en la zona española, concluyó (correctamente) a partir de sus estimaciones de longitud que en realidad se encontraban en el hemisferio portugués, contrariamente a lo que había asegurado al rey español antes de su partida. Para evitar la humillación de regresar a casa y enfrentarse al rey con tan decepcionante noticia, especula Laguarda Trías, Magallanes se expuso a riesgos temerarios en la batalla en la que murió.[19]

Como la longitud seguía siendo esquiva, los mapas de tierras lejanas y las cartas marítimas necesarias para llegar a ellas eran, en el mejor de los casos, aproximados. Con Gran Bretaña, Francia, Portugal, España y los Países Bajos compitiendo por la supremacía en los mares y por las riquezas de las nuevas colonias, el conocimiento preciso de sus ubicaciones, costas e islas y las distancias entre ellas eran de suma importancia estratégica. Innumerables barcos, tripulaciones y cargamentos se perdieron por una mala determinación de la longitud, ya fuera porque desaparecieron en la inexplorada vastedad de los océanos o porque se hundieron en condiciones meteorológicas adversas en bancos de arena cuya existencia desconocían. Desesperado por encontrar una solución viable, en 1714 el Parlamento británico prometió la asombrosa suma de 20.000 libras (equivalente a varios millones de euros actuales) a quien pudiera idear un método «práctico y útil» para determinar la longitud en el mar.[20] No era la primera vez que un gobierno ofrecía una gran recompensa monetaria como incentivo a los inventores: la Corona española lo había hecho dos veces, los Estados Generales de las Provincias Unidas de los Países Bajos lo habían hecho y los Estados provinciales de Holanda y Frisia Occidental lo habían hecho. Nadie había sido galardonado nunca con ninguno de estos codiciados premios.

El premio de la longitud era un proyecto ambicioso cuya solución proporcionaría una ventaja estratégica y decisiva a los británicos; el ganador podría contar con riquezas fabulosas, fama y un lugar asegurado en la historia. Como tal, el premio atrajo un sinfín de propuestas disparatadas, de las cuales la más notable es seguramente la sugerencia del «polvo de la compasión»: que a bordo se llevara un perro herido y que el vendaje aplicado previamente a la herida se dejara en Greenwich y se sumergiera todos los días exactamente a mediodía en un tarro de polvo de la compasión, cuyo efecto, se afirmaba, era hacer aullar instantáneamente al perro, dondequiera que estuviera. Esto habría indicado a la tripulación del barco que era mediodía en Greenwich.

Según el historiador de la ciencia Owen Gingerich, esta propuesta era «totalmente irónica», pero contenía una pizca de sabiduría: la longitud se podía hallar determinando la hora local en la ubicación del barco y comparándola con la hora en un punto de referencia, como por ejemplo el Observatorio Real de Greenwich.[21] Si la hora local a bordo del barco eran las nueve de la mañana cuando en Greenwich era mediodía, el barco estaba tres horas al oeste de Greenwich, lo que significaba una longitud de cuarenta y cinco grados oeste (ya que una hora de diferencia corresponde a 15 grados de longitud, puesto que la Tierra tarda veinticuatro horas en hacer una rotación completa de 360 grados). La dificultad era encontrar un medio para saber cuándo era mediodía en casa estando a muchas millas de distancia. El perro aullador con su venda mágica no era más que una forma satírica de aplicar lo que habría sido una solución real.

A inicios del siglo XVIII, ninguno de los intrincados relojes mecánicos sucesores de las máquinas pioneras de Jacopo de' Dondi podía funcionar con fiabilidad para medir el tiempo en el mar, sacudidos por las olas y sometidos a cambios extremos de temperatura, humedad y presión; ciertamente no para los exigentes estándares requeridos por la Junta de Longitud, que estipulaba que el primer premio no podía presentar un error en la longitud superior a medio grado en el transcurso de un viaje de seis semanas desde Inglaterra hasta el Caribe. Esto significaba un reloj que, en alta mar, no se adelantara ni atrasara más de tres segundos por día.

Newton, miembro de la Junta de Longitud original encargada de valorar las propuestas, se mostraba escéptico ante la posibilidad de que se pudiera construir un reloj de esas características: «Debido al movimiento del barco, los cambios de calor y frío, de la humedad y la sequedad, y la diferencia de gravedad en diferentes latitudes [que modificaba el balanceo de los péndulos], todavía no se ha fabricado un reloj de esas características», y sospechaba que tal vez no se fabricaría nunca.[22] Newton había apostado por otra cosa: como cabría esperar del descubridor de las leyes de la gravedad, su método favorito era utilizar la Luna como reloj. Cualquier fenómeno celeste cuyo tiempo pudiera predecirse con exactitud con mucha antelación serviría: los marineros observaban el acontecimiento y registraban su hora local, lo que solo requería un reloj sencillo que pudiera reiniciarse cada día al mediodía local. Después, buscaban en tablas preparadas para ese fin la hora en la que se predecía que se produciría el acontecimiento en Greenwich. De la comparación de las horas, salía la longitud. El principio era bastante simple, pero el diablo estaba en los detalles astronómicos. Ni siquiera Newton podía predecir la compleja trayectoria de la Luna con la exactitud suficiente para este propósito. Se podían utilizar los eclipses lunares, pero son demasiado poco frecuentes para resultar prácticos. Galileo Galilei había intentado en 1612 convencer al rey de España de que las lunas de Júpiter eran una opción adecuada, pero dado que Júpiter se vuelve invisible durante diez semanas seguidas cuando su órbita lo lleva por detrás del Sol respecto a nosotros —por no hablar de la dificultad de localizar esos minúsculos puntos de luz con un telescopio desde la cubierta de un barco sacudido por las olas—, esta propuesta también había llevado a un callejón sin salida.[23]

Cuando el 26 de agosto de 1768 el HMS *Endeavour* zarpó de Plymouth, no había ninguna empresa científica más preciada ni más fastidiosa que la de medir la longitud, y hacía ya una década que se libraba una batalla por la recompensa. Sin embargo, el teniente James Cook y su tripulación de ochenta y cinco hombres —entre ellos doce infantes de marina, el astrónomo Charles Green y el naturalista Joseph Banks— tenían otra misión de la que dependía el orgullo y el lustre del imperio: determinar de una vez por todas el tamaño del sistema solar.[24]

POR EL ORGULLO DEL IMPERIO

Determinar la distancia entre la Tierra y el Sol ha sido una preocupación de los astrónomos desde la primera estimación realizada por Hiparco en el siglo II a. C., que la situó en unos escasos 490 radios terrestres, en comparación con el valor real de 23.400 radios terrestres (o, lo que es lo mismo, 150 millones de kilómetros). A principios del siglo XVII, las tres leyes del movimiento planetario enunciadas por Johannes Kepler proporcionaron una forma de obtener las distancias relativas del Sol a todos los planetas del sistema solar. Si a la distancia de la Tierra al Sol se le asignaba el valor de una unidad astronómica (UA), se deducía que Mercurio estaba a 0,39 UA del Sol; Venus, a 0,72 UA; Marte, a 1,52 UA; Júpiter, a 5,20 UA; y Saturno, a 9,5 UA (los demás planetas exteriores se descubrirían más tarde). Pero para obtener las distancias absolutas de todos los planetas, y así determinar el tamaño real del sistema solar, se necesitaba una forma de medir la unidad básica, la UA.

Ahí es donde entró en escena Edmond Halley. En 1716, el astrónomo británico hizo un llamamiento a las armas a todos los «investigadores diligentes de los Cielos» para que aprovecharan el inusual fenómeno astronómico del tránsito de Venus frente al Sol para medir por fin la distancia entre el Sol y la Tierra. Venus es el segundo planeta del sistema solar, por lo que su órbita alrededor del Sol es más pequeña que la de la Tierra y, en consecuencia, su período es más corto: el Sol, Venus y la Tierra se alinean en línea recta más o menos cada 1,5 años terrestres; sin embargo, debido a la inclinación relativa de las órbitas venusiana y terrestre, solo podemos ver a Venus deslizándose sobre el disco solar (lo que recibe el nombre de *tránsito*) en las escasas ocasiones en que el alineamiento coincide con la intersección de los planos de las órbitas planetarias. Se produce un tránsito dos veces con ocho años de diferencia, y luego no se da ninguno durante 105 años, seguido de otro par con ocho años de diferencia, luego otra espera de 121 años, después de lo cual el ciclo empieza de nuevo. Halley convocó a los «científicos naturales» para organizar una expedición mundial en ocasión del par de tránsitos esperados en 1761 y 1769, los cuales, si se cronometraran desde lugares lo más alejados posible en la superficie de la Tierra, proporcionarían un medio para medir la paralaje solar —el cambio aparente de la posición del Sol cuando se ve desde dos observadores separados por medio radio de la Tierra— y, con ella, la distancia entre la Tierra y el Sol.

Cuando llegó el tránsito de 1761, más de 120 misiones en sesenta y dos países se dedicaron a cronometrarlo y determinar sus momentos de inicio y fin, el mayor esfuerzo científico internacional jamás intentado hasta ese momento. De todos modos, la calidad de los datos recopilados resultó ser insatisfactoria para determinar la distancia entre la Tierra y el Sol. Una segunda oportunidad, la última en más de un siglo, se presentaría el 3 de junio de 1769. Esta vez, no se podía contemplar un nuevo fracaso.

James Cook fue elegido para dirigir la expedición británica para observar el tránsito de 1769 gracias a su reputación como el navegante y cartógrafo más capaz entre los marineros de Su Majestad. Sus órdenes eran llevar el *Endeavour* y su cargamento de telescopios, relojes y filósofos naturales al otro lado del planeta, cruzar medio océano Pacífico, tocar tierra en una diminuta isla de treinta kilómetros de diámetro (Tahití), hacerse amigo de los lugareños y establecer un observatorio de precisión con tiempo suficiente para el tránsito, de modo que él y Green, el astrónomo, «tuvieran tiempo de sobras para ajustar y probar [sus] instrumentos antes de las observaciones». Y esa era la parte fácil. Una vez completada la observación del tránsito —sobre el papel, la única misión del *Endeavour*—, Cook no podía relajarse en el paraíso tropical de

Tahití, sino que debía «hacerse a la mar de inmediato y llevar a cabo las Instrucciones Adicionales contenidas en el paquete sellado adjunto».[25] Pero primero, el teniente Cook tenía que llegar a Tahití, y eso implicaba emplear el método de las distancias lunares.

EL SEÑOR DE LAS LUNARES

En Greenwich, uno de los instigadores de la misión era también el hombre que había proporcionado a Cook su último método, todavía experimental, para la navegación de precisión y la determinación de la longitud, el astrónomo real Nevil Maskelyne. Este había adoptado la sugerencia de Newton de aprovechar la posición de la Luna en el cielo para determinar la diferencia horaria con Greenwich y había adoptado las predicciones muy mejoradas del astrónomo y genio matemático alemán Tobias Meyer. Mientras que el antiguo método de Newton daba resultados que se desviaban hasta en un grado, las tablas lunares de Meyer alcanzaban la precisión, inaudita hasta la fecha, de un minuto de arco, suficiente para garantizar una determinación de la longitud con una precisión de medio grado. Y eso haría que el método de las distancias lunares, *taking lunars*, como lo llamaban en inglés, también compitiera por el premio de la longitud.

El problema era que calcular las tablas de Meyer implicaba un lento, laborioso y aburrido trabajo consistente en aplicar, una y otra vez, complejas fórmulas trigonométricas, con lápiz, papel, la luz de una vela y un conjunto de tablas logarítmicas de siete dígitos como única ayuda (ya veremos en el capítulo 8 que este mismo problema impulsó a Charles Babbage a intentar construir una computadora mecánica de propósito general). Así, Maskelyne encargó la tarea de hacer los cálculos a un pequeño ejército de «computadores» humanos, tal como se los llamaba, y asegurándose de que cada cálculo lo realizaran de forma independiente dos computadores diferentes para verificar si había errores. En una ocasión, cuando encontró pruebas de que dos se copiaban los resultados entre ellos, despidió a ambos.

Maskelyne proporcionó a Cook la primera edición de su *Almanaque náutico*, con detalladas tablas que especificaban el ángulo de separación entre la Luna, el Sol y unas pocas estrellas de referencia, cada tres horas, para los próximos dos años (un período más corto del que a Maskelyne le hubiera gustado, porque el teniente se iba a quedar sin datos antes de regresar). Lo crucial era que Maskelyne había simplificado los cálculos que había que hacer a bordo para obtener una estimación de la longitud a partir de la distancia lunar medida respecto al Sol o a una estrella, reduciéndolos de cuatro horas a media hora. Si Maskelyne esperaba que Cook avalara su método de medición de la distancia lunar, no se llevaría ninguna decepción, ya que el teniente apoyó rotundamente «un método en el que, según hemos comprobado en general, se puede confiar hasta con medio grado de exactitud, lo que es más que suficiente para todos los fines náuticos».[26] Y más que suficiente, de hecho, para que Maskelyne se embolsara el extraordinario premio de la longitud, como Cook sin duda tenía bien claro.

Pero mientras Cook estaba en el mar, otro contendiente al premio estaba empezando a hacerse notar en Inglaterra, uno tan bueno que se ganaría su lealtad en su segundo viaje. Aun así, en ruta hacia Tahití, la determinación de distancias lunares fue el método elegido; las comparaciones de los resultados de Cook y especialmente de Green con las longitudes geográficas reales de los puntos de referencia muestran una coincidencia notablemente buena. Green estaba tan dedicado a la tarea que siguió tomando distancias lunares sin inmutarse incluso cuando el *Endeavour* se salvó por poco de naufragar en las traicioneras aguas alrededor de la Gran Barrera de Coral, frente a la costa oriental de Australia.

Cuando el *Endeavour* entró en la bahía Matavai de Tahití, la madrugada del 13 de abril de 1769, a tiempo para el tránsito, los lugareños recibieron a los británicos con una amistosa bienvenida, tal como relata Joseph Banks, un joven caballero terrateniente con pasión por la botánica que no había reparado en gastos para unirse a la expedición: «Ya antes de echar el ancla estábamos rodeados por una gran cantidad de canoas, la gente comerciaba muy tranquila y cortésmente, principalmente por cuentas, a cambio de las cuales ofrecían cocos, frutos del pan tostados y crudos, algunos peces pequeños y manzanas».[27]

Entre los dignatarios con los que Cook pronto entabló amistad se encontraba un sumo sacerdote de la orden de los *arioi*, Tupaia. Hasta la fecha no se ha encontrado ningún retrato de Tupaia, pero Banks estimó que debía de tener unos cuarenta y cinco años, lo que lo convierte en coetáneo de Cook. Expulsado de su isla natal de Raiatea, 340 millas al noroeste de Tahití, por una sangrienta invasión en la que quedó herido en batalla, el noble Tupaia se exilió a Tahití, donde se despojó de su nombre anterior, Parua, y se llamó a sí mismo Tupaia, 'el vencido'. Allí se convirtió en el consejero político y amante de Purea, la madre de un caudillo de alto rango.

Tupaia debía de tener un aspecto majestuoso, pues solo los hombres y mujeres atractivos podían convertirse en *arioi*, una orden sacerdotal cuyos miembros solo vestían la más fina tela de corteza vegetal y, a menudo, llevaban las piernas tatuadas desde el muslo hasta el talón. Dedicados al culto del dios de la guerra y la fertilidad, Oro, eran maestros navegantes y depositarios de conocimientos ancestrales y sagrados; oficiaban rituales y sacrificios (incluso humanos), pero perdían su condición sagrada a menos que sus bebés fueran asesinados al nacer.

Durante la estancia de tres meses del *Endeavour* en Tahití, Banks se hizo amigo de Tupaia, quien guio al inglés por la isla y demostró ser un excelente diplomático y un lingüista talentoso, adquiriendo un buen dominio del inglés. Le enseñó cómo descuartizar y cocinar un perro al estilo tradicional tahitiano, una comida que tanto Cook como Banks encontraron deliciosa, para gran horror del resto de la tripulación. Cuando llegó el día del tránsito, Cook y su tripulación estaban preparados, atrincherados dentro del «Fuerte Venus», un campamento fortificado custodiado por cuarenta y cinco hombres y diez cañones pesados para asegurarse de que sus observaciones pudieran llevarse a cabo sin ser molestados por los lugareños. Tuvieron la suerte de disfrutar de condiciones ideales, como Cook informó en su diario: «Ese día resultó tan favorable para nuestro propósito como podíamos desear. No se vio ni una sola nube en todo el día y el aire estaba completamente despejado, de modo que tuvimos todas las ventajas que podíamos ansiar para observar todo el paso del planeta Venus sobre el disco solar».[28]

Una vez cumplida la primera parte de su misión, llegó el momento de que Cook se centrara en las instrucciones selladas que había traído del Almirantazgo. En dos páginas marcadas como «Secreto», se le ordenaba «proceder hacia el sur para descubrir el continente antes mencionado [Terra Australis Incognita] hasta llegar a la latitud de 40°, a menos que se encuentre antes con él».[29] Este continente hipotético no era Australia, de la que los europeos tenían conocimiento desde principios del siglo XVII, sino una nueva masa continental que supuestamente se encontraba por debajo de los cuarenta grados de latitud sur. Si Cook la localizaba, debía cartografiar minuciosamente su costa e informar sobre «bestias y aves», árboles, semillas, frutas, minerales, gemas y el «genio, temperamento y disposición» de sus habitantes. Toda la tripulación debía recibir órdenes estrictas de, a su regreso, mantener un absoluto secreto sobre cualquier descubrimiento de este tipo.

Mientras el *Endeavour* se preparaba para adentrarse más en lo que, para los europeos, era un vasto espacio en blanco en sus mapas, Cook se dio cuenta de que el conocimiento de Tupaia sobre esas aguas —y sus islas— sería inestimable. Tupaia afirmaba conocer los nombres, posiciones y características de casi 130 islas del Pacífico, la mayoría de las cuales ningún europeo había visto antes. Y lo que era incluso más sorprendente era que podía pilotar el barco de una isla a otra y llegar a un puerto seguro sin la ayuda de ningún instrumento ni mapa. Cook quedó impresionado, tal como confió en el diario de a bordo: «Descubrimos que era una persona muy inteligente y que sabía más de la geografía de las islas situadas en estos mares, sus productos y la religión, leyes y costumbres de los habitantes que cualquier otra persona con la que nos hubiéramos encontrado, y era la que más probablemente pudiera responder a nuestro propósito».[30]

Mientras la tripulación preparaba el *Endeavour* para la siguiente etapa de su misión, Tupaia se mostró ansioso por unirse a los europeos. Esperaba persuadir a Cook para que lo ayudara a recuperar su isla natal de los invasores que lo habían expulsado y tal vez tenía motivos para temer por su propia vida en Tahití, ya que la lealtad que mostraba hacia sus amigos británicos rayaba en la traición a ojos del jefe de los isleños. Tupaia logró convencer a Cook para que lo llevara, a él y también a su joven discípulo Taiata; en esto contó con el apoyo de Banks, quien parece haber sentido un genuino afecto por Tupaia a la vez que lo consideraba menos que humano, un trofeo viviente, una mascota. Tal como explicó en su diario, «No sé por qué no puedo conservarlo como curiosidad, como mis vecinos tienen leones y tigres a un costo mayor del que probablemente él me impondrá jamás. El solaz que tendré en su futura conversación y el beneficio que se derivará de este barco, así como de cualquier otro que pueda enviarse en el futuro a estos mares, creo que me compensarán plenamente».[31] Cuando el *Endeavour* partió de Tahití el 13 de julio de 1769, según Banks, Tupaia «se mantuvo firme al fin en su resolución de acompañarnos, [y] se despidió con algunas lágrimas sinceras, y así lo juzgo por los esfuerzos que le vi hacer para ocultarlas».[32] Levaron el ancla en una mar espumosa, con canoas llenas de isleños que gritaban su adiós a todo pulmón. Banks y Tupaia permanecieron «un largo rato» hombro con hombro en la cofa del mastelero, saludando a las canoas hasta que desaparecieron más allá del horizonte. Un nuevo y único capítulo en la historia de la navegación —y en la conflictiva relación entre las potencias coloniales europeas y el pueblo polinesio— estaba a punto de comenzar.

CHOQUE DE CULTURAS

Cook no perdió tiempo en poner Tupaia a prueba. Durante las siguientes cuatro semanas, el sacerdote *arioi* se encargó de pilotar el *Endeavour* y, en primer lugar, navegó hasta la isla de Huahine, donde Tupaia asumió el papel de enlace cultural entre los ingleses y los locales y garantizó un recibimiento amistoso, además de pertrechos diversos. Desde allí, Tupaia guio el barco de regreso a su isla natal de Raiatea, atravesando un paso difícil y sagrado por los arrecifes hasta anclar en una bahía guarecida frente a un lugar ceremonial, donde ofició un rito de bienvenida para los británicos. Banks quedó impresionado por las habilidades de pilotaje de Tupaia:

Tupia [*sic*] nos muestra hoy una gran brecha en el arrecife de Otahah, a través de la cual el barco podría pasar cómodamente hasta una gran bahía, donde dice que hay un buen fondeadero. Ahora tenemos una muy buena opinión del pilotaje de Tupia, especialmente desde que en Huahine lo vimos enviar a un hombre a bucear hasta la mecha del timón; el hombre hizo esto varias veces y le informó de la profundidad del agua y del calado, ya que nunca se había visto obligado a guiar la embarcación en menos de cinco brazas sin alarmarse mucho.[33]

La fama de Tupaia pronto se extendió entre la tripulación, que, de mala gana, admitía su habilidad marinera. Acostumbrado a que su gente lo tratara con deferencia en virtud de su condición sagrada, daba la impresión de ser altivo, «orgulloso y austero, y de exigir unos honores que los marineros [...] no estaban dispuestos a concederle», según Cook.[34] Pero sus habilidades eran innegables: a cualquier hora del día o de la noche, podía señalar en dirección a Tahití sin error. «No había estrella fija o errante [planeta] a la que Tupaia no pudiera dar un nombre, decir cuándo y dónde aparecería y desaparecería; y lo que era aún más maravilloso, podía predecir a partir del aspecto de los cielos los cambios del viento y las alteraciones del clima, varios días antes de que ocurrieran», señaló un marinero.[35] Banks también estaba intrigado por el extraordinario método de Tupaia para predecir el tiempo atmosférico, que si bien era «no infalible [sí era] bastante más ingenioso que los europeos [sic]»: Tupaia le explicó que creía que el viento combaba el arco de la Vía Láctea, de modo que su forma podía predecir la dirección del viento al día siguiente.[36] Las corrientes de aire en la atmósfera terrestre no modifican la forma de la galaxia, por supuesto, pero tal vez Tupaia estaba al acecho de alguna influencia mucho más sutil del viento o las nubes en la apariencia de la Vía Láctea, algo que solo su ojo entrenado podía detectar, de manera similar a cómo los aborígenes australianos usan el centelleo de las estrellas, una indicación de vientos a gran altitud, para pronosticar el tiempo. Día tras día, isla tras isla, el *Endeavour* se aventuró más al oeste con Tupaia como guía: «Nuevamente nos hicimos a la mar en busca de lo que el azar y Tupia [Tupaia] pudieran ofrecernos», escribió Banks.[37]

Cuando Cook preguntó a Tupaia acerca del continente meridional que buscaba, este le dijo que su padre le había hablado alguna vez de unas islas al sur, pero que nunca las había visitado. Tupaia le aseguró que, si continuaban hacia el oeste, en diez o doce días de navegación encontrarían muchas más islas, información de la que Cook «no tenía motivos para dudar», basándose en lo exactas que habían sido hasta el momento las indicaciones de Tupaia. En cualquier caso, a mediados de agosto, el teniente se había cansado de ir saltando de isla en isla por la Polinesia y estaba decidido a seguir sus nuevas órdenes: «No perderé más tiempo buscando [las islas al sur de las que le había hablado Tupaia], pues ahora estoy completamente decidido a dirigirme sin demora hacia el sur en busca de un continente».[38]

Mientras el *Endeavour* buscaba en vano el continente inexistente que el Almirantazgo esperaba que Cook reclamara para el rey, Tupaia, Banks, el ayudante del capitán Richard Pickersgill y el propio Cook probablemente crearon conjuntamente el extraordinario artefacto cultural que es el mapa de Tupaia.[39] El mapa, que cubre un área del océano Pacífico equivalente a la masa continental de los Estados Unidos, es, según el historiador de la ciencia David Turnbull, un ejemplo en el que «dos tradiciones de conocimiento se encuentran y se difuminan en la representación».[40] Por mucho que se lo gire, se le dé la vuelta o se deforme, las setenta y pico islas que aparecen en el mapa no coinciden con la ubicación geográfica de los archipiélagos que pretende representar. Resulta revelador que las aproximadamente cuarenta islas que los británicos ya conocían o habían visitado estén en su ubicación «correcta», de acuerdo con la convención cartográfica occidental, a vista de pájaro. No hay duda de que Tupaia comprendió el modo en que los británicos pretendían disponer el mapa, con los puntos cardinales indicados en los cuatro lados de la hoja de papel y el norte en la parte superior. Pero la forma polinesia de entender la navegación era profundamente diferente, pues tomaba como punto de referencia la canoa del viajero o la isla de partida. En el bien documentado enfoque empleado por los navegantes de las islas Carolinas, un archipiélago que se extiende a lo largo de mil novecientos kilómetros en el Pacífico occidental, se consideraba que la canoa estaba estacionaria y que las islas se movían hacia atrás con respecto a los puntos de salida y puesta de las estrellas; el cielo era llamado *el techo de los viajes* y estaba dotado de una brújula estelar formada por treinta y dos estrellas, cuyos puntos de salida y puesta en el horizonte proporcionaban orientación. No era un marco de referencia absoluto, sino relativo a la posición del observador.

La genialidad de Tupaia fue pasar por encima de las convenciones occidentales y colocar las islas de las que tenía conocimiento exclusivo en una posición relativa (en lugar de absoluta) respecto al observador, entendido como un viajero a bordo de una canoa. Una prueba fehaciente de esta interpretación proviene de la palabra *Eawatea*, que se encuentra como etiqueta del cruce de los ejes cardinales, en el centro del mapa. La palabra tahitiana real, *avatea*, significa 'mediodía', o la posición del Sol al mediodía —que en el hemisferio sur señala el norte—. Así, para Tupaia, el punto de referencia se encuentra en el centro del mapa, donde siempre se halla el viajero marítimo: en el centro de su propio viaje, con el mar, las islas y las estrellas que pasan a su alrededor.

El mapa de Tupaia es, pues, un ejemplo único de mezcla cultural, que pone de relieve la ininteligibilidad fundamental del sistema de conocimiento polinesio para los europeos, cegados por su visión paternalista y chovinista de que el conocimiento científico occidental era el único conocimiento que valía la pena poseer.[41] Esto también explica por qué Banks, Green y Cook no investigaron con más profundidad el asombroso saber astronómico y navegacional polinesio que vieron y admiraron en acción, ni siquiera como una mera curiosidad. Para ellos, simplemente no podía tener un valor comparable.

La misión secreta de Cook parecía haber concluido con éxito cuando, el 6 de octubre de 1769, se avistó tierra y «todos parecen estar de acuerdo en que este es sin duda el continente que estamos buscando», como escribió jubilosamente Banks en su diario.[42] No fue así: el *Endeavour* había llegado a Aotearoa (Nueva Zelanda), donde Tupaia descubrió que podía hablar el idioma local y fue agasajado por los maoríes, que pensaron que era él quien estaba a cargo del barco. Tupaia había encontrado la isla largo tiempo olvidada de la que le había hablado su padre, siglos después de que cesaran los viajes entre las islas de la Sociedad y Aotearoa.

A pesar de sus reservas iniciales sobre llevar a bordo a Tupaia, Cook quedó por fin convencido y recomendó al Almirantazgo que Tupaia fuera enviado de regreso para futuros viajes de exploración: «Pero si se considerare apropiado enviar un navío a este servicio [explorar más el Pacífico Sur] mientras Tupia [Tupaia] esté con vida, y él formare parte del mismo, en tal caso tendrá una prodigiosa ventaja sobre cualquier otro barco que haya estado en busca de descubrimientos en esos mares [...] Esto permitiría al navegante que sus descubrimientos fueran más perfectos y completos».[43]

Sin embargo, Tupaia no llegaría a ver con sus ojos la Estrella del Norte. Según el artista de la expedición, Sydney Parkinson, Tupaia se fue deprimiendo por su cada vez menor utilidad después de que el *Endeavour* partiera de Aotearoa y, con ello, dejara atrás gentes y lenguas con los que estaba familiarizado. Se fue sintiendo cada vez más aislado y abatido, hasta el punto de que «se entregó al dolor; lamentando, en el más alto grado, haber abandonado su propio país».[44] Tal vez Tupaia también quedó desencantado de los británicos, después de presenciar cómo Cook y sus hombres dispararon sin motivo alguno contra los maoríes en múltiples ocasiones en octubre de 1769, y luego reclamaron Nueva Gales del Sur para el rey cuando echaron ancla en una isla que Cook llamó Possession Island el 22 de agosto de 1770. Tupaia, que no estaba acostumbrado a la dieta consumida en los barcos británicos, con su falta de verduras frescas y pescado, comía mal y enfermó de escorbuto, negándose además a recibir ayuda médica. Se recuperó por sus propios medios mientras se realizaban reparaciones en el *Endeavour* en Batavia (actual Yakarta), pero, como buena parte del resto de la tripulación, él y su adorado discípulo Taiata sucumbieron a la disentería y otras fiebres tropicales. Cuando Taiata murió, Tupaia lloró desesperadamente y gritó su nombre durante dos días antes de quitarse la vida el 20 de diciembre de 1770.

Cuando Cook regresó a Aotearoa/Nueva Zelanda durante su segundo viaje, en 1773, recibió un constante cortejo de canoas que remaban hasta el barco para verlo, llenos de maoríes que Cook no conocía de su periplo anterior. Todos esos desconocidos estaban ansiosos por conocer a Tupaia, y lloraron profusamente al enterarse de su fallecimiento. Cook concluyó que «el nombre de Tupia [Tupaia] era en ese momento tan popular entre [los maoríes] que no sería de extrañar que en ahora sea conocido en la mayor parte de Nueva Zelanda».[45] Las historias de la visita de Tupaia a Aotearoa (y tal vez algunos descendientes directos suyos) han llegado hasta el presente a través de los siglos. Además, su nombre vive en una especie de muérdago nativa de Nueva Zelanda, *Tupeia antarctica*.

Cook fue agasajado como un héroe a su regreso a Gran Bretaña en julio de 1771 y ascendido a comandante por el rey. Los datos sobre el tránsito de Venus que trajo consigo permitieron a Thomas Hornsby, catedrático saviliano de astronomía en la Universidad de Oxford, estimar la longitud de una unidad astronómica en 93.726.900 millas inglesas, un valor que se desvía solo un uno por ciento respecto del valor real.[46]

También descubrió que, en su ausencia, en Londres se había llegado al clímax de una enconada batalla por la concesión del premio de la longitud; la recompensa no había ido a parar al método de distancias lunares con el que Cook había quedado tan complacido, sino a un nuevo tipo de reloj, un mecanismo de alta tecnología que, si tenía éxito, podría revolucionar la navegación occidental así como la exploración y la explotación de tierras lejanas.

NUESTRO FIEL AMIGO, EL RELOJ

Según se decía, Arquímedes había trasladado los ciclos celestes a la superficie de su esfera, y de' Dondi lo había hecho en la esfera de su reloj astronómico. Cuando se trataba de determinar la longitud geográfica a bordo de un barco, nada podía superar la comodidad de un reloj mecánico, siempre que pudiera mantener de forma fiable la hora del puerto de salida a lo largo de varias semanas en alta mar. Desde el mecanismo de Anticitera, la regularidad en los movimientos del Sol, la Luna y las estrellas por la bóveda celeste habían llevado a la creación de máquinas para imitarlos y reproducirlos; ahora había llegado el momento de que esos cuerpos celestes que nos indicaban el tiempo fueran reemplazados por un sucedáneo mecánico. En el fondo, navegar mediante un cronómetro mecánico seguía siendo una cortesía de las estrellas.

Entre los herederos de la tradición relojera de Jacopo y Giovanni dall'Orologio, un carpintero inglés estaba a las puertas de obtener el fabuloso premio de la longitud. Al igual que James Cook, John Harrison era un hombre de Yorkshire de orígenes humildes que, gracias a su talento y tenacidad, había logrado lo que muchos creían imposible. Cuando Cook zarpó en su segundo viaje alrededor del mundo en julio de 1772, Harrison llevaba más de cuarenta años enzarzado en una encarnizada lucha con la Junta de Longitud. La manzana de la discordia era si los cronómetros marinos de Harrison, cada vez más sofisticados, cumplían con los exigentes estándares de precisión necesarios para que pudiera hacerse con el máximo galardón. Su primer «cronómetro marino», el H-1, terminado en 1736, era un aparato de latón con entrañas mecánicas bien visibles por detrás de las cuatro esferas frontales. Su sistema de resortes y volantes oscilantes estaba diseñado para que no se viera afectado por el movimiento del barco, pudiera soportar cambios de temperatura y humedad y no necesitara ningún tipo de lubricación. Constaba de mil quinientas partes diferentes, incluidas manivelas cónicas de dos metros de largo, cada una de ellas compuesta por dos mil piezas.

El cuarto prototipo de Harrison, el H-4, que bautizó simplemente como «el Reloj» era mucho más austero: en apariencia, no era más que un robusto reloj de bolsillo con una caja de acero y elegantes números romanos negros sobre una esfera blanca. Toda la magia se escondía en su mecanismo miniaturizado, fruto de más de cincuenta años de investigación y experiencia por parte de su creador. El H-4 había ido a Jamaica en 1762 y solo se retrasó cinco segundos después de ochenta y un días en el mar; luego, a Barbados en 1764, donde se comprobó que tenía una exactitud de cuarenta segundos al arribar, superando de sobras la tolerancia de dos minutos requerida para ganar el premio de la longitud. Pero la Junta de Longitud todavía no estaba satisfecha: uno de sus miembros más influyentes, el astrónomo real Nevil Maskelyne, había convencido a la Junta de que confiscara todos los prototipos de Harrison para realizar más pruebas. Antes de que pudiera recibir el premio de la longitud al completo, se le pidió a Harrison que desmontara su H-4 frente a un comité de relojeros, que les explicara su funcionamiento y que construyera dos copias más de memoria.

Sin un final de la disputa a la vista, Cook recibió la tarea de probar el reloj de Harrison, no el H-4, considerado demasiado valioso para arriesgarlo en una circunnavegación del globo, sino una copia exacta hecha por el relojero Larcum Kendall, llamada K-1. Se trataba de una tecnología costosa: el Almirantazgo desembolsó quinientas libras por el K-1, lo que equivalía más o menos a una décima parte del coste del barco en el que navegaba. Armado con un cronómetro que se suponía que mantenía la hora de Greenwich con una precisión de una fracción de segundo por día, Cook solo necesitaba determinar el mediodía local a partir de la posición del Sol para calcular su longitud comparándola con la hora que mostraba el K-1. Esto simplificaba enormemente las cosas y el método funcionaba incluso cuando la Luna no era visible.

Del mismo modo que había quedado seducido por el entonces novedoso método de las distancias lunares durante su primer viaje, Cook se dejó cautivar por el nuevo artilugio que trajo consigo en el segundo. Informó al Almirantazgo que «el reloj del señor Kendall ha superado las expectativas de su más celoso defensor y, al ser corregido de vez en cuando por las observaciones lunares, ha sido nuestro guía fiel a través de todas las vicisitudes de los climas».[47] Gracias a su «fiel amigo, el reloj», Cook pudo navegar directamente a Santa Elena y encontrarla en medio del Atlántico Sur, evitando la antigua y laboriosa práctica de llegar primero a la latitud de la isla y luego navegar hacia el este o el oeste hasta avistar tierra. Fue una demostración portentosa del potencial del cronómetro marino para reducir el tiempo en alta mar y, por lo tanto, los costos que implicaba para la flota comercial británica.[48]

Cuando Cook regresó a casa en julio de 1775 con su entusiasta apoyo del cronómetro marino, el caso Harrison ya había quedado visto para sentencia. Enfurecido por las continuas tácticas dilatorias de la Junta, John Harrison había apelado directamente al rey, quien comprobó personalmente la exactitud del

H-4 y rugió: «Por Dios, Harrison, me encargaré de que se le haga justicia». En 1773, Harrison recibió 8.750 libras esterlinas gracias a una resolución del Parlamento, además de las 10.000 que ya había recibido, pero nunca se le llegó a conceder oficialmente el premio de la longitud; de hecho, no fue concedido a nadie. Harrison murió siendo un hombre rico en marzo de 1776. Maskelyne, que lo había ido entorpeciendo durante décadas, ocupó el cargo de astrónomo real hasta su muerte en 1811 y sus tablas anuales de distancias lunares se publicaron hasta 1906. La Junta de Longitud se disolvió en 1828.

A medida que los cronómetros marinos se volvieron más baratos y más fiables en la segunda mitad del siglo XIX, los barcos se equiparon con copias triplicadas para protegerse contra posibles fallos. El HMS *Beagle*, por ejemplo, en 1831 se llevó nada menos que veintidós cronómetros. Su misión era viajar alrededor del mundo y corregir las cartas de Sudamérica y el Pacífico mediante mediciones de longitud más precisas. Su capitán, Robert FitzRoy, temiendo la soledad de alta mar que había empujado al anterior comandante del *Beagle* al suicidio, buscó la compañía de un caballero durante el viaje y encontró a un tal Charles Darwin, un naturalista en ciernes de veintidós años. El viaje los llevó a Sudamérica, las Galápagos, Tahití, Aotearoa, Australia, Mauricio y Sudáfrica, y luego de vuelta a través del Atlántico hasta Brasil para comprobar algunas mediciones de longitud de las que FitzRoy no estaba muy seguro (estaban bien).

Darwin regresó en 1836 como otro hombre. Las mediciones de longitud que eran la misión principal de FitzRoy le dieron la oportunidad de contemplar de primera mano la variedad de formas naturales que mostraban las plantas y los animales en costas remotas y aisladas, plantando así la semilla de su teoría de la evolución por selección natural. Semanas después de su regreso, las ideas de Darwin se verían aún más influidas por un encuentro inspirado por las estrellas en uno de los salones más deslumbrantes del Londres victoriano, tal como relataremos en el capítulo 8.

ES HORA DE UN CAMBIO DE HORA

Con el rápido desarrollo de las conexiones comerciales y de transporte a través de los océanos del mundo, posibilitadas por medios de navegación cada vez más confiables, a partir del siglo XIX surgió la necesidad de estandarizar los mapas y las mediciones de ubicación. Si bien el ecuador era la opción obvia como referencia para la ubicación norte-sur, el «meridiano cero» que separaba el este del oeste era una cuestión de convención, y cada nación utilizaba su propio meridiano de referencia. Elegir un «meridiano cero» también significaba elegir un punto de referencia temporal, ya que las mediciones de longitud basadas en cronómetros se obtenían a partir de la diferencia entre la hora local y la hora en el meridiano de referencia. A escala planetaria, el espacio y el tiempo se habían entrelazado inextricablemente, décadas antes de que Hendrik Lorentz, Henri Poincaré y Albert Einstein introdujeran la idea del espacio-tiempo de cuatro dimensiones.

En octubre de 1884 se celebró en la ciudad de Washington el Congreso Internacional del Meridiano con el objetivo de establecer un punto de referencia común para el cero de longitud y estandarizar el cómputo del tiempo en todo el mundo. Para esa época, los marineros ya estaban acostumbrados al *Almanaque náutico* de Maskelyne, cuyas tablas se calculaban con referencia a Greenwich: el 65 por ciento de los sesenta mil barcos del mundo ya lo habían adoptado, a menudo junto con las mediciones a partir de cronómetros o como método de comprobación. El meridiano origen o meridiano cero, la línea que separa el este del oeste y a partir de la cual se calculan los husos horarios, se trazó a través del eje del gran círculo meridiano del Observatorio Real de Greenwich, para gran consternación de los franceses, que habían utilizado, en cambio, el observatorio de París. Durante los siguientes noventa y cuatro años, los franceses siguieron utilizando con altivez el «tiempo medio de París, retrasado 9 minutos y 21 segundos» para no tener que pronunciar las amargas palabras «tiempo medio de Greenwich». En 1978, por fin, aceptaron el Tiempo Universal Coordinado, que, por definición, siempre se mantiene dentro de un intervalo de 0,9 segundos respecto al tiempo medio de Greenwich.

Mientras tanto, la llegada de los ferrocarriles primero y del telégrafo después había incrementado espectacularmente la facilidad de los desplazamientos y el flujo de información a larga distancia. Esto hizo que, de repente, fuera de lo más urgente abordar la cuestión de establecer una hora uniforme en todo un país y superar, de este modo, un mosaico de sistemas de cómputo del tiempo basados en la posición del Sol en el cielo local. En el Reino Unido, los operadores ferroviarios de diferentes líneas operaban sus trenes según las horas locales de la ciudad que elegían; los relojes de las estaciones de tren, por su parte, mantenían la hora local, lo que daba lugar a una tremenda confusión para los viajeros. En la década de 1860, los siempre ingeniosos catedráticos del Christ Church College de Oxford, «solucionaron» el problema añadiendo un segundo minutero al gran reloj de la torre principal de la universidad. Una manecilla mostraba la hora de Greenwich, la otra, la de Oxford, con cinco minutos de retraso.

Esta dificultad se magnificaba en Estados Unidos, donde la diferencia horaria de costa a costa es de más de tres horas y media. Un viajero que tomara el tren desde Portland, Maine, podía llegar a Buffalo, Nueva York, a las 12:40 hora local (de Buffalo). Mientras que su reloj marcaría las 13:15 (hora de Portland), al bajar del tren vería que el reloj de la New York Central Railroad marcaba las 13:00 (hora de la ciudad de Nueva York) y el reloj de la Lake Shore and Michigan Southern Railway marcaba las 12:25 (hora de Columbus, Ohio).

Para poner fin a todo este caos temporal en el Reino Unido, el Observatorio Real de Greenwich se encargó de proporcionar una hora uniforme a la nación, y eso significaba que los astrónomos debían determinarla primero. Cada noche, los astrónomos de Greenwich medían el tránsito de las «estrellas horarias» mediante el retículo del círculo meridiano y luego transformaban la hora sidérea en la hora media solar, como ya hemos visto antes. La hora exacta a partir de las estrellas se comunicaba entonces por diversos medios. A partir de 1833, se dejaba caer una gran bola a lo largo de un mástil exactamente a la una de la tarde de cada día, desde lo alto del Observatorio Real de Greenwich, para que los capitanes de los barcos fondeados en el Támesis pudieran poner en hora sus relojes, una práctica que continúa hasta el día de hoy. Desde 1892 hasta bien entrada la década de 1930, Ruth Belville, también conocida como «la dama de la hora de Greenwich», hacía que cada lunes se sincronizase un cronómetro con la hora de Greenwich y luego visitaba hasta cincuenta relojeros de Londres a lo largo de la semana para que sincronizaran sus relojes con la hora de Greenwich. Cada mañana, un mensajero del Almirantazgo llevaba un reloj con la hora a la estación de tren de Euston, para que la hora londinense correcta pudiera llevarse a Holyhead, en el extremo noroeste de Gales, y desde allí, en barco, hasta Dublín.

En 1852, unos pocos usuarios selectos podían contar con la distribución horaria de la hora exacta mediante señales eléctricas que se emitían desde el observatorio y sincronizaban casi instantáneamente los relojes de la Oficina Central de Telégrafos, la Oficina General de Correos de Londres y el emblemático reloj de la torre del palacio de Westminster, el Big Ben. Se enviaban señales diarias a las ciudades provinciales de todo el reino, donde la hora exacta se marcaba a veces me-

diante el disparo automático de un cañón, la caída de una bola
o el encendido de una luz, o sin más que poniendo en hora
otro reloj. De un modo automático y casi siempre silencioso,
la hora señalada por las estrellas se difundió por todo el país,
cambiando los hábitos de la gente y ayudando a establecer la
sociedad industrial, con sus horarios de ferrocarril, horarios
comerciales regulados y estrictos turnos en las fábricas.

En el siglo XX, las señales de radio y, más tarde, el Sistema
de Posicionamiento Global (GPS) por satélite reemplazaron a
los cronómetros marinos, a los sextantes y a las mediciones de
distancias lunares a bordo de barcos y aviones. Así como el
H-4 de Harrison probablemente no habría existido si las estrellas no hubieran inspirado la larga lista de sus predecesores,
hoy en día el GPS no funcionaría sin las teorías de la relatividad especial y general de Einstein, las cuales también deben
mucho a las estrellas. El puntito que nos muestra nuestra ubicación en los teléfonos móviles triangula las señales de radio
que provienen de un mínimo de cuatro satélites que orbitan
alrededor de la Tierra. Pero el tiempo fluye de manera diferente allí donde estás, en la superficie de la Tierra, que en los
satélites, como consecuencia tanto de la velocidad relativa entre ambos como de la curvatura del espacio-tiempo provocada
por la masa de la Tierra. El pequeño cambio de tiempo resultante, de unos treinta y ocho milisegundos por día, es suficiente para alterar la precisión del GPS a menos que se compense
utilizando las teorías de la relatividad especial y general de
Einstein. La relatividad general, motivada en parte por unas
anomalías en la órbita de Mercurio que la gravedad newtoniana no podía explicar, fue puesta a prueba por primera vez en
1919 al observar el desplazamiento aparente de las estrellas
durante un eclipse solar total. Incluso hoy, la navegación tal
como la conocemos no existiría si no fuera por las estrellas.

Ahora, en el siglo XXI, la navegación astronómica está regresando. La armada de los Estados Unidos ha vuelto a intro-

ducir la formación en esta disciplina como asignatura obligatoria para sus oficiales, debido a la preocupación de que sus operaciones se estén volviendo demasiado dependientes del GPS, cuyas señales satelitales pueden verse interferidas.[49] La casi perdida tradición marítima polinesia también se está recuperando, a partir de los conocimientos de orientación que han sobrevivido al colonialismo. En 1980, Nainoa Thompson, hawaiano nativo, pilotó una réplica de una canoa de doble casco en un viaje de ida y vuelta de Hawái a Tahití, un recorrido de seis mil kilómetros, con técnicas tradicionales de navegación, entre las cuales, el uso de su mano en lugar de un sextante para estimar la altura de una estrella sobre el horizonte, un método que se hizo popular gracias a la película de dibujos animados de Disney *Vaiana*. «Cuando todo va bien», dijo Thompson, «tienes los patrones de estrellas en la cabeza y pareces saber dónde estás incluso cuando el cielo está nublado y no puedes ver las estrellas».[50]

Como ya hemos visto, hallar patrones en las estrellas ha significado muchas cosas a lo largo del tiempo, pero un tipo particular de búsqueda de patrones ha influido en todos los aspectos de nuestra vida: la ciencia. Para entender en su totalidad cómo las estrellas nos han guiado hasta el momento y el lugar presentes y cómo nos han hecho ser tal como somos hoy, giraremos nuestros pasos hacia atrás, hasta las raíces de la Revolución Científica. Tenemos que reexaminar el cambio radical de perspectiva que se produjo a partir del sistema heliocéntrico copernicano y atisbar por encima del hombro de Galileo mientras apunta su telescopio hacia el cielo nocturno; necesitamos seguir a Newton mientras se pierde caminando desde sus alojamientos hasta el comedor, trazando la ruta que inaugurará una nueva concepción del cosmos y de nuestro lugar en él. Para entender el mundo moderno, en resumen, necesitamos entender la ciencia estelar que lo sustenta.

LAS CRÓNICAS DE CALIGO

El cuento de Abrerrutas

Abrerrutas se puso en pie y habló así:

Recuerdo lo que Viejo Abrerrutas me contó, una historia que él recordaba de su Viejo, quien la recordaba de su Viejo y así desde muchos Viejo Abrerrutas, tantos como caben en dos manos. Muchos Fulgores atrás, nuestra gente solía caminar hasta el borde del Disco en cada despertar de murciélagos, para encontrarse con otras gentes a orillas de la Gran Agua.

Era un viaje largo y difícil, y Viejo Abrerrutas de Antaño era el único que recordaba el camino: bajar por el río, pasar la gran roca y seguir el borde del bosque hasta llegar al Gran Roble tres Fulgores más tarde; aquí es donde hay que entrar en el bosque y caminar otros tres Fulgores hasta estar frente al Prado del Gran Trueque, donde la Nube casi roza las copas de los árboles. Para llegar allí, Viejo Abrerrutas de Antaño recordaba las señales en las cortezas, las marcas en las rocas, los vados de los arroyos... pero todo esto se ha olvidado.

Un despertar de murciélagos, el Gran Roble ya no estaba. La Nube había enviado un viento que, como una mano gigante, había aplastado los árboles. Viejo Abrerrutas de Antaño ya no podía saber cuándo girar hacia el interior del bosque y, desde ese momento, nuestra gente ya no llegó más al Prado del Gran Trueque.

En el último Gran Trueque antes de perder el camino, nuestra gente llevó las mejores pieles y los mejores cuchillos y volvió con hermosas agujas y dos maridos fuertes.

En ese último Gran Trueque también nos llegó la historia de la gente allende el agua. Este extraño pueblo contó a Viejo Abrerrutas de Antaño que habían viajado hasta el Gran Trueque sobre un tronco que podía asir el viento, aunque nadie lo había visto. El hombre que hablaba en su nombre se llamaba Cocinero,* pero no preparó nada de comida, de modo que todos lo llamaron Gran Vela. Gran Vela dijo que había estado en su tronco por todo el Disco, había visto peces del tamaño de mamuts y andado sobre una arena tan caliente que le quemaba los pies. La gente lo miraba con los ojos como platos y la boca abierta, sin estar muy seguros de creerle.

Todo el mundo sabía que poseía un secreto: una piedra negra que, según decían, la Nube había enviado a Gran Vela en una bola de fuego; una piedra negra que le decía en qué dirección tenía que ir.[51] Decían que la piedra se movía sola. Decían que la piedra era mágica. Gran Vela nunca dijo nada sobre la piedra, pero siempre llevaba una bolsita cerca de su corazón.

Cuando llegó la Oscuridad, Viejo Abrerrutas de Antaño quiso agarrar la bolsita, pero Gran Vela tenía el sueño ligero. Lucharon y Gran Vela pidió ayuda. Nuestra gente estaba preparada y clavaron sus dagas en los corazones de los forasteros.

En la bolsita encontraron una lasca de roca negra, larga y estrecha, como una aguja, y un fino hilo de tela de araña. Lo miraron durante mucho rato, pero la piedra no se movió, ni tampoco les mostró el camino. Ahora que Gran Vela estaba muerto, su magia se había esfumado, dijo Viejo Abrerrutas de Antaño.

Olvidaron la piedra y regresaron a la cueva con hermosas agujas y dos maridos fuertes.

---

* En inglés, Cook... *(N. del T.)*

7

DE LA BELLEZA, EL ORDEN

Nunca puedo contemplar las estrellas sin
preguntarme por qué no todo el mundo se
ha hecho astrónomo.

THOMAS WRIGHT, *An Original Theory or
New Hypothesis of the Universe*

UNA FLOR DORADA EN EL ESPACIO

Mientras llegaban las primeras imágenes del espacio profundo, estábamos en el jardín buscando el Triángulo de Verano,
un patrón fácil de localizar en el cielo estival del hemisferio
norte. Los vértices del Triángulo son unas de las estrellas más
brillantes del cielo: Vega, en la constelación de Lira; Altair, en
el cuello del Águila; y Deneb, en la cola del Cisne. Un antiguo
mito chino, les dije a los niños, cuenta que el hada tejedora
Zhinü, o Vega, y su esposo, el pastor de vacas Niuland, o Altair, están separados por un río infranqueable en el cielo, la
Vía Láctea. Se dice que una vez al año, todas las urracas del
mundo alzan el vuelo y se reúnen en el cielo para formar un
puente a través de la Vía Láctea y que, así, los amantes se puedan encontrar por una noche.

La luna llena derramó su luz plateada sobre las tejas de la granja cercana, abrasadas por el sol, destiñó la noche y, de este modo, puso fin a nuestra observación. Pero yo sabía que en algún lugar, muy por encima de la Luna e inmune a su luz, un ojo artificial que no parpadea estaba oteando el inicio del tiempo. Más tarde, con Emma y Benjamin ya dormidos, busco en mi portátil la primera imagen publicada del telescopio espacial *James Webb (JWST)*, el sucesor del venerado telescopio espacial *Hubble*. El *JWST* es nuestro telescopio más avanzado, la cumbre del progreso tecnológico en astronomía. Lo que no es tan progresista es su nombre, epónimo de un administrador de alto rango de la NASA en la década de 1960 que ha sido criticado por su conexión con una caza de brujas homófoba dentro de la agencia espacial.[1] James Webb pudo haber sido abiertamente homófobo o no, pero sin duda era un hombre blanco y cisgénero, como casi todas las figuras históricas que vamos a conocer en este capítulo. No podemos cambiar la historia de prejuicios y dominio en la ciencia, pero hay mucho que podemos y debemos hacer para cambiar el futuro de la astronomía, para hacerla más inclusiva y diversa, y para celebrar los logros de *todos* sus miembros.

El *JWST* en sí mismo es un observatorio asombroso. Las comparaciones de sus imágenes con las de su predecesor son despiadadas; representan un salto tan grande, como mínimo, como el que supuso el *Hubble* respecto a los telescopios terrestres en la década de 1990. La nitidez, el detalle y la resolución son impresionantes. Esa noche, me quedo boquiabierto durante un buen rato ante un cúmulo de galaxias distantes, cuya forma se ve distorsionada por la mano invisible de la gravedad mientras su luz viaja hacia nosotros a través de la oscuridad. Algunos de mis colegas ya están trabajando en estas imágenes para sonsacarles la huella de la materia oscura, pero por el momento me conformo con maravillarme. Las formas delicadamente curvadas de las galaxias, como comas brillantes, me recuerdan los ornamentos que una vez vi hacer a un soplador de vidrio veneciano con el vidrio fundido. Una imagen de la nebulosa de Carina es impresionante: estrellas jóvenes que resplandecen envueltas en una neblina azul de hidrógeno, bordeadas nítidamente por un paisaje de polvo ocre que, en sus sombras, recovecos y bordes, aparece casi tridimensional. El profesional que hay en mí sabe que el encuadre, la orientación y la paleta de colores han sido seleccionados para lograr el máximo impacto estético, pero de todos modos mi asombro es bien real.

El primer telescopio que apuntó a las estrellas fue un delgado tubo de madera y vidrio, fabricado en Padua en el siglo XVII por un tal Galileo Galilei. Cuatrocientos años después, su descendiente es un telescopio espacial con dieciocho espejos hexagonales de berilio, diseñados para desplegarse en forma de flor a 1,5 millones de kilómetros de la Tierra. El *JWST* tiene un espejo mucho más grande que el del telescopio espacial *Hubble* y está concebido para poder ver la radiación infrarroja, en gran medida invisible para el *Hubble*, lo que le permite ver más lejos en el espacio y más atrás en el tiempo. Los espejos del *JWST* están recubiertos de oro, como las cúpulas de las catedrales de antaño. Está diseñado para mirar atrás en el tiempo hasta el amanecer de las estrellas, cuando la gravedad encendió los primeros fuegos atómicos en enormes bolas de hidrógeno y, según la Biblia, «Dios dijo: "Hágase la luz"». Su espectrómetro apuntará a las estrellas de nuestra propia galaxia, en busca de señales reveladoras de compuestos químicos en las atmósferas de sus planetas que puedan delatar la existencia de vida. En una viscosa poza mareal de algún planeta rocoso sin nada destacable, a cientos de años luz de distancia, tal vez se esté gestando un cambio cósmico de perspectiva, a la espera de que el *JWST* nos anuncie su existencia, a nosotros, los terrícolas. Encontrar vida, por pequeña que sea, fuera de nuestro punto azul pálido haría añicos cualquier duda persistente sobre nuestra singularidad en el universo, un destronamiento solo comparable a otro momento en la historia de la humanidad, cuando descubrimos que el universo no giraba, literalmente, a nuestro alrededor.

Explicar el movimiento de los planetas, las estrellas y los astros del cielo siempre ha sido materia de mitos, leyendas y religiones, pero también desencadenó la revolución copernicana y nos inculcó la idea clave de que las leyes de la naturaleza son inteligibles, son comprensibles (y, más tarde, explotables) porque están escritas en lenguaje matemático. Las estrellas moldearon y luego modificaron nuestra visión del universo y de nosotros mismos, y es posible que vuelvan a hacerlo en el transcurso de nuestras vidas.

Para entender cómo llegó a suceder todo esto, la Florencia del año 1610 no es un mal sitio para empezar.

ORÍGENES HUMILDES

El Museo Galileo está ubicado en un magnífico *palazzo* que se remonta al siglo XI, con las ventanas orientadas hacia la orilla derecha del río Arno, en Florencia, a la vuelta de la esquina de la mundialmente famosa Galería de los Uffizi y del Palazzo Vecchio, que durante el Renacimiento fue la residencia de la familia Medici. Me había desplazado a Florencia para presentar mis respetos al antepasado del *JWST*.

Parecía un juguete, algo que un niño ingenioso podría improvisar en una aburrida tarde de verano. Era delgado y, con más de un metro de longitud, más largo de lo que había imaginado. Un fresco del siglo XIX representa a Galileo mostrándoselo al dux de Venecia, con el telescopio montado sobre un soporte de bronce con intricadas decoraciones, aunque no ha-

bía ningún soporte de ese tipo en la exposición. El tubo en sí
estaba hecho de lamas de madera unidas por un cuero rojo que
hacía mucho tiempo que ya se había vuelto marrón; en cada
extremo, un cilindro encajado de madera, más grueso y decorado con pan de oro, ocultaba su tecnología clave: dos lentes
de vidrio, cada una plana por un lado y pulida en forma de cascarón aplanado la del extremo más alejado y en forma de cuenco poco profundo la del extremo más cercano, donde, supongo, el ojo de Galileo se habría abierto de par en par lleno de
asombro. Este era uno de los muchos progenitores de los telescopios
actuales. Solo sobreviven dos de las creaciones de Galileo Galilei, pero el inventor, astrónomo y erudito renacentista construyó más de cien variantes, refinando su técnica con la experiencia. La invención del telescopio se atribuye al fabricante
de gafas neerlandés Hans Lippershey, quien en 1608, según
una versión de la historia, observó que la veleta de una iglesia
cercana parecía verse ampliada cuando se la miraba a través de
una determinada combinación de lentes con las que habían estado jugando unos niños en su tienda.[2] La noticia de los trabajos de Lippershey llegó a oídos de Galileo en Venecia en 1609
y despertó su curiosidad, tal como recordaba en 1623: «Llegó
la noticia de que un holandés había presentado al conde Mauricio un anteojo que permitía ver los objetos lejanos con la
misma perfección que si estuvieran muy cerca. No se añadía
nada más. Ante esta noticia volví a Padua, donde por entonces
estaba viviendo, y me puse a pensar en el problema. La primera noche después de mi regreso lo había resuelto».[3]

Su primer *cannocchiale* (una palabra italiana inventada en
1611 mediante la fusión de *canna*, 'tubo', y *occhiale*, 'gafas',
para describir lo que hasta entonces había sido llamado *perspicillum* por su fabricante y *tubo de Galileo* por todos los demás)
solo aumentaba las imágenes tres veces. En seis días, Galileo
logró llegar a nueve aumentos, prototipo tras prototipo. Un

mes después, el *cannocchiale* ya estaba causando furor en Venecia, donde nobles y senadores se subieron a lo alto de un campanario para maravillarse con los barcos, que se hallaban a dos horas de navegación e invisibles a simple vista, y que se materializaban mágicamente con perfecto detalle en el otro extremo del tubo de Galileo. El astuto inventor presentó su milagroso dispositivo al dux, quien prorrogó de por vida el nombramiento de Galileo en la Universidad de Padua y duplicó su salario en el acto.

Este parece haber sido el plan de Galileo: ser recompensado por el dux por un instrumento que le otorgara ventaja estratégica en la guerra. Sin embargo, no era solo un inventor práctico; tenía una mente insaciable y en 1609 llevaba décadas obsesionado con descubrir el modo en que Dios había construido el mundo y determinar su estructura oculta. Ahora que había construido para sí mismo un medio que le permitía ver más lejos que nadie, el uso más revolucionario de su *cannocchiale* no estaba en la guerra, ni los objetivos más intrigantes eran los barcos lejanos en alta mar o los puntos de referencia en tierra. Lo que quería ver era nada más y nada menos que la mismísima morada de Dios, el firmamento que había atraído y resistido un escrutinio humano más minucioso durante miles de años. Rozando la blasfemia, Galileo apuntó su *cannocchiale* hacia las esferas celestes. Al hacerlo, haría añicos mil cuatrocientos años de creencias.

UN ASALTO EN CUATRO FRENTES

A finales del siglo XVI, nuestra comprensión del lugar que ocupamos en el universo estaba a punto de cambiar para siempre. Gracias al ataque en cuatro frentes de un solitario canónigo polaco, un malhumorado noble danés, un dócil profesor de secundaria alemán y nuestro hombre, Galileo, al llegar a finales del siglo XVII el gran castillo ptolemaico caería ante la bandera del heliocentrismo —el Sol brillando en su centro; la Tierra y los demás planetas girando a su alrededor— izada finalmente por un catedrático de Cambridge que en su día hizo bromas con cometas de mentira. A lo largo del camino, su distante pero exigente general, el firmamento estrellado, los condujo a la victoria.

Cuando comenzó la revolución, desde hacía mil cuatrocientos años había prevalecido una única visión del universo, el modelo ptolemaico, cuyo principio central era fascinante: todo gira en torno a nosotros. Ptolomeo perfeccionó en el siglo II d. C. el modelo propuesto en el siglo III a. C. por el gran filósofo griego Aristóteles, quien sostenía que la Tierra era esférica y se hallaba estacionaria en el centro del universo. La Luna, Mercurio, Venus, el Sol, Marte, Júpiter y Saturno (en orden de distancia) giraban todos alrededor de la Tierra, arrastrados por esferas sólidas, cristalinas e invisibles, anidadas unas dentro de otras. La esfera más alta estaba salpicada de las llamadas *estrellas fijas* y marcaba el límite del universo. La novena y última esfera era la sede del Primer Motor, responsable de generar y transmitir el movimiento a todas las demás esferas.

Ptolomeo —un observador avezado, como vimos en el capítulo 5, que compiló un catálogo de más de mil estrellas— se dio cuenta de que era necesario actualizar el modelo de Aristóteles para que concordara con las observaciones. Ptolomeo sabía que la velocidad aparente del Sol respecto a las estrellas cambiaba a lo largo del año, en contradicción con el modelo de Aristóteles, en el que los cuerpos celestes giraban siguiendo círculos y a velocidad constante, unos movimientos perfectos en consonancia con su naturaleza divina e incorruptible. Los planetas presentaban otro dolor de cabeza: noche tras noche se desplazaban hacia el este con respecto a las estrellas, pero a intervalos regulares se detenían, invertían su sentido de movimiento, luego se detenían de nuevo y reanudaban su curso original (el término *planeta* viene de la palabra griega que significa 'errante, vagabundo'). Ptolomeo se basó en teorías anteriores de Apolonio e Hiparco, al tiempo que conservaba las nociones clave de Aristóteles sobre la perfección circular de las órbitas planetarias y una Tierra estacionaria, e introdujo la idea de los epiciclos para hacer concordar el modelo geocéntrico con las observaciones.

En el sistema ptolemaico, cada planeta se mueve con velocidad constante a lo largo de un círculo (el epiciclo), cuyo centro se desplaza a lo largo de un círculo mayor (la deferente); además, el centro de la deferente está desplazado respecto a la posición de la Tierra y en el lado opuesto del centro de la deferente con respecto a la ubicación de la Tierra se halla un segundo punto, llamado *ecuante*. Un observador imaginario ubicado en el ecuante vería el centro del epiciclo moverse a velocidad constante, un subterfugio para mantener las apariencias del movimiento uniforme aristotélico. Al elegir hábilmente el tamaño y la velocidad de los epiciclos y deferentes para cada planeta, el Sol y la Luna, Ptolomeo pudo reproducir en su modelo los complejos movimientos de los cuerpos celestes en el cielo.

El gran astrónomo Aristarco de Samos, contemporáneo de Aristóteles, había planteado una forma diferente de dar sentido a las observaciones: un modelo heliocéntrico en el que el Sol, no la Tierra, estaba fijo en el centro del sistema. Pero nunca se impuso. Ptolomeo había ofrecido una traducción demasiado convincente de la elegante teoría de Aristóteles. ¿Y acaso Aristóteles no había convertido en una cuestión de sentido común el que la Tierra no podía moverse ni girar? Si así fuera, había dicho, una flecha disparada verticalmente se quedaría atrás a causa del movimiento de la Tierra, algo que todo el mundo podía atestiguar que no pasaba.

Otro argumento contra la ridícula idea de Aristarco era

que si la Tierra estuviera orbitando alrededor del Sol, la posición de las estrellas lejanas parecería cambiar a lo largo de un periodo de seis meses, un fenómeno llamado *paralaje*. El paralaje se puede percibir con facilidad levantando un dedo con el brazo extendido y cerrando los ojos, primero uno y después el otro; el dedo parece saltar de izquierda a derecha con respecto al fondo, debido a la perspectiva diferente desde cada ojo. Del mismo modo, las estrellas parecen desplazarse cuando se observan desde extremos opuestos de la órbita de la Tierra, tanto más cuanto más cerca están de nosotros. El problema era que no se apreciaba ningún paralaje a simple vista; su descubrimiento tuvo que esperar hasta 1838, como veremos. Esto significaba que o bien la Tierra estaba fija, como dictaba Aristóteles, o bien las estrellas estaban a una distancia tan insondable que su paralaje era demasiado pequeño para poderse detectar, lo que se antojaba absurdo. Pero resulta que el universo es más vasto de lo que cualquier persona en la Antigüedad estaba dispuesta a imaginar.

El modelo de Ptolomeo y las tablas numéricas que creó para predecir las posiciones de los planetas funcionaron a la perfección durante siglos: copiados por generaciones de eruditos, los libros de Ptolomeo viajaron hacia el este, a Persia y la India, y luego, como los planetas cuyo movimiento describían, gracias al trabajo de los astrónomos árabes volvieron sobre sus pasos hasta la Europa medieval y se tradujeron al latín. Desde España, la obra más importante de Ptolomeo, el *Almagesto*, reanudó su rumbo hacia el este para llegar a las nuevas sedes del saber —más tarde llamadas *universidades*— que surgieron en Bolonia, París, Padua, Oxford y Cambridge.

Mientras tanto, la creencia de que la Tierra estaba en el centro del universo se había consolidado en el sentido común, apoyada por la cosmovisión judeocristiana e islámica. El Antiguo Testamento o la Torá presentaban un universo geocéntrico: «[¡Yahvé, Dios mío!] Sobre sus bases posaste la tierra, inconmovible para siempre jamás».⁴ En el mundo musulmán, el Corán describía la Tierra como «extendida como una alfombra», cubierta por siete cielos sostenidos por pilares invisibles, con las estrellas adornando la esfera más baja, donde la Luna y el Sol «en su esfera respectiva navegan».⁵ Daba igual que uno creyera en Dios, en Alá o en Jehová, la Tierra siempre estaba en el centro de la creación, y el universo ptolemaico, concebido a medida de la humanidad, era, casi literalmente, la verdad revelada.

Tuvo que pasar más de un milenio para que unos pocos y audaces pensadores y observadores del cielo demostraran que Ptolomeo estaba equivocado. En cualquier caso, a principios del siglo XVI, el edificio ptolemaico empezaba a mostrar grietas. En las universidades europeas se estudiaba y se tenía en alta estima la obra de Platón, imbuida de la concepción matemática del mundo que tenía el filósofo griego, con su visión de la armonía y la simetría cósmicas; en este entorno, el modelo ptolemaico no estaba a la altura de los ideales platónicos. Para empezar, el artificio del ecuante resultaba poco elegante; además, Ptolomeo no ofrecía ninguna indicación sobre las distancias relativas entre los planetas ni explicación alguna de los períodos orbitales observados. Uno de los eruditos que estudió a Aristóteles y Ptolomeo en profundidad concluyó que el modelo geocéntrico estaba compuesto de partes dispares y discordantes que son «como si alguien tomara de diferentes lugares las manos, los pies, la cabeza y los demás miembros [...] no modelados a partir del mismo cuerpo y sin relación entre sí, de tal suerte que dichas partes producirían un monstruo en lugar de un hombre».⁶

Este erudito era Nicolás Copérnico, hijo de un comerciante polaco y nacido en 1473, que se dedicó a la astronomía mientras estaba en Bolonia para estudiar derecho canónico a principios del siglo XV. Para remendar este Frankenstein de cosmos geocéntrico, desempolvó el universo heliocéntrico y entonces, de repente, la inelegancia del sistema ptolemaico se evaporó: antes, Mercurio y Venus habían compartido inexplicablemente en sus epiciclos el período de un año del Sol; en la formulación de Copérnico, Mercurio y Venus orbitaban alrededor del Sol y sus períodos verdaderos resultaron ser ochenta y ocho días y siete meses y medio, lo que los colocaba dentro de la órbita de la Tierra, que tarda un año en completarse. Esto, además, explicaba por qué Venus y Mercurio siempre aparecen cerca del Sol en el cielo. Los planetas estaban dispuestos geométricamente según el orden de sus períodos (Mercurio, Venus, Tierra, Marte, Júpiter y Saturno), girando en órbitas concéntricas alrededor del Sol, pues «¿quién colocaría esta luminaria en otro o mejor lugar que aquel desde el cual puede iluminar todo a la vez?», escribió Copérnico.[7] En cuanto al desconcertante movimiento retrógrado de los planetas, ahora era la consecuencia obvia de la combinación de sus revoluciones orbitales con la de la Tierra.

Copérnico creía que la certeza de su modelo no se encontraba en los datos observacionales, que en esos años no permitían distinguir entre las dos opciones, sino más bien en su elegancia intrínseca, «una maravillosa conmensurabilidad [...] una fehaciente vinculación armónica del movimiento y la magnitud de los círculos orbitales, como no se puede encontrar de ninguna otra manera», escribió.[8] Copérnico había superado a Aristóteles, estudiante de Platón durante veinte años, siendo aún más platónico.

En 1543 Copérnico publicó su modelo en un libro titulado *De revolutionibus orbium coelestium* (Sobre las revoluciones de los orbes celestes). La historia cuenta que murió agarrando en sus manos una de las primeras copias impresas. Sin embargo, un prefacio posterior del editor del libro, Andreas Osiander, socavó su potencia: instaba a los lectores a tomar el modelo copernicano no como una descripción de la realidad sino simplemente como un truco para calcular con más comodidad las órbitas y posiciones de los planetas. La naturaleza del sistema solar no se ponía en cuestión, escribió Osiander. Y así, el modelo de Copérnico no tuvo éxito ni provocó la ira de la Iglesia, al menos al principio. El telescopio daría el impulso necesario a su teoría.

EL CASTILLO DE URANIA

A pesar de ser un astrónomo consumado, el punto fuerte de Copérnico no era la observación del cielo; su mirada se dirigía a la belleza de la teoría. En este momento, entra en escena Tyge Brahe, el vástago de una noble familia danesa que, a los trece años, quedó fascinado por el espectáculo de un eclipse lunar total en 1560 en Copenhague. A partir de entonces, la astronomía y la astrología se combinaron para producir el mayor observador a simple vista de la historia. Latinizó su nombre a Tycho y se dedicó a elaborar horóscopos y natividades (descripciones del carácter astrológico de los bebés recién nacidos) al servicio de sus patronos, primero Federico II de Dinamarca y luego el emperador del Sacro Imperio Romano Germánico Rodolfo II, cuya corte en Praga alcanzó fama por ser un centro destacado de la alquimia y la astrología con abundante financiación. El irascible Tycho no se lo tomó a la ligera cuando se burlaron de él durante la celebración de un compromiso matrimonial, al parecer a causa de una predicción astrológica errónea que había hecho; la discusión subió de tono hasta convertirse en un duelo de espadas en el cementerio. Cuando los demás invitados, alarmados por el alboroto, salieron corriendo, ya era demasiado tarde: el rostro de Tycho estaba cubierto de sangre y tenía la nariz limpiamente cortada. Tycho, de veinte años, tuvo suerte de sobrevivir y durante el resto de su vida llevó una nariz artificial que fabricó en su laboratorio alquímico. Se rumoreaba que la nariz estaba hecha de oro y plata, aunque el análisis de sus restos indica que era de un latón más humilde; sin embargo, es posible que llevara una nariz de oro en ocasiones especiales.

En su adolescencia, Tycho se dio cuenta de que tanto las *Tablas alfonsíes*, compiladas trescientos años antes sobre la base del modelo ptolemaico, como las más recientes *Tablas pruténicas*, basadas en el modelo copernicano, eran inadecuadas para la tarea de predecir fenómenos astrológicamente significativos, como la conjunción entre Júpiter y Saturno que observó en 1563. Como joven inteligente y adinerado que era, se propuso rectificar la situación. Convenció al rey de Dinamarca para que le concediera en feudo la isla de Hven, una roca azotada por el viento en las gélidas aguas del estrecho de Øresund, apenas dos veces más grande que el Central Park de Nueva York.* Para entonces, ya se había ganado un renombre como astrónomo de primer nivel al demostrar que la «nueva estrella» (una explosión de supernova en la Vía Láctea, tal como sabemos ahora) que había aparecido en 1572 en la constelación de Casiopea estaba situada mucho más allá de la órbita lunar. Las esferas inmutables del Empíreo no eran tan inmutables, después de todo.

Como nuevo señor de la isla, ordenó a los contrariados campesinos que excavaran las tierras comunales de pastoreo en el centro exacto de Hven, y luego les hizo construir una extravagante mezcla entre mansión de cuento de hadas y observatorio, rodeada por un jardín de hierbas de diseño geométrico y un arboreto plantado con más de trescientas variedades de árboles. Diseñó las cuatro alas de su palacio teniendo en mente proporciones musicalmente armoniosas y alineadas con los puntos cardinales. En el centro colocó una fuente con una figura giratoria que rociaba agua a su alrededor, un ele-

---

* Estos son sus nombres en danés; actualmente, se conocen con sus nombres en sueco: Ven y Öresund. *(N. del T.)*

mento ostentoso para impresionar a sus invitados del que ni siquiera la reina Isabel I de Inglaterra pudo presumir en su palacio. Así nació Uraniborg, el Castillo de Urania, musa de la astronomía.

Para lograr la precisión observacional que exigía Tycho, limitada solo por la agudeza de la vista humana en una época en la que el *cannocchiale* de Galileo todavía estaba a tres décadas en el futuro, montó un taller propio donde formó a artesanos expertos para que construyeran instrumentos astronómicos como no se habían visto nunca, algunos de los cuales necesitaron el trabajo de seis artesanos durante tres años. En este taller, diseñó y construyó versiones nuevas y más precisas de sus instrumentos, y luego los probó con observaciones repetidas, en un ciclo de desarrollo y creación de prototipos sin precedentes. Más tarde construyó un observatorio externo especializado, hundido en el suelo para protegerlo de los vientos, al que llamó Stjerneborg, el Castillo de las Estrellas.[9]

Después de dos décadas de observación asidua de los cielos, Tycho había acumulado un tesoro de datos de una precisión y exactitud excepcionales, pero que, sin embargo, no tenía los medios para interpretar. Un giro del destino puso estos datos en manos de quizás la única persona que en esos momentos podía comprender su auténtico significado: un profesor de matemáticas con una cierta inclinación por el misticismo y que había escrito un peculiar libro que explicaba las órbitas de los planetas con figuras geométricas y situando al Sol en el centro.

La medida de todas las cosas

Nacido en 1571 en una familia protestante de modestos recursos cerca de Stuttgart, Johannes Kepler no pudo disfrutar de una educación privilegiada como Tycho Brahe. Después de que el padre de Kepler, un soldado mercenario, desapareciera en batalla cuando Johannes tenía cinco años, el niño ayudó sirviendo en la posada de su madre. Tras asistir a la escuela local y a un seminario cercano, estudió en la Universidad de Tubinga, donde conoció el modelo copernicano de la mano de uno de los astrónomos más destacados de la época, Michael Mästlin. Tras abandonar sus planes de ser pastor luterano, tal vez como consecuencia de sus opiniones religiosas no del todo ortodoxas, Kepler aceptó el puesto de matemático de distrito en la ciudad provincial de Graz (en la actual Austria), en el que sus tareas incluían la elaboración de un calendario astrológico anual con predicciones para la región. Para 1595 previó un invierno extremadamente frío, un ataque devastador de los turcos y una revuelta importante, todo lo cual se hizo realidad.

Como profesor en la escuela protestante local, Kepler impartía clases de matemáticas avanzadas, astronomía, ética, historia, retórica y astrología. El 19 de julio de 1595, Kepler estaba explicando el patrón astrológico de las conjunciones Júpiter-Saturno, el mismo acontecimiento que había inspirado al joven Tycho a convertirse en astrónomo décadas antes. Trazadas sobre el zodíaco, las conjunciones que ocurren con veinte años de diferencia se mueven aproximadamente 120 grados, de modo que al conectar tres de ellas se obtiene la forma de un triángulo; sin embargo, la cuarta conjunción no coincide exactamente con la ubicación de la primera, por lo que el siguiente triángulo está ligeramente rotado con respecto al primero. Conjunción tras conjunción, los vértices del triángulo recorren el zodíaco, mientras que los puntos medios de sus lados trazan un círculo más pequeño, exactamente la mitad del radio del círculo del zodíaco.

Cuando Kepler dibujó este patrón en la pizarra para sus alumnos, se le ocurrió una nueva forma de resolver un problema que había estado considerando durante años: Copérnico había puesto al Sol en el centro del sistema solar, pero no había ofrecido ninguna explicación sobre las distancias entre los planetas y el Sol. ¿Podría la solución ser la geometría? ¿Era una coincidencia que el diagrama de grandes conjunciones entre Júpiter y Saturno produjera dos círculos, uno con la mitad del radio del otro, mientras que los períodos de los dos planetas estuvieran en aproximadamente la misma proporción? ¿Podría la geometría explicar el razonamiento de Dios al crear el sistema solar tal como es? «Nunca podré describir con palabras el deleite que sentí con mi descubrimiento», escribió.[10]

Equipado con este descubrimiento, Kepler comenzó a buscar un esquema geométricamente necesario que no solo pudiera sustentar las distancias relativas de los planetas en el sistema copernicano, sino también explicar *por qué* solo había seis en total, un paso crucial que prefiguró el tipo de razonamiento que hoy es el sello distintivo de la física teórica. En seguida se dio cuenta de que los polígonos bidimensionales (como triángulos, cuadrados, pentágonos, etc.) no servirían, ya que añadiendo más y más lados, se puede crear un número infinito de tales figuras. Pero los planetas se mueven en el espacio tridimensional, así que tal vez lo que se necesitaban eran figuras sólidas, no planas. Con la sensación de haber extraído información de una página del mismísimo libro de la creación de Dios, se dio cuenta de que solo existen cinco poliedros regulares, los llamados *sólidos platónicos*, cada uno formado por caras idénticas: el tetraedro (cuyas caras son cuatro triángulos), el cubo (seis cuadrados), el octaedro (ocho triángulos), el dodecaedro (doce pentágonos) y el icosaedro (veinte triángulos). ¡Cinco sólidos! ¡Uno por cada espacio entre los planetas! Y he aquí que cuando los sólidos platónicos se disponían en un orden determinado aparecía una construcción geométrica sencilla que permitía explicar las distancias planetarias, tal como argumentó en su libro de 1596 *Mysterium Cosmographicum* (El misterio cosmográfico):

La órbita de la Tierra es la medida de todas las cosas; circunscribe a su alrededor un dodecaedro, y el círculo que lo contiene
será [la órbita de] Marte; circunscribe a su alrededor un tetraedro, y el círculo que lo contiene será [la órbita de] Júpiter; circunscribe a su alrededor un cubo, y el círculo que lo contiene
será [la órbita de] Saturno. Ahora, inscribe dentro de [la órbita
de] la Tierra un icosaedro, y el círculo que lo contiene será [la
órbita de] Venus; inscribe en [la órbita de] Venus un octaedro,
y el círculo que lo contiene será [la órbita de] Mercurio. Ahora
tienes la razón del número de planetas.[11]

Hoy sabemos que la construcción geométrica de Kepler
no explica la estructura del sistema solar —para empezar, no
da cuenta ni de Urano ni de Neptuno, aún no descubiertos en
tiempos de Kepler—, si bien la razón definitiva del espaciado
de las órbitas planetarias sigue siendo elusiva. En cualquier
caso, para Kepler fue una inspiración suficiente, y le hizo buscar sin pausa una verificación matemática cuantitativa de su
teoría; esto le llevó, en 1600, hasta el hombre que disponía de
los mejores datos observacionales que se habían recogido
nunca, con diferencia: Tycho Brahe.

La colaboración entre Brahe y Kepler no iba a ser fácil.
Por un lado, el altivo danés, que se lamentaba por haber caído
en desgracia ante el joven rey de Dinamarca y vivía exiliado en
la corte de Rodolfo II, buscaba desesperadamente cimentar
su legado haciendo que Kepler validara su idea del sistema solar, una curiosa combinación en la que la Tierra estaba fija,
con el Sol y la Luna girando a su alrededor, mientras los demás planetas giraban alrededor del Sol. Por otro lado, el acé-
rrimo copernicano quería aprovechar los datos de Tycho para
demostrar que el Sol estaba en el centro del universo. Al final,
su colaboración fue breve: Tycho murió repentinamente en
1601, a los cincuenta y cuatro años, de una supuesta infección
urinaria (las pruebas realizadas en sus restos en 2010 revela-

ron altas concentraciones de mercurio, lo que planteó ciertas dudas sobre un posible crimen que luego quedó descartado).[12] Sus últimas palabras, repetidas una y otra vez en un estado de delirio fueron, como relata Kepler, «Que no parezca que he vivido en vano».[13] Kepler tomó las preciosas observaciones de Marte de Tycho y huyó con ellas, sin permiso de los herederos de Brahe. Después de años de una tenaz disputa matemática, «despertó de un sueño y vio una nueva luz» al descubrir sus dos primeras leyes del movimiento planetario.[14] A partir de los datos de Tycho, Kepler dedujo que las órbitas de los planetas, incluida la Tierra, son elipses, con el Sol en uno de los focos (su primera ley), y que una línea que une un planeta con el Sol recorre áreas iguales durante intervalos de tiempo iguales (la segunda ley). La tercera ley de Kepler, que formuló en 1619, relaciona el período orbital de un planeta con el tamaño de su órbita (o, más precisamente, con su semieje mayor). Al demostrar que el sistema copernicano era correcto, Kepler —que para entonces había sucedido a Brahe como matemático imperial en la corte de Rodolfo II— irónicamente dio la sentencia de muerte a la imagen de Tycho del sistema solar.

LAS FORMAS DE CINTIA Y OTRAS MARAVILLAS

Mientras Kepler publicaba sus resultados en 1609 en un libro con el grandioso pero apropiado título de *Astronomia Nova*, Galileo se afanaba mejorando su *cannocchiale*, hasta llegar a veinte aumentos. Poco después, una noche de enero, sus esfuerzos se vieron recompensados:

Así pues, el día siete de enero del presente año 1610, en la primera hora de la noche siguiente, mientras yo contemplaba los astros celestes a través del catalejo, apareció Júpiter, y puesto que yo tenía dispuesto un instrumento suficientemente excelente, comprobé (cosa que antes en absoluto me había sucedido por la debilidad del otro aparato) que lo acompañaban tres estrellitas.[15]

Observaciones posteriores revelaron que las tres «estrellitas» se movían a cada lado del planeta, pero sin nunca alejarse mucho. A veces, solo podía apreciar dos de esos «vagabundos» alrededor de Júpiter y, más adelante, descubrió un cuarto.

Galileo había descubierto las cuatro mayores lunas de Júpiter, que poco después intentó usar como medio para determinar la longitud geográfica, tal como hemos visto. Cuando la noticia de su asombroso hallazgo llegó al embajador británico, este informó al rey Jacobo I: «El autor se gasta una fortuna en ser o muy famoso o muy ridículo».[16] Resultó que se trataba de lo primero: Galileo bautizó las lunas como «estrellas mediceas» en honor a Cosme II de Medici, gran duque de Toscana, y el halago dio resultado; en menos de seis meses, Galileo había dejado la Universidad de Padua y sus pesadas tareas docentes para mudarse a Florencia, donde fue nombrado filósofo y matemático del duque.

Galileo fue acumulando observaciones noche tras noche y se dio cuenta de que esos cuatro «vagabundos» tenían que estar orbitando alrededor de Júpiter, cada uno con su propio período. En ese momento, su «perplejidad [...] se transformó en asombro» cuando por fin comprendió lo que estaba viendo y sus trascendentales implicaciones:

Tenemos, además, un argumento eximio y notable para quitar los escrúpulos de aquellos que, aceptando de buen grado el movimiento de los planetas alrededor del Sol en el Sistema Copernicano, se enervan de tal modo por el movimiento de una sola Luna alrededor de la Tierra mientras ambas dibujan una órbita circular completa anual alrededor del Sol, que piensan que esta estructura del universo tiene que ser rechazada como imposible. Ahora pues, con mayor motivo, dado que no tenemos un solo planeta girando alrededor de otro mientras ambos recorren una gran órbita alrededor del Sol, sino que a nuestros sentidos están cuatro estrellas en movimiento alrededor de Júpiter, como la Luna alrededor de la Tierra, mientras al mismo tiempo todas recorren junto a Júpiter durante doce años una gran órbita alrededor del Sol.[17]

Las estrellas mediceas fueron solo una de las muchas maravillas que desveló el telescopio de Galileo. Bajo su mirada ampliada, la perfección celestial de la Luna quedó llena de cráteres, valles, fisuras y montañas, revelando un mundo no muy distinto al nuestro. Incluso la cara del Sol estaba ensuciada por manchas, motas oscuras que Galileo demostró en 1612 que formaban parte de la propia estrella al trazar un gráfico de su rotación a lo largo del tiempo (hoy sabemos que son zonas más frías en la superficie del Sol, donde surgen líneas del campo magnético).

En julio de 1610, Saturno sorprendió a Galileo al aparecer flanqueado por otras dos estrellas más pequeñas que nunca cambiaban de posición, pero que desaparecieron al cabo de unos meses, lo que le dejó perplejo: «¿Se han consumido las dos estrellas menores a la manera de las manchas solares? ¿Han desaparecido y huido de repente? ¿Ha devorado Saturno a sus propios hijos?», escribió.[18] Medio siglo después, el astrónomo neerlandés Christiaan Huygens, equipado con un telescopio mucho más potente, las reconoció por lo que son: anillos, que se vuelven periódicamente inobservables cuando se presentan de canto vistos desde la Tierra.

Fue Venus el que proporcionó pruebas irrefutables, a los ojos de Galileo, contra el sistema ptolemaico. Galileo siguió al planeta mientras cambiaba de un pequeño disco completamente iluminado a un creciente más grande y adelgazado. Llegó a la conclusión de que Venus orbita alrededor del Sol, apareciendo lleno cuando está al otro lado de nuestra estrella con respecto a nosotros y como un creciente más grande cuando está en nuestro mismo lado del Sol y, por lo tanto, mucho más cerca de nosotros e iluminado de lado. Esta revelación inaudita primero la ocultó como un anagrama en latín en una carta destinada a Kepler escrita en diciembre de 1610, una estratagema común en la época para establecer la prioridad de un descubrimiento sin revelarlo primero. Una vez descifrada, el anuncio de Galileo decía: «la madre del amor [Venus] imita las formas de Cintia [la Luna]».[19]

¿Qué quedaba, pues, de la perfección inmutable e incorruptible de los cielos aristotélicos? ¿Y cómo se podían cuadrar las nuevas observaciones con lo revelado en las sagradas escrituras? ¿Acaso la Biblia no dice claramente, acerca del día en que Dios luchó al lado del pueblo de Israel «Y el sol se detuvo y la luna se paró hasta que el pueblo se vengó de sus enemigos»?[20] Un Sol fijo, quieto, era una intervención milagrosa del Todopoderoso, no el orden cotidiano de las cosas. Algunos prelados optaron por no creer lo que veían sus ojos y atribuyeron esos fenómenos nunca vistos antes y descritos por Galileo al poder engañoso del propio telescopio.

Cuando en 1610 Galileo anunció en *El mensajero sideral* su descubrimiento de las lunas de Júpiter y de innumerables estrellas invisibles a simple vista, fue aplaudido al principio por los intelectuales y el clero, a pesar de que un círculo de aristotélicos recalcitrantes inició una campaña para desprestigiarlo. En un viaje a Roma en la primavera de 1611, fue recibido como una celebridad: los padres jesuitas elogiaron su libro en una ceremonia; el papa Paulo V le pidió que no se arrodillara y que se pusiera de pie durante una audiencia; la Accademia dei Lincei (Academia de los linces), una de las primeras sociedades científicas del mundo, celebró un espléndido banquete durante el cual Galileo presentó su *cannocchiale*. Todos quedaron encantados y el presidente de la academia, Federico

Cesi, inventó una nueva palabra para describir el maravilloso invento de Galileo: a partir de entonces se lo llamaría *telescopio*, del griego 'visión lejana'.

La fama de Galileo se extendió como un reguero de pólvora por los círculos intelectuales de Europa. Al recibir un ejemplar de *El mensajero sideral* en Praga menos de un mes después de su publicación en Florencia, Kepler se apresuró a redactar un entusiasta escrito de respaldo en respuesta a la petición de Galileo de que diera apoyo a sus afirmaciones. El panfleto de Kepler parece adulador, aunque admite que no tiene «ningún respaldo de [su] propia experiencia» sobre las imágenes que describe Galileo. Este agradeció el apoyo y escribió a Kepler: «Le doy las gracias porque fue el primero, y prácticamente el único, en tener una fe completa en mis afirmaciones, aun sin haber realizado ninguna observación visual».[21] Kepler estaba desesperado por ver por sí mismo las maravillosas imágenes anunciadas por Galileo y rogó al italiano que le enviara uno de sus telescopios, algo que Galileo no hizo nunca.

Pero había poderosos enemigos acechando entre las sombras, y todo lo que necesitaban era una excusa para iniciar el ataque. En 1613, Galileo afirmó en una carta ampliamente publicitada que los asuntos científicos no debían ser juzgados por autoridades religiosas, que no poseían la competencia necesaria, un comentario que atrajo la atención del cardenal jesuita Roberto Belarmino, quien consideraba que la Tierra inamovible descrita en las escrituras era una representación literal de la realidad.[22] Belarmino convocó a Galileo a Roma en 1616 y le prohibió hablar del sistema copernicano como un modelo veraz del cosmos. Las observaciones telescópicas de Galileo, argumentó, no pasaban la condición de san Agustín como evidencia «clara y manifiesta» contra la verdad literaria de las escrituras.[23] El Santo Oficio estuvo de acuerdo y también aceptó la denuncia de Belarmino del *De revolutionibus*, lo que ponía el libro de Copérnico en el índice de textos prohibidos, donde permaneció hasta 1835. La de Belarmino no era una amenaza vacua: había supervisado el juicio que condujo en 1600 a la quema en la hoguera del filósofo Giordano Bruno por negarse a abjurar de ideas heréticas (entre ellas, que el universo es infinito y que contiene «mundos infinitos»).[24] Intimidado, Galileo accedió, pero en 1632 consideró que la tormenta había amainado lo suficiente como para seguir adelante con la publicación del *Diálogo sobre los dos máximos sistemas del mundo*, que presentó como un debate entre el aristotélico Simplicio, defensor de la visión ptolemaica, Salviati, que representaba las ideas copernicanas del propio Galileo, y el neófito e inicialmente neutral Sagredo. Con el *Diálogo*, Galileo siguió al pie de la letra la imposición de Belarmino de no enseñar el copernicanismo como una teoría verdadera, pero presentó a Simplicio como una caricatura apenas disfrazada del papa Urbano VIII. Presionado por las abrumadoras pruebas presentadas por Salviati a favor de una Tierra rotatoria que gira alrededor del Sol, Simplicio confiesa: «Verdaderamente, no soy del todo capaz».[25]

El papa Urbano se enfureció por haber sido humillado públicamente en el *Diálogo*. Galileo había despreciado su autoridad y, por lo tanto, la de la Iglesia católica, justo en unos momentos en que la Contrarreforma reafirmaba la primacía de las doctrinas a las que se oponían los protestantes. Urbano convocó a un Galileo casi septuagenario y enfermo a Roma en medio de un gélido enero de 1633. Durante los cuatro meses siguientes, la Inquisición lo sometió a juicio por desobedecer la advertencia de Belarmino de 1616 y lo obligó a abjurar de sus opiniones bajo amenaza de tortura.[26] Galileo fue condenado a reclusión indefinida, que pronto pasó a ser un arresto domiciliario en consideración a su edad y debilidad. Murió en enero de 1642 en Florencia y fue enterrado sin pompa ni ceremonia en una pequeña capilla de la basílica de la Santa Croce. Su alma, según su último y más devoto discípulo, Vincenzo

Viviani, fue por fin «a gozar y a contemplar más de cerca aquellas maravillas eternas e inalterables que por medio de un frágil instrumento logró con avidez e impaciencia acercar a nuestros ojos mortales».[27]

Juntos, Copérnico, Brahe, Kepler y Galileo habían aportado nuevas ideas y las habían apuntalado con argumentos basados en pruebas que habían hecho estallar un universo de mil cuatrocientos años de antigüedad, aunque la revolución que habían puesto en marcha tardaría otro siglo en consolidarse. Un bebé nacido en un pueblo británico común y corriente el año después de la muerte de Galileo, llamado Isaac en honor a su padre fallecido y analfabeto, se encaramaría a hombros de estos gigantes.

LOS RELOJES DE ISAAC

Después de una infancia desdichada, en la que pasó la mayor parte de su vida al cuidado de su abuela, el joven Isaac Newton se trasladó al pueblo de Grantham para asistir a la escuela secundaria. En Grantham, la majestuosidad de los cielos impresionó la mente del escolar que, como vimos en el capítulo 2, gastaba bromas a los habitantes del pueblo haciendo volar linternas para imitar a los cometas. Cuando no estaba espantando a los habitantes del pueblo o construyendo una maqueta de un molino de viento o un carro de madera, el joven Isaac estaba ocupado llenando su alojamiento con relojes de sol. Desde su habitación en la botica local, los «relojes de Isaac», como acabaron siendo conocidos por sus familiares y vecinos, llegaban hasta el vestíbulo de entrada y aparecían en cualquier pared sobre la que brillara el sol. Clavijas y cuerdas marcaban las horas, y Newton aprendió a saber con sus relojes de sol el día del mes y la hora exacta de los equinoccios y los solsticios. Siete décadas después, ya anciano, Newton todavía miraba las sombras de una habitación para saber la hora. En 1669, Newton había sido nombrado segundo catedrático lucasiano de matemáticas en el Trinity College de Cambridge. La cátedra lucasiana era uno de los puestos mejor remunerados de la universidad y el único en conexión con las matemáticas y la filosofía natural. Sigue siendo un misterio cómo Newton logró que su predecesor, Isaac Barrow, lo nombrara para ese puesto. Sabemos que durante los veintiocho años que Newton ocupó el cargo, disfrutó de un generoso estipendio, además de alojamiento y comidas gratuitas en la universidad, y casi no tenía obligaciones académicas. Solo tuvo tres alumnos, e incluso después de convertirse en el filósofo natural más famoso de Inglaterra, las clases que impartía tenían una escasa asistencia: pocos iban a escucharlo y aún menos lo entendían, de modo que a menudo se encontraba dando conferencias frente a las paredes y regresaba a sus habitaciones y a su trabajo al cabo de un cuarto de hora por falta de audiencia.

En cualquier caso, no parece que esto le preocupara en lo más mínimo. Libre para dedicarse por completo a sus estudios, Newton se consagró a la óptica, las matemáticas y la física. Entre sus muchos logros figuran la aclaración de la naturaleza y el comportamiento de la luz, en particular de los colores; la invención del cálculo diferencial, a pesar de que el matemático alemán Gottfried Leibniz afirmaba haber desarrollado de forma independiente ideas similares (lo que dio lugar a décadas de rencor entre ambos); y, por supuesto, la concepción de la ley de la gravitación universal y las leyes del movimiento que llevan su nombre. También pasó una década estudiando oscuros textos alquímicos, con la esperanza de compendiar a partir de ellos una nueva forma de filosofía natural. Se concentraba en su trabajo en detrimento de todo lo demás, «considerando perdidas todas las horas que no dedicaba a sus estudios», según su ayudante; solía comer solo en sus estancias, apenas recibía visitas y no se mezclaba con los demás colegas, solo salía de su alojamiento para dar sus clases, por breves que fueran.[28] Su ayudante dijo que solo lo vio reír una vez.[29] En las escasas ocasiones en que optaba por cenar en el salón común, con el pelo despeinado y la ropa desaliñada, a veces terminaba distraídamente en la calle o se olvidaba de servirse la comida antes de que se despejara la mesa. Cada vez que se esparcía una nueva capa de grava en los senderos del jardín del Trinity, al poco tiempo quedaba cubierta por los diagramas de sir Isaac, que los demás colegas cuidaban de no pisar.

En 1669, Newton inventó el telescopio reflector, en el que sustituyó las lentes del telescopio galileano por una disposición de espejos que proporcionaba un aumento mucho mayor para una misma longitud de tubo y, además, no separaba la luz en sus colores constituyentes, como pasaba con las lentes. El telescopio de Newton —que fabricó con sus propias manos, tras dominar el difícil proceso de fundición y rectificado de espejos a partir de una aleación de estaño y cobre de su propia creación— causó sensación cuando se presentó ante la Royal Society, institución que rápidamente incorporó a su inventor a sus filas en enero de 1672.

En 1680, Newton ya había publicado varios artículos de relevancia sobre óptica, pero todavía ninguno de sus innovadores resultados en análisis matemático o mecánica celeste. Los resultados de décadas de genialidad seguían desperdigados entre pilas de artículos inacabados, enterrados bajo extensos tratados de teología y alquimia. Se necesitaba un impulso nuevo, un desafío que concentrara el inmenso poder de análisis de Newton en un problema que valiera la pena y lo mantuviera hasta lograr un avance. Los cielos le hicieron un gran favor al proporcionarle no un cometa, sino dos. El primero, durante el invierno de 1680-1681, tenía cuatro veces el diámetro de la Luna y una cola de más de setenta grados de longitud,

el más grande jamás visto según John Flamsteed, el astrónomo real. Newton lo siguió de cerca con un telescopio construido especialmente para ello y se carteó con Flamsteed acerca de su trayectoria y naturaleza. Siguiendo su estilo cuando
un problema lo cautivaba, Newton leyó todo lo que cayó en
sus manos sobre observaciones de cometas anteriores, tratando de averiguar la forma de sus órbitas.

Newton ya había resuelto la pregunta sin respuesta más
importante en filosofía natural en ese momento: si bien no había publicado la solución, había demostrado que las órbitas
elípticas descubiertas por Kepler eran consecuencia de la atracción gravitacional entre el Sol y los planetas. Lo había logrado
demostrando matemáticamente que la forma elíptica era una
consecuencia del hecho de que la gravedad disminuya con el
cuadrado de la distancia entre el Sol y el planeta. Mientras que
Kepler había descubierto que las órbitas planetarias son elipses a partir de su análisis de las observaciones de Marte realizadas por Tycho, Newton había encontrado una explicación
física para esa forma geométrica; dicho de otro modo, había
derivado la primera ley de Kepler a partir de principios diná-
micos. Pero aún no había extendido el concepto de atracción
gravitatoria a cuerpos que no fuesen planetas, y mientras daba
vueltas al recorrido del cometa, comenzó a cristalizar una idea,
borrosa al principio como la cola de esos cometas: ¿qué pasaría si los cometas también siguieran la misma ley que los planetas? ¿Qué pasaría si la gravitación fuera una fuerza universal en
el cosmos?

Newton recordaba una intuición que se había apoderado
de su mente juvenil en el verano de 1666, cuando, según el
relato posterior de un pariente, «mientras meditaba en un jardín, se le ocurrió que el poder de la gravedad (que hizo caer
una manzana del árbol al suelo) no estaba limitado a una cierta
distancia de la Tierra, sino que este poder debía extenderse
mucho más allá [...] "¿Por qué no tan alto como la Luna?", se

dijo a sí mismo, y si era así, eso debía influir en su movimiento y tal vez mantenerla en su órbita».[30] Newton empezó a sospechar que tal vez el mismo «poder de la gravedad» era aplicable asimismo al cometa (¡No hay ninguna prueba de que la manzana realmente golpeara a Newton en la cabeza, como afirma el mito popular!).

En 1682, otro cometa enardeció las discusiones de los filósofos naturales (la palabra *científico* todavía tardaría 150 años en llegar). Newton volvió a registrar sistemáticamente su posición y, cuando conoció a Edmond Halley, interrogó al astrónomo acerca de sus observaciones. Pero fue necesario un desafío de Robert Hooke, a quien conocimos antes como el primer científico asalariado de la historia, para que el pensamiento de Newton se centrara de verdad. En agosto de 1684, Halley visitó a Newton en el Trinity para consultarle sobre un asunto que llevaba mucho tiempo debatiendo con Hooke y con el arquitecto Sir Christopher Wren: si supusiéramos que la fuerza entre el Sol y un planeta decrece como la inversa del cuadrado de su distancia, ¿qué forma adoptaría la órbita de ese planeta? Era justamente el mismo enigma que Newton había resuelto años antes, sin molestarse en decírselo a nadie: la forma sería, por supuesto, una elipse, tal como había determinado Kepler. Cuando Newton informó a Halley de la respuesta en el acto, según el relato del matemático Abraham DeMoivre sobre su conversación, «el Doctor [Halley], lleno de alegría y asombro, le preguntó cómo lo sabía, a lo que respondió que lo había calculado, tras lo cual el Dr. Halley le pidió su cálculo sin más demora».[31]

Halley comentó a Newton que Hooke afirmaba haber encontrado una solución por sí mismo, pero que se negaba a divulgarla en su totalidad, lo que irritó mucho a Newton y condujo a una agria disputa entre ambos (no fue la primera ni la última de este tipo en la vida de Newton). Herido en su orgullo, Newton no se contentó con presentar al mundo el cálculo que había dormitado entre sus papeles durante años, sino que se entregó a investigar a fondo todas sus ramificaciones. «Ahora que estoy en este tema», escribió Newton a Flamsteed en enero de 1685, «con gusto conocería el fondo del asunto antes de publicar mis artículos».[32] Durante los siguientes cuatro años, Newton abandonó sus experimentos alquímicos, trabajaba durante la mayor parte de la noche y a menudo se olvidaba de comer.[33] La obra maestra resultante, los *Principia* (de la palabra principal de su título en latín, *Philosophiae Naturalis Principia Mathematica*, que se traduce como *Principios matemáticos de filosofía natural*), hizo mucho más de lo que Halley, quien la instigó y luego guio su publicación a través de mil y una dificultades, podría haber esperado.

En los *Principia*, Newton presenta las leyes del movimiento que hoy conocemos con su nombre y siguen siendo una de las piedras angulares de la física. Con un auténtico *tour de force* matemático que empleaba el cálculo infinitesimal que había inventado décadas antes, el catedrático lucasiano demostró que las órbitas elípticas de los planetas se derivan de una fuerza de atracción, la gravedad, que decrece con el cuadrado de la distancia entre los cuerpos; que las mareas son una consecuencia de la atracción del Sol y de la Luna, y que el movimiento de todos los cuerpos celestes, incluidos los satélites de Júpiter y los cometas, está regido por la misma ley: la gravitación universal. El apartado sobre los cometas era, en opinión del propio Newton, el más desafiante de todo el libro, pero también una de las pruebas más convincentes de su teoría de la gravitación.[34] Newton demostró que la trayectoria del Gran Cometa de 1680-1681, que tanto había despertado su curiosidad, tenía la forma de una parábola, un caso especial de una familia de curvas que incluye el círculo y la elipse, y que podían derivarse todas de la ley del inverso del cuadrado. Los cometas estaban sujetos a las mismas leyes que todos los demás cuerpos celestes: la gravedad era universal.

El chispazo de intuición que fulguró cuando, dos décadas atrás, una manzana había caído de un árbol se había transmutado en uno de los mayores descubrimientos científicos de todos los tiempos. La irónica descripción que Lord Byron hizo de Newton parece sincera:

> Y él es el único mortal que tuvo que habérselas,
> desde Adán, con una caída o manzana.[35]

La publicación de los *Principia* en 1687 conmocionó al mundo de los filósofos naturales, por impenetrables que resultaran, para la mayoría, sus avanzadas matemáticas. Algunos de los destinatarios de la primera edición impresa, un regalo de Newton a otros catedráticos y directores de facultades de Cambridge, admitieron con franqueza que «podrían estudiar siete años antes de llegar a entender algo de la obra», según el ayudante de Newton.[36] Al reseñar el libro para la Royal Society, Halley reconoció su relevancia histórica: «nunca tantas y tan valiosas verdades filosóficas, como las que se descubren aquí y se ponen fuera de toda discusión, fueron debidas a la capacidad y el trabajo de un solo hombre».[37] Cuando el destacado matemático francés, el marqués de l'Hôpital, recibió una copia, quedó tan impresionado por su «cantidad de conocimiento» que apenas podía creer que Newton fuera humano: «¿Come, bebe y duerme? ¿Es como los demás hombres?», se preguntaba.[38]

No, no lo era. Con los *Principia*, Newton mostró que el libro de la naturaleza estaba escrito en caracteres matemáticos y que sus páginas se podían descifrar para revelar leyes universales. El cosmos, con todo su majestuoso desfile de estrellas, su cortejo de planetas errantes y su séquito de cometas aparentemente caóticos, seguía unas reglas que los seres humanos podían descifrar. Esta repentina iluminación queda descrita concisamente en el epitafio que el poeta inglés Alexander

Pope había previsto para el mausoleo de Newton en la abadía de Westminster (donde nunca se grabó):

Nature and Nature's Laws lay hid in Night:
God said, "Let Newton be!" and all was light.

La naturaleza y sus leyes yacían ocultas en la noche; dijo Dios «¡Hágase Newton!» y todo fue luz.

El mausoleo está coronado por una figura femenina llorando: la Astronomía, la reina de las ciencias.

El retrato más antiguo que se conserva de Newton es el que él mismo encargó a Godfrey Kneller, el artista más importante de la época, dos años después de la publicación de los *Principia*; el acto de un hombre que, a los cuarenta y seis años, tiene asegurado su lugar en la historia. En el óleo a escala natural, el rostro de Newton queda enmarcado por una cascada de pelo plateado, su alta frente se arruga sobre una nariz aguileña y una boca delicada y femenina. Su mirada está fija en un punto fuera del marco, como para desafiarnos a seguirlo hasta su reino recién descubierto. En sus ojos brilla una luz sobrenatural, ausente en los retratos posteriores y más formales; es la mirada de un hombre que, en su obsesiva búsqueda por descifrar el lenguaje de la naturaleza, ha visitado lugares lejanos y oscuros y a duras penas ha logrado escapar con su mente intacta.

UN REGRESO FOGOSO

De niño, Newton había jugado con cometas diseñadas para parecerse a los cometas, esos visitantes inusuales y especiales de la Tierra a los que, como escribió el filósofo romano Séneca en el año 65 d. C., la naturaleza les había «asignado [...] un lugar diferente, períodos diferentes de los de las otras estrellas y movimientos distintos de los de aquellas».[39] Con los *Principia*, Newton había demostrado, en cambio, que aquellas apariciones que solían aterrorizar a emperadores y reyes obedecían dócilmente el tirón de la gravedad, como si fuera una correa invisible, al igual que cualquier otro cuerpo celeste y cualquier fruta madura.

Pero fue Edmond Halley quien perfeccionó los cálculos de Newton sobre la órbita de los cometas, cuando, después de investigar veinticuatro de ellos, se convenció de que la «estrella escoba» que había observado en 1682 era la misma de la que se tuvo noticia en 1531 y 1607 (observada por Kepler, entre otros).

Newton había calculado la trayectoria del Gran Cometa de 1680-1681 como una parábola, una curva que no se cierra sobre sí misma, lo que hacía del Gran Cometa un visitante único de la Tierra. Pero el cálculo de Halley mostraba que el cometa de 1682 seguía una órbita elíptica cerrada, que lo llevaría de regreso al Sol después de su largo y solitario viaje más allá de los confines del sistema solar. Los argumentos a favor del regreso del cometa eran sólidos, pero Halley no podía estar seguro, porque se dio cuenta de que su órbita se vería afectada por la gravedad de Júpiter y Saturno; un pequeño tirón gravitacional de cualquiera de esos gigantes gaseosos sería suficiente para hacer aumentar la velocidad del cometa y llevarlo más allá de un punto de no retorno. Lo que había comenzado como una muestra de bravuconería intelectual en 1705 —«Puedo comprometerme con seguridad a predecir el regreso del cometa en 1758», escribió— pasó a ser una afirmación mucho más cautelosa en 1715 —«Creo que puedo aventurarme a conjeturar»—.[40] Descubrió que otros pasos cometarios, en 1305, 1380 y 1456, también encajaban con el mismo período aproximado de setenta y cinco años y medio y, en definitiva, predijo que el cometa de 1682 regresaría «hacia finales del año 1758». Ya anciano, sabía que no viviría para verlo, pero encomendó a sus colegas filósofos naturales que verificaran su predicción, tal como había hecho asimismo con el tránsito de Venus, que dio lugar a que la Royal Society dispusiera la expedición de James Cook a Tahití medio siglo después.

A finales de 1758, el frenesí en torno al retorno del cometa había alcanzado su punto álgido: las revistas para caballeros publicaban artículos sobre el inminente fin del mundo, la voluntad del Todopoderoso que debía producirse con el cometa de Halley. Los astrónomos más notorios de Inglaterra y Francia escrutaban ansiosamente los cielos, buscando la reluciente bola de nieve allí donde les indicaban sus minuciosos refinamientos de la órbita del cometa, ansiosos por reivindicar el honor de ser los primeros en avistarlo. La Nochebuena de 1758, un granjero alemán fue el primero en divisar el regreso del cometa, cuya fría luz apareció siguiendo a rajatabla el calendario determinado por Halley, dieciséis años después de que los ojos del astrónomo contemplaran las estrellas por última vez. El prefacio que Halley escribió a los *Principia* de Newton se convirtió, con el retorno predicho del cometa que llevaría su nombre para siempre, en un tributo apropiado al logro del mismo Halley:

Cosas que tantas veces han torturado a los sabios antiguos
y que en vano torturan a las escuelas con ronca contienda
las vemos claras ahora matemáticamente desveladas.
Ya el error con su niebla no aplasta a quienes
la sublime agudeza del genio concedió
entrar en la morada de los dioses y escalar las alturas del cielo.[41]

Séneca, en sus meditaciones sobre los cometas, presagió que «habrá quien indique alguna vez por qué regiones del cielo se desplazan los cometas, por qué tienen una órbita tan alejada de los otros, cuál es su tamaño y su naturaleza. Conformémonos con lo que sabemos; dejemos que contribuyan algo al descubrimiento de la verdad también las generaciones futuras».[42] Su profecía se había cumplido.

LOS ABISMOS SIN SENDA DEL ESPACIO

A pesar de los esfuerzos de la Iglesia para detener el avance del copernicanismo, se estaba gestando una reconceptualización radical del espacio y el tiempo. Esta ola de cambio había surgido del cuestionamiento de los cielos por parte de los filósofos naturales, pero en dos siglos crecería hasta revolucionar nuestra concepción de la naturaleza de nuestro planeta y de la vida misma. Fue necesario un hereje convicto como Tommaso Campanella (que pasó veintisiete años en prisión por sus opiniones poco ortodoxas y practicaba una especie de magia negra, como veremos más adelante) para que alguien reconociera, antes que nadie más, el cambio radical de perspectiva que se avecinaba: «Estas noticias de verdades antiguas, de nuevos mundos, nuevas estrellas, nuevos sistemas, nuevas naciones, etc., son el comienzo de una nueva era», escribió a Galileo en el verano de 1632 tras leer el *Diálogo*.[43]

Pero poner al Sol al frente del sistema solar no fue la única idea, y tal vez ni siquiera la más fundamental, que trajo consigo el telescopio de Galileo. Su delgado tubo amplió el ámbito de la investigación científica. El universo estrellado, hasta entonces solo un telón de fondo inalcanzable para la vida en la Tierra, se convirtió en objeto de escrutinio cuantitativo. Y fue una gran sorpresa darse cuenta, por vez primera, de su auténtica enormidad.

Allí donde Galileo apuntaba su telescopio, aparecían estrellas nunca vistas con anterioridad: contó treinta y seis en las Pléyades, mientras que a simple vista solo aparecen seis, como vimos en el capítulo 4. La Vía Láctea no era un fenómeno atmosférico, como había dicho Aristóteles, ni la morada de las almas virtuosas después de la muerte, como dijo Cicerón. En su *Sidereus nuncius* deja claro que «todas las discusiones, que a lo largo de los siglos torturaron a los filósofos, fueran resueltas con la certidumbre de nuestros ojos, viéndonos también liberados de la palabrería», puesto que «la Galaxia [la Vía Láctea] no es otra cosa que un montón de innumerables estrellas esparcidas en grupos, [y] a cualquier región que se dirija el catalejo, sea la que sea, se mostrará de repente a nuestra vista una cantidad inmensa de estrellas».[44] Y con este abarrotado cosmos surgieron nuevas preguntas: ¿Por qué había creado Dios un firmamento tan espléndido, solo para luego ocultarlo de la contemplación del ser humano hasta la invención del telescopio? ¿Era el universo finito o infinito? ¿Y cuál era la verdadera naturaleza de las estrellas? Galileo situó dentro del ámbito de la investigación empírica lo que durante milenios habían sido cuestiones teológicas y filosóficas.

Si la superficie de la Luna parecía similar a la de la Tierra cuando se la observaba a través de un telescopio, ¿no podrían las estrellas estar hechas de la misma sustancia ardiente y ser del mismo tamaño que nuestro propio Sol? Ni siquiera el más potente de los telescopios de Galileo, capaz de ofrecer treinta y dos aumentos, podía mostrar algo más que un punto de luz allí donde había una estrella. Las estrellas, concluyó Galileo, tenían que estar lejísimos, mucho más que los planetas, que, a diferencia de aquellas, se mostraban como pequeños discos a través de su *cannocchiale*. ¿Podría el filósofo y matemático René Descartes estar en lo cierto al suponer que «la materia que Dios habrá creado se extiende mucho más allá en todas direcciones, hasta una distancia indefinida»?[45] Podría concebirse un universo infinito, lleno de una multitud de soles; sin embargo, en 1633 Descartes se abstuvo de publicar esta hipótesis cuando se enteró de la condena de Galileo en Roma.

El astrónomo y matemático neerlandés Christiaan Huygens razonó que si Sirio, la estrella más brillante del cielo, era gemela del Sol pero mucho más lejana, se podría determinar la distancia a la que se hallaba comparando su brillo con el de nuestra estrella. La dificultad radicaba en comparar de forma fiable el brillo cegador del Sol con el de un puntito de luz. El matemático escocés James Gregory propuso utilizar un planeta como Saturno como punto intermedio para llegar al resultado, ya que su brillo se podía comparar con más facilidad con el de Sirio; la cuestión se reducía entonces a encontrar la cantidad de luz solar reflejada por Saturno. Con su método, Gregory obtuvo una distancia hasta Sirio igual a ochenta y tres mil veces la que hay entre la Tierra y el Sol. Isaac Newton, utilizando datos diferentes, situó a Sirio un millón de veces más lejos que el Sol (el valor correcto es aproximadamente la mitad del resultado de Newton, notablemente cercano teniendo en cuenta las numerosas incertidumbres implicadas en el cálculo de Newton).[46] En cualquier caso, por enorme que fuera esta distancia relativa, estaba claro que nadie podía asignarle un valor numérico absoluto de modo fiable, ya que la distancia entre la Tierra y el Sol seguía siendo desconocida. Su determinación tendría que esperar a los datos del tránsito de Venus de 1769 obtenidos por Cook, como ya hemos visto.

Mientras que Ptolomeo había trazado la superficie de una esfera con un radio apenas veinte mil veces mayor que el de la Tierra, y la había poblado con un atlas de mil estrellas, ahora acechaba una posible infinitud de estrellas. Como la gravedad era universal, a Newton le preocupaba que todas las estrellas acabaran cayendo unas sobre otras, atraídas por su gravedad mutua; sin embargo, las estrellas realmente parecían fijas en el cielo. No lo están, pero esto no se identificaría hasta 1718, cuando Halley descubrió diferencias en las posiciones de las estrellas en su época con respecto a las mediciones realizadas por Ptolomeo en la Antigüedad. Newton concluyó: «Las estrellas sin duda tienen que estar separadas entre sí como lo están del Sol».[47] Junto con su estimación de que Sirio se halla un millón de veces más lejos que el Sol, esto abrió un inmenso panorama hacia los abismos sin sendas del espacio.

Hacia 1750, se discutían abiertamente el tipo de ideas especulativas que habían costado la vida a Giordano Bruno. El astrónomo Thomas Wright se abalanzó directamente a esa brecha cósmica a través del Empíreo ptolemaico y postuló que «no es posible que haya menos de 10.000.000 de Soles, o Estrellas, dentro del Radio de la Creación visible; y admitiendo que todos ellos tienen un Número igual de Planetas primarios moviéndose a su alrededor, se deduce que debe haber dentro de toda el Área celeste 60.000.000 de mundos planetarios como el nuestro».[48]

Para situar con certeza una estrella en las profundidades inexploradas de un universo tan vasto se tenía que determinar su paralaje, algo que siguió estando fuera del alcance de los más grandes y refinados telescopios hasta 1838. Al fin, en ese año el autodidacta director del observatorio de Königsberg, Friedrich Bessel, lo logró: determinó el minúsculo cambio de posición en el cielo de la estrella 61 Cygni (en realidad un sistema binario, con dos estrellas orbitando una alrededor de la otra) cuando se la observaba desde extremos opuestos de la órbita de la Tierra, a seis meses y trescientos millones de kilómetros de separación. La medición de Bessel fue calificada como «el más grande y glorioso triunfo que la astronomía práctica haya presenciado jamás» por el presidente de la Royal Astronomical Society, John Herschel, al otorgarle a Bessel la medalla de oro de la sociedad en 1841.[49] Un cambio del grosor de un centavo de dólar visto de lado a un kilómetro de distancia significaba una distancia a 61 Cygni igual a 657.700 veces la separación entre la Tierra y el Sol, o cien billones de kilómetros. Nadie podía concebir la enormidad de tal longitud, ni siquiera el propio Bessel, quien de manera más útil la tradujo al tiempo que tarda la luz en recorrerla: 10,3 años.[50] Había nacido el año luz, una nueva unidad de medida más acorde con la abrumadora tarea de cartografiar las profundidades del universo.

Ahora bien, la cuestión del tamaño del universo solo se desplazó del ámbito de las estrellas, cuyas distancias ahora podían medirse de manera rutinaria hasta miles de años luz de distancia, al misterioso reino de las nebulosas, de una palabra latina que significa 'nube'. La nebulosa de Andrómeda, una mancha neblinosa que se puede apreciar en la constelación de Andrómeda, había escapado a la atención de los antiguos observadores del cielo hasta que fue descrita por primera vez en 965 d. C. por el astrónomo persa al-Sufi, quien la incluyó entre las quince «manchas nebulosas» que describió en su *Libro de las estrellas fijas*.[51] En 1612, el astrónomo alemán Simon Marius no tuvo mucha mejor suerte, ni siquiera con un telescopio, y describió lo que vio «como una vela vista de noche a través de un cuerno».[52] A medida que los telescopios mejoraron, los astrónomos sacaron a la luz, de las profundidades del espacio, muchas más de esas débiles nubecillas de bruma azulada, que a veces mostraban el indicio de barras y brazos espirales. Mi propia experiencia al contemplar una de esas nebulosas a través de un telescopio moderno en Monte Verità me mostró cuán imposible es estimar la distancia a esas apariciones etéreas: ¿Eran las nebulosas masas vaporosas de gas, más o menos cercanas, o enormes galaxias por derecho propio, reducidas a simples motas a causa de la inimaginable distancia que las separaba de nosotros? Nadie era capaz de decirlo.

A principios del siglo XX, una nueva y poderosa herramienta llegó al rescate: la placa fotográfica, que podía registrar objetos más débiles que el ojo humano y capturar detalles más sutiles. El número de estrellas aumentó a cientos de miles y aparecieron centenares de nebulosas. La colección cada vez mayor de placas fotográficas requirió un ejército de «computadores», herederos de los trituradores de números de Nevil Maskelyne, para medir la posición, el brillo, el color y otras características de cada nebulosa o estrella. El director del observatorio Harvard, Edward Pickering, que fue pionero en el uso sistemático de la fotografía en astronomía, pensó que sería conveniente y socialmente valioso contratar mujeres para esta tarea (con dos tercios del salario que se ofrecía a los ayudantes masculinos). «Muchas mujeres están interesadas en la astronomía y disponen de telescopios [...] Muchas tienen el tiempo y la inclinación para ese trabajo», escribió cuando hizo un llamamiento a observadores voluntarios en 1882. «Los que se oponen a la educación superior de las mujeres a menudo plantean la crítica de que, si bien son capaces de seguir a otros tan lejos como los hombres, no originan casi nada, de modo que el conocimiento humano no avanza con su trabajo»;[53] la respuesta de Pickering fue dar a las mujeres la oportunidad de contribuir a la investigación astronómica de vanguardia, y muchas lo hicieron con resultados excelentes.

La más prolífica de estas astrónomas fue Annie Jump Cannon, quien, durante sus cuarenta años de trabajo en el observatorio, clasificó personalmente más de doscientas mil estrellas. Pero no fue, en absoluto, la única mujer cuyas contribuciones no reconocidas transformaron la astronomía. En 1903, a Henrietta Swan Leavitt se le pagaban treinta centavos por hora para, primero, identificar estrellas variables en las placas tomadas de las Nubes de Magallanes y, luego, medir los cambios en su brillo a lo largo del tiempo, un trabajo cuidadoso y minucioso. En 1908, había acumulado 1.777 estrellas variables y notó un patrón peculiar en dieciséis de la Pequeña Nube de Magallanes, una brumosa nubecilla blanca observable desde el hemisferio sur incluso a simple vista. «Es digno de mencionar», escribió, «que las variables más brillantes son las que tienen los períodos más largos».[54]

Cuanto más brillante es la estrella variable, más largo es su período de variación. Como todas las estrellas estaban en la Pequeña Nube de Magallanes, era razonable suponer que compartían una distancia similar con respecto a la Tierra. Por lo tanto, su diferente brillo observado reflejaba una diferencia en su brillo real, no era un artificio a causa de su distancia. Este fue un resultado revolucionario: la ley de Leavitt proporcionó a los astrónomos los medios para establecer el brillo absoluto (es decir, intrínseco) de una estrella variable observando su período; a partir del brillo observado, podían determinar la distancia, ya que el brillo observado disminuye con el cuadrado de la distancia. Hoy llamamos a las estrellas variables de Leavitt *variables cefeidas*, en honor a la estrella prototípica de esta clase, situada en la constelación de Cefeo. Este tipo de estrella, varias veces más masiva que el Sol, atrapa la radiación en sus capas externas, lo que hace que se expanda y finalmente se enfríe; el enfriamiento permite que la radiación escape, de modo que a continuación la estrella aumenta de brillo y se contrae, y el ciclo empieza de nuevo. Es como si la estrella estuviera respirando, dejando salir la luz a intervalos regulares.

El descubrimiento de Leavitt no tardó en ser utilizado por Edwin Hubble, que había quedado cautivado por la astronomía desde que, cuando tenía nueve años, en 1899, en Misuri, vio un eclipse lunar total, igual que Tycho Brahe tres siglos antes. Tras pasar cientos de noches bajo un frío glacial en el gigantesco telescopio Hooker de cien pulgadas del observatorio del monte Wilson, en California, localizó dos de las estrellas variables de Leavitt en la nebulosa de Andrómeda. Su histórica placa fotográfica todavía lleva su anotación manuscrita y exclamativa junto a la primera que encontró: «*VAR!*». Gracias a la relación descubierta por Leavitt, Hubble pudo estimar la distancia a Andrómeda a partir del período de la variable, y el resultado que obtuvo fue de un millón de años luz, un poco menos de la mitad de la distancia real, pero, aun así, suficiente para asestar un golpe mortal a quienes sostenían que Andrómeda no era una galaxia en sí misma, sino simplemente una nube de gas relativamente cercana.[55]

El descubrimiento de Hubble había alargado la plomada hasta millones de años luz, allanando así el camino a la astronomía extragaláctica. La concepción copernicana del cosmos había llegado a su conclusión definitiva: la Tierra no es más que uno de los planetas que orbitan alrededor del Sol, una anodina estrella de mediana edad, como miles de millones de otras, perteneciente a una galaxia espiral harto masiva que se desplaza como otras cincuenta mil millones de galaxias en un universo en expansión.

El universo mecánico

La mente humana, al parecer, podía extenderse más allá de los confines terrenales y «entrar en la morada de los dioses y escalar las alturas del cielo», como había escrito Halley. La naturaleza había entregado sus secretos más íntimos al análisis matemático y al método científico, pero esa «morada de los dioses» no se encontraba en el sistema solar ni entre las estrellas, ni siquiera por los oscuros abismos entre nebulosas. ¿Qué se había hecho, pues, del Primer Motor?

A medida que se sucedía un descubrimiento tras otro a lo largo del siglo XVIII, los engranajes de la metáfora del «universo mecánico», introducida por el filósofo medieval Nicole Oresme, comenzaron a girar con toda su potencia. Si el universo se entendía como un gigantesco mecanismo de relojería, se deducía racionalmente que tenía que haber un relojero que lo hubiera diseñado todo. Contrariamente a un mito popular que ha perdurado, Newton no creía que Dios ya no tuviera un papel activo que desempeñar en el universo; no solo veía la disposición delicadamente equilibrada del sistema solar como prueba de que su causa «no era ciega ni fortuita, sino muy versada en mecánica y geometría», sino que también creía que Dios intervenía para mantener ese orden en funcionamiento al generar la fuerza gravitatoria y ajustarla según fuera necesario.[56] Newton presentó un argumento técnico contra la inacción de Dios: dado que la influencia gravitatoria mutua de Saturno y Júpiter, observó Newton, crea perturbaciones que, con el tiempo, pondrían en peligro la estabilidad del sistema solar, «el ciego Destino nunca podría hacer que todos los planetas se movieran de la misma manera en orbes concéntricos».[57] Sin la intervención continua de Dios en los movimientos de los cielos, argumentó Newton, los movimientos planetarios pronto se volverían caóticos. Esto provocó que Gottfried Leibniz replicara, con un sarcasmo mordaz, tal vez teñido de acritud por la disputa sobre la invención del cálculo, que

> Sir Isaac Newton y sus partidarios también tienen una opinión muy peculiar sobre la obra de Dios. Según su doctrina, el Dios Todopoderoso tiene que dar cuerda a su reloj de vez en cuando; de lo contrario, dejaría de moverse. Al parecer, no fue lo bastante previsor como para darle un movimiento perpetuo. Es más, la máquina creada por Dios es tan imperfecta, según estos caballeros, que se ve obligado a limpiarla de vez en cuando mediante una conveniencia extraordinaria, e incluso a repararla, tal como un relojero repara su mecanismo.[58]

Los filósofos naturales de los siglos XVI y XVII habían visto en la revelación de los misterios de la naturaleza una demostración del magnífico plan de Dios: Kepler era un místico platónico que consideraba que la estructura geométrica del universo era un reflejo de la mente de Dios, mientras que Galileo, que a pesar de sus enfrentamientos con la Iglesia seguía siendo un católico ferviente, nunca dudó de que «Dios ordenó los movimientos de las esferas celestes con proporciones [...] totalmente imperceptibles para nuestra mente».[59] Pero en el siglo XIX, a Dios se le exiliaría mucho más allá de la órbita de Saturno. En 1802, Napoleón Bonaparte cuestionó al matemático Pierre-Simon Laplace acerca del papel de Dios en los cielos, a lo que se dice que Laplace respondió: «Señor, no tengo necesidad de esta hipótesis».

Aunque la respuesta de Laplace (que probablemente nunca se pronunció en tales términos) suele interpretarse como una prueba del ateísmo del matemático, su significado es más sutil, como lo ilustra un testigo presencial del diálogo: el astrónomo William Herschel, famoso por descubrir el primer planeta nuevo desde la Antigüedad, Urano. El caluroso día de agosto en que Napoleón se reunió con Laplace, Herschel y su esposa en el jardín del Château de Malmaison, en las afueras de París, la conversación viró con afabilidad de la cría de caballos ingleses a la ópera, entre raciones de helados «de un sabor excelente y muy refrescantes», como recordaba Herschel. Cuando el discurso inevitablemente recayó en la astronomía, Napoleón interrogó a ambos hombres, largo y tendido, sobre la estructura de los cielos y se agitó mucho con las respuestas de Laplace, exclamando: «¿Y quién es el autor de todo esto?». Según nuestro informante, Laplace replicó entonces que «una cadena de causas naturales explicaría la construcción y preservación del maravilloso sistema».[60] Con esto quería decir que no había necesidad alguna de que Dios interviniera para fijar las órbitas de Júpiter y Saturno, como había afirmado Newton; Laplace había descubierto que las perturbaciones gravitacionales que tanto habían preocupado a Newton invertían su influencia con el tiempo y, por lo tanto, las órbitas planetarias permanecían estables de modo indefinido. La «Máquina creada por Dios» no necesitaba ningún ajuste.[61]

Este encuentro tuvo lugar poco después de que Laplace publicara el tercer volumen de su monumental tratado en cinco volúmenes, *La méchanique céleste*, que astutamente dedicó a Napoleón, «Pacificador de Europa» (con la caída del emperador, la dedicatoria desapareció de las ediciones posteriores). Una vez terminada en 1825, *La méchanique* superó todo lo que se había escrito desde los *Principia*. Laplace había tomado las ideas de Newton y las había desarrollado matemáticamente hasta un grado de virtuosismo extremo, no solo demostrando la estabilidad a largo plazo de las órbitas planetarias, sino introduciendo nuevos métodos matemáticos para explicar las perturbaciones gravitacionales y mejorando el tratamiento del movimiento lunar y la predicción de las mareas. Fue una obra maestra, que coronó el programa iniciado por Ptolomeo diecisiete siglos antes: explicar los movimientos de los cuerpos celestes en términos matemáticos. Laplace fue aclamado como el Newton de Francia.

La traducción al inglés del libro de Laplace, *The Mechanism of the Heavens*, obtuvo tal reconocimiento que se convirtió durante décadas en el libro de texto estándar sobre mecánica celeste tanto en Oxford como en Cambridge. Buena parte del mérito de este éxito radicó en la habilidad de la traductora, Mary Somerville, una matemática y astrónoma escocesa autodidacta que logró explicar con detalle los endemoniadamente complejos cálculos de Laplace. Hoy se la recuerda en los billetes de diez libras de Escocia y en un cráter anodino de la Luna, una de las treinta y dos mujeres así honradas entre los 1.546 cráteres lunares con nombre.[62]

Es revelador que el título en inglés describa el universo como un «mecanismo», cerrando así el círculo iniciado dos milenios antes: los cielos habían inspirado a Arquímedes y al desconocido creador del mecanismo de Anticitera a construir un modelo mecánico para el cosmos, lo que a su vez inculcó la idea de que la naturaleza misma se entendía mejor como un mecanismo a escala real, un «universo mecánico» o, más específicamente, un «universo de relojería» que, como los cronómetros marinos de John Harrison, se mantiene en funcionamiento indiferente a la intervención de su relojero —y, de hecho, incluso a su existencia, podría haber dicho Laplace—. La belleza del cielo nocturno se había transformado en el orden de las matemáticas.

De todos modos, la exactitud de la física newtoniana no iba a durar. Los datos de alta precisión de Brahe habían permitido a Kepler, el teórico, demostrar el modelo copernicano; las observaciones telescópicas de Galileo habían impulsado el desarrollo de la astronomía física; Newton lo había sintetizado todo en la grandiosa estructura de la gravitación universal; Halley había utilizado las ecuaciones de Newton para predecir el regreso de su cometa y había motivado la expedición de Cook para medir el tamaño del sistema solar. Después de que Laplace completara *La méchanique céleste*, el modelo newtoniano del universo podía explicar y predecir fenómenos que iban desde la caída de una manzana hasta las perturbaciones en las órbitas de las lunas de Júpiter.

A principios del siglo XIX, el péndulo osciló de nuevo. A medida que la descripción teórica del cosmos se hacía cada vez más precisa, sus predicciones se volvían tan exactas que los pequeños errores que se colaban en las observaciones de los astrónomos ya no podían pasarse por alto. Los datos telescópicos se acumulaban, pero se necesitaba un nuevo tipo de principio organizador para dar sentido a todo, especialmente a los errores; en realidad, se necesitaba un nuevo tipo de matemáticas.

Y fue el Newton de Francia quien se puso manos a la obra.

LAS CRÓNICAS DE CALIGO

El cuento de Buscabisontes

Ya antes de que Abrerrutas hubiera acabado, Buscabisontes se puso en pie; su voz brotaba de su boca como el agua de un manantial en el suelo. El Recuerdo la había atrapado.

¡Recuerdo! Recuerdo la historia de uno de los maridos que vinieron del Gran Trueque, hace tantos despertares de murciélagos. Olvidamos su viejo nombre, pero nuestra gente lo llamó Arrojapiedras después de lo que sucedió.

Un Fulgor, Viejo Buscabisontes de Antaño salió y contempló la altura de la hierba, para descubrir cuándo volvería el Bisonte. Arrojapiedras aún estaba acostumbrándose a nuestro pueblo y todavía no sabía qué sería de él, excepto ser un marido fuerte para muchas mujeres. No era un Vigilanubes, eso estaba muy claro, y solo llegaba a ser un mediocre Tallalanzas. Tal vez pudiera Recordar cómo ser Buscabisontes; por eso salió ese Fulgor con Viejo Buscabisontes de Antaño.

Arrojapiedras y Viejo Buscabisontes de Antaño estaban tumbados sobre la tierra, con la nariz rozando la hierba, buscando pistas, cuando oyeron un grito que venía del otro lado de una colina. Se pusieron de pie de un brinco y como el viento corrieron. Cuando llegaron a lo alto de la pendiente, vieron a un niño: había visto tantos despertares de murciélagos como los que caben en una mano y aún no tenía nombre. El niño gritaba y señalaba a la Nube, pero ellos no sabían si de emoción o de miedo. Cuando se acercaron a él, les dijo que la Nube se había desgarrado y que había mostrado un agujero del color que tienen las plumas de las alas del martín pescador. Buscaron ese agujero en la Nube, pero fue en vano.

Viejo Buscabisontes de Antaño estaba de espaldas, con el cuello todavía hacia atrás, mirando hacia arriba, cuando oyó un golpe suave y un gemido. Arrojapiedras se estaba agachando para recoger otra piedra, que, como la primera, arrojó contra el niño. Después de la segunda piedra, el niño ya no se movió, pero el Arrojapiedras lanzó otra, y otra.

Viejo Buscabisontes de Antaño lo miró de lejos y preguntó:

—¿Por qué?

Sin detenerse, Arrojapiedras alzó la vista y respondió:

—Mentía. No hay ningún agujero.

8

EL DIABLO DESATADO

> Cuando todas las estrellas estaban listas para ser colocadas en el cielo, la Primera Mujer dijo: «Escribiré las leyes que regirán a la humanidad por siempre. Estas leyes no pueden escribirse en el agua, ya que siempre cambia de forma, ni pueden escribirse en la arena, ya que el viento enseguida las borraría, pero si están escritas en las estrellas, podrán leerse y recordarse por siempre».
>
> Relato navajo de la creación[1]

LA MATEMÁTICA DE LA INCERTEZA

Cada vez que una nueva generación de estudiantes de primer año se presenta a sus primeros cursos de física de nivel universitario a menudo se sienten fascinados por la física teórica. Cuando se les pregunta qué los ha atraído a este campo, suelen mencionar la elegancia de la relatividad general, la extrañeza de la mecánica cuántica, la majestuosidad de la cosmología, el atractivo de una Teoría de Todo. De lo que nadie habla nunca es de cómo esas ideas se ponen a prueba en el mundo real, un componente fundamental, aunque a menudo subestimado, de la manera en que funciona la física (y, de hecho, toda la ciencia). La comparación de un modelo teórico con los datos ob-

servacionales hace uso de la que acaso sea la más menosprecia-
da de todas las ramas de la matemática: la estadística. Podemos
culpar a Mark Twain, quien, en 1895, difundió la siguiente
ocurrencia, atribuyéndola incorrectamente a Benjamin Dis-
raeli: «Hay tres tipos de mentiras: las mentiras, las grandes
mentiras y la estadística». Tal vez sea oportuno que el verdadero origen de la frase siga siendo incierto.[2]

Lo que sí es cierto es que la perfección teórica de los modelos del cosmos de Johannes Kepler y, luego, de Isaac Newton chocaba con la realidad imperfecta de las observaciones
astronómicas. Kepler había tenido problemas con esta cuestión cuando se devanaba los sesos con los datos de Marte obtenidos por Tycho Brahe; este, en su obsesiva búsqueda de
precisión, había tomado al menos dos mediciones de cada
observación que había realizado, lo que dejaba a Kepler con-
fuso acerca de cuál elegir cuando no estaban de acuerdo. Para
demostrar las leyes que gobiernan el universo, los filósofos
naturales posteriores a la Ilustración ya no podían apelar al
sentido común, la elegancia o la belleza como lo habían hecho
Aristóteles y Platón. El juez definitivo —de hecho, el único
juez— eran los datos. Pero a principios del siglo XIX, nadie
disponía de las matemáticas ni de los conceptos necesarios
para poner en contacto cuantitativo la teoría y los datos.

Con *La méchanique céleste*, Pierre-Simon Laplace aumentó el poder explicativo de la teoría de la gravitación de Newton al aplicarla a problemas astronómicos endiabladamente
difíciles. De un modo inevitable, surgió el problema de cómo
comprobar sus cálculos con los datos disponibles. Enfrentado
a la necesidad de combinar observaciones de la posición de
Saturno para verificar sus predicciones, Laplace realizó un
avance conceptual que inauguró el tratamiento preciso del
error experimental, con lo que dio nacimiento a una nueva
ciencia, la estadística, una disciplina que, en su opinión, era la
base de «todo el sistema del conocimiento humano».[3] El fruto

de la estelar intuición de Laplace sería la capacidad matemática de aprender del pasado para predecir el futuro, algo que aún hoy sustenta la revolución de la inteligencia artificial.

A diferencia del retraído Newton, Laplace compitió por puestos académicos y públicos de alto nivel: elegido para la exclusiva Académie Royale des Sciences a los veinticuatro años, fue, en diversos momentos de su vida, profesor en la École Militaire de París (donde en 1785 examinó a un subteniente de dieciséis años llamado Napoleón Bonaparte), profesor en la École Normale, miembro del Bureau des Longitudes y miembro del Senado. Llegó a ser ministro del Interior bajo Napoleón, quien se cansó de él después de apenas seis semanas, quejándose de que «llevaba a la administración el espíritu de lo infinitesimalmente pequeño».[4] Una anécdota reveladora sobre Laplace como un obseso del control es la que cuenta el astrónomo estadounidense Joseph Lovering, cuya admiración por Laplace se hizo añicos cuando escuchó a la esposa de Laplace pedirle permiso para tener la llave del azucarero.[5] Oportunista astuto, Laplace se las apañó para vadear y medrar en los turbulentos años de la política francesa posrevolucionaria, cambiando su lealtad de la república al emperador cuando este llegó al poder en 1799 y, luego, a la monarquía borbónica tras la restauración de 1814, cuando obtuvo el título de marqués de Laplace.

Laplace consideraba al matemático suizo Leonhard Euler «nuestro maestro en todo», aunque podría decirse que con su libro de 1812, *Théorie analytique des probabilités*, superó a su héroe al lograr una síntesis que se le había escapado a Euler cincuenta años antes.[6] La perspicacia de Laplace fue darse cuenta de que la combinación matemática de muchas observaciones, cada una sujeta a un error aleatorio debido a la exactitud limitada de la medición, conduce a una determinación más precisa de la posición de un objeto en el cielo que cualquiera de las observaciones tomadas individualmente. Esto podría juzgarse contraintuitivo y, ciertamente, así le parecía incluso a Euler. Pero siguiendo las matemáticas, si al medir la posición de Saturno dos observadores cometen, digamos, un error de un sexto de grado en promedio, la combinación de las dos mediciones erróneas da un valor que está más cerca de la verdad —con un error de solo un octavo de grado, más o menos— que cualquiera de aquellas por sí sola. La clave es que los errores tienen que ser aleatorios, de modo que los errores más pequeños serán más probables que los grandes y estarán distribuidos simétricamente a ambos lados del valor verdadero. Algunas mediciones serán, por lo tanto, mayores que el valor verdadero y otras menores; al combinarlas se obtiene una estimación más precisa porque los errores, en promedio y a largo plazo, se anulan entre sí. Razonando en este sentido, Laplace pudo explicar el exitoso «método de mínimos cuadrados» (ideado por el matemático francés Adrien-Marie Legendre para combinar mediciones de cometas) al enlazarlo con la floreciente teoría de errores desarrollada por el prodigio matemático prusiano Carl Friedrich Gauss.

Gauss se había convertido en una sensación en toda Europa, tras el asombroso descubrimiento por parte del astrónomo italiano Giuseppe Piazzi, el primero de enero de 1801, de lo que sospechaba que era un nuevo planeta entre las órbitas de Marte y Júpiter. El nuevo planeta, que recibió el nombre de Ceres en honor a la diosa protectora de Sicilia, ocupaba un vacío en la secuencia de distancias planetarias al Sol, cuyas proporciones parecían seguir la relación aritmética 4 (Mercurio), 4 + 3 (Venus), 4 + 6 (Tierra), 4 + 12 (Marte), 4 + 48 (Júpiter), 4 + 96 (Saturno), en la que cada término viene dado por cuatro más un número que es el doble del del planeta anterior. Pero había un hueco en 4 + 24, lo que llevó al astrónomo alemán Johann Bode a concluir en 1772: «¿Podemos creer que el Creador del Universo haya dejado esta posición vacía? ¡En absoluto!».[7] La búsqueda del planeta desaparecido llevaba treinta años en marcha cuando Piazzi hizo su descubrimiento, que, sin embargo, nadie podía confirmar: Piazzi había mantenido ocultas sus observaciones durante semanas, y mientras tanto, en febrero de 1801, el misterioso Ceres había desaparecido detrás del Sol. La comunidad astronómica estaba indignada: al no compartir su descubrimiento a tiempo, Piazzi había perdido el nuevo planeta antes de que se pudiera determinar adecuadamente su órbita y ahora nadie sabía dónde aparecería a continuación. Nevil Maskelyne escribió con indignación en el verano de 1801: «Hay una gran noticia astronómica: el señor Piazzi, astrónomo del rey de las Dos Sicilias, en Palermo, descubrió un nuevo planeta a principios de este año, y fue tan codicioso que se guardó este delicioso bocado para él mismo durante seis semanas; luego fue castigado por su falta de desprendimiento con un episodio de mala salud, y así perdió la pista del planeta».[8]

Sin embargo, Gauss identificó una oportunidad en «esta crisis y urgente necesidad»: una oportunidad de probar y «[mostrar] de la manera más extraordinaria el valor» de su nueva teoría de los errores, en un momento «en que toda esperanza de descubrir en los cielos este átomo planetario [...] descansaba únicamente en un conocimiento aproximado suficiente de su órbita como para basarse en estas escasas observaciones».[9] A partir de las limitadas e inciertas observaciones de Piazzi, que abarcaban apenas tres grados de la órbita de Ceres, Gauss predijo el momento y el lugar de su reaparición en el cielo nocturno, casi un año después de haberse perdido y en una región completamente diferente de los cielos. El planeta fugitivo fue localizado al primer intento, exactamente en la ubicación prevista por Gauss.[10]

El encanto y el entusiasmo se desvanecieron cuando, en febrero de 1802, William Herschel demostró que Ceres no era más que una gran roca, una nueva clase de objetos a los que llamó *asteroides* (con el significado de 'similar a una estrella').

De todos modos, Laplace quedó tan impresionado por el éxito de Gauss que lo describió como «un espíritu super-terrestre en un cuerpo humano».[11] Para la recuperación de Ceres fue crucial el tratamiento que dio Gauss a los errores de medición, los cuales describió con la famosa curva en forma de campana que hoy lleva su nombre, la *distribución gaussiana*. La síntesis del método de Gauss con la derivación de Laplace del método de mínimos cuadrados —«uno de los mayores éxitos en la historia de la ciencia», según el estadístico Stephen Stigler— abriría la puerta al tipo de análisis cuantitativo que sustenta toda la ciencia contemporánea.[12]

El nacimiento del hombre promedio

La estadística moderna surgió de la necesidad de comparar un modelo del cielo con observaciones imperfectas. La astronomía, la primera ciencia en reunir una gran cantidad de datos precisos, también fue la primera en necesitar un método para lidiar con la incertidumbre. Esta nueva y poderosa herramienta matemática fue adoptada de inmediato en la astronomía y la geodesia (es decir, la medición de la forma y la superficie de la Tierra), pero era necesario un salto conceptual para poder aplicarla al ámbito de las preocupaciones humanas, un campo en que, según Laplace, su método tenía el potencial de revolucionar la formulación de políticas, la economía y la salud pública.

Durante la pandemia de covid-19 de 2020-2021, nos acostumbramos a las proyecciones casi en tiempo real de la propagación de los contagios, ya que los responsables políticos recurrieron a los epidemiólogos en busca de asesoramiento sobre medidas de contención, desde el uso obligatorio de mascarillas hasta los confinamientos totales. Pero a principios del siglo XIX, nadie sabía cómo examinar ni siquiera los datos censales más simples para comprender mejor los factores que había detrás de, por ejemplo, las tasas de mortalidad infantil, natalidad, suicidio y divorcio, o las estadísticas de delincuencia y matrimonios. La esfera humana seguía siendo opaca.

Habían tenido que pasar casi dos milenios para que las esferas cristalinas de Ptolomeo se volvieran susceptibles de disección matemática, pero en apenas unas décadas, los conceptos y métodos del análisis estadístico que habían disipado la bruma de los errores de medición en astronomía generarían campos completamente nuevos en las ciencias sociales: el estudio cuantitativo de la sociedad (que hoy llamamos *sociología*), la psicología social experimental, la criminología y la econometría, entre muchos otros. De la misma raíz surgió también la maquiavélica rama de la eugenesia, la selección de rasgos físicos o intelectuales «deseables» mediante prácticas obligatorias de control de la natalidad, que —en su peor pero no único legado— prepararon el terreno para los horribles exterminios en la Alemania nazi.

Hubo un astrónomo que hizo más que nadie por aplicar las poderosas herramientas de su campo a la condición humana: Adolphe Quetelet, nacido en la ciudad de Gante (en la región de Flandes de la actual Bélgica) en 1796. Su nombre es poco reconocido hoy en día, salvo por los sociólogos con una cierta inclinación por la historia de su materia; tanto es así que se ha dicho que cayó «del podio al olvido».[13] Pero es muy probable que hayas oído hablar de una de sus creaciones: el índice de masa corporal (IMC), que mide el peso de una persona en relación con su altura; hasta 1972, se le llamó *índice de Quetelet* en honor a su creador.

Quetelet se formó como matemático y astrónomo y consiguió que el gobierno construyera un observatorio en Bruselas, del que fue nombrado director. Para prepararse para este puesto, se trasladó a París en 1822, donde observó cómo se gestionaba el observatorio de la capital francesa. Durante ese ominoso viaje, conoció a los principales físicos y matemáticos franceses de la época: Jean-Baptiste Fourier, Siméon Poisson, Sylvestre Lacroix y Laplace, el más influyente de todos. Quetelet aprendió de la mano del maestro el floreciente campo de la probabilidad y, en particular, la recién desarrollada teoría de los errores.

Cuando regresó a Bruselas, buscó regularidades donde nadie esperaba encontrarlas. Descubrió que la distribución de las medidas torácicas de los soldados escoceses seguía la misma curva en forma de campana de Gauss y Laplace; lo mismo ocurría con la estatura de los reclutas italianos, el peso de los soldados alemanes, las proporciones de los hombres y mujeres franceses. La reacción de Quetelet fue, al principio, de incredulidad, seguida de asombro. El caos de las variaciones e irregularidades humanas se regía por la férrea disciplina de la curva en forma de campana, al igual que los errores astronómicos.

Fue toda una revelación. Empezó a sospechar que lo mismo podía suceder con las cualidades morales e intelectuales: que las propensiones a cometer asesinatos, a ceder a la embriaguez, a casarse o a sufrir problemas de salud mental estaban sujetas a patrones estadísticos regulares y predecibles en lugar de ser producto del albedrío y del azar. En 1850, Charles Dickens escribió un comentario irónico sobre cómo las ideas de Quetelet se habían extendido a dominios que antes se creían inexpugnables: «No contentos con hacer que los mensajes corran como un rayo, que la química lustre las botas y que el vapor entregue paquetes y pasajeros, los sabios están reemplazando a los astrólogos de antaño y a los gitanos y adivinas de los tiempos modernos al descubrir y revelar las leyes ocultas que gobiernan ese encantador misterio de los misterios, ese filón de jóvenes doncellas y solteros despreocupados, el matrimonio».[14]

El promedio de cualquier cualidad humana, física o inte-

lectual podía medirse a partir de su tasa relativa de inciden-
cia en una determinada sociedad y, a partir de esta recopila-
ción de datos, podía construirse un retrato de lo que Quetelet
calificaba como «el hombre promedio»: un individuo ideal
prototípico e imaginario. En la interpretación de Quetelet
(luego desacreditada), el hombre promedio no era simplemente el tipo más común en una población dada en una
época concreta; Quetelet lo presentaba como el tipo «perfecto», aquel que encarnaba «todo lo que es grande, bueno o
bello», el ejemplar modelo hacia el cual la naturaleza intentaba converger.[15]

Al aplicar a los seres humanos las mismas leyes estadísticas
que gobiernan los errores en la observación de las estrellas,
Quetelet inauguró una nueva disciplina: la de la *física social*
(que inicialmente llamó *mecánica social*, siguiendo el modelo
de la mecánica celeste de Laplace), cuyo propósito era revelar
las leyes, existentes «independientemente de la época y de los
caprichos del hombre», que regulan a la humanidad en su conjunto.[16] Incluso el libre albedrío quedó bajo escrutinio, pues
¿cómo podía conciliarse la elección individual con la inevitable distribución estadística de una población? Mientras que la
dinámica newtoniana había eliminado la necesidad de que
Dios interviniera en las órbitas de los planetas, las regularidades estadísticas en la esfera de los ámbitos humanos parecían
liberar al individuo de la necesidad de elección. Quetelet vin-
culó explícitamente sus leyes de la física social con las regularidades de los cielos y equiparó la ciega adherencia de las estrellas a las leyes de Newton con el seguimiento inconsciente
por parte de los seres humanos de patrones divinos inescrutables, pero igualmente inevitables: «Encontramos leyes tan fijas como las que gobiernan los cuerpos celestes: volvemos a
los fenómenos de la física, donde el libre albedrío del hombre
queda completamente borrado, de modo que la obra del Creador pueda predominar sin obstáculos».[17]

El triunfo del demonio de Laplace

Quetelet había sido seducido por lo que hoy se conoce como el *demonio de Laplace*, que no era ningún espíritu maligno ni ninguna otra criatura sobrenatural, sino una inteligencia imaginaria capaz de recopilar suficientes datos y someterlos a un análisis matemático para descubrir las leyes que los gobiernan. Para esa inteligencia, observó Laplace, el universo se volvería eternamente transparente y el poder de las matemáticas le permitiría proyectar indefinidamente el estado actual del universo en ambas direcciones del tiempo. Laplace identifica en la astronomía la luz que sirve de guía de tal análisis, el modelo a seguir:

> Hay, pues, que considerar el estado actual del universo como efecto de su estado precedente y como causa del que lo sucederá. Una inteligencia que en un determinado instante pudiera conocer todas las fuerzas que impulsan la naturaleza y la respectiva posición de los seres que la componen y que, además, tuviera la suficiente amplitud para someter esos datos al análisis, incluiría en una sola fórmula los movimientos de los mayores cuerpos del universo y los más ínfimos átomos; nada le escaparía y tanto el pasado como el futuro estarían ante su presencia. El espíritu humano brinda un atisbo de tal inteligencia que se manifiesta en la perfección a la que ha sabido llevar la astronomía.[18]

La articulación del determinismo científico por parte de Laplace se ha considerado el manifiesto definitivo de una visión positivista del mundo (una denominación posterior para la «inteligencia» de la que hablaba). A partir de la segunda mitad del siglo XIX, la influencia del demonio de Laplace, nacido entre las estrellas, se extendió como un poderoso río que se bifurca en innumerables riachuelos a medida que llega a su estuario. A veces, como el Timavo —un río famoso por su se-

cretismo, que se sumerge en las profundidades del terreno
kárstico de Eslovenia y Trieste a lo largo de cuarenta kilómetros antes de reaparecer, frío y calmado, a orillas del mar
Adriático, donde fue venerado como un dios desde tiempos
prehistóricos—, una corriente de ideas inspiradas en las estrellas desaparece de la vista para resurgir transformada en un
momento diferente y en un campo diferente. Seguiremos algunas de estas corrientes divergentes antes de que se disuel-
van en el océano del presente, donde su fuente celeste original
queda ya casi olvidada.

La capacidad por excelencia del demonio de Laplace es
predecir el futuro a partir de observaciones del pasado, ya sea
la ubicación de Ceres en el cielo un año después de su última
observación, la esperanza de vida de un fumador con sobrepe-
so o la propagación del calor en la atmósfera y los océanos de
la Tierra. Esto lo logra mediante un análisis matemático, esta-
bleciendo las leyes, expresadas en lenguaje matemático, a las
que obedece el fenómeno en cuestión, y luego proyectando su
comportamiento hacia el futuro, cuando se realizan nuevas
observaciones que pueden usarse, si es necesario, para perfec-
cionar el modelo teórico.

Reconocemos en este enfoque el modelo de toda la ciencia
y la tecnología modernas. La «vasta inteligencia» del demonio
de Laplace ha llevado al descubrimiento de la estructura del
átomo y del alfabeto de la vida; ha obligado a la radiación
electromagnética invisible a ponerse a nuestro servicio y ha
exterminado virus impalpables que amenazaban la vida, ha multiplicado la producción de cereales y ha llenado de aviones
nuestros cielos. Al demonio también le debemos los soles artificiales que dormitan precariamente en sus silos de lanzamiento subterráneos y las siniestras colisiones que señalan, estación
cálida tras estación cálida, la desaparición en el mar de plata-
formas de hielo del tamaño de pequeñas ciudades.

La conquista de los fenómenos naturales y humanos por

parte del demonio se volvió imparable a medida que los científicos, naturales y sociales por igual, dirigían su mirada omnisciente hacia sus propósitos. En su obra maestra de 1822, *Théorie analytique de la chaleur*, el físico matemático Jean-Baptiste Fourier observó que el análisis matemático, al describir fenómenos inaccesibles a la experiencia humana directa, parece «destinado a compensar la brevedad de la vida [humana] y la imperfección de nuestros sentidos».[19] El demonio de Laplace proporcionó a los científicos capacidades que apenas un siglo antes el filósofo John Locke atribuía a los ángeles, algunos de los cuales, dijo, gozaban de «visiones perfectas y exactas» del mundo y podían así alcanzar «conclusiones ciertas», en oposición a las decisiones «poco convincentes y defectuosas» de los hombres que estudiaban y reflexionaban.[20] El demonio desterraría a los ángeles y a los dioses más lejos que nunca, haciéndolos retroceder hasta los primeros instantes después del Big Bang, acurrucados en las inaccesibles dimensiones adicionales imaginadas por la teoría de cuerdas.

ALIMENTAR AL DEMONIO

Los antiguos útiles matemáticos ya no eran suficientes para manejar los datos que anhelaba el demonio. La invención de los logaritmos en 1614 por John Napier había simplificado los cálculos trigonométricos, el pan de cada día de la astronomía computacional, para regocijo de Laplace, quien sostenía que este método «al acortar las tareas [...] duplicó la vida de los astrónomos».[21] Nevil Maskelyne había creado una red de computadores humanos que se dedicaban a echar todas las cuentas necesarias para llenar las tablas de su *Almanaque náutico*. Pero los errores eran inevitables en unos cálculos manuales tan largos y repetitivos, si bien necesarios para crear las tablas numéricas de las que dependía cada vez más la sociedad victoriana.

Tablas de logaritmos, tablas de funciones trigonométricas y sus logaritmos, tablas de interés, tablas de rentas vitalicias y tablas de posiciones horarias de la Luna (y de su distancia angular a unas estrellas concretas), el Sol y los planetas; estos voluminosos y manoseados volúmenes se podían encontrar tanto en la cabina del capitán como en el observatorio del astrónomo, en el escritorio de un corredor de seguros, en la mesa de dibujo de un arquitecto, en la biblioteca de un matemático o en la oficina de un ingeniero civil. El problema era que no se podía confiar ciegamente en ellos.

En 1834, un estudio realizado por Dionysius Lardner, profesor de astronomía en la Universidad de Londres, descubrió más de tres mil setecientos errores identificados en cuarenta volúmenes de tablas al azar; se iban amontonando correcciones de correcciones de correcciones, unas sobre otras, incluso en el *Almanaque náutico* que utilizaban a diario los marinos de todo el mundo y para los cuales un error en la segunda cifra significativa podía representar la diferencia entre la vida y la muerte (y a veces así era).[22] Aún peores eran los errores que nadie había descubierto todavía. John Herschel, hijo del astrónomo William Herschel (a quien conocimos antes en compañía de Napoleón y Laplace), en una carta al ministro de Hacienda en 1842, se lamentaba de que «un error no detectado en una tabla logarítmica es como una roca sumergida en el mar y aún no descubierta, sobre la que es imposible decir qué naufragios pueden haber tenido lugar».[23] Se necesitaba un sustituto mecánico para el cálculo humano imperfecto.

Nadie se sentía más frustrado por los errores hallados en las tablas numéricas calculadas a mano que Charles Babbage, cuya colección privada llegó a tener más de 140 tomos, de los cuales Lardner había seleccionado sus cuarenta volúmenes plagados de errores. En 1812, cuando todavía era un acomodado estudiante de matemáticas en Cambridge, Babbage ya soñaba despierto con calcular tablas logarítmicas mediante máquinas.[24] Mientras estaba en Cambridge, trabó amistad con un joven John Herschel, un encuentro que tendría un profundo impacto en su vida. Forjada en discusiones en torno a «todo lo cognoscible y muchas cosas incognoscibles» durante los desayunos dominicales después del servicio, en las reuniones de la Analytical Society que cofundaron o mientras trabajaban codo a codo en un improvisado laboratorio de química instalado en una de las estancias libres de Babbage, su amistad duraría toda la vida, y solo se resquebrajó un poco hacia el final.[25]

Después de sus días en Cambridge, Babbage y Herschel comenzaron a hacerse un nombre en las altas esferas de la «gente de ciencia» británica, como se les llamaba entonces. En 1820, se hallaban entre los catorce fundadores de lo que más tarde se convertiría en la Royal Astronomical Society. La astronomía era un interés natural para Herschel, hijo del descubridor de Urano, pero no tan obvio para Babbage, vástago de un rico banquero. Sin embargo, las estrellas resultaron ser una atracción fatídica para Babbage, quien, siendo un joven adinerado, culto y ambicioso en 1820, no podía imaginar que cincuenta y un años después su obituario diría: «Por desgracia para él, eligió un camino que [...] lo condujo solo a la pérdida de fortuna y a la amargura de la mente».[26]

Tal vez Babbage hubiera llegado igualmente a su idea de «máquina analítica», pero fue Herschel y sus tablas astronómicas lo que le dio el empujón definitivo, un día de 1821. Uno de los objetivos declarados de la recién creada sociedad era mejorar las tablas lunares y cartografiar todo el universo de estrellas mediante «una exploración sistemática y regular de los cielos».[27] Su primer presidente, John Herschel, pidió ayuda a Babbage para mejorar el *Almanaque náutico*, y eso implicaba revisar los cálculos de los computadores humanos.

Babbage recordó más tarde la trascendental visita de esta manera: «Mi amigo Herschel, que vino a visitarme, trajo consigo los cálculos de los computadores y comenzamos el tedioso proceso de verificación. Después de un rato, surgieron muchas discrepancias y, llegado cierto momento, estas discordancias eran tan numerosas que exclamé: "¡Ojalá estos cálculos se hubieran ejecutado a vapor!"».[28] Babbage dedicó el resto de su vida a construir una máquina capaz de hacer realidad esa visión. En 1823, estaba seguro de que en tan solo unos años su máquina produciría «tablas de logaritmos tan baratas como las patatas».[29] En 1824, fue el primer destinatario de la medalla de oro de la Royal Astronomical Society por su propuesta de «máquina calculadora», un galardón que resultó prematuro, pues la visión de Babbage se reveló primero como un espejismo y después como una pesadilla: hacia 1829, su amigo William Whewell escribió en una carta: «La ansiedad [de Babbage] por el éxito y la fama de su máquina le está devorando y volviéndolo infeliz».[30] Después de una década de esfuerzos, el proyecto de hacer realidad su primer diseño, la «máquina diferencial», fracasó cuando, debido a una disputa económica, Babbage despidió al ingeniero que había estado fabricando a mano los miles de engranajes necesarios, a pesar de que la finalización de un prototipo funcional estaba ya al alcance de la mano. Para entonces, Babbage se había dado cuenta de que las tablas logarítmicas y astronómicas eran solo una pequeña fracción de lo que podía lograr una máquina de cálculo de propósito general y totalmente programable. Abandonó el proyecto de la máquina diferencial y se dedicó a diseñar una máquina calculadora aún más ambiciosa.

Nadie había concebido antes nada parecido; Babbage se proponía nada menos que «sustituir un proceso intelectual por un trabajo mecánico».[31] En su búsqueda, perseguía una encarnación mecánica del demonio de Laplace, con el que estaba bien familiarizado. Había conocido a Laplace durante una visita a París en 1819 y se había ganado la estima del gran hombre, tanto así que Laplace le escribió una carta de recomendación para un puesto de profesor universitario. Babbage había quedado muy impresionado por la teoría de las probabilidades de Laplace y reprodujo el fragmento sobre la «inteligencia» citado en el apartado anterior en su *The Ninth Bridgewater Treatise*, una inconexa polémica sobre temas que iban desde el libre albedrío hasta las propiedades del granito, desde la probabilidad de los milagros hasta la destreza calculadora de su máquina.

En pos de su sueño de una computadora mecánica que pudiera realizar cualquier tipo de cálculo, Babbage renunció a la cátedra lucasiana que había conseguido con tanto esfuerzo y que también había ostentado Newton, y despilfarró grandes subvenciones gubernamentales y la mayor parte de su considerable fortuna. Nunca logró el éxito, en parte debido a la abrumadora complejidad de construir una máquina del tamaño de una locomotora con veinticinco mil piezas móviles finamente cinceladas y con tecnología mecánica de la era victoriana, pero en gran medida debido a sus propios defectos de carácter. Áspero, altivo y engreído, Babbage a menudo provocaba que sus defensores, a los que debería haber encandilado, acabaran distanciándose de él. En cualquier caso, su visión era ciertamente adelantada a su tiempo; la primera computadora de propósito general se construiría en la década de 1940, utilizando componentes electrónicos, mientras que el diseño de Babbage requería tambores giratorios con clavijas y ruedas dentadas, todo operado por la fuerza del vapor. Para conmemorar el bicentenario del nacimiento de Babbage en 1991, un equipo del Museo de la Ciencia de Londres se propuso construir la máquina diferencial completa a partir de sus planos originales, intentando emplear solo la tecnología y los procesos disponibles en la época de Babbage. La máquina funcionó como estaba previsto.[32]

Aunque nunca llegó a completarse, la realización mecánica del demonio de Laplace por parte de Babbage tuvo un impacto duradero, aunque no en la dirección que pretendía su creador. Durante la década de 1830, Babbage exhibió en su salón un prototipo de la máquina diferencial completa, una séptima parte de la máquina que tenía en mente. Para los victorianos, era una maravilla: tres columnas de latón bruñido, cada una con seis tambores giratorios, elegantemente grabados con los números del cero al nueve y accionados por un engranaje de precisión. De la parte superior surgían más engranajes y desaparecían de la vista tras un soporte de palisandro pulido. Babbage utilizó este prototipo para mostrar las profundas implicaciones de sus ideas a los invitados: la máquina estaba programada para mostrar una secuencia de números crecientes (cero, uno, dos, tres, etc.) hasta que en un punto determinado, y sin la intervención de Babbage, la secuencia cambiaba, al parecer milagrosamente, y seguía una nueva progresión; las dos leyes (las dos secuencias) aparentemente dispares, explicaba Babbage, eran de hecho el producto de una ley superior que contenía no solo el potencial sino también la necesidad del cambio.

Sus fiestas atraían a la gente más elegante y moderna de Londres: jóvenes damas aristocráticas en trajes de noche se mezclaban con «hombres de ciencia» con chaqué; obispos y estadistas conversaban con artistas y escritores. A todos se les ofrecían las mejores ostras, aves y salmón. Entre los habituales estaban Mary Somerville, la traductora al inglés de Laplace, que pidió a Babbage que le explicara sus máquinas analíticas y lo calificó de «matemático de primera»; Ada Lovelace, la peculiar hija de Lord Byron que, en 1843, se convertiría en la primera programadora de la historia al describir un programa destinado a la máquina de Babbage; el filósofo William Whewell, amigo íntimo de Babbage de sus días en Cambridge, que en 1834 había acuñado la palabra *científico* para describir a «un cultivador de la ciencia en general»; y un naturalista joven aunque ya muy viajado, un tal Charles Darwin, que no hacía mucho había regresado de su viaje alrededor del mundo a bordo del *Beagle*.[33]

La misión principal del *Beagle* fue la de mejorar las mediciones de longitud en América del Sur y el Pacífico, pero la importancia histórica del viaje radica en el hecho de haber sembrado en Darwin las ideas sobre la selección natural que fundamentarían su teoría de la evolución. De regreso a Londres, Darwin estaba desconcertado por la precisión con la que se producía la selección natural. ¿Cómo podían darse las asombrosas adaptaciones de los organismos, que había presenciado de una forma de lo más espectacular en los pinzones de las islas Galápagos, a través del imperio ciego de una ley natural, sin recurrir a la intervención de inteligencia alguna? ¿Y cuánto tiempo tardarían en aparecer esos cambios? En febrero de 1837, con las impresiones de la naturaleza remota aún frescas en su mente, Darwin fue presentado en las fiestas más glamurosas de Londres por su amigo y mentor, el geólogo Charles Lyell. «Lyell dice que las fiestas de Babbage son las mejores en cuanto a gente literaria en Londres, y que hay una buena mezcla de mujeres hermosas», dijo Darwin entusiasmado.[34]

A principios de marzo de 1837, Charles Darwin asistió a su primera fiesta de Babbage, donde el matemático, tal vez luciendo uno de sus característicos chaqués coloridos, sin duda acorraló al recién llegado y, como era su costumbre, le dio una charla sobre su «máquina pensante», como la llamó Mary Somerville. Babbage publicó ese mismo año en su *The Ninth Bridgewater Treatise* un resumen de cómo la máquina diferencial ofrecía un elemento de comparación para el funcionamiento de la evolución:

Al apartar nuestra mirada de estos sencillos resultados de la yuxtaposición de unas cuantas ruedas [una referencia a la máquina diferencial], es imposible no percibir el razonamiento paralelo que puede aplicarse a los poderosos y mucho más complejos fenómenos de la naturaleza. Convocar a la existencia toda la variedad de formas vegetales, a medida que se vuelven aptas para existir, mediante las adaptaciones sucesivas de su tierra madre, es sin duda un gran ejercicio de poder creativo. [...] Cambiar, de vez en cuando, tras largos períodos, las razas que existen, a medida que las alteradas circunstancias físicas pueden hacer que su morada sea más o menos acorde con sus hábitos, permitiendo la extinción natural de algunas razas y proporcionando mediante una nueva creación otras más aptas para ocupar el lugar previamente abandonado, no es más que el ejercicio del mismo poder benévolo [...] haber previsto todos estos cambios y haber previsto, mediante una ley global, todo lo que debería ocurrir, ya sea a las razas mismas, a los seres que las componen o al globo en el que habitan, manifiesta un grado de poder y de conocimiento de un orden mucho más elevado.[35]

Así como la máquina diferencial cambiaba su resultado siguiendo un programa que él, Babbage, le había proporcionado, seguramente Dios pudo haber tenido la previsión de incorporar a las leyes de la naturaleza reglas que, en un momento posterior, producirían un cambio que nos parecería «un milagro», como el surgimiento de nuevas formas de vida o la desaparición de otras de cuya existencia hablaban los grandes e inexplicados hallazgos de fósiles.

A medida que los engranajes de la máquina diferencial giraban sobre sus ejes bien engrasados, también las ruedas en el interior de la cabeza de Darwin debieron reorganizarse en claves nunca antes imaginadas. Si Babbage había podido construir una máquina con instrucciones que le permitían modificar su comportamiento bajo las circunstancias apropiadas, nos resulta factible imaginar a Darwin preguntándose: ¿no podría Dios haber escrito en las leyes de la naturaleza, en los albores de los tiempos, la aparición de la humanidad? Y si, en principio, se podía predecir la trayectoria de cada molécula de la atmósfera infinitamente hacia el futuro, ¿no podría la dirección de la evolución estar sujeta a fuerzas similares, sin necesidad de que la mano de Dios guiara su curso? Un par de semanas después de la fiesta de Babbage, Darwin confió a su cuaderno, por primera vez, sus incipientes ideas sobre la transmutación de las especies: «Si una especie se transforma en otra, debe ser *per saltum* [por transiciones súbitas]», del mismo modo que la máquina de Babbage, de repente, cambiaba su salida y escupía una nueva secuencia de números.[36]

Babbage, por su parte, siguió resistiéndose a los cambios. Su larga amistad con John Herschel acabó sucumbiendo a las mismas fuerzas que condenaron al fracaso a su máquina diferencial; mientras que Herschel ocupó con creces el lugar de su padre en la astronomía y se convirtió en uno de los científicos británicos más eminentes de su tiempo, Babbage, por el contrario, estaba destinado a ser recordado como «esencialmente alguien que empezaba y no terminaba».[37] La última carta que envió fue a la viuda de Herschel, en la que se lamentaba con tristeza de que el ilustre nombre de su difunto amigo le había abierto caminos «inaccesibles para otros». Cinco meses después de que Herschel fuera enterrado con toda la pompa junto a Newton en la nave de la abadía de Westminster, Babbage fue enterrado sin gran revuelo en el cementerio público de Kensal Green.[38]

CONEXIONES INESPERADAS

Tanto Babbage como Darwin conocían la obra de Quetelet y no fueron los únicos en recibir su influencia. El sinuoso curso del río que nació con los esfuerzos de Gauss y Laplace por comprender las observaciones de los cuerpos celestes se bifurca, gracias a Quetelet, en un sinnúmero de riachuelos. Tras haberse originado en la astronomía, vuelve sobre sí mismo y, a través de la «física social» de Quetelet, da origen a una nueva rama de la física, hoy conocida como mecánica estadística. El físico escocés James Clerk Maxwell descubrió la «física social» a partir de una reseña que Herschel hizo de la obra de Quetelet. Profundamente impresionado, se dedicó a aplicar el mismo razonamiento estadístico al igualmente inescrutable reino de los átomos. La idea de Maxwell fue que, así como no era necesario comprender el corazón de cada persona para predecir la tasa de homicidios en una determinada población, tampoco era necesario medir cada partícula de una habitación para describir las leyes que regulaban sus propiedades promedio, como la temperatura o la presión: una descripción estadística sería suficiente. Y esta fue justamente la misma idea a la que llegó Ludwig Boltzmann, considerado junto con Maxwell el cofundador de la termodinámica, en 1872, tras quedar igualmente impresionado por las estadísticas sociales. Desde entonces, la mecánica estadística ha florecido para describir el comienzo del universo y el comportamiento de los mercados financieros, el crecimiento de los bosques y los patrones de aprendizaje del cerebro.

Otro erudito victoriano, Francis Galton (medio primo de Darwin), llevó el trabajo de Quetelet un paso más allá: en lugar de centrarse en el promedio, Galton consideró toda la distribución de cualidades, en particular la inteligencia. Estudió de cerca las desviaciones respecto a la norma, especialmente la genialidad como una forma extrema de inteligencia. Acuñó el término *distribución normal* para describir la curva en forma de campana de Laplace y Gauss que describía la distribución de la «capacidad mental», como él la llamó, con la implicación de que cualquier desviación respecto a la media (correspondiente al máximo de la curva) era «anormal». Las pruebas de inteligencia actuales emanan de las ideas de Galton, al igual que la eugenesia, otro término inventado por él. Este defendió la idea de que la raza humana debería ser «mejorada» mediante ingeniería social a través de una selección de las cualidades consideradas deseables en términos de clase, inteligencia o etnia. Así como los agricultores sustituyen y aceleran el trabajo de la selección natural al replantar cada temporada solo las mejores y más fuertes variedades de cultivos, o los criadores engendran el caballo de carreras ideal al elegir al semental más rápido para la monta, la eugenesia intentaba detener lo que se percibía como una reproducción sin control de los «débiles mentales», que amenazaba con abrumar a las «buenas cepas». Uno de los principales expertos en eugenesia del Reino Unido, el neurólogo y psiquiatra Alfred Tredgold, sostenía que «el problema de los débiles mentales no es un problema aislado, sino que [...] está íntimamente relacionado con los de la locura, la epilepsia, el alcoholismo, la tuberculosis y muchas otras afecciones que reducen el vigor mental y corporal. Y cuando recordamos que estas son las afecciones que implican fracaso social y que dan lugar a una proporción tan grande de nuestros criminales, pobres y desempleados, podemos empezar a ver el amplísimo alcance que tiene esta cuestión».[39] La solución de los eugenistas fue segregar a las personas consideradas no aptas, controlar su fertilidad e incluso, en la Alemania nazi, exterminarlas.

La eugenesia se convirtió rápidamente en un pantano del que emergieron todo tipo de tentáculos de inhumanidad. En el Reino Unido, la eugenesia motivó y justificó la Ley de Deficiencia Mental de 1913, que permitió al gobierno encerrar por la fuerza en frenopáticos a personas consideradas «débiles mentales» o «moralmente pobres», destruyendo así las vidas de sesenta mil personas hasta 1957. En los Estados Unidos, condujo a esterilizaciones forzadas de personas con algún tipo de discapacidad: veinte mil solo en California antes de que se prohibiera la práctica en 1979. La eugenesia tomó un giro aún más horroroso en la Alemania nazi, donde más de doscientas mil personas con discapacidades fueron asesinadas en centros de «eutanasia». El Programa Eutanásico nazi de 1940-1941 se convirtió en el modelo para el Holocausto, el máximo y horroroso apogeo de la eugenesia; la obsesión de Adolf Hitler con la superioridad de la raza aria condujo al genocidio de seis millones de judíos y de entre 250.000 y 500.000 romaníes, así como al asesinato sistemático de miles de homosexuales.[40] Nunca tendríamos que olvidar el hedor surgido de este envilecido afluente.

LA MÁQUINA HUMANA

Otro astrónomo, que —según admitió él mismo— trabajaba en un observatorio de segunda fila, se enfrentó a un problema que solo podía resolverse «midiendo el pensamiento» y, al hacer precisamente eso, se convirtió en un pionero de la psicología experimental. Los relojes suizos son hoy sinónimo de precisión y, a menudo, de exclusividad. Recuerdo que, cuando era estudiante de doctorado en Ginebra, me quedé boquiabierto al ver las esferas tachonadas de diamantes de los relojes de gama alta que brillaban como estrellas bajo su cristal irrompible. Para lograr su exquisita reputación, el ingrediente clave desde los inicios de la industria relojera suiza fue una lectura igualmente exacta de la hora estelar, la razón de ser de los observatorios de Ginebra y Neuchâtel, que no por casualidad eran asimismo los dos principales centros de fabricación de relojes suizos. Cada aspecto de su funcionamiento estaba «calculado para cumplir ese objetivo al máximo grado posible», escribió Adolph Hirsch, director y único astrónomo del observatorio de Neuchâtel, en su informe bianual de 1861.[41]

Pero Hirsch pronto se dio cuenta de que había un obstáculo en su búsqueda de la precisión cronométrica definitiva: él mismo. El tiempo de reacción del observador al paso de una estrella horaria por el retículo del telescopio era una cantidad desconocida, que los astrónomos desde Friedrich Bessel habían denominado *ecuación personal* y que hoy llamaríamos *tiempo de reacción*. En 1816, Bessel se había visto impulsado a investigar el fenómeno al enterarse de que Nevil Maskelyne había despedido a su joven ayudante, David Kinnebrook, debido a su «forma viciosa de observar los tiempos de tránsito demasiado tarde», con un retraso de ochocientos milisegundos. Quién sabe si el hecho de que Kinnebrook hubiera rechazado la recomendación de Maskelyne de casarse con la sobrina de un colega solo quince días antes de su despido pudo haber influido en la decisión del astrónomo real.[42]

La ecuación personal variaba de un individuo a otro, e incluso durante una misma noche para la misma persona, lo que introducía un error en la medición, un error que no se podía tratar con el método de Laplace, ya que no se producía al azar, sino siempre de la misma manera (aunque en una cantidad diferente en diferentes observadores). Así pues, Hirsch dejó de lado la hora estelar y procedió a estudiar sistemáticamente el tiempo de reacción de sus amigos a los estímulos auditivos, táctiles y visuales, y también el suyo propio, utilizando un «cronoscopio» capaz de medir la velocidad de las balas, adoptado luego por psicólogos experimentales en todo el mundo. Hirsch mandó construir un aparato con estrellas artificiales que creaba condiciones experimentales controladas, con el que midió la ecuación personal de cada observador. Tal vez de manera inevitable para alguien al servicio de la industria de la relojería, Hirsch llegó a la conclusión de que el hombre era «exactamente como una máquina de precisión» y, como cualquier otro instrumento temperamental, el observador humano necesitaba una calibración cuidadosa para funcionar con precisión.[43]

El universo mecánico, de relojería, se había vuelto sobre

nosotros, ya que la medición de las estrellas condujo al escrutinio de los sentidos humanos como parte del aparato de medición. Pronto el observador humano quedaría fuera de escena por completo, reemplazado por el entonces novedoso electrocronógrafo para medir los tiempos de tránsito, la placa fotográfica y, finalmente, la imagen digital. Los poetas románticos se enfurecieron contra la mecanización del hombre y la naturaleza, y a menudo apelaron a las estrellas para que dieran testimonio de su angustia, lo que resulta irónico dado el papel constante de las estrellas como modelos de relojería. Como dijo Walt Whitman en 1865,

Cuando escuché al astrónomo erudito,
cuando las pruebas, las cifras, fueron puestas en columnas
    delante de mí,
cuando me enseñaron los mapas y los diagramas, para
    sumarlos, dividirlos, medirlos,
cuando sentado escuché al astrónomo, con gran aplauso
    en el salón,
qué extrañamente rápido me harté,
hasta que levantándome y deslizándome me alejé solo,
en el aire nocturno, místico y húmedo, y de tiempo en tiempo,
miré en perfecto silencio las estrellas.

A partir de la época victoriana, la sociedad misma se mecanizó. Después de todo, ¿no éramos nosotros también mecanismos complejos, resultado no de un diseño afectuoso sino de la supervivencia del más apto? ¿No se había demostrado que el efecto acumulativo del libre albedrío de cada persona seguía las leyes férreas de la probabilidad, por mucho que las decisiones individuales fueran impredecibles y aleatorias? ¿Y no había insinuado Karl Marx que toda la sociedad seguía las leyes naturales del desarrollo económico?

La estandarización de los procesos de fabricación, la invención de la cadena de montaje, el vertiginoso aumento en la demanda de madera, carbón, hierro y, más tarde, petróleo para los transportes (primero en trenes de vapor, luego en automóviles y luego en los aviones de dos pisos de hoy) y los nuevos medios de producción (el telar mecánico, el proceso Bessemer de fundición para fabricar acero barato, la cosechadora) y de destrucción (la ametralladora, los buques acorazados, los bombarderos, el misil balístico intercontinental) exigieron que los hombres y las mujeres se pusieran al servicio de la máquina. Los procesos repetitivos y secuenciales que exigía el nuevo mundo de la fabricación transformaron al individuo, según Marx, «en el motor automático de alguna operación parcial».[44]

El mundo quedó transformado en un nuevo orden cósmico. Así como las estrellas salían y se ponían en momentos predecibles, los barcos de vapor cruzaban océanos, indiferentes a los caprichos de los vientos alisios, los trenes de pasajeros recorrían continentes sobre relucientes vías de acero y las noticias eléctricas viajaban a través del planeta por los cables del telégrafo al ritmo del código Morse. Las revoluciones de los cuerpos celestes habían sido imitadas imperfectamente por el mecanismo de Anticitera, impresas en la esfera del magnífico reloj de Jacopo de' Dondi, transmutadas en leyes matemáticas por Newton, insufladas en latón y acero por Babbage y, finalmente, transmitidas a lo largo y ancho del planeta por la influencia omnipresente del demonio de Laplace.

LA INMENSIDAD DEL TIEMPO

Es probable que el demonio de Laplace influyera en las ideas iniciales de Darwin sobre la evolución a través de su encuentro con Babbage y su lectura de Quetelet. Pero la teoría de Darwin necesitaba grandes cantidades de un ingrediente clave que la ciencia victoriana no podía proporcionar en la cuantía requerida: tiempo.

Aquí también las estrellas nos hicieron un favor. Primero, la escala de las distancias astronómicas saltó a la longitud hasta entonces casi inconcebiblemente grande del año luz, que Friedrich Bessel introdujo en 1838, como ya vimos, mientras Darwin reflexionaba sobre la evolución. Creo que este es el significado de la observación de Henri Poincaré de que «la astronomía nos enseñó a no tener miedo de los grandes números»: gracias al ejemplo de la astronomía, los geólogos y los biólogos evolucionistas estaban dispuestos a considerar un abismo de tiempo casi sin fondo, la contraparte de la ingente extensión de espacio que el telescopio nos había puesto ante los ojos.[45] Pero, con la misma importancia, las estrellas también proporcionaron pruebas claras de que la escala de tiempo cosmológica era mucho más amplia de lo que permitía el relato bíblico de la creación. Para descubrir esta corriente subterránea que conecta la astronomía con la teoría de la evolución, debemos seguir sus meandros a través de la geología.

James Hutton, considerado hoy el fundador de la geología moderna, intuyó la inmensidad del tiempo geológico no mirando al cielo, sino considerando el humilde y lento trabajo de una gota de agua que arrastraba y se llevaba consigo tierra fértil en su granja de Berwickshire, partícula a partícula. Si hubiera suficiente tiempo, razonó, toda la tierra acabaría en el mar, a menos que se formara tierra nueva en otro lugar, a causa de las heladas, el viento y la lluvia que desgastarían las montañas. Hutton vagó por la campiña escocesa, inspeccionando lechos de ríos y riberas y quedando perplejo por la presencia de almejas fósiles en las colinas de Cheviot, y concluyó que no habían llegado allí en el diluvio bíblico de 2350 a. C., como afirmaba la interpretación literal del Génesis. «Los viejos continentes se están desgastando y se están formando nuevos continentes en el fondo del mar», afirmó en 1785.[46] Pero incluso el Muro de Adriano no había cambiado mucho en los dieciséis siglos transcurridos desde su construcción, algo que podía ver cualquiera. ¿Cuánto tiempo se necesitaría para que el Ben Nevis, la montaña más alta de Escocia, se convirtiera en polvo? ¿Y cuánto tiempo habría sido necesario para que se levantara del mar, capa tras capa de deposiciones? Nada de esto era posible en los escasos seis mil años desde el momento de la creación que permite la Biblia.

Del mismo modo que Nicolás Copérnico fue en gran medida ignorado hasta que Galileo Galilei arrancó de los cielos pruebas contundentes del heliocentrismo, la afirmación de Hutton sobre la fabulosamente grande edad de la Tierra fue pasada por alto hasta que Charles Lyell liberó a la geología de Moisés en su obra maestra, *Principios de geología*. Dotado de una elocuencia que Hutton nunca pudo reunir, Lyell sostuvo que los continentes y las montañas no habían sido formados por catástrofes repentinas ni habían surgido del diluvio bíblico, sino que habían sido moldeados con lentitud por los triviales procesos de erosión debidos al viento, el agua y el Sol a lo largo de millones de años. Al principio, el «gradualismo» de Lyell fue ridiculizado y solo empezó a recibir una amplia aceptación con la siguiente generación de geólogos.[47] John Herschel, como astrónomo familiarizado con la enormidad del espacio, se sumó de inmediato a tales opiniones similares sobre el tiempo.

Herschel escribió a Lyell en 1836: «¡Tiempo! ¡Tiempo! ¡Tiempo! No debemos impugnar la cronología de las Escrituras, pero debemos interpretarla de acuerdo con lo que, tras una investigación justa, parezca ser la verdad, porque no puede haber dos verdades».[48] En febrero de 1837, en una carta a su hermana, Darwin encontró la idea de Herschel refrescante y novedosa cuando se aplicaba al tiempo transcurrido desde la aparición del hombre:

Me dices que no ves qué hay de novedoso en la idea de Sir J. Herschell [*sic*] sobre que la cronología del Antiguo Testamento es errónea —he empleado la palabra *cronología* de manera inexacta, no se refiere a los días de la Creación, sino al lapso de años desde que el primer hombre hizo su maravillosa aparición en este mundo—. Por lo que yo sé, todo el mundo ha considerado hasta ahora que el período correcto son los seis mil y pico años, pero Sir J. piensa que tiene que haber pasado un número mucho mayor.[49]

El primer volumen de los *Principios de geología*, recién salido de la imprenta, estaba en la pequeña biblioteca que Charles Darwin se llevó consigo a bordo del *Beagle*, un obsequio del capitán Robert FitzRoy, y el joven naturalista pronto se convirtió en «un celoso discípulo de las opiniones del señor Lyell», no solo con respecto a la geología sino también a los vertiginosos tramos de tiempo pasado que Lyell había revelado.[50] El tiempo iba a ser uno de los ingredientes esenciales de la teoría de la evolución de Darwin: montones y montones de tiempo, porque en los seis mil años bíblicos desde la creación, las plumas de los pavos reales nunca podrían haber evolucionado a partir de un *T. rex*, pero con seiscientos millones de años, no era descabellado que los pulgares oponibles y la autoconciencia pudieran tener una oportunidad para surgir.

«La edad geológica desempeña el mismo papel en nuestra visión de la duración del universo que el radio orbital de la Tierra en nuestra visión de la inmensidad del espacio», escribió el geólogo irlandés John Joly en 1915.[51] En otras palabras, la edad de la Tierra era la plomada con la que se podía sondear la inmensidad del tiempo. ¿Tocaría fondo antes de dar a las montañas la oportunidad de surgir de las profundidades de los océanos, como postuló Lyell, y a los humanos de surgir de la costilla de un ratón? Joly estimó que la edad de la Tierra era de unos cien millones de años, considerando el tiempo que se necesitaría para que la salinidad de los océanos alcanzara los niveles actuales, una idea propuesta por primera vez en 1715 por Edmond Halley, quien proféticamente especuló que «tal vez gracias a ella el mundo resulte ser mucho más antiguo de lo que muchos han imaginado hasta ahora».[52] Los físicos de finales del siglo XIX no lo tenían fácil para conceder a los geólogos y a los evolucionistas los inmensos períodos de tiempo por los que clamaban. Lord Kelvin insistía, con razón, en que, si la energía del Sol provenía de la gravedad, «a menos que en el gran almacén de la creación se guarden fuentes que ahora desconocemos», nuestra estrella no podría tener más de veinte millones de años.[53] La plomada de los físicos había tocado fondo a causa de su desconocimiento de la verdadera fuente de energía del Sol. Pero el descubrimiento de la radiactividad a principios del siglo XX permitió a los geólogos determinar la edad de las rocas midiendo la proporción de plomo y uranio, lo que dio como resultado estimaciones de más de mil millones de años. George Darwin, hijo del padre de la evolución y un destacado astrónomo, reforzó la posición de los geólogos al demostrar que el calor de incluso una pequeña pizca de elementos radiactivos en la composición del Sol podía mantenerlo en funcionamiento durante cientos de millones de años.[54] No se llegaría a una resolución completa del misterio hasta la década de 1930, con el descubrimiento de la fusión termonuclear como el origen del calor del Sol, que hoy sabemos que tiene una edad de unos cinco mil millones de años.

El universo en sí es mucho más antiguo. Así como la distancia a las estrellas resultaba casi inconcebible antes del descubrimiento de la paralaje estelar por parte de Bessel, la edad del cosmos no se determinó hasta que se aportaron datos de alta precisión al demonio de Laplace. Las observaciones de la luz remanente del Big Bang, obtenidas por primera vez en 1992, proporcionan al demonio una instantánea del universo en su infancia, tal como era apenas 380.000 años después de que empezara todo. Siguiendo la curva en forma de campana de Laplace-Gauss, una excelente descripción de la distribución de la energía tras el Big Bang, el demonio avanza en el tiempo, acompañando la expansión del universo hasta el día de hoy, prediciendo la ignición de las estrellas, la formación de las galaxias y su distribución estadística en el cielo. El resultado es una estimación extraordinariamente precisa de la edad del universo: 13.800 millones de años desde el comienzo de todo lo que existe, con una incertidumbre de unos tres millones de años por arriba o por abajo, una precisión diez veces superior al margen de error en la edad de la Tierra. Con el poder del demonio, los cosmólogos nos han presentado así un universo mucho más antiguo de lo que nadie se había atrevido a imaginar antes.

EL DEMONIO RENACE

Con la unión de datos, análisis estadístico y poder computacional, el demonio se volvió capaz de estudiar y predecir fenómenos que abarcan desde lo subatómico hasta lo extragaláctico, en escalas de tiempo que van desde las fugaces colisiones de partículas en los aceleradores hasta la formación de galaxias.

El demonio superó la predicción de la posición de los cuerpos celestes basada en observaciones pasadas, como en el caso del cometa Halley o Ceres y pasó al problema más difícil de predecir lo que no se había visto nunca con anterioridad: un nuevo planeta, Neptuno, descubierto en 1846 por el astrónomo francés Urbain Le Verrier «con la punta de su pluma», tal como lo inmortalizó su colega François Arago, analizando las perturbaciones apreciadas en la órbita de Urano; o también el cambio en la posición aparente de las estrellas cerca del Sol durante un eclipse solar, calculado por Albert Einstein en 1915 sobre la base de su nueva teoría de la relatividad general y verificado por Arthur Eddington en 1919. Otra predicción de Einstein —la existencia de ondas gravitacionales, perturbaciones en el tejido del espacio-tiempo que se desplazan a la velocidad de la luz— tardó un siglo en verificarse.

Envalentonados por los éxitos del demonio en astronomía, los físicos de principios del siglo XIX se habían acomodado a calcular el estado actual del mundo hacia atrás y hacia adelante en el tiempo mediante la resolución de las llamadas *ecuaciones diferenciales*, que describen la evolución dinámica de un sistema, ya sea un planeta en órbita alrededor del Sol, la vibración de una cuerda de violín o el calor que se propaga a lo largo de una barra de metal apoyada sobre una estufa caliente. Boltzmann y Maxwell enseñaron al demonio a trabajar con propiedades promedio de grandes conjuntos de partículas idénticas; de este modo, no era necesario seguir la trayectoria detallada de todos y cada uno de los átomos concretos para calcular la temperatura y la presión del aire en un pistón que se comprime, por ejemplo.

A principios del siglo XX, la mecánica cuántica obligó al demonio a aprender nuevos trucos: a nivel atómico, las probabilidades sustituyeron a la certeza, y el principio de incertidumbre de Werner Heisenberg le impidió obtener todos los datos que ansiaba. La incertidumbre en los datos que había conjurado la primera encarnación del demonio en el método de Laplace resultaba inevitable a escala atómica. En el mundo cuántico, el conocimiento de la posición de una partícula se traduce en ignorancia sobre su velocidad (o más precisamente, de la magnitud física denominada *momento o cantidad de movimiento*) y viceversa, de modo que el demonio nunca podía estar cien por cien seguro de la posición y de la velocidad simultáneamente. Aun así, el demonio aprendió a predecir la probabilidad de cualquier posible resultado de una medición, y en unas pocas décadas construyó una comprensión detallada de la estructura de un mundo subatómico que ningún ser humano había experimentado jamás. El método estaba funcionando por encima de los sueños más descabellados de Laplace.

Situado en la base de la física teórica, el demonio centraba sus esfuerzos en el único lenguaje que conocía: las matemáticas. Galileo fue el primero en describir la matemática como el lenguaje en el que está escrita la naturaleza, cuyos caracteres, dijo, eran «triángulos, círculos y otras figuras geométricas, sin las cuales es humanamente imposible entender ni una sola palabra».⁵⁵ Para Galileo, la matemática era geometría, nada más, pero a medida que este campo fue creciendo y volviéndose más y más abstracto, los matemáticos crearon una red de conceptos y reglas con los cuales derivar resultados aún más generales y elegantes siguiendo una larga cadena de pasos lógicos. Con la aparición de la mecánica cuántica al principio del siglo xx, las palabras de Galileo adquirieron un nuevo significado: el comportamiento de las partículas subatómicas —si es que puede aprehenderse desde una escala humana tan enorme en comparación con el átomo como lo es una galaxia respecto a nosotros— no se podía comprender sin un modelo matemático. El proceso ya consagrado por el tiempo de pasar de los datos a la teoría, proceso que había guiado a Kepler y, hasta cierto punto, a Newton, parecía haber llegado a su fin. Los físicos teóricos se apropiaron de las matemáticas puras con la intención de construir en torno a ellas nuevos modelos del funcionamiento del mundo y dotaron al demonio del poder predictivo de la necesidad matemática. Cuando preguntaron a Albert Einstein qué habría hecho si las observaciones astronómicas de Eddington hubieran demostrado que su teoría de la relatividad general era errónea, replicó: «Me habría sabido mal por Dios. La teoría es correcta».⁵⁶

De un modo asombroso, la fe de los físicos en las matemáticas puras dio sus frutos. La estructura del mundo físico natural parecía estar íntimamente conectada con creaciones abstractas de la mente humana. Incluso el físico teórico y ganador del Premio Nobel Paul Dirac, cuya fe en las matemáticas le llevó a conjeturar la existencia de antimateria, estaba sorprendido por el giro de los acontecimientos: «La geometría no euclidiana y el álgebra no conmutativa, que en cierto tiempo se consideraban puras ficciones de la mente y pasatiempos para pensadores lógicos, se ha descubierto ahora que son de lo más necesarias para la descripción de hechos generales del mundo físico», escribió en 1931.[57] Se ha comprobado que el lenguaje que Galileo vislumbró en las estrellas es aplicable en todas partes. ¿Cómo es que las construcciones que se han gestado en el mundo aislado de la mente de un matemático describen con asombrosa precisión fenómenos naturales que ocurren en el mundo real? ¿Cómo sabe una manzana que debe caer exactamente al ritmo que marca una ecuación diferencial de segundo orden? Son preguntas que a día de hoy siguen sin tener respuesta a pesar de que la «irrazonable eficacia de las matemáticas en las ciencias naturales», tal como lo expresó el físico teórico Eugene Wigner, se ha demostrado una y otra vez, en una especie de milagro cotidiano.[58]

A medida que se acercaba la segunda década del nuevo milenio, el demonio de Laplace sufrió otra metamorfosis notable. La difusión capilar de internet y la ubicuidad de los dispositivos móviles, junto con avances simultáneos en algoritmos de aprendizaje automático y potencia computacional, han fortalecido al máximo las capacidades del demonio y su ámbito de aplicación. «La nueva disponibilidad de cantidades enormes de datos, junto con las herramientas estadísticas necesarias para analizar todos esos valores, ofrece una manera totalmente nueva de entender el mundo», declaró el periodista especialista en tecnología y empresario Chris Anderson en un artículo muy debatido de 2008, un artículo en el que planteaba que los modelos teóricos eran cosa del pasado y que el propio método científico necesitaba una revisión: «este enfoque de la ciencia —plantear hipótesis, modelizar, comprobar— se está volviendo obsoleto».[59] Hoy en día, la inteligencia artificial (IA) está por todas partes y muestra unas capacidades que eran impensables hace apenas una década. Desde la conversación fluida con un *chatbot* que suena perfectamente humano, como ChatGPT, hasta la generación a demanda de obras de arte a partir de una descripción en lenguaje natural, desde el reconocimiento de voz hasta la conducción autónoma, la IA está modificando con gran rapidez todos los aspectos de nuestras vidas, incluso redefiniendo lo que significa ser humano en nuestra era tecnológica. Algunos temen el momento en que esta última encarnación del demonio pueda volverse sobrehumana en sus poderes: una tecnología, impulsada por demonios y descendiente de las estrellas, esas estrellas que antaño fueron nuestros dioses.

«La astronomía nos ha dado un alma capaz de comprender la naturaleza», escribió Poincaré, y el demonio de Laplace tradujo esa comprensión en previsión y, en última instancia, en acción.[60] Pero los poderes del demonio no han actuado solo en el mundo material, externo. Entre el primer y rudimentario *cannocchiale* de Galileo y el ojo infrarrojo del telescopio espacial *James Webb*, la humanidad ha cambiado desde dentro gracias a la nueva perspectiva de la realidad y de nosotros mismos que nos ha ofrecido el demonio de Laplace, entrenado entre las estrellas. Al dejar atrás el mundo de la ciencia cuantitativa, la luz de la luna llena nos invita a reconectarnos con otra faceta de nosotros mismos.

LAS CRÓNICAS DE CALIGO

El cuento de Tiendefuego

Cuando Buscabisontes se dejó caer de nuevo en su escaño, agotado, Pastor se acercó a Tiendefuego, acuclillado, y dijo:

—Tiendefuego, gracias a ti, nuestra cueva es cálida y la Oscuridad se detiene en la entrada. ¡Recuerda cómo tendemos el fuego!

Tiendefuego dejó a un lado el tronco con el que removía las brasas y habló así:

El Fuego y el Rayo son uno, pero el Rayo es más puro. El Fuego es un regalo del Rayo, y es nuestro amigo cuando lo honramos como se merece. Cocina nuestra comida y contiene el frío; asusta al lobo, ahúma nuestras pieles y seca nuestros pelajes. Nos muestra el camino en la Oscuridad, quema con vigor cuando le damos savia. Viaja con nosotros, durmiendo en los rescoldos, listo para alzarse de nuevo con un ligero soplido sobre hojas secas. Convoca a la Nube entre nosotros durante el Recuerdo. Voy a recordar cómo cuidar su generosidad y cómo calmar su ira.

Como el Rayo, que surge de la Oscuridad, el fuego hace surgir la oscuridad interior: cuanto más brillante arde, más profunda es la Oscuridad. Esa oscuridad está dentro de cada uno de nosotros, invisible durante el Fulgor: la llamamos «la Sombra».

Ahora la Sombra se alza para bailar detrás de cada uno de nosotros, en las paredes de nuestro hogar. Pero no tenemos miedo: sabemos que es un trozo de oscuridad separado de la

Gran Negrura del exterior. ¡Recuerdo cómo domar la Sombra! ¡Observad cómo la Sombra nos enseña!

Después de esto, Tiendefuego cogió un tizón y lo prendió en la gran hoguera. Lo colocó entre dos grandes rocas y, moviéndose a su alrededor, sacó a la Sombra de sus manos. La Sombra se tambaleó sobre la pared de la cueva y luego adoptó la forma de un mamut, lento y poderoso, mientras devoraba un árbol. Observamos durante un largo rato y sentí en mi sangre la emoción de la caza. Por fin, de la Sombra surgió la forma de uno de nosotros: debía de ser Lanzajabalinas, porque llevaba una lanza y la agitaba con fuerza, sin miedo. Lanzajabalinas corrió hacia el mamut desde atrás y lo golpeó una y otra vez, hasta que el gigante cayó de costado, vencido. Lanzajabalinas saltó sobre él y bailó, hasta que la Sombra tembló y luego se desvaneció. Una columna de humo se elevó del tizón. El Fuego se había apagado.

—¡Aprendamos de la Sombra! —dijo Tiendefuego—. ¡El Fuego ha arrancado un trozo de la Oscuridad y lo ha puesto a nuestro servicio, para que nos diga lo que está por venir! ¡El mamut será conquistado!

Un rugido siguió a las últimas palabras de Tiendefuego. El Fuego no mentía y nos sentíamos listos para la cacería que estaba por venir. Pastor se levantó de nuevo y dijo:

—Atrapanieblas, después del Fuego, recordemos el hielo. ¡Háblanos sobre la Imposición de Nombres!

Atrapanieblas se puso de pie y así comenzó su relato.

9

UN ESPEJO ANTE NOSOTROS

Pero si damos por sentado que estas cosas son ciertas, nos enfrentamos a una
pregunta terriblemente seria: ¿qué tenemos que ver con las estrellas?

CARL GUSTAV JUNG, *Análisis de sueños*

LOS ADORADORES DEL SOL

Me sentí hechizado en el mismo momento en que empecé a
descender por la pendiente. Casi dos décadas después, todavía
recuerdo cómo mis pies tomaron el control y me llevaron hacia el otro extremo de la cavernosa gruta. La bruma anaranjada transformó el espacio en otro planeta, donde imaginé que
mi mareo se podría explicar por la menor gravedad, o una atmósfera diferente, o la naturaleza puramente alienígena del
lugar. La silueta de la gente que se agolpaba en el puente que
salvaba el lado más corto de la gruta me recordó a los pasajeros de un transatlántico, inclinados sobre la barandilla para un
último adiós. O tal vez las figuras negras bañadas en una luz
apocalíptica estaban saludando por última vez a su planeta natal, la cuna de su especie viajera, después de que su estrella,

antaño benigna, se hubiera convertido en una gigante roja devoradora de planetas. Cuando salí al otro lado del puente, un enorme disco brillante se alzaba frente a mí. «¡Papá, mira, es el Sol!», gritó una niña pequeña que estaba cerca, señalándolo. A mi alrededor, la gente caminaba hacia el Sol como autómatas, como si habitaran un sueño, mirándolo fijamente, paralizados. Otros estaban desperdigados por el suelo, con las manos entrelazadas tras la cabeza, mirando hacia arriba. Cuando estiré el cuello para seguir su mirada, me vi a mí mismo mirando hacia abajo desde el techo recubierto de espejos, cinco pisos más arriba, flotando en una neblina anaranjada sin fondo.

El sol no se movía, su brillo no cambiaba, el tiempo no pasaba. La gente se quedaba allí, sin prisas, sin preocuparse por la urgencia de tomarse *selfies* (en aquel entonces los teléfonos no tenían cámara). Ahora estaba a solo unos metros del disco, sintiéndome como un moderno Ícaro que no había acabado incinerado. No podía sentir ningún cambio de temperatura. De vez en cuando, ascendían remolinos de niebla aromática, como si fuera salvia cultivada en el espacio, emitidas por unas máquinas de niebla ocultas. Me senté en el suelo y disfruté de la puesta de sol permanente y sin calor.

La instalación específica del artista islandodanés Olafur Eliasson superó con creces el desafío que ofrecía el sepulcral espacio de la Sala de Turbinas de la Tate Modern de Londres, de ciento cincuenta metros de largo por veinticinco de ancho. Eliasson llenó el enorme volumen vacío delimitado por ladrillo, hormigón industrial y acero con la luz sobrenatural de un sol artificial, en forma de medio disco de quince metros retroiluminado mediante doscientas lámparas monocromáticas. Un techo totalmente espejado creaba la ilusión de un disco completo a modo de Sol, ofrecía a los visitantes la oportunidad de contemplarse a sí mismos tumbados en el suelo y fomentaba un elemento de participación coral. Por lo que pude comprobar durante mi visita, funcionaba.

La instalación de Eliasson, titulada *The Weather Project*, en apariencia giraba en torno a la simulación de un fenómeno meteorológico controlado artificialmente en interiores. Pero su poder, experimentado por más de dos millones de personas durante sus cinco meses de exhibición, provenía sin duda del propio Sol. Eliasson resucitó de manera espectacular la potencia simbólica del astro rey. A pesar de toda la astuta tecnología de la instalación, los visitantes de la Tate Modern se veían confrontados con un sentimiento primigenio y numinoso, uno que había infundido la psique de la humanidad durante milenios: la sensación de estar a merced de un poder superior, de una deidad que podía pasar de ser un benévolo dador de vida a un abrasador portador de muerte por puro capricho.

La instalación de Eliasson también habla del papel del Sol en la búsqueda del sentido de la existencia por parte de la humanidad. Nos invita a enfrentarnos a la cuestión de cómo las estrellas han moldeado no solo nuestra tecnología, la manera en que exploramos, nos comunicamos, medimos el tiempo y organizamos nuestras vidas, sino también nuestra psique colectiva, el andamiaje que sustenta el hecho de ser humano. Todo este simbolismo, que ya hemos encontrado en el significado que nuestros antepasados atribuían a los eclipses y los cometas, en las historias que se contaban sobre las constelaciones y las estrellas, en los poderes divinos atribuidos a los planetas y en el ciclo de muerte y renacimiento reflejado en la Luna, no desapareció con la Revolución Científica; en todo caso, se lo ha empujado hacia pozos más profundos, hacia espacios interiores menos atendidos. En este capítulo exploramos la influencia del firmamento en nuestras propias almas.

SOL INVICTUS

Para rastrear el poder que se escondía tras el sol de Eliasson, tuve, como Gilgamesh, que hundirme bajo tierra. A unos cientos de metros del lugar donde el río Timavo vuelve a la superficie para desembocar en el Mediterráneo, en el noreste de Italia, una cueva natural da testimonio del antiguo culto a Mitra, el dios del Sol, cuya adoración se extendió durante los últimos estertores del Imperio romano, transmitida por soldados, comerciantes y esclavos desde sus oscuros orígenes en Oriente Próximo hasta todos los rincones de los dominios imperiales.

El sitio es uno de los cientos de templos que hay dispersos desde los bordes del Sahara hasta los montes escoceses, desde las orillas del Danubio hasta los valles de Asturias, templos en los que los pontífices del Sol, ataviados con túnicas incrustadas con joyas, sacrificaban toros que brillaban con láminas de pan de oro en honor a Mitra, el Sol Invicto. El mitreo de Duino es el único ejemplo conocido en Italia de templo a Mitra ubicado dentro de una cueva natural, en lugar de ser una construcción hecha a propósito. Para llegar a él, caminé entre los restos ennegrecidos de lo que solía ser un bosque nativo, hasta que un gran incendio lo consumió el verano anterior, después de semanas de sequías: el dios Sol ejerciendo su poder, se podría decir, o tal vez el clima evitando el control humano. El acceso a la cueva se solía hacer a través de un pozo vertical que conducía a una cámara abovedada iluminada por cientos de faroles, cuyos restos fueron descubiertos junto con la cueva en 1963. El sencillo altar de piedra caliza, todavía intacto, probablemente era el centro del sacrificio ceremonial, representado en un bajorrelieve cercano en el que un sacerdote corta la garganta de un toro con un cuchillo, mientras un escorpión roe los testículos del animal; el Sol y la Luna dan testimonio de la ofrenda. El culto fue tan popular en los siglos II y III d. C. que casi ahogó a otra fe religiosa emergente en esos momentos: el cristianismo.

El predominio de Mitra entre las legiones romanas queda atestiguado por el relato de una victoria crucial de Vespasiano durante la primera guerra civil del Imperio, en el año 69 d. C., en la que se podría decir que el mismísimo dios Sol intervino para abrir el camino a Vespasiano y que se convirtiera en emperador. Las fuerzas de Vespasiano estaban enzarzadas en una batalla nocturna muy equilibrada contra las legiones de su adversario, Vitelio, cerca de Cremona, en el norte de Italia, cuando empezó a amanecer. Las legiones de Vespasiano, que habían servido en Siria y allí se habían convertido en adoradores de Mitra, dieron la espalda a la batalla (poniéndose así a merced de su enemigo) para mirar hacia el este y saludar con potentes vítores al orbe que se alzaba. El impacto fue inmediato y decisivo: las fuerzas de Vitelio malinterpretaron su gesto con una celebración de la llegada de refuerzos y huyeron despavoridas. Cuando llegó el día del solsticio de invierno, Vitelio había muerto y Vespasiano había sido proclamado emperador por el Senado romano, mientras se hallaba en Alejandría siendo aclamado como el nuevo faraón y rey egipcio, y así proclamado hijo de Ra, el dios Sol egipcio.[1]

En el año 274 d. C., el culto a Mitra recibió la aprobación oficial de nada menos que el emperador Aureliano, cuya madre, según se decía, era sacerdotisa del templo del Sol de su pueblo y que él mismo era descendiente de una antigua y noble familia que había honrado al Sol (*ausel*) ya en tiempos prerromanos, cuando se les llamaba *Auselii* (que más tarde se transformaron en *Aurelii*). De la misma raíz provienen, en las lenguas romances, las palabras *aurora* ('amanecer') y *aurum* ('oro'); por esta razón, el símbolo químico del oro es Au. El aspecto resplandeciente e inmaculado del oro recuerda al brillo refulgente del Sol, que es una de las razones por las que el metal ha sido tan apreciado desde la antigüedad. Su propio nombre en las lenguas modernas basadas en el latín (*oro*, *or*, *ouro*, *aur*) sigue vinculado al dios solar de la antigüedad. Cuando el criado del canónigo describe los estudios alquímicos de su maestro en *Los cuentos de Canterbury* de Geoffrey Chaucer dice: «*Sol gold is and Luna silver we threpe*», 'el Sol es oro y la Luna plata, decimos'. Cuando un brazalete de oro refulge gracias a un rayo de sol, podemos reflexionar un momento acerca del largo linaje de su conexión.[2]

Con el favor imperial de Aureliano y sus sucesores, el culto de Sol Invictus, ahora identificado enteramente con Mitra, se apoderó de los romanos. Hacia el siglo III d. C., el mitraísmo y el cristianismo compartían muchas creencias y celebraban rituales sorprendentemente similares, tanto así que los Padres de la Iglesia mostraban una clara incomodidad ante tantas similitudes. A veces se representaba a Mitra a modo de una trinidad (con versiones del Sol naciente y poniente como otras dos personificaciones de la misma deidad); sus seguidores eran bautizados al ser marcados en la frente, recibían una especie de eucaristía en forma de ofrenda de pan y agua y se les prometía la resurrección, que se realizaba ceremonialmente fingiendo matar a una víctima humana, a la que el sacerdote luego devolvía la vida. En una ceremonia de purificación que los primeros cristianos encontraban aborrecible, los sumos sacerdotes de Mitra se lavaban de sus pecados en una pileta donde eran bañados con la sangre y las entrañas humeantes de un toro recién sacrificado.

A mediados del siglo IV, Sol Invictus estaba ganando la batalla por los corazones y las almas inmortales de los ciudadanos del Imperio romano. Su festividad principal se celebraba con unos fastuosos juegos en el circo el 25 de diciembre, el solsticio de invierno, el día en que el Sol Invicto empezaba a recuperar su vigor y a otorgar de nuevo su fuerza vital al mundo. En realidad, para entonces el solsticio de invierno se había desplazado al 21 de diciembre; se había situado en el 25 de diciembre cuando Julio César reformó el calendario en el año 46 a. C., pero perdió cuatro días a lo largo de los siglos siguientes, ya que el año juliano era once minutos más corto que el año solar real; en cualquier caso, el 25 de diciembre se escogió como fecha tradicional del solsticio, a pesar de no coincidir ya con el suceso astronómico. Los Padres de la Iglesia romanos lo asumieron como uno de esos casos de «si no puedes vencerlos, únete a ellos» y, con sagacidad, desplazaron el día del nacimiento de Jesús, hasta ese momento asociado a la Epifanía, el 6 de enero, al 25 de diciembre.

Los vientos se fueron girando en contra del mitraísmo, sobre todo después de que el emperador Constantino, seguidor del culto a Sol Invictus, se convirtiera al cristianismo después de una visión religiosa en vísperas de la batalla del puente Milvio y legalizara la religión cristiana con el Edicto de Milán en el año 313 d. C. A fines del siglo IV, la sublimación cristiana del Sol en un símbolo se había completado. En uno de sus sermones de la Natividad, San Agustín traza un paralelismo entre Cristo y la luz que regresa, a la vez que advierte a los fieles que eviten el error de los paganos, quienes adoran al Sol real en lugar de aquello a lo que representa como símbolo:

Y como la infidelidad misma que, haciendo las veces de la noche, había cubierto de tinieblas al mundo entero, al aumentar la fe tenía que disminuir, comienzan a menguar las noches y a crecer los días en el día preciso del nacimiento de nuestro Señor Jesucristo. Tengamos, pues, hermanos, por solemne este día, no pensando en este sol, como los infieles, sino en quien lo hizo. [...] Así es: con su carne, bajo el sol; con su majestad, por encima del mundo entero, dentro del cual creó al sol. Ahora, sin embargo, también con su carne está por encima de este sol, al que tienen por dios quienes, ciegos en su mente, no ven al verdadero sol de justicia.[3]

La centralidad teológica del Sol no fue de mucha ayuda para Nicolás Copérnico y Galileo Galilei cuando defendieron su centralidad física en el sistema solar. En cualquier caso, la próxima vez que decores tu casa en Navidad con velas, oropel o guirnaldas de luces de colores, recuerda que este día solía ser la celebración de un tipo diferente de luz. Una duradera historia sobre el origen de la tradición de un árbol de hoja perenne iluminado con luces sostiene que Martín Lutero estaba caminando de noche en un nevado bosque de abetos cuando quedó impresionado por la esplendente belleza del firmamento, que luego reprodujo para su familia como un árbol de Navidad. Una leyenda, sin duda, pero imbuida del poder perdurable del mito.[4]

El simbolismo religioso vinculado al Sol inundó también el ámbito secular para conferir poder y legitimación. Muchas culturas consideraban a sus gobernantes descendientes directos de su dios solar supremo, imbuidos de poder y autoridad por tal ascendencia divina: el emperador japonés era «el Hijo del Sol», el rey de los incas invocaba a Inti como «el Sol, mi Padre» y los aztecas se consideraban a sí mismos «el Pueblo del Sol». En la Francia del siglo XVII y XVIII, Luis XIV, el Rey Sol, se rodeó de innumerables versiones de su emblema, una cabeza resplandeciente con rayos solares (a menudo hecha de oro macizo), la sede de la iluminación y la inteligencia: «*L'état, c'est moi*, 'el Estado soy yo'», bromeaba. Incluso se decía que la imponente columnata que adornaba la majestuosa fachada oriental del palacio del Louvre, construida por orden del Rey Sol, se había inspirado en la descripción que hizo Ovidio del palacio de Apolo, el dios romano del Sol.[5]

Como hemos visto, el resplandor del Sol puede verse anulado al ser tapado por la Luna; sin embargo, el mundo de los símbolos sufrió un eclipse inverso, pues fue el Sol el que usurpó la primacía primigenia de la Luna. El equipo con el que cuenta el historiador ya no es suficiente para esta investigación; tampoco sirve de nada la caja de herramientas del arqueólogo; es hora de buscar la ayuda de un psicoanalista.

No jures por la Luna

Entre los adornos que alegran las paredes de mi despacho, hay un colorido dibujo que me hizo mi hija Emma cuando tenía unos nueve años y que suele atraer la atención de mis visitantes. A la izquierda, vemos dibujada una luna creciente, de perfil, con tonos azules; su rostro femenino mira hacia la derecha, donde se funde con el rostro redondeado de un sol masculino, cuya corona de rayos resplandecientes fulgura con tonos amarillos, naranjas y rojos. Alrededor de la pareja, el cielo está salpicado de estrellas puntiagudas, planetas anillados y galaxias espirales claramente reconocibles.

Mis visitantes nunca comentan el dibujo, pero puedo ver en sus ojos que la escena les remite a algo profundo. Los únicos símbolos que mis visitantes y yo, gente de ciencia, dominamos son los que indican la integración en el análisis matemático, la suma directa en álgebra y cosas parecidas, aunque ignoramos que el símbolo que usamos para la suma directa, una cruz en un círculo, es un antiguo glifo que solía denotar al Sol, tomado de la forma de las ruedas del carro en el que se suponía que viajaba.

El psicólogo suizo Carl Gustav Jung, que había sido discípulo de Sigmund Freud antes de inaugurar una nueva rama del psicoanálisis, introdujo la noción de *inconsciente colectivo*, un «segundo sistema psíquico de naturaleza colectiva, universal e impersonal que es idéntico en todos los individuos», consistente en antiguos símbolos primigenios, los arquetipos, que se heredan en lugar de desarrollarse individualmente.[6] Jung pensaba que los niños están «arraigados en el inconsciente colectivo», lo que el poeta William Yeats llamó «una gran Memoria que pasa de generación en generación».[7] Tal vez el dibujo de Emma desenterraba asociaciones de nuestras neblinosas profundidades compartidas.

El ciclo menguante y creciente de la Luna extendió el cómputo del tiempo más allá de la simple alternancia del día y la noche, tal como vimos en el capítulo 4. Ahora bien —y esto es igualmente importante—, las fases lunares acabaron asociándose al ciclo recurrente de la vida, la ley universal del devenir, la rueda ineludible del nacimiento, el crecimiento, el declive y la muerte humanos, todos ellos arquetipos junguianos fundamentales. Su desaparición mensual de tres días, cuando la Luna es nueva, se consideraba a menudo una muerte real, de la que la Luna solo podía resucitar gracias a ritos mágicos, danzas, oraciones y sacrificios, y de cuyo éxito dependía la vida de todas las criaturas de la Tierra. «Mamá Quilla, Madre Luna, no mueras, o todos pereceremos», rogaban los incas del Perú precolombino.[8] Y cuando se avistaba la primera franja plateada de la Luna creciente, una enorme ola de alivio invadía a la tribu: en el Congo, la gente caía de rodillas, llorando, aplaudiendo y cantando; los nativos americanos bailaban en círculo y cantaban, celebraban juegos y estiraban sus manos hacia la Luna para ayudarla a regresar al cielo.

Con su periódica resurrección desde la oscuridad, la Luna prometía un destino similar para los humanos: «Así como la Luna muere y vuelve a la vida, así también nosotros, teniendo que morir, viviremos de nuevo», rezaban las tribus indígenas americanas de California.[9] Los tres días durante los cuales se creía que la Luna moría coinciden con el tiempo transcurrido entre la muerte de Jesús y su resurrección, que fue prefigurada por el hecho de que el profeta Jonás quedó atrapado «en el vientre del cetáceo tres días y tres noches».[10] Tres días y tres noches es también el tiempo que la diosa sumeria Inanna permanece prisionera en el inframundo, tal como se describe en fragmentos de un poema épico compuesto incluso antes que el *Poema de Gilgamesh*. Sin embargo, en algún momento de la historia las visiones religiosas del mundo centradas en la Luna se volvieron hacia el Sol. Con su feroz mirada cuando se halla en el cenit, sobre todo en los países cálidos y tropicales, el Sol a menudo había sido considerado una amenaza, pero esto empezó a cambiar. Tal vez los vientos cambiaron con la obsesión egipcia por Ra, quien lideraba un ejército de trece mil sacerdotes en su gran templo, en una ciudad ahora desaparecida que los egipcios llamaban Pa Ra (casa de Ra) y los griegos, Heliópolis (ciudad del Sol).[11] Tal vez lo que degradó a la Luna fuera el hecho de darse cuenta de que, como escribió el filósofo y astrónomo griego Anaxágoras en el siglo v a. C., «es el Sol el que proporciona el brillo a la Luna».[12] Acaso fuera la asociación que hizo Platón del Sol, como fuente de luz, con el bien, la fuente de la verdad y el conocimiento en *La República*, junto con su famosa alegoría de la caverna. Tal vez la depreciación de la categoría de la Luna quedó sellada por la línea divisoria definitiva que trazó Aristóteles entre el mundo corruptible de la naturaleza y los dominios divinos y etéreos del cielo, frontera que situó en la órbita de la Luna, incluyendo a nuestro satélite como parte del mundo inferior, terrenal y perecedero. Cicerón lo resume así: «Debajo de ella [la Luna] ya no queda nada que no sea mortal o caduco, a excepción de las almas dadas al género humano como don divino. Por encima de la Luna todo es eterno».[13] Quizá fuera la asociación cristiana de Jesús como Sol Invictus, metafóricamente descrito como «el Sol de Justicia» o «el Sol de Rectitud», mientras que la Virgen María asumió lo que quedaba del mito lunar; en la iconografía cristiana, a menudo se la representa como la mujer que aparece triunfante en el libro del Apocalipsis, «una mujer, vestida del sol, con la luna bajo sus pies, y una corona de doce estrellas sobre su cabeza».[14] A partir del siglo v, María también adoptó el apodo de *stella maris*, 'estrella del mar', vigilante del parto y protectora de las madres, al igual que las diosas lunares paganas que la precedieron.

Mientras que en el mundo occidental la Luna se asoció con el principio femenino —siempre había dominado el espíritu del crecimiento, la fertilidad de las mujeres y la salud de los bebés, como parte del ciclo más amplio de la vida—, el Sol se internalizó como un héroe masculino. Según Jung, una observación externa de la salida y la puesta del Sol «tiene que ser al mismo tiempo un acontecimiento psíquico: el Sol en su curso debe representar el destino de un dios o héroe que, en última instancia, no habita en ningún lugar excepto en el alma del hombre».[15] El poder puro y deslumbrante de nuestra estrella se asentó con firmeza como ámbito y categoría de reyes masculinos como Luis XIV, mientras que, bajo el asalto del patriarcado, la Luna se convirtió en sinónimo de debilidad. Nuestro lenguaje atestigua la degradación de los ciclos de la Luna, antaño considerados una manifestación celeste de la esencia misma de la vida, y ahora reducidos a una expresión de inconsistencia y mutabilidad (¡femeninas!):

> No jures, no, por la inconstante luna,
> que de apariencia cada mes varía,
> no vaya a variar tu amor cual ella.

le ruega Julieta a su desventurado amante Romeo en la tragedia de William Shakespeare. Incluso hoy en día, los adjetivos *lunático* y *alunado* hacen referencia a una especie de locura o demencia intermitente e inconstante, al igual que el adjetivo inglés *moonstruck*, sobre todo en asuntos del corazón. La expresión *estar en la luna* significa estar fuera de la realidad, no darse cuenta de lo que sucede a tu alrededor; *estar de mala luna* en español, *tenir mala lluna* en catalán o *avere la luna storta* en italiano significan, todas, estar de mal humor, ser irascible.

Una depreciación considerable respecto al gaélico *rath*, que significa 'abundancia, éxito, buena suerte' y deriva del término para 'luna llena'.[16] La dicotomía patriarcal de Sol/masculino y Luna/femenino oculta una gran variedad de mitos a lo largo de la historia y en distintas culturas. Hay tradiciones de una diosa femenina del Sol y un dios masculino de la Luna (en Oceanía y Japón o entre los maoríes, para quienes la Luna es «el esposo de todas las mujeres», por ejemplo), que a veces están casados; en algunos mitos, la Luna es la madre del Sol (para los nativos americanos hopi), o el Sol es la hermana de una Luna masculina (entre los pueblos nórdicos). A veces, la Luna es masculina durante su fase creciente y se vuelve femenina durante su fase menguante (entre las tribus de las islas Andamán, en el noreste del océano Índico) o, cuando está llena, es la madre de dos niños, que representan las fases menguante y creciente (para el pueblo navajo). En ocasiones, la Luna «participa de ambos sexos» y crea hermafroditas, como en *El banquete* de Platón. Incluso en el corazón del canon occidental, de vez en cuando hay llamaradas de rebelión: tanto Chaucer (en el siglo XIV) como John Milton (en el siglo XVII) se refirieron al Sol como «ella». Incluso en el siglo XX, los expertos en folclore admiten que la Luna seguía siendo «insuperable en su influencia sobre las creencias y prácticas populares de todo el mundo».

EL GRAN RECUERDO

Hoy, cuando al visitante que entra en mi despacho se le presenta una imagen del Sol, es probable que su subconsciente le lleve a imágenes arquetípicas como el ojo del mundo, el heraldo de la justicia, la luz divina, el novio, el padre del cielo, el poder masculino, la primera causa de todo lo que existe, el principio activo, el yang, el conocimiento intuitivo, el espíritu, los asuntos del corazón, el día, lo superior, el lado derecho. El visitante que percibe un Sol en su cenit podría pensar en la inmortalidad, el eterno ahora, la guerra de la luz contra la oscuridad y el mal, el paso seguro a través del inframundo que trae al Sol de vuelta a la vida por el este. Un visitante que lo imagine saliendo y poniéndose reflexionará sobre el ciclo de la vida y la muerte, el renacimiento, la resurrección, la salvación, la huida de la oscuridad, la victoria sobre la muerte y el caos, el principio del orden, la esencia divina del ser humano.

La luna creciente puede, en cambio, despertar imágenes de la noche, de lo inferior, de lo izquierdo, de lo femenino, de los aspectos invisibles de la naturaleza, del conocimiento interior, del ojo de la noche, del portador del cambio, del reino del devenir, del tejedor del destino. El invitado se sentirá en un estado de ánimo dispuesto a la reflexión, tal vez pensando en el agua, la fertilidad, lo pasivo, lo receptivo, lo nutritivo. La luna llena traerá consigo asociaciones de completitud, totalidad, fuerza y poder espiritual, el barco de luz surcando el mar de la noche, la morada del arcángel Gabriel en el cristianismo, la copa del elixir de la inmortalidad en la tradición hindú, el paso de la vida a la muerte, el yin en contraposición al yang del Sol.

Al igual que la Tierra misma, el cielo y diversos aspectos del mundo natural, la Luna y el Sol trascendieron su naturaleza astronómica para convertirse en receptáculos de nuestra conciencia como especie, un fenómeno que los psicoterapeutas llaman *proyección* y que Jung describe así: «Todos los procesos mitológicos de la naturaleza, como el verano y el invierno, las fases de la luna, las estaciones de lluvias, etc., no son alegorías de estos sucesos objetivos en sentido alguno; más bien son expresiones simbólicas del drama interno, inconsciente de la psique, que se vuelve accesible a la conciencia humana a través de la proyección, es decir, mediante un reflejo en los eventos de la naturaleza».[17]

En el cielo vemos un reflejo de nuestras almas, proyectadas como símbolos en una pantalla de cine del tamaño de todo el firmamento. Como en las películas, las imágenes parpadean y cambian con el tiempo, comenzando vibrantes y coloridas en el amanecer de la conciencia y (invirtiendo la historia de las películas reales) desvaneciéndose con el paso de los milenios en blanco y negro y, al final, en formas borrosas, fantasmas fugaces de los dioses. El sonido, que alguna vez fue memorable, se reduce a chiflidos y arañazos, y los contornos de los personajes casi se desvanecen en la sombra, pero el poder sigue estando allí. ¿Cuántas veces he elogiado a mis hijos diciéndoles «sois un solete», sin darme cuenta de que me estaba apoyando en una asociación heredada de Platón (el Sol es igual a lo bueno)?

¡Cuán diferente habría sido nuestra psique colectiva en un mundo sin un Sol y una Luna visibles! ¿Habría tenido el Sol el mismo poder si hubiera sido un gigantesco disco rojo que flotara permanentemente en el horizonte, lo que sucedería si la Tierra orbitara muy cerca de una enana roja, donde la gravedad obligaría al planeta a girar en exacta sincronía con su período de revolución alrededor de la estrella? ¿Se habrían deformado nuestras creencias sobre la muerte y la resurrección hasta hacerlas irreconocibles en Marte, donde dos lunas deformes y con forma de patata comparten la noche? Ralph Waldo Emerson creía que las estrellas son esenciales para cultivar un sentido de lo divino: «Si las estrellas aparecieran una noche cada mil años, ¿cómo creerían y adorarían los hombres, y preservarían durante muchas generaciones el recuerdo de la ciudad de Dios que se les había mostrado? Pero cada noche salen estos enviados de la belleza e iluminan el universo con su sonrisa amonestadora».[18]

No nos resulta nada fácil conjeturar la constitución psicológica de una raza extraterrestre que vive en un mundo sin estrellas, así como tampoco podemos predecir su constitución física en un planeta sujeto a presiones evolutivas radicalmente diferentes. Pero si Jung tenía razón y el funcionamiento psicológico de una mente que surge moldeada por la evolución es universal (¡un *si* muy atrevido!), entonces el inconsciente colectivo de los habitantes de Caligo carecería de algunos de los elementos definitorios que, a nosotros, nos hacen ser quienes somos.

EL FUTURO EN MIS ESTRELLAS

Durante miles de años, la mayoría de la gente creyó que las estrellas eran algo más que actores simbólicos en los asuntos humanos. La astrología —del griego 'conocimiento de las estrellas', en contraposición a la astronomía, 'disposición de las estrellas'— es la creencia de que las posiciones, interrelaciones y ciclos de los cuerpos celestes determinan nuestro carácter e influyen en nuestro destino. A menudo se piensa que la astrología se ocupa únicamente de los horóscopos (la adivinación basada en la posición de las estrellas y los planetas en el momento del nacimiento de una persona), pero en realidad es un complejo sistema de creencias con tradiciones diversas que se remontan a miles de años. La ciencia moderna considera que la astrología es una práctica vacua, ya que (más allá de la obvia importancia física y biológica de la luz y el calor del Sol y la conexión gravitacional de la Luna y el Sol con las mareas) ningún mecanismo físico conocido que emane de las estrellas y los planetas de nuestro sistema solar podría influir en nuestros asuntos y en nuestro libre albedrío. Pero si bien las estrellas no han guiado activamente el comportamiento humano, la creencia humana en su influencia sí que lo ha hecho, sin duda.

Para la astrología tienen una importancia especial las doce constelaciones que ocupan una banda a lado y lado de la eclíptica, el camino que recorre el Sol por el cielo: Aries (el Carne-

ro), Tauro (el Toro), Géminis (los Gemelos), Cáncer (el
Cangrejo), Leo (el León), Virgo (la Virgen), Libra (la Balanza), Escorpio (el Escorpión), Sagitario (el Arquero), Capri-
cornio (la Cabra), Acuario (el Aguador) y Piscis (los Peces).
Juntos, forman los doce familiares signos del zodíaco y se
agrupan en cuatro elementos (agua, aire, fuego y tierra), de
los cuales heredan el carácter. Cada uno de los planetas posee
a su vez su propio temperamento y, a medida que se mueven a
lo largo del zodíaco, sus significados astrológicos se ven in-
fluidos por las cualidades de los signos. Vistos desde el punto
de vista de la Tierra (la astrología adopta una perspectiva estrictamente geocéntrica), a medida que los planetas recorren
el zodíaco, se encuentran en relaciones geométricas con los
signos del zodíaco y entre ellos, y de esta manera crean deter-
minados patrones con significado. El astrólogo combina los
aspectos planetarios y muchos otros elementos (como un sistema de doce casas, nodos lunares, los tiempos de tránsitos
planetarios y otros) para obtener una lectura del destino de
una persona, una predicción de eventos futuros, una adivinación sobre el momento más propicio para una determinada actividad, una caracterización de un período histórico, etc.

Que la astrología tiene poco que ver con el universo físico
es evidente cuando uno considera que los doce signos, cada
uno de los cuales cubre exactamente treinta grados de la eclíptica, no coinciden con las constelaciones homónimas, que son
todas de diferentes tamaños, desde los siete grados para Escorpio hasta los cuarenta y cinco de Virgo. La astrología occidental también ignora la precesión de los equinoccios: el llamado *primer punto de Aries*, que marca la ubicación del Sol en
el equinoccio de primavera, solía estar en Aries hace dos mil
años, cuando Ptolomeo codificó el zodíaco, pero en todos los
siglos que han pasado desde entonces la precesión lo ha desplazado unos treinta grados hacia el oeste, hasta bien entrada
la constelación de Piscis. Pero el zodíaco astrológico no se ha

movido, de modo que el 21 de marzo sigue siendo el primer día correspondiente al signo de Aries, a pesar de que, en ese momento, el Sol esté en Piscis (y estará en Acuario dentro de unos cientos de años). Esto significa que tu signo zodiacal, supuestamente el signo en el que se encontraba el Sol en el momento de tu nacimiento, es una convención astrológica, para nada un evento astronómico.

Considerada durante mucho tiempo como una sofisticada herramienta adivinatoria, la astrología exigía conocimientos celosamente guardados por una élite intelectual, que era la única que se encargaba de calcular las cartas astrológicas y de predecir los fenómenos astronómicos y las posiciones planetarias. Jung la calificó como «la primera forma de psicología» y explicó: «En lugar de decir que un hombre estaba guiado por motivos psicológicos, antiguamente se decía que estaba guiado por sus estrellas».[19]

Los astrólogos eran muy populares en la Roma del bajo imperio, cuando las prácticas adivinatorias tradicionales de observar el vuelo de las aves o las entrañas de los animales sacrificados fueron suplantadas por lo que se consideraba una práctica más objetiva, ya que dependía de precisos datos observacionales y cálculos complejos. Los emperadores romanos, entre ellos Domiciano y Caracalla, solían encargar horóscopos de sus potenciales rivales y eliminaban a aquellos que las estrellas señalaban como posibles amenazas. Poseer un «horóscopo imperial» (es decir, una carta que predecía un ascenso al poder) era una forma segura de tener una vida corta en Roma.[20] Los astrólogos tuvieron una influencia aún más fuerte en China, donde durante milenios una profunda creencia en la correspondencia entre el microcosmos y el macrocosmos se tradujo en el intento de organizar la sociedad en resonancia armoniosa con los cielos. La astrología estaba estrictamente regulada por el Estado como una herramienta para registrar el futuro y, por lo tanto, controlar el presente.[21]

Los astrólogos, que actuaban entre bambalinas en los escenarios del poder político, podían meterse en problemas y, de hecho, lo hicieron más de una vez. En los tres siglos que siguieron al comienzo de la era común, se decretaron no menos de ocho expulsiones masivas de astrólogos de Roma, con el fin de privar a los enemigos del emperador de información vital. Tácito los describe secamente como «género de individuos poco de fiar para los poderosos y engañosos para los que viven de falsas esperanzas, siempre prohibidos y, a pesar de todo, mantenidos en nuestra ciudad».[22] De todos modos, como admite Tácito implícitamente, en política la eficacia de la astrología era indiscutible: un augurio desfavorable debilitaba el estatus de un príncipe, pontífice o gobernante a los ojos del pueblo y envalentonaba a sus enemigos. La adivinación se convertía así en una profecía autocumplida. Recordemos también los efectos diametralmente opuestos de la visión del cometa Halley en Harold Godwinson y Guillermo de Normandía (véase el capítulo 2): el primero lo vio como un mal presagio; el segundo, como una señal de gloria futura. Jung diría que sus respectivos estados psicológicos, y los de sus comandantes y tropas, dejaron en desventaja al rey inglés al entrar en batalla. No regresó con vida.

A pesar de que la Iglesia ya había condenado oficialmente a los astrólogos en el siglo IV, ni siquiera los papas se abstuvieron de recurrir a sus servicios ante la preocupante aparición de un cometa o un eclipse. Urbano VIII, que cuatro años después impugnaría las opiniones copernicanas de Galileo por orgullo herido, pidió en 1628 al astrólogo y hereje convicto Tommaso Campanella que le ayudara a evitar su muerte prematura, que los adivinos habían predicho que se produciría a causa de un eclipse solar el 25 de diciembre. Campanella se encerró con el pontífice en una habitación con telas colgadas de seda blanca y decorada con ramas, donde recreó una versión del sistema solar a recaudo del inminente eclipse. Utilizó velas para representar al Sol y a la Luna y antorchas para los planetas. Mientras Urbano quemaba romero, madera de ciprés, laurel y mirto y bebía licores arcanos preparados por Campanella para la ocasión, el eclipse parcial llegó a la Ciudad Eterna y se fue. La amenaza astral había sido vencida y Campanella obtuvo a cambio su libertad y el título de maestro de teología.[23] Después de que uno de los sobrinos nietos de Urbano sufriera una suerte similar de salvación por los pelos durante el eclipse de 1630 (también con la complicidad de Campanella), el Papa decidió poner fin a todas las predicciones de los astrólogos, sobre todo las relativas a su propia muerte. En 1631, Urbano VIII emitió una bula (posiblemente redactada por el propio Campanella) en la que reiteraba la condena de la práctica de la astrología para todos los miembros de la Iglesia, una prohibición que todavía sigue vigente en la actualidad. Para ir sobre seguro, la predicción de la muerte de los papas y sus familiares hasta el tercer grado de parentesco era una ofensa que se pagaba con la muerte.

Aunque es tentador burlarse de la superstición, el temor del papa Urbano a los augurios desfavorables y las contramedidas mágicas que adoptó demuestran cuán profundamente arraigada estaba la relación entre el cielo y la Tierra en la psique humana de la época. Desde cortarse las uñas hasta elegir la fecha de la boda; desde concebir un hijo hasta poner los cimientos de un nuevo edificio o fundar una ciudad; desde comprar o vender una propiedad hasta arar un campo, numerosísimas decisiones, grandes y pequeñas, dependían de la astrología antes de su precipitada caída en desgracia en el siglo XVII. Quién sabe cuántas batallas se iniciaron (o evitaron), cuántos hombres fueron asesinados (o salvados) y cuántos matrimonios se concertaron (o se rompieron) gracias al consejo de un astrólogo anónimo. Incluso en la historia reciente, la astrología ha entrado ocasionalmente en los núcleos de poder: después del fallido intento de asesinato del presidente Ronald Reagan en marzo de 1981, la primera dama Nancy Reagan se dedicó a consultar regularmente a un astrólogo para que examinara los itinerarios de su marido e identificara fechas propicias para eventos públicos. Cuando se conoció la historia, el presidente declaró: «Ninguna política o decisión que yo haya tomado jamás ha sido con la influencia de la astrología».

UNA MADRE LEJANA

En el mundo occidental, una lista de astrólogos parece un «quién es quién» de la historia de la astronomía: Hiparco, Ptolomeo, Regiomontano, Galileo, Tycho Brahe y Johannes Kepler eran todos ellos astrólogos profesionales, simplemente porque formaba parte de su descripción laboral. Hasta finales del siglo XVII, astrónomo y astrólogo (y matemático) eran a menudo una misma persona, descrita como *mathematicus*. A menudo se olvida lo mucho que la Revolución Científica debe a la astrología, cuya indagación motivó o incluso inspiró directamente avances fundamentales. Vimos en el capítulo 7 cómo la primera intuición geométrica de Kepler sobre la estructura del sistema solar fue estimulada por la contemplación de las conjunciones astrológicas. Antes de él, mientras estudiaba derecho en Bolonia entre 1496 y 1500, Copérnico convivió durante un tiempo con el profesor de astronomía Domenico Maria Novara, un destacado astrólogo cuyo trabajo universitario le exigía publicar pronósticos astrológicos anuales. Copérnico se convirtió en su asistente y probablemente lo ayudó con observaciones astronómicas y cartas astrológicas.

Galileo, en su trabajo como profesor en la Universidad de Padua, instruía a los estudiantes de medicina en la elaboración de horóscopos, una habilidad fundamental para los médicos, que se basaban en las cartas astrales para identificar el momento más oportuno para hacer sangrías, ingerir pociones, aplicar ungüentos, tomar baños medicinales, etc. También hacía pronósticos para sus familiares, amigos, mecenas y para sí mismo, y hay indicios de que gozaba de cierta fama como astrólogo. Por desgracia, aunque dejó horóscopos detallados de sus hijas (de Livia, por ejemplo, predijo: «El ascendente de Mercurio es muy fuerte para todas las cosas, y Júpiter que está en conjunción da conocimiento y generosidad, simplicidad, humanidad, erudición y prudencia»), no escribió ninguna de las interpretaciones de su propia carta natal.[24] La Iglesia católica veía la astrología fatalista —la idea de que un horóscopo determinaba el destino con absoluta certeza— como herejía, ya que según San Agustín restringía la capacidad de Dios de intervenir directamente si así lo decidía y lo hacía responsable, a través de las estrellas, del pecado humano.[25] En una advertencia de lo que estaba por venir, en 1604 la Inquisición investigó a Galileo por proponer el determinismo astral, una acusación grave, que luego fue retirada.

Cuando Isaac Newton entró en escena, la astrología ya había caído en descrédito entre los filósofos naturales. No hay ni un solo horóscopo entre el vasto acervo de escritos alquímicos y teológicos de Newton, y solo tenía cuatro volúmenes sobre astrología en una biblioteca de más de mil setecientos libros (más de un tercio de los cuales consistían en textos alquímicos y ocultistas, muchos de ellos muy hojeados y repletos de anotaciones). Sin embargo, la astrología desempeñó un pequeño, pero potencialmente decisivo, papel en los primeros años de la vida de Newton. En el verano de 1663, Newton llevaba dos años como *subsizar* en el Trinity College de Cambridge, el rango más bajo en la sociedad universitaria, un estudiante que se ganaba la vida lustrando las botas y vaciando los orinales de los estudiantes más adinerados. En la feria de verano de Sturbridge, Newton se sintió tentado de comprar un libro sobre astrología «por curiosidad, por ver qué contenía».[26] Newton, que ignoraba totalmente la trigonometría, se sintió frustrado por sus indescifrables gráficos, de modo que recurrió a los *Elementos* de Euclides y, luego, a la *Geometría* de René Descartes, hasta que en poco tiempo el autodidacta Newton llegó a los límites del conocimiento matemático del siglo XVII. A partir de ahí, ya se situó en otra liga, una liga propia en la que inventaba toda nueva matemática que consideraba necesaria para sus propósitos. Después de ese roce inicial, tal vez desencadenante, con la astrología, Newton nunca miró atrás; su valoración posterior fue mordaz, estaba «convencido de la vanidad y vacuidad de la pretendida ciencia de la astrología judicial».[27]

La astrología sigue siendo popular hoy en día, en una época en la que la inteligencia artificial, que analiza enormes cantidades de detalles granulares sobre nuestras búsquedas, compras, datos metabólicos y conversaciones íntimas, pretende adivinar nuestros deseos antes de que seamos conscientes de ellos, predecir una película o una pareja romántica que nos pueda gustar y pronosticar la probabilidad de nuestra muerte. Algunos ven la astrología como una reliquia evolutiva, tan inútil, y a veces peligrosa, para la psique como lo es el apéndice para el colon. Otros todavía la consideran un sistema rico para explorar significados en un mundo donde lo divino ha retrocedido más allá de las estrellas. Sin duda, es un medio para despertar la ira de los astrónomos contemporáneos cuando alguien los describe incorrectamente como «astrólogos». Tal vez Tácito captó su perdurable fascinación cuando concluyó que «la inclinación del espíritu humano [está dispuesta] a creer de buena gana lo que le resulta difícil de comprender».[28]

LA ÚLTIMA ONDA

«Un símbolo», escribe el poeta norteamericano John Ciardi, «es como una piedra arrojada a un estanque: envía ondas en todas direcciones, y las ondas están en movimiento. ¿Quién puede decir dónde desaparece la última onda?»[29] Las ondas de la astrología todavía nos rodean de manera sutil pero relevante, si sabemos cómo mirar e identificarlas. Un carácter sombrío y melancólico puede describirse como *saturnino*, por la lentitud y pesadez astrológica de Saturno y el elemento plomo que se asociaba con él; *jovial* (alegre, simpático y cordial) y *mercurial* (sujeto a cambios de humor impredecibles, ingenioso o voluble) derivan de manera similar de las cualidades astrológicas de Júpiter y Mercurio, respectivamente.

Los días de la semana, que Pierre-Simon Laplace consideraba «el monumento más antiguo del conocimiento astronómico», bien podrían ser el legado más omnipresente de la astrología.[30] Es probable que la subdivisión del tiempo en un período de siete días sea una vieja invención judía, moldeada sobre los seis días que la Biblia dice que Dios trabajó para crear la Tierra y un séptimo día de descanso. Las raíces originales de la semana parecen remontarse a tiempos incluso más antiguos, cuando los sumerios adoptaron semanas de siete días, uno de los cuales estaba reservado para el ocio. Los nombres de los días de la semana están, al menos en las lenguas romances, en clara asociación con los planetas, con un giro judío y cristiano para el sábado y el domingo. En español, la semana se inicia con el *lunes*, el día de la *Luna*; le siguen *martes*, el día de *Marte*; *miércoles*, el día de *Mercurio*; *jueves*, el día de *Júpiter*; para acabar el *viernes*, el día de *Venus*; el *sábado*, del hebreo *sabbat*, es el día judío de plegaria, mientras que el *domingo*, del latín *dies domini*, 'día del señor', es el día cristiano de descanso.* En inglés, sábado (*Saturday*) y domingo (*Sun-*

---

* A diferencia del español, el asturiano, el sardo o el rumano, otras lenguas romances han mantenido en los nombres de los días la partícula correspondiente a *día*, ya sea antepuesta, como en catalán (*dilluns, dimarts, dimecres, dijous, divendres*) y en occitano, o pospuesta, como en

day) han mantenido sus designaciones como el día de Saturno y el día del Sol, respectivamente, mientras que se recurrió a los dioses de la mitología teutónica para nombrar el martes (*Tuesday*, de Tiw, o Týr, el dios nórdico de la guerra, en reemplazo de Marte), el miércoles (*Wednesday*, de Woden, u Odín, la deidad nórdica suprema), el jueves (*Thursday*, de Thor, el dios del trueno, en lugar de Júpiter) y el viernes (*Friday*, de Frigg, la diosa del amor y la belleza, en reemplazo de Venus).

Hasta aquí, Laplace tenía razón, pero la conexión astrológica más profunda queda oculta a plena vista. A partir del lunes, la secuencia Luna-Marte-Mercurio-Júpiter-Venus-Saturno-Sol no refleja ningún orden obvio, como por ejemplo su distancia de la Tierra (en el sistema ptolemaico), hasta que se considera el papel de cada planeta como «señor del tiempo» astrológico para cada una de las veinticuatro horas del día. A partir de la primera hora del sábado, a los planetas se les asigna una hora en orden inverso a la distancia a la Tierra: Saturno, Júpiter, Marte, Sol, Venus, Mercurio, Luna. La octava hora del día vuelve a Saturno y se repite la secuencia hasta que se completa el día. Después de que los siete planetas hayan pasado por tres ciclos, Saturno, Júpiter y Marte llenan las últimas tres horas del sábado y los cuatro planetas restantes se trasladan al día siguiente, siendo el Sol el primero. El esquema continúa, de modo que, en cada cambio de día, el primer planeta de la secuencia se desplaza tres posiciones. Al final de la semana, todas las horas han sido asignadas a un planeta, y el planeta asignado a la primera hora de cada día (que se convierte también en el regente astrológico de ese día) da el nombre a ese día: Saturno, Sol, Luna, Marte, Mercurio, Júpiter y Venus. *Et voilà*, hemos construido la semana tal como la conocemos.

_____

francés (*lundi, mardi, mercredi, jeudi, vendredi*) y en italiano (*lunedì, martedì, mercoledì, giovedì, venerdì*). *(N. del T.)*

Una estrella para cada uno

Nuestras vidas cotidianas están plagadas de signos referentes a estrellas, no solo los del zodiaco. Tomemos como ejemplo la estrella de cinco puntas, uno de los símbolos más comunes en el mundo actual, un emblema reconocible al instante en referencia a la calidad (un hotel de cinco estrellas), la autoridad (un general de cinco estrellas), la exquisitez (un restaurante con tres estrellas Michelin) y el éxito (el número de mundiales de fútbol ganados por una selección nacional). La potencia de este símbolo se pone de manifiesto en su aparición en al menos una cuarta parte de las banderas del mundo, sobre todo en la bandera estadounidense, donde las cincuenta estrellas blancas sobre fondo azul representan los cincuenta estados de Estados Unidos. La estrella roja de cinco puntas solía ser el emblema del comunismo y aparece hoy, junto con una luna creciente, en las banderas nacionales de países con un pasado otomano, como Argelia, Túnez y Turquía (en este último caso, blanca sobre fondo rojo).

¿Quién recuerda que, en el fondo, la forma de cinco puntas sigue el jeroglífico que usaban los egipcios para representar el concepto de *estrella*? Su origen se remonta aún más atrás en el tiempo, en forma de pentagramas hallados en la ciudad mesopotámica de Uruk, de al menos tres milenios a. C. El pentagrama, un poderoso símbolo mágico de protección, tiene una rica historia de significados y es un elemento básico de los ritos ocultistas, entre ellos el de impedir que Mefistófeles saliera de la habitación en la que había sido convocado por el Fausto de Johann Wolfgang von Goethe. Su poder se extiende a los ritos cristianos: el ataúd cristiano tradicional tiene una sección pentagonal, que se supone protege al cuerpo en el peligroso paso hacia la tierra de los muertos.

La fe en el poder protector de la estrella de cinco puntas llevó a Giuseppe Garibaldi, el revolucionario italiano cuya campaña unificó Italia, a llevarla en secreto dondequiera que iba, cosida con hilo de oro en el interior de su boina, a diferencia del Che Guevara, otro revolucionario, que llevaba la estrella con orgullo en el exterior de su gorra. Garibaldi confesó que consideraba la estrella Arturo, una gigante roja en la constelación del Boyero y la tercera estrella más brillante del cielo septentrional, como su estrella protectora especial, después de contemplarla largamente la noche antes de conquistar Palermo con su ejército. «Cada hombre tiene su estrella, y Arturo es la mía», dijo.[31]

Cuando Garibaldi completó con éxito su campaña, apareció una curiosa noticia sobre una «estrella» brillante que apareció en coincidencia con la inauguración del parlamento italiano, reinstaurado en Roma el 27 de noviembre de 1871, después de que la Ciudad Eterna se unificara con el Reino de Italia. La multitud reunida en la plaza del Quirinal se quedó atónita al descubrir una «nueva estrella» que refulgía sobre el palacio. «*La stella, la stella!*», gritaban hombres con gorras y mujeres con ropas campesinas, señalando el presagio del brillante futuro de su país. La «estrella», al parecer, no era otra que Venus, excepcionalmente brillante porque estaba en su máxima elongación. Sea como fuere, hoy una estrella de cinco puntas destaca en el sello oficial de la república italiana, nacida en 1946 después de que la monarquía fuera abolida por votación popular. La llamamos, cariñosamente, *la stellona d'Italia* (la gran estrella de Italia).

El sistema de estrellas que utilizamos por todas partes en Internet para calificar compras, servicios y personas fue introducido por primera vez en 1844 por un pionero de la redacción de guías turísticas, Karl Baedeker, en sus guías homónimas, para destacar los lugares de interés que uno no debía perderse.[32] La idea fue rápidamente imitada por sus competidores. El *Handbook for Visitors to Paris*, en inglés, de 1879 clasificaba las atracciones «marcándolas con estrellas según su mérito o importancia» (en realidad representadas mediante asteriscos en el texto impreso).[33] El Louvre, Notre-Dame y Versalles recibían la máxima calificación de tres estrellas, pero en el caso de los conciertos al aire libre de los *cafés chantants* de los Campos Elíseos, la reseña sin estrella alguna los despreciaba arguyendo que «la actuación tiende a lo inmoral» y concluía que «la gente respetable se mantiene al margen».

El Paseo de la Fama de Hollywood inmortaliza a las mayores «estrellas» del cine grabando sus nombres en una estrella de cinco puntas que se coloca en el pavimento de Hollywood Boulevard y Vine Street.[34] Cuando decimos que un actor «es la estrella de una obra» significa que interpreta el papel principal, y, en inglés (*to star in a play*) se utilizó por primera vez en 1815; desde 1865 se decía que los artistas y deportistas famosos alcanzaban el estrellato. Tanto si creemos en la astrología como si no, todavía describimos a alguien bendecido con una buena fortuna constante como alguien «con buena estrella» o «nacido bajo una estrella de la suerte». Lamentamos nuestra desgracia cuando nos sucede un *desastre* (del latín 'mala estrella'). Si dicho desastre nos golpea físicamente en la cabeza, es probable que veamos las estrellas. Una brillante estrella de cobre de ocho puntas identificó a los policías de Nueva York a partir de 1845; su primer apodo, *star police*, 'policía de la estrella', pasó a ser, más tarde *copper* o *cop*, por el cobre del que estaba hecha la estrella.[35] Desde la costa Este, la estrella como emblema de autoridad siguió al Sol para convertirse en la insignia de los sheriffs en todo el Oeste de Estados Unidos. Ya fuera de cinco, seis o incluso siete puntas, la estrella de latón o metal estaba muy pulida para que brillara incluso a la luz de la luna e identificara de lejos al portador, en una época en la que «disparar primero, preguntar después» era la norma.

La estrella de sheriff de mi hijo Benjamin es irreemplazable en sus juegos de policías y ladrones. Hace poco, volvió a casa de la escuela y me mostró orgulloso el resultado de su examen de ortografía sin errores. Junto con palabras de elogio, la maestra estampó en la página de su cuaderno de ejercicios un símbolo radiante de aprobación y reconocimiento. Miré la estrella de cinco puntas y sonreí.

Tumbado de espaldas sobre el duro suelo de hormigón pulido de la Tate Modern, medité acerca de la mezcolanza de asombro y pavor que el sol artificial de Eliasson había despertado en mí. El verano anterior a la inauguración de la instalación, una tórrida ola de calor había asolado Europa continental, cobrándose unas treinta mil vidas. En aquel momento, no sabía que se trataba tan solo de una advertencia de lo que vendría, ya que las temperaturas globales no han dejado de aumentar desde entonces. La fuerza benévola y dadora de vida del Sol nos está mostrando su lado más peligroso y abrasador; se trata de la misma naturaleza de carácter ambivalente que aparece en un mito anterior incluso al *Poema de Gilgamesh*, que tiene su origen en la antigua ciudad de Ugarit, en la costa de la actual Siria.

El mito cuenta la historia del dios supremo de las tormentas, Baal: enzarzado en una batalla con Mot, el dios de la muerte, Baal es engañado para descender al inframundo, donde Mot lo aprisiona. La diosa del sol Shapshu cae entonces bajo el influjo de Mot, tal vez a causa de su desaparición diaria bajo el horizonte y, por lo tanto, presumiblemente en el inframundo. A continuación se produce una sequía abrasadora, y Baal no puede enviar lluvia desde la tierra de los muertos. Ebrio de poder, Mot canta:

El sol, la lámpara de los dioses, arde;
los cielos son impotentes en manos de la divina Muerte.

Al final, Shapshu logra liberar a Baal del inframundo y traerlo con ella de vuelta a la superficie y a la vida, reinstalándolo en su magnífico palacio donde lo corona rey de los dioses. Shapshu es a la vez una destructora, cuando está bajo el hechizo de Mot, y una hacedora de reyes, cuando ayuda a Baal a escapar de la muerte: dos caras opuestas del Sol que son elementos básicos del mito en todo el mundo y que hoy encarnan perfectamente el peligro mortal que acecha desde nuestra propia estrella. El cambio climático provocado por el hombre ha empujado a Shapshu a las garras de Mot una vez más, de donde no es muy probable que regrese pronto.

Obras de arte como las de Olafur Eliasson pueden ayudar a romper nuestra henchida sensación de control planetario y recuperar un sentido de reverencia por las fuerzas de la naturaleza, unas fuerzas más grandes que las humanas, a las que estamos sujetos incluso en esta época repleta de la tecnología. Es hacia el futuro de nuestra relación con las estrellas hacia donde ahora nos dirigimos.

LAS CRÓNICAS DE CALIGO

El cuento de Atrapanieblas

Atrapanieblas se puso en pie y así empezó su relato:

Cuando los primeros copos de nieve cubren las colinas y el Oso está listo para irse a dormir, es cuando la Nube nos llama a las lenguas de hielo. Encendemos nuestros palos ardientes y Abrerrutas nos guía a través del bosque silencioso, con nuestras caras hacia la Nube, sintiendo sus dedos danzantes. A veces la ardilla nos ve pasar, posada en una rama cubierta de nieve, pero no usaremos nuestras lanzas cuando nos preparemos para la Imposición de Nombres. Los que no tienen nombres caminan al frente, con las manos unidas para no perderse, seguidos por aquellos de los que recibirán su nombre.

La lengua de hielo nos espera al final del Fulgor, y la escalamos hasta que no nos rodea nada más que hielo. Es entonces cuando debes seguir de cerca a Abrerrutas, porque las muchas bocas de la lengua de hielo, ocultas por la nieve, pueden abrirse en cualquier momento y tragarte entero. La Niebla se hace más fuerte a cada paso y brota de nuestros labios a medida que nos adentramos más y más en la tierra del hielo. Todo brilla con las llamas de los palos ardientes mientras formamos un círculo y rodeamos a aquellos que deben ser nombrados. Entro en el círculo, sosteniendo en alto un palo ardiente en cada mano, mientras aquellos cuyos nombres deben ser entregados lanzan puñados de nieve al aire; su Niebla es fuerte frente a ellos. Pequeñas llamas llenan la Oscuridad.

La piel de ciervo se tensa sobre troncos ahuecados de árboles; su Trueno mantiene alejada la Negrura. La primera dadora de nombre se coloca en el medio: esta vez es Desolladora, y une sus manos con las de la joven. Sus narices se tocan e invoco a la Niebla para que salga de sus bocas. La Niebla de Desolladora se mezcla con la de la joven y se convierten en una sola.

—¡Desolladora! —digo—, ahora tu nombre será Vieja Desolladora. ¡Joven! Ahora tu nombre será Desolladora. ¡Que tu Recuerdo sea tan fuerte y bueno como pueda hacerlo Vieja Desolladora!

Uno tras otro, avanzan, se cogen de las manos, se tocan las narices, las Nieblas se mezclan. Los jóvenes se convierten en quienes están destinados a ser, para que nuestro pueblo pueda seguir Recordando mientras la Nube avanza de un extremo a otro del Disco, siempre diferente, siempre igual.

Así habló Atrapanieblas y mi corazón se hinchó con el Recuerdo del momento en que yo me convertí en Guardacueva.

10

CONTEMPLAR DE NUEVO LAS ESTRELLAS

Entramos al camino tenebroso,
para volver a ver el claro mundo,
y sin cuidarnos de ningún reposo,
subimos, él primero y yo segundo,
hasta del cielo ver las cosas bellas,
por un resquicio de perfil rotundo,
a contemplar de nuevo las estrellas.

DANTE ALIGHIERI, *Divina Comedia*

EL ENCUENTRO CON LA ESTRELLA ESCOBA

Nos estiramos en nuestras sillas reclinables y nos íbamos pasando las palomitas de maíz. La farola que había detrás del nogal era una molestia, pero podíamos fingir que no estaba allí siempre que no miráramos directamente hacia el norte. Con todas las luces de la casa apagadas, nuestros ojos tardaron unos minutos en acomodarse a la oscuridad, momento en el que ya podía oír el raspar de unas manitas que rebuscaban por el fondo de la bolsa de palomitas, ya vacía.

—¿Podemos comer ya las nubecillas, mami? —preguntó mi hija.

—Pero espera a que empiece el espectáculo, por lo menos.
—protesté.

Al oeste, los últimos rayos del sol poniente ya habían desaparecido tras la ciudad balnearia de Grado y sus playas doradas. La laguna natural en primer plano era apenas una forma oscura contra el cielo, cuyo tenue resplandor sabía que se debía a las luces de los astilleros cercanos de Monfalcone. En el dique seco había un monstruoso crucero en reparación, cuyas doce cubiertas estaban iluminadas día y noche. Mientras paseaba la mirada por la costa, me fijé inevitablemente en las achaparradas torres del castillo de Duino, encaramado a un promontorio que domina el Mediterráneo. Me imaginé al poeta Rainer Maria Rilke en 1912, contemplando el mar desde el elegante balcón de piedra y escribiendo en la primera de sus *Elegías de Duino*: «Ah, y la noche, la noche, cuando el viento lleno de universo se apacienta de nuestro rostro».[1]

Me pregunté cuánto más oscuras habrían sido las noches de Rilke hace más de un siglo. Aun así, desde el jardín de nuestra nueva casa en el Carso, podía distinguir la Vía Láctea, ¡sin duda una mejora con respecto a Londres!

Volví mi atención hacia el horizonte noroccidental, justo por encima de la salvaje cordillera de los Dolomitas friulanos que se alzaba en la distancia. Arturo, la estrella especial de Garibaldi en el Boyero, resultaba fácil de localizar, y sabía que mi objetivo estaba bastante más abajo sobre el horizonte, tanto que posiblemente ya había quedado envuelto en la neblina que el mar había traído hacia la costa. Seguí el mango de la Osa Mayor hacia abajo, hacia una región del cielo desprovista de estrellas brillantes.

—¡Ahí está! —exclamé. El truco consistía en no mirarlo directamente, sino en dejar que la visión periférica del ojo captara la borrosa estela de luz que era NEOWISE, el primer cometa que se podía ver a simple vista en más de veinte años. Lograba dar la impresión de una gran velocidad sin ningún movimiento perceptible; podría haber jurado que su cola se balanceaba detrás de él, aunque esto era una imposibilidad física. ¡No es de extrañar que los antiguos textos chinos llamaran a los cometas «estrellas escoba»! Mi mujer y mis hijos dieron un pequeño grito de sorpresa cuando siguieron mi dedo que apuntaba hacia el cometa. El entusiasmo de Benjamin se desvaneció rápidamente, pero luego reavivó en un «¡Oooh!» lleno de asombro cuando presionó su ojo contra el pequeño telescopio que había instalado. Enmarcado perfectamente en el ocular, NEOWISE mostraba su núcleo brillante y compacto y su cola bifurcada: una, un chorro hecho de polvo que reflejaba la luz del sol; la otra, de gas brillante. Isaac Newton creía que los cometas abastecían de combustible al Sol y otorgaban a los planetas dones de agua y «espíritus vitales».² Al ver a NEOWISE barrer el cielo, me sentí tentado de creerle.

—Papá, ¿eso es la Estación Espacial Internacional? —exclamó mi hijo, cuya atención se había desviado del ocular hacia un punto brillante que se movía rápidamente sobre nuestras cabezas. En cierta época, uno podía estar razonablemente seguro de haber visto la estación espacial, pero ese punto viajaba en la dirección equivocada. Estaba tratando de pensar en algo de apoyo que decir cuando Emma intervino—: ¡No, es esa la estación espacial! —Señaló otro punto que trazaba una línea a través de las constelaciones. No tenía sentido mentir, ya que, por desgracia, sabía exactamente qué eran. Pero antes de que pudiera explicarlo, Emma había visto otro punto en movimiento, y luego otro más. Era una plaga.

—¡Sea lo que sea, no mola! —exclamó mi hija, furiosa—. ¡Estropea las estrellas! —Se alejó dando pisotones y regresó a la casa. Recogí el telescopio y el trípode y pronto todos la seguimos.

UN LIENZO NEGRO

En los albores de la era espacial, el cielo nocturno se convirtió en la última frontera del arte. El movimiento contemporáneo del arte ambiental o *land art* había buscado escapar de los constreñimientos de las galerías creando obras en lugares remotos que solo se podían experimentar *in situ* y, a menudo, solo desde el aire. *Double Negative* de Michael Heizer, un «desplazamiento de 240 000 toneladas de riolita y arenisca», crea dos cortes de quince metros de profundidad en la Mormon Mesa de Nevada que se miran uno a otro a través de un abismo.[3] *Spiral Jetty* de Robert Smithson es una espiral de 450 metros de longitud construida con roca basáltica negra y tierra, que se dobla sobre sí misma en sentido contrario a las agujas del reloj desde la orilla hacia el interior del Gran Lago Salado en Utah. Ahora medio sumergida por las aguas crecientes y colonizada por algas, la obra de arte, que ya tiene cincuenta años, parece como si hubiera sido abandonada por una civilización desaparecida hace mucho tiempo. Era solo cuestión de tiempo que la atención de los artistas se dirigiera al cielo: ¿qué podría ser más impactante que una obra de arte brillando entre las estrellas, abrazando a toda la humanidad en su órbita, exteriorizando al mismo tiempo los nuevos poderes alcanzados por nuestra especie?

Tales eran las intenciones detrás de *L'Anneau Lumière* ('el anillo de luz'), la propuesta ganadora en el concurso convocado en 1986 para crear un equivalente moderno en el espacio de la Torre Eiffel. Cuando Gustave Eiffel concibió el monumento que lleva su nombre en 1886, pretendía celebrar, con una torre de acero de trescientos metros de altura, las capacidades tecnológicas de la Revolución Industrial, un faro de modernidad y progreso en el corazón de la Exposición Universal de París de 1889. Un siglo después, *L'Anneau Lumière* iba a ser una constelación artificial de cien globos reflectantes, cada uno de seis metros de diámetro una vez inflado en órbita. Los globos estarían conectados por ligeros tubos de kevlar para crear una forma circular de veinticuatro kilómetros de diámetro, que reflejaría la luz del Sol por la noche y brillaría con la misma intensidad que estrellas de primera magnitud, dispuestas en un círculo más grande que el tamaño aparente de la Luna. Al igual que la Torre Eiffel original, que estaba pensada como una demostración temporal, el nuevo monumento espacial estaba concebido para ser efímero: perdería altitud lentamente debido a la fricción y, al final, se quemaría en la atmósfera entre tres meses y dos años después de su lanzamiento. A diferencia de la torre, el proyecto fue abandonado debido a dificultades técnicas.[4]

El anillo de luz se hacía eco de los ideales utópicos del hombre al que se atribuye plantear la idea de obras de arte en el «espacio exterior». Cinco meses después de que el astronauta Alan Shepard de la misión Apollo 14 jugara al golf en la Luna en 1971, el artista nacido en Nueva York Albert Notarbartolo se sintió limitado por el hecho de pintar y dibujar en dos dimensiones, algo que no solucionaba el paso a las esculturas de papel tridimensionales. La «tiranía» de que sus piezas estuvieran confinadas por las paredes de la habitación se volvió tan insoportable que ya no podía conciliar el sueño: comenzó a anhelar «el espacio entre planetas [...] la auténtica libertad de un lugar que no tiene costados, ni arriba ni abajo».[5] Concibió una serie de proyectos, a los que llamó *spaceworks* ('obras espaciales') que esperaba que proporcionaran «satisfacción emocional» a los habitantes de la Tierra y a los futuros viajeros agotados de regreso a casa después de largos viajes por el espacio profundo. *Project Beacon* era una escultura oscilante que reflejaría la luz del Sol en una órbita geoestacionaria y que daría la bienvenida a los viajeros espaciales que regresaban a la Tierra, como la Estatua de la Libertad daba la bienvenida a los Estados Unidos a todos aquellos que llegaban por mar. Otras ideas apuntaban a brindar «satisfacción estética» a una hipotética comunidad que vivía en la Luna y a reducir el estrés psicológico de los exploradores que se enfrentaban a las amenazas y la soledad del espacio profundo. Ninguna de sus ideas se hizo realidad.

Después de Notarbartolo, muchos otros propusieron asimismo obras de arte situadas en órbita que serían visibles desde la Tierra: satélites inflables que, desde el suelo, aparecían como estrellas brillantes, constelaciones artificiales iluminadas por rayos láser, velas solares en órbita o un par de esferas que giraban lentamente una alrededor de la otra. La mayoría de las propuestas tenían en común un mensaje subyacente de unidad global, fraternidad y paz para la humanidad, ya que serían visibles desde todos los rincones del mundo. También eran, en su mayor parte, controvertidas, caras y técnicamente complejas. Notarbartolo ya previó la oposición: que todas esas *spaceworks* podrían verse como una mera contaminación del espacio y que su costo era indefendible teniendo en cuenta las crueles condiciones de vida de la mayor parte de la humanidad en la Tierra. Otros, en cambio, las vieron como la encarnación de los ideales más puros del «arte por el arte».

Todo esto se daba a principios de la década de 1970, cuando el espacio estaba prácticamente desprovisto de artefactos artificiales. Pero el entusiasmo por ir al espacio se fue desvaneciendo: ya en 1972, el *New York Times* lamentaba que las imágenes enviadas desde la Luna de paisajes lunares desolados y astronautas dando largos paseos se habían vuelto «ordinarias e incluso tediosas».[6] El público estaba de acuerdo con esta apreciación e inundó con quejas las líneas telefónicas de la cadena de televisión CBS cuando un episodio de una popular serie dramática médica fue interrumpido para dar cobertura al lanzamiento de la misión Apollo 17. Después de eso, se cancelaron las últimas tres misiones Apollo previstas.

En 2018, cuando el empresario espacial Peter Beck lanzó

en secreto lo que podría describirse como una gigantesca bola de discoteca reflectante en órbita, el concepto se había vuelto obsoleto e incluso ofensivo. Su *Humanity Star* dio vueltas alrededor de la Tierra durante dos meses antes de arder en la atmósfera y, a pesar de su supuesto mensaje de unidad mundial, fue recibida con burlas. Astrónomos, periodistas y tuiteros describieron el satélite, un poliedro de sesenta y cinco lados de ancho y un metro de anchura, como un «truco publicitario», *«graffiti* espacial», «plaga satelital», «reluciente basura espacial agresiva y repugnante» y «una vandalización del cielo nocturno».[7]

Con tantas miniestrellas creadas por el hombre ya dando vueltas por el cielo, ¿qué sentido tiene, estético o de otro tipo, enviar una más? Mientras que la *Humanity Star* de Beck tenía una modesta masa de diez kilogramos, ese mismo año el magnate del espacio y de los coches eléctricos Elon Musk lanzó su coche deportivo de color cereza a una órbita elíptica que llegó hasta Marte en una maniobra que, si bien no fue concebida como arte, Andy Warhol podría haber aplaudido. Cada dos por tres resurge la propuesta de carteles publicitarios orbitales, planteando con absoluta seriedad la idea irónica que aparece en el cuento de Fredric Brown de 1945 «Pi en el cielo», en el que un rico hombre de negocios reordena las 168 estrellas más brillantes del cielo nocturno para formar un anuncio gigante del jabón de su empresa; cuando se da cuenta de que ha escrito mal el nombre de su empresa, muere de un ataque al corazón.[8]

El arte, en su máxima expresión, reimagina las posibilidades de nuestras relaciones con nosotros mismos y con nuestro entorno. El imperialismo comercial que considera el espacio como un recurso más que explotar ha socavado el abanico de posibilidades que los artistas apreciaron en los cielos. Tal vez la intervención más radical que quede de cara al futuro sea la de restablecer nuestra visión original del cielo, es decir, transformar la noche en lo que sería sin nuestra contaminación desenfrenada. La obra del fotógrafo francés Thierry Cohen se acerca a la materialización de este ideal. Cohen viaja a lugares oscuros situados en la misma latitud que las megalópolis más grandes del mundo y fotografía allí el cielo nocturno. Luego, superpone esa imagen en el paisaje urbano correspondiente, después de apagar digitalmente todas las luces del entorno urbano. Los resultados de su proyecto *Villes éteintes* ('Ciudades apagadas') son imágenes turbadoras que nos muestran «no un cielo de fantasía como podría soñarse, sino uno real tal como debería verse», en palabras del crítico de arte Francis Hodgson: la Vía Láctea resplandeciente sobre Río de Janeiro, el horizonte de Nueva York silueteado, una adoquinada calle parisina inundada de luz estelar.[9] Es un mundo donde las grandes ciudades de la humanidad están oscurecidas y presumiblemente abandonadas y el cielo nocturno es el dueño una vez más.

El último bien común

Los puntos de luz que habían enfurecido a mi hija no eran obras de arte, sino más bien la metástasis de una nueva carrera espacial cuyo principal objetivo es desafiar la gravedad del mercado de valores para sus defensores. La conquista del espacio ha sido un motivo de orgullo desde el *Sputnik*; la carrera que puso a Yuri Gagarin en órbita en 1961, envió a Neil Armstrong a la Luna en 1969 y construyó la Estación Espacial Internacional surgió del nacionalismo y se alimentó del espectáculo y la bravuconería política. En el siglo xxi, los magnates y empresarios de internet han redefinido el espacio como la última frontera de las ganancias y los beneficios, a lo que se añade unos egos astronómicos. Como el salvaje Oeste durante la fiebre del oro en los Estados Unidos del siglo xix, el espacio se ha convertido en una mina sin ley, el último bien común que queda por reivindicar, colonizar y explotar con poca o ninguna supervisión gubernamental y sin tener en cuenta el impacto que pueda tener sobre las comunidades de todo el mundo.

El acceso al espacio solía ser patrimonio exclusivo de los gobiernos estatales o de entidades internacionales como la Agencia Espacial Europea, que aglutina los recursos económicos, tecnológicos y científicos necesarios para construir y operar grandes cohetes. Los vuelos espaciales tripulados eran especialmente difíciles, ya que el capullo de aire respirable que protege a los frágiles ocupantes de una cápsula espacial debe soportar intensísimas vibraciones en el lanzamiento, velocidades supersónicas durante el ascenso, impactos de minimeteoritos, radiación letal y temperaturas gélidas en el espacio, así como un calor infernal durante la reentrada. No era algo fácil de hacer, y tampoco era barato. El programa Apollo, que puso a doce hombres en la Luna entre 1969 y 1974, costó 700.000 millones de dólares en dinero de hoy, es decir, 1,2 millones de dólares por cada segundo que cada astronauta pasó caminando por la Luna.[10]

Desde principios de los años 2000, algunos de los hombres más ricos del planeta han dedicado sus mentes y fortunas a reducir el coste de viajar al espacio, tanto para equipos como para seres humanos (el preludio necesario, según afirman, para colonizar las estrellas). Han criticado las operaciones de agencias espaciales tradicionales como la NASA, cuyo enfoque de «seguridad ante todo» dicen que ralentiza el desarrollo al tiempo que abulta los costos. Todos ellos acumularon enormes sumas de dinero en Silicon Valley —Elon Musk fue cofundador de X.com, un banco en línea que luego se convirtió en PayPal, antes de crear SpaceX y adquirir Tesla; Jeff Bezos puede financiar Blue Origin gracias a Amazon; Paul Allen utilizó el dinero que le cayó de Microsoft para sufragar el primer vuelo comercial al espacio— y aplicaron el espíritu *hacker* de

creación rápida de prototipos a los viajes espaciales. Su enfoque de ensayo y error, común en el desarrollo de código infor-
mático, les ha permitido diseñar cohetes baratos y reutiliza-
bles con propulsores capaces de aterrizar en posición vertical
—lo que sería un equivalente espacial de las aerolíneas de bajo
coste, que veinte años antes revolucionaron los viajes al operar aviones como si fueran autobuses volantes—. Ha funcio-
nado. El coste de poner en órbita un satélite se ha reducido de
60.000 dólares por kilogramo con el transbordador espacial a
3.700 dólares por kilogramo con el cohete Falcon 9 de SpaceX, llamado así por una nave espacial de *La Guerra de las galaxias.* El dinero público también ha contribuido: el gobierno
estadounidense ha ido participando cada vez más y ha destinado más de 7.000 millones de dólares en financiación a empresas privadas aeroespaciales entre 2000 y 2018.

   La nueva carrera espacial ya ha comenzado, con un elevado objetivo humanitario proclamado: conectar todo el planeta, difundir la riqueza y las oportunidades, democratizar el acceso al conocimiento y mucho más. Para lograr la utopía del
acceso rápido y global a internet, SpaceX ha lanzado miles de
satélites de internet, bañando el planeta con una lluvia permanente de señales de radio que llegan a todos los rincones del
mundo. El acceso global a internet se podría haber logrado
con un número mucho menor de satélites situados a mayor altura, pero a partir de 2018 SpaceX optó, en cambio, por des-
plegar una flota de hasta treinta mil satélites de baja altura, capaces de proporcionar una conectividad a internet mucho más
veloz a dos grupos clave: los banqueros (que lo necesitan para
transacciones de alta frecuencia) y los jugadores (que no pueden soportar perder debido a una conexión a internet lenta).[11]

---

   * Con el doblaje de *La Guerra de las galaxias*, la relación no es tan
evidente, pero se inspira, claro está, en el famoso *Halcón Milenario*, la
nave de Han Solo, en inglés *Millenium Falcon. (N. del T.)*

Los datos financieros desmienten la retórica de la «democratización de la información». La gran mayoría de la población de los países menos desarrollados, que son los que más necesitan el acceso a internet por satélite, ya que no tienen una alternativa terrestre, no puede pagar la tarifa mensual que cobra SpaceX, ni siquiera con subvenciones; en cambio, la mayoría de la gente de los países occidentales vive en zonas urbanas donde ya disfruta de un acceso rápido a internet. Esto deja a unas pocas decenas de millones de personas en las zonas rurales de América del Norte y a cientos de millones más en China, Brasil y Tailandia como los principales clientes potenciales del servicio, que también está dirigido a cruceros, aviones privados y aerolíneas comerciales.[12] Sin embargo, todos pagaremos por ello; de hecho, ya lo estamos haciendo.

La comunidad astronómica se vio sorprendida por la inesperada y rápida contaminación del cielo nocturno. Lanzamiento tras lanzamiento reutilizable, desde 2019 en adelante, el cielo nocturno se ha visto congestionado por cientos, y luego miles, de satélites de internet. Al principio, los observadores del cielo se maravillaron ante las brillantes estelas que los satélites dejaban grabadas en sus cámaras cuando se elevaban hacia sus órbitas finales. En internet, se multiplicaron vídeos que mostraban hilos de perlas que se movían con toda rapidez enhebrando la noche: enjambres de sesenta satélites de internet mientras se situaban en órbita y se desplegaban. Sus antenas parabólicas y paneles solares reflejan la luz del Sol, sobre todo justo después del ocaso y antes del alba, lo que los convierte en brillantes miniestrellas que jalonan la noche. A medida que los satélites giran, actúan como un espejo y reflejan la luz solar, con una intensidad que llega a superar a la de Venus. Según algunas estimaciones, para 2030 estas falsas estrellas visibles podrían superar en número a las reales.[13]

Esta plaga de satélites no solo arruinó la magia de la observación de cometas para mi hija y para muchas otras personas;

las exposiciones de larga duración del cielo se ven dañadas por su paso, que, como si fueran cicatrices, deja rastros de luz en las imágenes. Esto arruina las imágenes de objetos del cielo profundo que toman los astrónomos aficionados, así como hasta la mitad de los datos obtenidos por los telescopios de miles de millones de dólares utilizados por los astrónomos profesionales, construidos con grandes dificultades en algunos de los lugares más remotos del planeta, lugares que brindan los cielos más oscuros pero no son inmunes al azote de los satélites que pasan.[14] El telescopio espacial *Hubble* se ve aún más afectado, ya que los satélites están mucho más cerca de su ojo espacial.[15] Por si esto no fuera ya bastante, los radioastrónomos descubrieron que las señales de internet de los satélites que están allí arriba pueden freír sus exquisitamente sensibles receptores, abrumados por un haz diez mil millones de veces más intenso que los susurros cósmicos que intentan detectar y para los que están específicamente diseñados. En un esfuerzo desesperado por controlar los excesos de esta fiebre espacial comercial, los astrónomos solo podían lamentar la «peculiar ironía de que una tecnología que lo debe todo a siglos de estudio de las órbitas y la radiación electromagnética del espacio ahora tenga el poder de impedirnos de manera continua explorar el universo con más detalle».[16]

Podríamos pensar que nada de esto importa mucho en un mundo en el que la mayoría de nosotros vivimos bajo un manto permanente de contaminación lumínica. ¿A quién le importa cuántos puntos artificiales se mueven sobre la bóveda anaranjada de nuestras noches eléctricas, tan invisibles como las estrellas de verdad que ya no podemos ver? Pero hay una diferencia. Ninguna montaña, desierto o mar es lo bastante remoto como para evadir la densa red de estrellas artificiales en rápido movimiento que los barones del espacio están tejiendo alrededor de la Tierra para su beneficio económico. Su visibilidad e impacto serán todavía mayores para las pocas comunidades indígenas que quedan, como, por ejemplo, las que habitan en las profundidades de la selva amazónica y que aún dependen de una estrecha conexión con el cielo nocturno.

En 1836, Ralph Waldo Emerson cantó la belleza del cielo nocturno de esta manera: «Se diría que la atmósfera ha sido hecha transparente con esta intención: brindar al hombre, en los cuerpos celestes, la presencia perpetua de lo sublime».[17] La nueva carrera espacial, ahora comercial, nos robará para siempre lo antiguo y lo sublime. Nuestra contemplación del infinito se desvía hacia el tránsito efímero de montones de circuitos que ayudan a acortar aún más nuestra capacidad de atención en las redes sociales... los mensajeros celestiales arrinconados por la mensajería instantánea.

Pero no es solo nuestra visión del cosmos la que se ve amenazada por la proliferación descontrolada de gigantescas constelaciones satelitales; nuestro acceso al espacio también está en peligro. La órbita terrestre baja se está convirtiendo en un lugar congestionado, una superautopista sin reglas ni policía, donde los satélites corren a veintisiete mil kilómetros por hora. A esa velocidad, un fragmento del tamaño de una uva puede abrir un agujero en el costado de la Estación Espacial Internacional; una colisión con un satélite fuera de servicio la destruiría con el impacto. A medida que aumenta el número de satélites, también lo hace la probabilidad de una colisión entre ellos, ya sea por mal funcionamiento o por errores. Y no hay protección contra el impacto de alguno de los más de veintisiete mil fragmentos de basura espacial que se están rastreando actualmente, algunos de ellos resultado de una colisión entre satélites en 2009 y otros producidos por las pruebas de armas antisatélite. El despliegue de estos medios bélicos ya no se limita a la ciencia ficción: científicos chinos que forman parte de la Fuerza de Apoyo Estratégico militar han pedido el desarrollo de armas orbitales en caso de que el servicio de internet de SpaceX se convierta en una amenaza para la seguridad nacional del país.[18] Por encima de una determinada densidad de satélites, los fragmentos producidos por una colisión o destrucción controlada impactarían y destruirían más satélites, y así sucesivamente, en una reacción en cadena que podría llevarse por delante la mayoría de los satélites y llenar la órbita con un intransitable cinturón de desechos espaciales, un escenario llamado *efecto Kessler*, así bautizado a partir del astrónomo Donald Kessler, quien lo describió por primera vez en 1978.[19] Esto haría que el paso a través de la órbita terrestre baja fuera mucho más peligroso para cualquier misión futura y podría cortar a la humanidad el acceso al espacio.

El Tratado del Espacio Exterior firmado en 1967, si bien califica el espacio exterior como algo que «incumbe a toda la humanidad», no brinda ninguna protección adecuada para lo que se ha convertido en un problema ambiental urgente.* El espacio, uno de los últimos territorios vírgenes que quedan, está bajo el agresivo punto de mira de la explotación comercial. El Congreso de Estados Unidos legalizó en 2015 la minería comercial de cuerpos celestes, con una ley que explota una laguna en el tratado y «otorga a las empresas espaciales estadounidenses el derecho a poseer, conservar, usar y vender el botín del cosmos como consideren conveniente», según un análisis legal.[20] Ya hay varias empresas privadas que compiten por demostrar la viabilidad técnica de la minería de asteroides. La sátira de 2021 *No mires arriba*, protagonizada por Jennifer

---

* La traducción oficial del tratado, en su artículo 1, lo expresa de esta manera: «La exploración y utilización del espacio ultraterrestre, incluso la Luna y otros cuerpos celestes, deberán hacerse en provecho y en interés de todos los países, sea cual fuere su grado de desarrollo económico y científico, e incumben a toda la humanidad». Fue aprobado en la 1499.ª sesión plenaria de la Asamblea General de las Naciones Unidas el 19 de diciembre de 1966 y ratificado por los países miembros en enero de 1967. *(N. del T.)*

Lawrence y Leonardo DiCaprio en el papel de dos astrónomos cuyas advertencias sobre un impacto catastrófico de un
asteroide se ve ninguneada por el imperativo comercial de extraer metales raros, es terriblemente realista en su descripción
de la codicia y la corrupción política como los elementos cru-
ciales de la posible ruina de la humanidad.

¡Transpórtame, Scotty!

Para recuperar la «presencia de lo sublime» de Waldo Emerson, sofocada por los satélites, tal vez tengas que convertirte
en uno de ellos, comprando un billete en uno de los vuelos turísticos suborbitales promocionados por (sí, lo adivinaste) los
mismos barones espaciales responsables de haber echado a
perder la noche. El cielo solía ser para todos, pero el espacio,
en cambio, no es para todos: incluso en la era de los cohetes
comparativamente baratos, unos minutos de ingravidez a bordo de un vuelo de Virgin Galactic en 2023 te costarían 450 000
dólares. Un asiento en el vuelo inaugural del cohete *Blue Origin* de Jeff Bezos en julio de 2021 para admirar la curvatura de
la Tierra desde el borde del espacio se subastó por 28 millones
de dólares (al final, el cliente anónimo no se presentó al lanzamiento, y lo justificó de manera inverosímil con unos «problemas de agenda»); un par de semanas de vacaciones a bordo de
la Estación Espacial Internacional costó a tres astronautas privados 55 millones de dólares a cada uno en abril de 2022: la
comida estaba incluida, pero los baños eran compartidos.[21]

Durante la primera oleada de turismo espacial, el viaje de
un hombre al espacio transformó la ficción en realidad. En octubre de 2021, el actor William Shatner se convirtió en la persona de más edad en ir al espacio, con noventa años, a bordo
del cohete *New Shepard* de Jeff Bezos. Shatner saltó a la fama
por su papel en la legendaria serie *Star Trek* y las películas

posteriores, en las que interpretó al capitán James T. Kirk, de la nave espacial *Enterprise*. La serie original presentaba a la tripulación del *Enterprise* como exploradores, que viajaban a una velocidad superior a la de la luz a través de la galaxia «en busca de nuevas formas de vida y nuevas civilizaciones», y Kirk a menudo participaba en peleas a puñetazos y a pecho descubierto con extraterrestres pintorescamente caracterizados y flirteaba con atractivas extraterrestres de piel azul. Pero la serie original, filmada en la década de 1960, también tenía un carácter progresista: presentó uno de los primeros besos interraciales en la televisión, y los miembros de la tripulación del *Enterprise* de ascendencia rusa, japonesa e irlandesa trabajaban juntos, bajo la atenta mirada de un primer oficial vulcaniano, el Sr. Spock. Una frase que el personaje de Shatner repetía a menudo era «¡Transpórtame, Scotty!» para pedir a su ingeniero jefe que lo desmaterializara y lo sacara del peligro y lo llevara de regreso a la nave.* Pero cuando, por fin, lo transportaron en carne y hueso, el capitán Kirk no estaba listo para lo que le esperaba allí afuera.

Durante los diez minutos que pasó en el espacio, Shatner dijo haber experimentado una sensación profunda, pero, al contrario de sus expectativas, no se trataba de una sensación de conexión con la infinita negrura del espacio, que describió como una «frialdad cruel». Todo lo contrario: al volver la mirada hacia la Tierra y apreciar el contraste entre nuestro hermoso planeta azul y el inhóspito vacío cósmico, «descubrí que la belleza no está ahí afuera, está aquí abajo, con todos nosotros. Dejar eso atrás hizo que mi conexión con nuestro pequeño planeta fuera aún más profunda. [Una] sensación de fragi-

---

* En el original inglés *Beam me up, Scotty!*, una frase que ya se ha convertido en icónica, a pesar de que nunca se pronuncia exactamente así en la serie original, sino como *Scotty, beam us up!* o, muchas veces, como *Transporter room, three beaming up!* y frases similares. *(N. del T.)*

lidad del planeta se apodera de ti de una manera inefable e instintiva».[22]

Shatner había experimentado una versión del *efecto perspectiva*, u *overview effect*, un término acuñado en 1987 por el autor Frank White para la sensación de asombro, de conexión e incluso de despertar espiritual relatada por astronautas y cosmonautas desde el comienzo de la era espacial.[23] El astronauta de la misión Apollo 15 Al Worden, que orbitó la Luna en solitario en el módulo de servicio mientras los otros dos miembros de la tripulación estaban en la superficie, disfrutó de una oleada de percepción:

> En algunos puntos de mi órbita alrededor de la Luna, me encontraba aislado tanto de la Tierra como del Sol, por lo que estaba en completa oscuridad. Y, de repente, los patrones estelares que había allí se convirtieron en algo para lo que no estaba preparado [...] Tantas estrellas que no podía ver ni una. Solo una sábana de luz. No sé si se podría calificar de espiritual o no, pero cuando vi el campo estelar allí afuera de una manera que nadie más había visto nunca [...] tuve algunos pensamientos bastante profundos [...] No somos únicos en el universo.[24]

Al regresar a la Tierra, la sensación no hizo más que intensificarse, hasta tal punto que Worden se sintió impelido a procesar en forma de poesía todo lo que había sentido, y lo capturó de este modo:

> De todas las estrellas, lunas y planetas,
> de todo lo que puedo ver o imaginar,
> esto es lo más hermoso;
> todos los colores del universo
> centrados en un pequeño globo;
> y es nuestro hogar, nuestro refugio
> ahora sé por qué estoy aquí:
> no para mirar más de cerca la luna,

sino para mirar atrás
a nuestro hogar,
la Tierra.[25]

Otro astronauta de las misiones Apollo, Ed Mitchell —«el sexto ser humano en caminar sobre la Luna», como firmaba sus mensajes de correo electrónico— tuvo lo que describió como «una experiencia visceral subjetiva acompañada de éxtasis» cuando, durante el vuelo de regreso, vio cómo la Tierra, la Luna y el Sol pasaban silenciosamente por la ventana de su cápsula giratoria cada dos minutos.[26] En una entrevista en 1974, explicó: «Desarrollas al instante una conciencia global, una orientación hacia las personas, una profunda insatisfacción con el estado del mundo y un apremio por hacer algo al respecto. Desde allí, en la Luna, la política internacional parece de lo más mezquina. Te dan ganas de agarrar a un político por el pescuezo, arrastrarlo un cuarto de millón de millas y decirle: "Mira eso, hijo de puta"».[27]

Si Mitchell tiene razón, tal vez el efecto perspectiva, incluso si se observa desde apenas por encima de la atmósfera, podría ayudar a otros turistas espaciales a darse cuenta de la fragilidad y la unidad fundamental de nuestro destino en la Tierra. Dado el coste astronómico de la experiencia comercial, los pocos afortunados capaces de percibir la Tierra desde el espacio probablemente formen parte del uno por mil de los más ricos, quienes, si pudieran asumir una nueva concienciación ambiental, tendrían los medios y la influencia para hacer algo acerca de las numerosas amenazas que se ciernen sobre nuestra supervivencia, desde el cambio climático hasta la escasez de agua, desde la inseguridad alimentaria hasta las pandemias.

UNA PÉRDIDA DE FELICIDAD

Cuando los turistas espaciales se quedan boquiabiertos contemplando la cara oscura de la Tierra desde sus escotillas orbitales, los continentes refulgen con guirnaldas de luces que se entrelazan con la negrura cada vez más escasa de los bosques y las montañas. La iluminación artificial, que crece a un ritmo estimado del seis por ciento anual, no es solo un indicador de nuestro creciente impacto ecológico: es en sí misma una amenaza ecológica. Convertir la noche en un crepúsculo permanente está influyendo en el equilibrio de ecosistemas interconectados, y apenas estamos empezando a comprender los efectos generalizados que puede tener. Aves, murciélagos, peces, insectos y tortugas se ven afectados por la luz artificial.[28] Los «pájaros urbanos» se despiertan antes y están más tiempo despiertos que sus primos silvestres, y adquieren un reloj interno que avanza con más rapidez. Los murciélagos tienden a evitar las zonas iluminadas por la noche, que perturban sus rutas hasta las zonas de búsqueda de comida y, en algunos casos, reducen sus oportunidades de alimentación, ya que los insectos de los que se alimentan son atraídos por las mismas luces que los murciélagos rehúyen. Las fuentes de luz intensa, como los rayos de luz del monumento conmemorativo de los atentados del 11 de septiembre en Nueva York, alteran el comportamiento de las aves migratorias durante la noche, que tienden a dar vueltas, confusas, alrededor de los rayos de luz, desperdiciando así energía y tiempo, agotándose y, en última instancia, acaban teniendo menos probabilidades de reproducción.[29] Las crías de tortugas marinas, que abandonan sus nidos en la playa por la noche, son guiadas hacia el mar gracias a su resplandor casi ultravioleta, al que sus ojos son muy sensibles. La iluminación artificial de las playas o incluso el resplandor en el cielo de las ciudades cercanas pueden interferir con su orientación, llevándolas, según un estudio, hacia los reflectores de una casa cercana, hacia una muerte segura.[30]

No solo se ven afectados los animales; cuando están iluminadas, las plantas con flor reciben menos visitas de polinizadores nocturnos como las polillas, lo que reduce la cantidad de frutos que desarrollan y, por razones que no se entienden muy bien, también la cantidad de visitantes diurnos, como las abejas, lo que disminuye aún más la polinización.[31] Los árboles de zonas urbanas conservan su follaje durante más tiempo, y sus hojas pueden abrirse dos semanas antes en las proximidades de luces LED, lo que las expone a un mayor riesgo de congelación. El velo de luz que ahuyenta la oscuridad del espacio y borra las estrellas está cambiando de un modo silencioso e invisible los sutiles equilibrios que se dan en ecosistemas enteros. Su efecto neto es reducir la biodiversidad, aumentar el estrés de plantas y animales y, en definitiva, interferir con los ritmos biológicos, ecológicos y conductuales.

La contaminación lumínica también oculta nuestro impacto en el aspecto del cielo nocturno, y nos preocupamos menos por la pérdida de lo que bien pocas veces experimentamos. En una colección de recuerdos de la Segunda Guerra Mundial recopilados por la BBC, los londinenses hablan con nostalgia y con un persistente asombro acerca de la experiencia del cielo nocturno durante el Blitz: «En una noche clara, cuando se apagaban las luces había oscuridad total. Es difícil visualizar una oscuridad tan completa, pero es que era así, no había luces en absoluto [...] Y en una noche clara, podríamos decir que helada, las estrellas brillaban a miles».[32] La tragedia del bombardeo de saturación alemán creó una versión en el mundo real de la sobrecogedora obra de arte de Thierry Cohen.

Pude recobrar algo de esta sensación cuando me mudé al Carso, la meseta montañosa que se extiende por encima de Trieste, con el Mediterráneo al oeste y las colinas boscosas de Eslovenia al noreste; la ciudad de Trieste, a unos diez kilómetros, es cuarenta veces más pequeña que Londres. La Vía Láctea adornaba el cielo todas las noches de luna nueva sin nubes. Una tarde de enero, salí a hacer un pequeño recado y lo que vi me abrumó. Orión resplandecía en el cielo negro; a sus pies, brincaba su fiel perro: Sirio deslumbraba como un signo de exclamación en el cielo. Miré el cinturón del gigante, que sostenía su daga; me maravillaron sus hombros poderosos, sus piernas bien abiertas, el garrote alzado por encima de él, listo para atacar, su brazo izquierdo extendido sosteniendo el escudo. Mi memoria regresó a esa noche profética de hace tantos años, cuando mi futura esposa y yo estábamos contemplando Orión y el meteoro lo atravesó, pero ni tan solo en ese momento había experimentado el poder de Orión con tanta fuerza. Aquel día, sentí una fracción del asombro que debe de haber poseído a nuestros antepasados: una sensación palpable de las profundidades del tiempo, un tiempo que nunca llegaría a vivir, y una conexión con las otras incalculables e improbables configuraciones de átomos que habían asumido conciencia propia y alzado sus ojos al cielo.

Charles Darwin, quien en su juventud había sido un gran amante del arte, al final de su vida llegó a lamentar el precio de su incansable dedicación al trabajo científico:

Mi mente parece haberse convertido en una máquina que elabora leyes generales a partir de enormes cantidades de datos; pero lo que no puedo concebir es por qué esto ha ocasionado únicamente la atrofia de aquellas partes del cerebro de la que dependen las aficiones más elevadas. Supongo que una persona de mente mejor organizada o constituida que la mía no habría padecido esto, y si tuviera que vivir de nuevo mi vida, me impondría la obligación de leer algo de poesía y escuchar algo de música por lo menos una vez a la semana, pues tal vez de este modo se mantendría activa por el uso la parte de mi cerebro ahora atrofiada. La pérdida de estas aficiones supone una merma de felicidad y puede ser perjudicial para el intelecto, y más probablemente para el carácter moral, pues debilita el lado emotivo de nuestra naturaleza.[33]

Sin las estrellas, me sentía como Darwin sin música ni poesía. Me di cuenta de que la contemplación de las estrellas alimentaba en mí una humilde sensación de pequeñez y finitud y nutría la parte emocional de mi naturaleza. En ese momento me parecía que, si todos pudiéramos experimentar de vez en cuando esa sensación de ser una parte minúscula de un gran universo, el mundo sería un lugar mucho mejor.

El precio que pagaremos

En apenas diez mil años, guiado por la fría luz de las estrellas, el mono desnudo ha construido ciudades que arrinconan la noche; estaciones espaciales que giran alrededor de la Tierra; obras de arte que sacuden el alma. Doce de nosotros han ido a la Luna, algunos de los cuales incluso han jugado al golf allí, y hemos creado armas de un poder destructivo inimaginable. Pero ¡cuán efímeros parecen los logros de la humanidad cuando los comparamos con la inmensidad del tiempo que asigna la vida de los planetas y las estrellas!

El escritor y geólogo John McPhee nos ofrece la imagen siguiente: si el intervalo de tiempo de la vida en la Tierra ocupara el espacio que hay entre tus brazos extendidos (una medida de longitud que define «una braza»), el mero hecho de limar tus uñas con una lima de grano medio borraría la totalidad de la historia de la humanidad.[34] Toda la belleza y brutalidad que los humanos aportan al mundo, las pirámides y los profetas, el Empire State Building y las minas de carbón, la esclavitud y la asistencia médica universal, el fútbol y Mozart, una madre cantando una nana a su bebé y un asesino atacando al amparo de la noche, todo se disolvería en una diminuta nube de impalpable polvo de uñas. El tiempo humano, el tiempo de la humanidad, no es más que el cronómetro para hacer huevos pasados por agua cuando se mide en referencia a la respiración de las estrellas. A pesar de todas nuestras cuitas, como bacterias en una placa de Petri, nuestra brevedad es casi inconcebible.

En este mero parpadeo, la ciencia y la tecnología iluminadas por las estrellas nos han conferido grandes bienes: los avances en medicina, producción de alimentos y educación han aumentado muchísimo nuestra calidad de vida en el último siglo. Sin embargo, acaparamos los beneficios; millones de personas en el mundo todavía padecen hambre o están desnutridas, mientras que otros tantos millones mueren prematuramente debido a la obesidad, los ataques cardíacos y demás enfermedades relacionadas con el consumo excesivo de alimentos ultraprocesados. Las desigualdades en los ingresos son mayores que nunca: el 10 por ciento más rico posee tres cuartas partes de toda la riqueza del mundo, y los diez hombres más ricos del planeta, incluidos los barones del espacio, vieron duplicarse su riqueza colectiva desde marzo de 2020, cuando nos golpeó la pandemia de covid. «Lo que el genio inventivo de la humanidad nos ha otorgado en los últimos cien años podría haber hecho que la vida humana estuviera exenta de preocupaciones y fuera feliz si el desarrollo del poder organizador del hombre hubiese sido capaz de seguir el ritmo de sus avances técnicos. [...] Tal como están las cosas, los logros de la era de las máquinas, obtenidos con tantos esfuerzos, son, en manos de nuestra generación, tan peligrosos como una navaja en manos de un niño de tres años».[35] Estas palabras, escritas por Albert Einstein antes de la Conferencia Mundial para el Desarme de 1932, resultan incluso más conmovedoras hoy que hace más de noventa años. Einstein seguramente reflexionó sobre ellas más tarde en su vida, después de la devastación provocada en Hiroshima y Nagasaki por las armas nucleares en cuya introducción al mundo desempeñó un papel crucial al instar al presidente Franklin D. Roosevelt a desarrollarlas en 1939, algo de lo que se arrepintió toda su vida. Mientras tanto, los seres humanos han ocupado toda la Tierra. Somos casi ocho mil millones y, gracias a la ciencia y la tecnología, hemos alargado nuestra esperanza de vida, hemos erradicado enfermedades, hemos reducido la mortalidad infantil y, para una minoría de nosotros, hemos creado un mundo en el que casi todos nuestros caprichos materiales pueden satisfacerse a voluntad (y a menudo en un plazo de dos horas el mismo día en que los pedimos). En palabras de un personaje de la desgarradora novela *El clamor de los bosques* de Richard Powers, respecto a nuestra relación con los árboles: «Estamos cobrando mil millones de años de bonos de ahorro planetario y despilfarrándolos en todo tipo de joyas».[36]

El precio que acabaremos pagando es enorme. Según un informe de la ONU de 2022, el 40% de la tierra de nuestro planeta está degradada: la deforestación continúa sin cesar, destruyendo viejos e irreemplazables ecosistemas, mientras que la agricultura intensiva provoca salinización, agotamiento del suelo y erosión.[37] Los estragos que el simio desnudo está causando en el planeta impactan desde el espacio: nuestro hermoso planeta azul está marcado de maneras que habrían sido inimaginables hace una generación. Al talar bosques milenarios para hacer espacio destinado a plantaciones de aceite de palma que fracasarán en menos de una década, estamos socavando la base de toda la vida en el planeta. En tierra, hemos inclinado la balanza de los animales grandes de modo que satisfagan nuestras necesidades: los animales de granja superan a los mamíferos y aves salvajes en una asombrosa proporción de diez a uno. En el mar, que antaño parecía un recurso inagotable, las especies están sobreexplotadas: el 90% de las reservas de peces ya están completamente explotadas o agotadas. El número de insectos voladores en el Reino Unido se ha reducido en un 60 por ciento desde 2004.[38]

No es algo que nos venga de nuevo. En el este de Estados Unidos, las palomas migratorias se contaban por miles de millones y, cuando se desplazaban, se agrupaban en bandadas inmensas que oscurecían el cielo durante días (en 1871, una colonia en Wisconsin se extendía por 200 kilómetros de largo y 13 de ancho). Se las ha descrito como «una tormenta biológica» o un «huracán de plumas». A finales del siglo XIX, en el espacio de unas décadas, fueron todas exterminadas, ya que los seres humanos las cazábamos por millones por su carne y, a menudo (quizás un motivo más revelador), como simple pasatiempo. Nadie podía imaginar que sus cifras pudieran disminuir y llegar a cero... hasta que fue demasiado tarde para salvarlas.[39]

El sino de la paloma migratoria es el mismo al que se enfrentan ahora un millón de especies animales y vegetales, llevadas al borde del abismo por la destrucción de sus hábitats, la caza furtiva, la contaminación y el cambio climático. Nuestra economía basada en el carbono está haciendo aumentar rápidamente la concentración de CO_2 en la atmósfera y, por lo tanto, calentando el planeta: a partir de 2023, los últimos ocho años han sido los más cálidos registrados, con temperaturas globales 1 °C por encima de los valores preindustriales. Los glaciares están desapareciendo, el permafrost se está derritiendo, la capa de hielo retrocede y el nivel del mar aumenta. Nuestro planeta ha entrado en una fase de desequilibrio, cuyo ciclo de retroalimentación pondrá en peligro las vidas y los medios de subsistencia de miles de millones de personas, un proceso que ya se ha iniciado. La tragedia de la paloma migratoria muestra que, una vez que se pierde el equilibrio, la abundancia de vida puede desmoronarse con asombrosa rapidez. En palabras del poeta y paleontólogo Loren Eiseley, somos «un vasto remolino negro que gira cada vez más deprisa, consumiendo carne, piedra, tierra, minerales, sorbiendo luz, arrancando poder del átomo, hasta que los antiguos sonidos de la naturaleza quedan ahogados por la cacofonía de algo que ya no es naturaleza».[40]

¿SEREMOS UNOS BUENOS ANTEPASADOS?

Ante la amenaza existencial que el ser humano provoca a la vida en la Tierra, los barones del espacio están trabajando para ofrecernos, dicen, los medios para huir a las estrellas. El objetivo de Blue Origin de Jeff Bezos es «construir una carretera hacia el espacio para que nuestros hijos puedan construir el futuro», según parece trasladando a millones de personas e industria pesada al espacio para preservar el planeta.[41] Si nuestros hijos querrán ir es otra cuestión. Elon Musk apunta aún más alto: construir un Arca de Noé de la era moderna, no de madera en la cima de una montaña sino de acero sobre un cohete, para asegurar la supervivencia de la raza humana contra el diluvio metafórico y real que se avecina. «Si haces una copia de seguridad de tu disco duro [...] ¿Quizás deberíamos hacer también una copia de seguridad de la vida?», planteó Musk en 2015, quien cree que deberíamos colonizar Marte a modo de bote salvavidas para la humanidad y como trampolín hacia las estrellas.[42]

La idea no es nueva. Carl Sagan la defendió como una «póliza de seguro» contra el riesgo, nada descabellado, de que acabemos destruyéndonos a nosotros mismos, un peligro que tal vez nunca haya estado tan claramente definido como hoy. En 1994 escribió: «Si está en juego nuestra supervivencia a largo plazo, tenemos la responsabilidad fundamental para con nuestra especie de aventurarnos hacia otros mundos», un sentimiento que compartía el astrofísico Stephen Hawking.[43] Mientras que la NASA planea volver a enviar seres humanos (y llevar a la primera mujer y persona de color) a la Luna en 2025, el calendario de SpaceX para una misión tripulada a Marte sigue atrasándose: Musk, que había indicado un plazo de diez años para llegar al planeta rojo en 2011, ahora habla de 2029. Pero Marte es un objetivo mucho más difícil que la Luna. El viaje dura entre seis y nueve meses en cada sentido, en comparación con solo tres días para llegar a nuestro satélite, y conlleva los desafíos adicionales de la exposición prolongada a los rayos cósmicos, la necesidad de llevar suministros para hasta dos años o extraer energía y consumibles de Marte, la dificultad de aterrizar una nave espacial grande y la angustia psicológica de un largo viaje en condiciones de hacinamiento, y eso es solo la punta del iceberg.

Establecer una colonia, y en concreto una que pueda sobrevivir con independencia de la Tierra (la ambición a largo plazo de Musk), parece una perspectiva aún más frágil. Tengamos en cuenta que, en 2021, la Estación Espacial Internacional requería reabastecimiento cada seis u ocho semanas para una tripulación de siete personas a 250 kilómetros de altura; no estamos hablando de una colonia de quizás cientos de personas a 200 millones de kilómetros de distancia. Algunos defensores del transhumanismo (entre ellos, muchos barones espaciales) afirman que tal vez no sea necesario enviar nuestros cuerpos biológicos allí y que en el siguiente paso de la evolución descartaremos nuestros cuerpos orgánicos a cambio de simulacros basados en el silicio, es decir, nuestras mentes subidas a la nube. Teniendo en cuenta el estado actual de la inteligencia artificial, se trata de una perspectiva aún más remota, e incluso si se hiciera realidad, nuestros avatares sintéticos serían fundamentalmente otros. ¡Dudo que los neandertales se hubieran consolado al saber que iban a ser reemplazados por una mejora de la especie!

La cuestión del colonialismo espacial más allá del sistema solar se antoja aún más académica. Es probable que otras estrellas de la galaxia alberguen planetas similares a la Tierra, pero la travesía hacia esos hipotéticos otros mundos habitables implicaría cientos o miles de años en el espacio, no por las limitaciones de la tecnología actual, sino más bien por las inimaginables distancias entre las estrellas y la barrera fundamental de la velocidad de la luz.[44] Sería más fácil que una hormiga circunnavegara la Tierra sobre una hoja que los seres humanos llegaran incluso a la estrella más cercana. Pero es que incluso si lo lográramos y descubriéramos un planeta con vida, sus habitantes podrían no estar contentos de compartir su hogar con unos humanos hambrientos de recursos. Ya hemos visto antes este tipo de expansión agresiva hacia nuevos territorios, con la colonización de América, África y Oceanía por los europeos en los siglos XVI y XVII. No terminó bien para los nativos.

Marte también sería un refugio para una sola especie. No habría lugar para ballenas, halcones o mariposas; no habría praderas llenas de campanillas, ni secuoyas milenarias, ni arrecifes de coral. No habría abejas ni lombrices, ni el sonido de los grillos en una cálida tarde de verano. Bueno, de hecho no habría cálidas tardes de verano. Como Marte es un planeta desértico con una atmósfera de lo más tenue, su temperatura superficial desciende rápidamente después del ocaso, desde una fría temperatura máxima de $-14\,°C$ por la tarde hasta una gélida temperatura de $-90\,°C$ en los trópicos.[45]

De todos modos, ni tú ni yo estamos invitados a sumarnos a esta comunidad cerrada definitiva. En los años 1960, al comienzo de la era espacial, el filósofo de la tecnología Lewis Mumford describió las grandes pirámides como «los equivalentes estáticos exactos de nuestros cohetes espaciales. Ambos [son] dispositivos para garantizar, a un coste extravagante, un pasaje al cielo para unos pocos favorecidos».[46] Ciertamente, solo los «pocos favorecidos», los magnates de internet del siglo XXI, convertidos en faraones, podrían tener la esperanza de obtener un pasaje en sus hipotéticos botes salvavidas; son los mismos hombres que hoy construyen cohetes y los lanzan al espacio por diversión. Según uno de ellos, tal vez el cincuenta por ciento de los multimillonarios de Silicon Valley son «survivalistas del fin del mundo», gente que compra «seguros contra el apocalipsis» en forma de búnkeres bien abastecidos y custodiados por fuerzas militares personales o incluso como grandes fincas privadas autosuficientes en zonas remotas de Nueva Zelanda.[47] Cuando llegue el apocalipsis (en forma de cambio climático, un virus mortal, desórdenes civiles o una guerra nuclear tal vez precipitada por las tecnologías devoradoras del planeta que ellos mismos han ayudado a construir), querrán garantizarse una salida para ellos y sus seres queridos. Si todo el planeta está en llamas, entonces el espacio se convierte en su última vía de escape.

Dejar atrás la Tierra sería el resultado final de lo que Mumford denominó «la megamáquina»: el incansable empeño de la civilización occidental en organizar y cercar la totalidad de la existencia humana bajo un orden mecanizado del mundo cada vez más eficiente, cada vez más poderoso (y destructivo), construido sobre el modelo del «universo de relojería». Podemos expresar la paradoja de este otro modo: los seres humanos actuales imaginan vivir entre las estrellas para salvarse de la destrucción provocada por la misma tecnología que llegó al mundo gracias al hecho de mirar a las estrellas.

En lugar de perseguir sueños descabellados de establecernos en otros mundos, nuestro imperativo moral es convertirnos en administradores juiciosos de nuestro propio planeta. Las estrellas nos guiaron hacia la ciencia que nos proporcionó una tecnología indistinguible de la magia; están grabadas en nuestra constitución psicológica y nos ayudaron a conquistar el mundo. Pero no son una vía de escape. Volvamos a centrar nuestra atención en las cuestiones reales: cómo compartir los recursos de nuestro planeta de la manera más equitativa posible entre todos los seres humanos, cómo garantizar que la vida no humana pueda seguir medrando en la Tierra, cómo reestructurar nuestra civilización sobre una base ambientalmente sostenible, cómo legar a nuestros hijos y a los hijos de nuestros hijos un planeta tan diverso y hospitalario como el que heredamos. Debemos aprender a convertirnos en «buenos antepasados», en la memorable expresión de Jonas Salk, inventor de la vacuna contra la polio, que luego desechó la idea de patentarla con la pregunta: «¿Podrías patentar el Sol?».[48]

«La culpa, querido Bruto, no es de nuestras estrellas», dice Casio en el *Julio César* de Shakespeare, alentándole a actuar contra César a pesar de su debilidad; «los hombres son algunas veces dueños de sus destinos», proclama.[49] En esta importantísima tarea que tenemos entre manos los que estamos vivos en estos momentos, la de dominar nuestro destino incluso cuando el timón se nos resbala de las manos, las estrellas pueden ayudar. El «efecto perspectiva» está abierto a todos aquellos que buscamos un cielo oscuro y miramos hacia arriba: hacia arriba, hacia la negrura que se extiende entre los incontables soles ardientes; hacia arriba, hacia las mudas formas de las constelaciones que cantaron historias a generaciones de hombres y mujeres; hacia arriba, hacia la extensión infinita que solo unas improbables configuraciones de átomos han sido capaces de apreciar. Reconectarnos con las estrellas de un modo auténtico es darnos la perspectiva necesaria para elegir sabiamente nuestro próximo paso, no centrados miopemente en el próximo ciclo electoral, sino dispuestos a abarcar la gran extensión de las eras geológicas, para que el Antropoceno no se convierta en la última y la más breve de las que tenemos constancia. El cielo nocturno es el único aspecto de la naturaleza que compartimos todos los habitantes de este planeta. Otros paisajes grandiosos y magníficos seres vivos como las ballenas y las secuoyas generan una sensación similar de asombro, qué duda cabe, pero las estrellas son únicas por ser comunes a todos nosotros. Es a este sentido de destino compartido al que debemos apelar si queremos afrontar unidos los peligros mortales que nos acechan.

«¿Por cuántos caminos entre las estrellas debe impulsarse el hombre en busca del secreto final? El viaje es difícil, colosal, a veces imposible, pero eso no disuadirá a algunos de nosotros de intentarlo», escribió Loren Eiseley.[50] Nuestro camino no tiene por qué ser solitario. Volver a contemplar las estrellas es adoptar una perspectiva común a todos los seres vivos de la Tierra. Un día, después de haber transitado los agrestes caminos de la ciencia, desde el seno del átomo hasta el fin del universo, llegará el momento en que tomaremos el camino a casa por una ruta no transitada: la del amor. Y ese día, Prometeo quedará liberado.

LAS CRÓNICAS DE CALIGO

La danza del Esqueleto

Atrapanieblas había acabado su relato cuando un chasquido tan fuerte que hizo saltar nuestros corazones retumbó por toda la cueva. ¡El Rayo nos había escuchado! Nos levantamos al unísono y nuestras voces rugieron con regocijo. Las palabras de Pastor se alzaron por encima del estrépito.

—¡Vigilanubes! ¡El Rayo está aquí! ¡Que la cabeza del Embaucador sienta de nuevo su poder! ¡Que empiece la danza del Esqueleto!

Agarramos nuestras lanzas y nos apresuramos al exterior, bajo la lluvia de gruesas gotas que estallaban en pequeñas ráfagas de polvo cuando chocaban con el suelo. Colmena agitaba su lanza arriba y abajo, invitando al Rayo a unirse a nuestra danza, con ojos desorbitados y los músculos del cuello en plena tensión. Buscabisontes marcaba el ritmo y surgían chispas con cada golpe de sus piedras. Otros se revolcaban por el polvo, invocando al Rayo para que los llenara con su poder. La frente de Lanzajabalinas ya sangraba mientras golpeaba su frente una y otra vez contra el roble astillado que había recibido la visita del Rayo hacía mucho tiempo.

La lluvia caía espesa, con fuerza, acompañada de violentos Truenos que hacían vibrar la tierra bajo nuestros pies, embarrados y salpicados de sangre. El Rayo había abandonado su nido entre la Nube para visitar a nuestra gente.

Un canto surge del interior de la cueva y todos nos detenemos: es Pastor que encabeza la procesión, seguido por Vigilanubes, Fulgor de Antaño y los otros. Sostiene el Poste en alto frente a él y todos nos ponemos en fila a sus lados. Mis ojos están fijos en la cabeza del Embaucador, ensartada en el extremo del Poste y meciéndose a cada paso como si estuviera viva; gracias a la luz de la hoguera veo que aún cuelga algo de piel de la quijada del Embaucador, como las hojas pardas cuando los Fulgores se acortan.

La visión me inunda de ansias de guerra: mientras agarro mi hacha, listo para golpear, observo la Oscuridad que nos rodea, por si sus compañeros regresan para rescatarlo, aunque nadie vivo ha visto a un Embaucador en carne y hueso.

—¡Castigaembaucadores! —grita Pastor entre la lluvia—. Seguimos tu ejemplo, ¡que tu fuerza y tu valentía nos ayuden a enfrentarnos a nuestros enemigos! ¡Que el Rayo ahuyente a los Embaucadores de nuestro pueblo!

Entonces es cuando sucede. Rayo ha oído a Pastor y lo visita con toda su fuerza. Un chasquido ensordecedor me revienta los oídos y un efluvio de energía llena el aire. Me zumban los oídos, no veo nada y caigo. Gritos de agonía por todas partes. ¿Acaso han vuelto los Embaucadores?

Tumbado en el suelo, me doy la vuelta y busco a tientas mi lanza; siento el regusto de la sangre en la lengua. Mi mano agarra algo redondo: es el cráneo ennegrecido del Embaucador. Pastor yace junto a él, con los miembros retorcidos y las manos humeantes. Un hedor a carne carbonizada inunda mi nariz.

Arrastro el cráneo del Embaucador hacia mí y lo alzo a la altura de mis ojos: siento su parte superior bruñida y abultada, su frente lisa. ¿Cómo podría asustarnos una piltrafa así, a nosotros, la gente de la Nube?

Vuelvo a caer al suelo y mi mirada se hunde en un orificio en la parte posterior de la calavera. A través de las cuencas de los ojos del Embaucador veo algo que nadie ha Recordado nunca: la Nube se abre y revela el Techo del Disco. Ennegrecido por el fuego e incrustado con cristales, centellea como la bóveda de nuestra cueva.

EPÍLOGO:
ASÍ HABLARON LAS MUDAS ESTRELLAS

En el tiempo que te ha llevado leer este libro, la *Voyager 1* se ha adentrado otros trescientos mil kilómetros en la oscuridad del espacio, en dirección a la estrella Gliese 445, a diecisiete años luz de distancia. La sonda, al igual que su gemela, la *Voyager 2*, vagará por la galaxia durante algo que no se alejará mucho de la eternidad: harían falta diez millones de veces la edad actual del universo para que una de las *Voyager* tuviera una probabilidad apreciable de chocar con una estrella.

Cada una de las *Voyager* lleva en su costado un añadido de último minuto a la misión, pequeño pero con la descomunal potencia de los símbolos. Carl Sagan sabía que las sondas estaban destinadas a abandonar nuestro sistema solar y reunió a un equipo interdisciplinario para crear una especie de «mensaje en una botella» interestelar que pudiera ser comprendido por cualquier ser consciente que algún día llegara a recoger una de las *Voyager*. El mensaje tiene la forma de un disco fonográfico bañado en oro, conocido como el *disco de oro*.[1]

En su envoltorio, hay un conjunto de instrucciones que muestra cómo debe reproducirse el disco, junto con el número de revoluciones por minuto (16,5) en unidades de la frecuencia fundamental del átomo de hidrógeno (también representado). La ubicación de nuestro sistema solar se da con respecto a catorce púlsares cercanos. La cubierta de cada disco dorado de las *Voyager* está rociada con una capa de uranio 238 ultrapuro, cuya lenta desintegración actúa como un temporizador que cuenta el paso del tiempo a partir del momento del lanzamiento, en beneficio de sus hipotéticos descubridores. El reloj radiactivo se reduce a la mitad cada 4500 millones de años. Para entonces, es probable que los discos gemelos —separados en el lanzamiento y en tal fecha situados a media galaxia de distancia uno del otro, para nunca volver a reunirse—, sean ya el único testimonio que quede de que la humanidad existió alguna vez, mucho después de que la Tierra haya sido obliterada por un Sol hinchado y envejecido.

Dentro de unos años, la fuente de energía de la *Voyager 1* se agotará y la nave espacial quedará en silencio para siempre; la silenciosa descomposición del recubrimiento radiactivo de su disco será la última barrera hacia una eternidad atemporal. A menos, claro está, que una mano alienígena (si es que es una mano) saque el disco de su envoltorio y encuentre detrás de él la aguja necesaria para devolver la vida a su contenido. Una imagen de prueba grabada en la cubierta permitirá a los científicos alienígenas comprobar que el dispositivo funciona correctamente. Si el disco de oro de las *Voyager* completa su misión, en un futuro inconcebible, en algún rincón lejano de la galaxia, resurgirán sonidos e imágenes de la Tierra grabadas en la década de 1970: el canto de las ballenas, el aria de la reina de la noche de *La flauta mágica* de Mozart, el paso a baja altura de un F-111, el canto de grillos y ranas extintos hace mucho tiempo; diagramas que muestran la estructura del ADN, un electroencefalograma, cazadores del pueblo san de África y el despegue de un cohete Titan; imágenes de un atasco de tráfico en Tailandia, la Ópera de Sydney, una mujer joven comiendo uvas en el pasillo de un supermercado, casas de adobe y rascacielos, los órganos sexuales humanos y cocodrilos. Solo podemos imaginar qué tipo de impresión podrían causar estos y muchos otros sonidos e imágenes, junto con saludos en más de cincuenta idiomas, en los órganos sensoriales de otra forma de vida. Me gusta pensar que los científicos extraterrestres se conmoverán con el sonido de un beso maternal, seguido del llanto de un bebé al que una mujer humana consuela en voz baja.

Entre los sonidos, imágenes y saludos del disco de oro, hay un mensaje del entonces presidente de los Estados Unidos, Jimmy Carter. Escrito en 1977, las palabras de Carter se nos antojan aún más apremiantes en el momento actual:

> De los 200 mil millones de estrellas de la Vía Láctea, algunas, quizás muchas, pueden tener planetas habitados y civilizaciones capaces de viajar por el espacio. Si una de esas civilizaciones intercepta la *Voyager* y puede entender el contenido aquí grabado, he aquí nuestro mensaje: Este es un regalo de un pequeño y distante mundo, una muestra de nuestros sonidos, nuestra ciencia, nuestras imágenes, nuestra música, nuestros pensamientos y nuestros sentimientos. Intentamos sobrevivir a nuestro tiempo para poder vivir hasta el vuestro. Esperamos que algún día, después de haber resuelto los problemas a los que nos enfrentamos, podamos unirnos a una comunidad de civilizaciones galácticas. Esta grabación representa nuestra esperanza, nuestra determinación y nuestra buena voluntad en un universo vasto y asombroso.[2]

Si en un futuro lejano alguien viniera en busca de la Tierra, guiado por los catorce púlsares de referencia de la cubierta del disco de oro, ¿se sentiría decepcionado al encontrar un planeta muerto, una lápida cósmica a mayor honor de la arrogancia del simio desnudo? ¿O se maravillaría desde la órbita de Júpiter ante nuestro hermoso punto azul, brillando frente a la oscuridad? Tanto si creemos que algún día nos uniremos a una «comunidad de civilizaciones galácticas» como si no, nuestra tarea urgente hoy es detener la marcha de la megamáquina; reconvertir su poder planetario para que pueda satisfacer las necesidades de toda la vida en la Tierra; fortalecernos no solo

para sobrevivir a nuestro tiempo sino para crear una nueva
era.

Hay algo profundo en el gesto de lanzar un disco del tamaño de un plato de comida al vacío entre las estrellas, esperando
contra toda posibilidad razonable que algún día, en algún lugar, alguien —o algo— lo recoja y se acuerde de nosotros.
Existimos, dice el disco. Nacimos de las estrellas y es a las
estrellas a quienes confiamos nuestra memoria.

AGRADECIMIENTOS

Cuando una soleada tarde de junio, en Londres, planteé un libro sobre un «mundo sin estrellas» a T. J. Kelleher, no me imaginaba que, a partir de esa semilla de una idea brotaría un viaje vital de descubrimiento. Estoy muy agradecido a T. J. por haber creído en este proyecto desde buen principio.

A todas las personas implicadas que cuidaron de esa semilla hasta que echó raíces, gracias: a mis agentes, Peter Tallack y Louisa Pritchard de Curious Minds Agency, a Lara Heimert y Sarah Caro de Basic Books, y a sus equipos, cuya pasión por crear libros maravillosos se nota en toda esta obra. Gracias especialmente a Meghan Houser, cuyos perspicaces comentarios e incisivas correcciones han sido fundamentales para dar al texto su forma actual, y a Jennifer Kelland, cuya revisión mejoró aún más la claridad y fluidez del texto.

Gracias a los amigos, colegas y familiares que me han apoyado, animado e inspirado de más maneras de lo que puedo expresar aquí: Laura Cameron y Andrew Eaton-Lewis, Loretta Gianettoni y Fausto Pagnamenta, Gianfranco Bertone, Ivan Cabrillo, Eliel Camargo-Molina, Aifric Campbell, David Cunial, Ed Dark, Stephen Follows, Gigi Funcis y Giulia Carollo, Alessandro Laio, Louis Lyons, Guido Sanguinetti, Tereza Stehlikova, Elisabetta Tola y Richard Watson. Gracias a Nastja Gartner y a Gregor Višnar del Golden Beaver Ranch por ofrecer un refugio de escritores en su Walden esloveno.

Gracias a los expertos que me han ayudado: David Benqué, Jimena Canales, Arnaud Czaja, Edward Gryspeerdt, Marc McCaughrean, Felicity Mellor, Roger Kneebone, Ed Krupp, Andy Lawrence, Tyler Nordgren, Lala Rolls, Steve Warren, Michael Weatherburn y Rebecca Wragg Sykes. Por supuesto, cualquier error es culpa mía.

Estoy muy agradecido a todo el personal bibliotecario que me ayudó a localizar material poco común o de ubicación difícil, crucial para mi investigación: gracias al equipo de bibliotecarios del Imperial College London (sobre todo a Ann Brew y Rosemary Russell), de la Huntington Library, del Observatorio Yerkes y de la Escuela Internacional de Estudios Avanzados de Trieste (en especial, Stefania Cantagalli, Gerardina Cargnelutti, Barbara Corzani y Marina Picek).

A mi amigo y colega Fabio Iocco, muchas y cálidas gracias: tu presencia, apoyo y perspicaces sugerencias han sido de lo más relevantes, empezando por la cubierta.

A mi papá, cuyos ojos ya no pueden contemplar las estrellas, gracias por todo: tal vez la música ya no suene, pero el baile no se acaba nunca.

A mi esposa, Elisa, y a mis hijos, Benjamin y Emma: este libro no podría existir sin su apoyo, sus ánimos, su amor y su paciencia. Sabed que, a pesar de que muchas veces mi cabeza estaba perdida entre las estrellas, siempre habéis sido las luces más brillantes de mi universo, y siempre lo seréis.

NOTAS

Prólogo

1. Homero, *Odisea*, XI.567.
2. Einstein recordaba «una paradoja con la que ya me había topado a los dieciséis años: si persigo un rayo de luz con velocidad *c* (la velocidad de la luz en el vacío), debería observar un rayo así como un campo electromagnético en reposo, pero con una oscilación espacial. Sin embargo, no parece existir tal cosa, ni a partir de la experiencia ni según las ecuaciones de Maxwell [...] En esta paradoja uno puede ver que ya contiene el germen de la teoría de la relatividad especial». Citado en Norton, «Chasing the Light», pág. 123.
3. Leopardi, *La storia dell'astronomia*, pág. 731. La traducción no hace justicia a la elegancia del poeta: *Dacchè la Terra ebbe degli uomini, il cielo ebbe degli ammiratori.*
4. Mumford, *Technics and Civilization*, pág. 47.
5. Eliade, *Patterns*, pág. 39.
6. Citado en Krupp, *Beyond the Blue Horizon*, pág. 25.
7. Dante Alighieri, *La Divina Comedia, Paraíso*, XXXIII, 145.
8. Bridgman, «Who were the Cimmerians?», pág. 39-40.
9. Homero, *Odisea*, XI.11-13.

1. Un punto azul pálido

1. Sagan, *Pale Blue Dot*, pág. 6.
2. Randall y Reece, «Dark Matter as a Trigger for Periodic Comet Impacts».
3. Eliade, *Patterns*, pág. 39.
4. Poincaré, *The Value of Science*, pág. 84. Luego continúa con una

arrogancia que deberíamos haber aprendido a descartar: «Es ella [la astronomía] quien nos muestra cuán pequeño es el cuerpo del hombre y cuán grande es su espíritu, puesto que esta enormidad radiante en la que su cuerpo no es más que un oscuro punto, su inteligencia puede abarcarla en su totalidad y disfrutar de su silenciosa armonía. De este modo llegamos a la consciencia de nuestra fuerza y llegados aquí no deberíamos ser tímidos, porque esta consciencia nos hace más fuertes». [La traducción de este fragmento y de los demás que aparecen en el texto se ha hecho a partir del original francés, *La valeur de la science*, Flammarion, 2011. *(N. del T.)*]

5. Poincaré, *The Value of Science*, pág. 84-85.
6. Citado en Crawford, *Atlas of AI*, pág. 227.
7. Poincaré, *The Value of Science*, pág. 85.
8. Mumford, *Technics and Civilization*, pág. 14.

2. EL CIELO PERDIDO

1. Emerson, *Nature*, pág. 9.
2. Joel 2:31 (Biblia de Jerusalén).
3. Los eclipses solares no se dan cada luna nueva porque la órbita de la Luna está inclinada cinco grados respecto al plano de la órbita terrestre. Así, en la mayoría de los casos, cuando la Luna está entre nosotros y el Sol (en la luna llena) no está alineada delante de este.
4. Heródoto, *Historias*, I.74.
5. Versión en inglés citada en Krupp, *Beyond the Blue Horizon*, pág. 162. Texto original en español: Bernardino de Sahagún, *Historia general de las cosas de Nueva España*, libro VII, A. Valdés, México, 1829 (ortografía modernizada en el texto citado).
6. Humphreys y Waddington, «Dating the Crucifixion»; Schaefer, «Lunar Visibility and the Crucifixion»; Schaefer, «Lunar Eclipses That Changed the World».
7. Amós 8:9 (Biblia de Jerusalén).
8. Citado en Chambers, *The Story of Eclipses*, cap. 12. Texto original en inglés moderno: «In this year went the King Henry over sea at the Lammas; and the next day, as he lay asleep on ship, the day darkened over all lands, and the sun was all as it were a three night old moon, and the stars about him at midday. Men were very much astonished and terrified, and said that a great event should come hereafter. So it

did; for that same year was the king dead, the next day after St. Andrew's mass-day, in Normandy».

9. Shayegan, «Aspects of History and Epic in Ancient Iran».

10. No hay indicaciones de si el eclipse fue total, si bien pudo ser observado en la capital de Assur, en el norte del actual Irak (Stephenson, «How Reliable are Archaic Records?»). Humphreys y Waddington («Solar Eclipse of 1207 BC») sugieren que un fragmento del Antiguo Testamento se puede interpretar como una descripción de un eclipse solar total en 1207 a. C., y que hay afirmaciones de un eclipse solar registrado en fecha tan temprana como 1223 a. C. (de Jong y van Soldt, «The Earliest Known Solar Eclipse»).

11. Krupp, *Beyond the Blue Horizon*, pág. 51-53; Frazer, *The Worship of Nature*, pág. 556, 559-560, 596.

12. Puede ser que el gran tamaño de nuestra Luna no sea una coincidencia después de todo: podría ser necesario un satélite de gran masa para asegurar la estabilidad a largo plazo de la rotación de la Tierra, un prerrequisito para la vida y, por lo tanto, para nuestra existencia (véase Laskar, Joutel y Robutel, «Stabilization of the Earth's Obliquity»; Lissauer, Barnes y Chambers, «Obliquity Variations»).

13. Números 24:17 (Biblia de Jerusalén).

14. Mateo 2:2 y 2:9 (Biblia de Jerusalén).

15. El 23 de febrero de 1987 se produjo otra explosión de supernova y fue estudiada en detalle con instrumentos modernos. Sin embargo, la supernova de 1987 fue de un tipo diferente a la de Kepler. [Y se produjo no en nuestra galaxia, la Vía Láctea, sino en una galaxia satélite de la nuestra, la Gran Nube de Magallanes. *(N. del T.)*]

16. El relato definitivo de lo que pensaba Kepler (y de cómo su posición fue tergiversada en el siglo XIX) se puede leer en Burke-Gaffney, «Kepler and the Star of Bethlehem»; citas en las pág. 420-421; véase también Kidger, *The Star of Bethlehem*.

17. Citado en Schechner, *Comets*, pág. 51.

18. Casio Dion, *Historia romana*, LXVI.17.3.

19. Tomás de Aquino, *Suma teológica*, suplemento a la tercera parte, cuestión 73, artículo 1.

20. Lucas 21:25 (Biblia de Jerusalén).

21. Botley y White, «Halley's Comet in 1066», pág. 4-6. [El primer fragmento procede de un texto de la catedral de Viterbo, no referenciado en el artículo de Botley y White; el segundo se halla en las *Gestas de los duques de los normandos* de Guillermo de Jumièges; el último es de

Guillermo de Malmesbury, quien en sus *Gestas de los reyes de los in-gleses* reproduce las palabras de otro monje de la abadía llamado El-mer. *(N. del T.)*]

22. Cuenta la leyenda que la esposa de Guillermo, la reina Matilda, lo elaboró con sus damas de compañía, aunque se desconoce el autor real.

23. Westfall, *Never at Rest*, pág. 104.

24. Citado en Chambers, *The Story of Eclipses*, cap. 12.

25. Milton, *El paraíso perdido*, VII.580.

26. Dunkin, *The Midnight Sky*, pág. 116.

27. DeLillo, *Submundo*, pág. 623.

28. Al parecer, esta anécdota fue embellecida en un artículo de 2008 sobre la contaminación lumínica aparecido en el *New York Times*, según el cual «los centros de emergencia e incluso el Observatorio Griffith recibieron numerosas llamadas», que exigían ansiosamente explicaciones sobre una «nube plateada gigante» en el cielo, y que los astrónomos aseguraron que no era nada más que la Vía Láctea (Sharkey, «Helping the Stars»). La fuente original de la historia, el Dr. Edward Krupp, el director del Observatorio Griffith, que estuvo personalmente involucrado en los eventos, me dijo que «la gente simplemente respondió al cielo oscuro y a la profusión de estrellas, pero no a la Vía Láctea, que estaba muy cerca del horizonte y no era particularmente llamativa o incluso visible». Las personas que llamaron, probablemente alrededor de una docena en total, «se mostraban curiosas y desconcertadas, no molestas ni preocupadas. Parecían pensar que el terremoto podría haber causado el cielo "extraño", pero no se dieron cuenta de que fue solo un apagón que reveló estrellas que pocos habían visto jamás» (Edward Krupp, correos electrónicos al autor, 24 y 25 de noviembre de 2020).

29. Citado en MacCarthy, *Gropius*, pág. 239.

30. Hintz, Hintz y Lawler, «Prior Knowledge Base of Constellations».

31. Thoreau, *Walden*, cap. 9.

32. Emerson, *Nature*, pág. 9.

3. LA VIDA BAJO UNA NUBE

En Ponting, *Callanish* y en Sawyer Hogg, «Out of Old Books» se puede hallar información más detallada sobre Calanais. Se describen ejemplos de nubes en otros planetas en Helling, «Clouds in Exoplanetary Atmospheres», en Moses, «Cloudy with a Chance of Dustballs», en Kipping y Spiegel, «Detection of Visible Light from the Darkest World» y en Libby-Roberts *et al.*, «The Featureless Transmission Spectra». Acerca de las nubes y el clima terrestre, véase Still *et al.*, «Influence of Clouds»; Hartmann, Ockert-Bell y Michelsen, «The Effect of Cloud Type». Se presenta una revisión del floreciente campo científico de la climatología exoplanetaria en Shields, «The Climates of Other Worlds». Sobre el personaje de Luke Howard, véase Hamblyn, *The Invention of Clouds*.

1. Ponting, *Callanish*, pág. 10.

2. Captain Sommerville, citado en Sawyer Hogg, «Out of Old Books», pág. 86. *[El fragmento original de Diodoro es de su obra* Biblioteca Histórica, *II.47]*

3. El fenómeno de los lunasticios mayores se debe al hecho de que la órbita de la Luna está inclinada cinco grados con respecto al plano de la órbita de la Tierra alrededor del Sol. Durante unos tres años entorno al pico del lunasticio mayor, la Luna sale y se pone en lugares más al sur (alrededor del solsticio de verano) y más al norte (alrededor del solsticio de invierno) de los que llega a alcanzar el Sol. El ciclo de 18,6 años entre lunasticios mayores se debe a la precesión de los nodos lunares (la intersección del plano orbital lunar con el plano de la eclíptica) y es diferente del ciclo metónico de 19 años (que engloba 235 lunaciones) que se describe en el capítulo 5. La próxima oportunidad de presenciar un lunasticio mayor será en 2025.

4. Olson, Doescher y Olson, «When the Sky Ran Red».

5. Gryspeerdt, «Where Is the Cloudiest Place on Earth?».

6. Se trata de un instrumento fabricado por el propio Campbell alrededor de 1876, y cuyo primer ejemplar se exhibe en el Museo Marítimo Nacional de Londres; está formado por un cuenco de latón muy pulido, con grabados oscuros que muestran los puntos cardinales y un círculo dividido en grados, como en una brújula. Una inscripción en latín en letras de palo seco declara: *Horas non numero nisi serenas*, es decir, 'Solo cuento las horas serenas', lo que da la engañosa impresión de que el instrumento es un dispositivo para medir el tiempo. Pero el núcleo del heliógrafo es una esfera de vidrio colocada sobre el cuenco, con un extraordinario parecido con las típicas bolas de cristal de los videntes; esta captura la luz del Sol a medida que se mueve por el cielo y focaliza sus rayos de manera que queman una tira de papel colocada en el fondo del cuenco. Los fragmentos que-

mados de esta tira, que se cambia cada día, indican así las horas en las que el Sol ha brillado y, en consecuencia, también la nubosidad del cielo.

7. «Niels Ryberg Finsen—Facts».
8. London, *The People of the Abyss*.
9. Citado en Robson-Mainwaring, «The Great Smog of 1952».
10. Citado en Robson-Mainwaring, «The Great Smog of 1952».
11. Robinson, «15 Most Polluted Cities in the World».
12. Abbot, «The Habitability of Venus», pág. 170.
13. Citado en Launius, «Venus-Earth-Mars», pág. 257.
14. Bradbury, «The Long Rain».
15. Burroughs, *Pirates of Venus*.
16. Barlow, *The Immortals' Great Quest*, pág. 81.
17. Barlow, *The Immortals' Great Quest*, pág. 114.
18. La novela se republicó más adelante bajo el nombre real del autor: Barlow, *The Immortals' Great Quest*.
19. Sagan, «The Planet Venus», pág. 849.
20. En un reciente giro de guion para la vida en Venus, un equipo de astrónomos (Greaves *et al.*, «Phosphine Gas in the Cloud Decks of Venus») informaron en 2020 de la detección de fosfano en las nubes del planeta, un gas tóxico que en la Tierra producen determinadas bacterias en los pantanos y ciénagas, se halla en las heces de los pingüinos y en los intestinos de los tejones. Encontrar fosfano es hallar vida (apestosa). Esta excitante perspectiva se enfrió poco después, cuando un nuevo análisis de los datos indicó que la detección de fosfano había sido espuria (Villanueva *et al.*, «No Evidence of Phosphine in the Atmosphere of Venus»).
21. Kreidberg *et al.*, «Clouds in the Atmosphere».
22. Poincaré, *The Value of Science*, pág. 84.
23. Citado en Beck, «The Caves of Forgotten Times».
24. Citado en Hooper, «Three Years in a Cave».
25. Kaiho *et al.*, «Global Climate Change Driven by Soot».
26. Acerca del impacto de asteroide que llevó a la extinción de los dinosaurios, véase Renne *et al.*, «Time Scales of Critical Events»; sobre la teoría del impacto cometario alrededor de la transición entre el Paleolítico y el Neolítico, véase Powell, «Premature Rejection» y Sweatman, «The Younger Dryas Impact Hypothesis».
27. Gould, «The Evolution of Life on the Earth», pág. 100.

4. El peso de la luz estelar

Acerca de la vida de los neandertales y las pruebas paleontológicas, véase Wragg Sykes, *Kindred*. Sobre las tradiciones aborígenes relativas al cielo, véase Hamacher, *The First Astronomers* y Norris, «Dawes Review 5». Acerca del conocimiento inuit del cielo, véase MacDonald, *The Arctic Sky*. Por lo que respecta a las leyendas entorno a las Pléyades, véase Krupp, *Beyond the Blue Horizon*, pág. 241 ss. y Kelley y Milone, *Exploring Ancient Skies*, pág. 141 ss. Sobre la orientación de los animales por las estrellas, véase Foster *et al.*, «How Animals Follow the Stars».

1. Wragg Sykes, *Kindred*, pág. 38.
2. Price, «Africans Carry Surprising Amount of Neanderthal DNA».
3. Wragg Sykes, *Kindred*, pág. 377.
4. Gibbons, «Neanderthals Carb Loaded».
5. d'Errico *et al.*, «The Origin and Evolution of Sewing Technologies».
6. Knight, *Blood Relations*, pág. 344.
7. En las latitudes medias y altas del norte, hay una excepción a esta secuencia: en las noches posteriores a la Luna llena más cercana al equinoccio de otoño, la llamada Luna de la Cosecha, nuestro satélite se eleva cada noche más al norte en el horizonte, lo que reduce o incluso anula el desfase temporal con respecto a la puesta del Sol. Como consecuencia, el período de luna llena desde el anochecer hasta el amanecer totalmente iluminado puede alargarse varias noches. Lo mismo ocurre en el hemisferio sur alrededor del equinoccio de primavera en marzo.
8. Colagè y d'Errico, «Culture».
9. Hare y Woods, *Survival of the Friendliest*.
10. Knight, *Blood Relations*.
11. Marshack, *The Roots of Civilization*.
12. Para una revisión de las afirmaciones de notación lunar en el Paleolítico Superior, véase Hayden y Villeneuve, «Astronomy in the Upper Palaeolithic?».
13. Otro artefacto, un diente grabado de un marsupial australiano extinto que data de hace veinte mil años, muestra veintiocho muescas que, según se afirmó, representan un calendario lunar (Vanderwal y Fullagar, «Engraved Diprotodon Tooth»). Sin embargo, un nuevo análisis reciente muestra que las marcas fueron hechas por un animal pequeño (Langley, «Re-analysis of the 'Engraved' Diprotodon Tooth»).

14. La asociación del planeta Venus con la diosa del amor también podría haberse inspirado en la tradición astronómica: Venus es visible como la «estrella vespertina» durante 263 días, lo que corresponde más o menos con la duración de un embarazo humano, antes de desaparecer detrás del Sol y reaparecer, cincuenta días después, como el «lucero del alba» durante otros 265 días.

15. Su nombre no tiene nada que ver con el color; el Maine Farmers' Almanac, en su entrada correspondiente al 21 y 22 de agosto de 1937, explica: «Esta luna adicional tenía una forma de aparecer en cada una de las estaciones tal no se le podía dar un nombre apropiado para la época del año como a las otras lunas. Generalmente se la llamaba Luna Azul».

16. Algunos estudios parecen demostrar que las mujeres que viven juntas en espacios reducidos tienden a sincronizar sus ciclos menstruales —el denominado *efecto McClintock*, por la investigadora que lo postuló por primera vez en 1971 (véase McClintock, «Menstrual Synchrony and Suppression»)—, aunque las pruebas han generado controversia (véase Gosline, «Do Women Who Live Together»). Los relatos etnográficos de los cazadores-recolectores modernos generalmente no muestran rastros de sincronización de los ciclos de las mujeres con la fase lunar, con la excepción del caso bien documentado del pueblo nativo americano nuu-chah-nulth de la isla de Vancouver (véase Knight, «Menstruation and the Origins of Culture», pág. 211). También hay indicios de que las menstruaciones podrían ajustarse, al menos de manera intermitente, con el ciclo luminoso o gravitacional lunar, pero aquí también el diablo se encuentra en los detalles estadísticos (véase Helfrich-Forster *et al.*, «Women Temporarily Synchronize»). En cualquier caso, si tales correspondencias entre el ciclo lunar y la fertilidad de las mujeres son observables en nuestra sociedad moderna, sostiene Chris Knight, es posible que fueran mucho más fuertes —aunque solo fuera a nivel simbólico— en un entorno prehistórico, cuando las mujeres vivían juntas en un grupo muy unido y no había iluminación artificial, salvo la proporcionada por el fuego.

17. Knight, *Blood Relations*, pág. 97.

18. Glaz, «Enheduanna», pág. 33.

19. Si bien el trabajo de Marshack ha sido criticado duramente por estar plagado de «vagas generalizaciones, descripciones escasas de la metodología y afirmaciones presentadas como verdades demostradas»

(véase King, «Reviewed Works», pág. 1897), es cierto que puso sobre la mesa preguntas sobre el origen de la notación numérica que todavía hoy son motivo de debate (véase Robinson, «Not Counting on Marshack»).

20. O'Connell, Allen y Hawkes, «Pleistocene Sahul and the Origins of Seafaring».

21. Citado en Fuller, Norris y Trudgett, «The Astronomy of the Kamilaroi and Euahlayi Peoples», pág. 10.

22. Hamacher, «On the Astronomical Knowledge», pág. 82.

23. Norris y Harney, «Songlines and Navigation», pág. 143.

24. MacDonald, *The Arctic Sky*, pág. 169.

25. Citado en MacDonald, *The Arctic Sky*, pág. 167

26. Norris y Harney, «Songlines and Navigation», pág. 143.

27. Hamacher («On the Astronomical Knowledge», cap. 5) muestra que muchas tradiciones e historias aborígenes relacionadas con el cielo no pueden tener más de diez mil años, ya que antes de esa fecha, se pierde la asociación con el cielo a causa de la precesión de los equinoccios.

28. Citado en MacDonald, *The Arctic Sky*, pág. 167.

29. Norris, «Dawes Review 5», pág. 22-23.

30. Fuller *et al.*, «Star Maps and Travelling to Ceremonies», describe una ceremonia *bora* en 1894 en la que los asistentes se desplazaron hasta 160 kilómetros para participar en ella.

31. Hayden y Villeneuve, «Astronomy in the Upper Palaeolithic?».

32. Del *Hymn to Taurus*, citado en Allen, *Star Names*, pág. 392.

33. Andrews, *The Seven Sisters of the Pleiades*, pág. 179 ss.; Allen, *Star Names*, pág. 392.

34. Alfred Tennyson, «Locksley Hall», citado en Allen, *Star Names*, pág. 396.

35. «Origin of the Name Subaru».

36. Rappenglück, «The Pleiades in the 'Salle des Taureaux'».

37. Citado en Allen, *Star Names*, pág. 407.

38. Arato, *Phenomena*, pág. 253.

39. Norris y Norris, «Why Are There Seven Sisters?»; véase también Hamacher, *The First Astronomers*, pág. 147 ss.

40. Johnson, «Interpretations of the Pleiades», pág. 293.

41. Las seis estrellas que se observan con facilidad a simple vista toman sus nombres de cinco de las siete hermanas mitológicas (Alcíone, Mérope, Electra, Maya y Taígeta), mientras que la sexta se llama At-

las, en realidad el padre de las hermanas en la leyenda griega. La séptima estrella, que está demasiado cerca de Atlas para ser vista a simple vista, se llama Pléyone, la madre de las siete hermanas. En circunstancias excepcionales, y en el caso de personas con gran agudeza visual, es posible discernir más estrellas: Michael Mästlin (uno de los maestros de Kepler) contó y describió catorce en 1579 sin telescopio. Hiparco habla de siete; los barasana de Colombia, de ocho; los quechuas peruanos, de diez, trece o dieciséis. Un códice azteca muestra nueve; una corteza aborigen australiana, trece.

42. Norris y Norris, «Why Are There Seven Sisters?»; Norris y Norris, *Emu Dreaming*.

43. Eiseley, *The Immense Journey*, pág. 50.

44. Como el año solar no tiene exactamente 365 días y cuarto, ni siquiera la reforma juliana eliminó por completo la desviación entre las estaciones y el año civil. Fue necesario otro ajuste, y así el papa Gregorio XIII reformó el calendario nuevamente en 1582, eliminando los años bisiestos en todos los siglos no divisibles por cuatrocientos. Para compensar la desviación acumulada, el 5 de octubre de 1582 se convirtió en el 15 de octubre. La reforma gregoriana fue adoptada por Gran Bretaña y sus colonias solo en 1752, cuando la pérdida de once días y la consiguiente confusión sobre los salarios y los pagos provocaron disturbios en Londres.

45. Krupp, *Beyond the Blue Horizon*, pág. 67-68.

46. Norris, «Dawes Review 5», pág. 27. Los inuit nombraron las siguientes trece lunas en honor a los eventos naturales dominantes en cada momento: el Sol es posible; el Sol se eleva; nacimiento prematuro de crías de foca; crías de foca; mes de tiendas de campaña; crías de caribú; huevos; el pelo del caribú cae; el pelo del caribú se espesa; se desprende terciopelo de las astas del caribú; comienza el invierno; se oye (se escuchan noticias de los campamentos vecinos); gran oscuridad. Este último se omite cuando es necesario para sincronizar con el año solar, ya que es un mes de duración indefinida (MacDonald, *The Arctic Sky*, pág. 194 ss.).

47. Mithen, *The Prehistory of the Mind*, pág. 149.

48. Keith, «¿De dónde surgió la raza blanca?». Los defensores del racismo científico y de la supremacía blanca, como el antropólogo Arthur Keith, vieron la desaparición de los neandertales como parte del mismo orden natural que justificaba, a sus ojos, el exterminio de lo que consideraban razas inferiores.

49. Mathews, «Message- Sticks», pág. 292-293.

50. Bird *et al.*, «Early Human Settlement of Sahul».

51. En este punto hay que hacer una advertencia: hasta la fecha solo se han descubierto unos trescientos fósiles de neandertales, un conjunto de pruebas muy pequeño, si tenemos en cuenta que sobre la Tierra deben de haber caminado millones de individuos de su especie.

5. RELOJES CELESTES

Acerca de los mitos asociados a constelaciones, véase Ridpath, *Star Tales*. Sobre el mecanismo de Anticitera, véase de Solla Price, «Gears from the Greeks»; Freeth *et al.*, «A Model of the Cosmos». Sobre los decanos egipcios, véase Neugebauer, «The Egyptian 'Decans'»; van der Waerden, «Babylonian Astronomy».

1. Mitchell, *Gilgamesh*, pág. 162. [La versión de Stephen Mitchell es una adaptación muy modificada del texto original, para que se pueda leer sin dificultades ni interrupciones, como un relato normal; el poema original es mucho más fragmentario y sujeto a interpretaciones no siempre claras. Por ejemplo, el inicio de la advertencia del hombre-escorpión dice así: «El hombre-escorpión tomó la palabra [y le dijo], dirigiéndose a Gilgamesh: "Oh, Gilgamesh, no había nadie como tú [...] nadie de la montaña [...] Durante doce dobles leguas su interior [...] la oscuridad era densa y no había [luz.] A la salida del sol [...] a la puesta del sol"». *(N. del T.)*]

2. Ossendrijver, «Ancient Babylonian Astronomers».

3. Ashrafian, «Ancient Genetics», ha sugerido una moderna explicación genética.

4. Bickel y Gautschy, «Eine Ramessidische Sonnenuhr».

5. Los egipcios sabían muy bien que hay estrellas que nunca salen ni se ponen, las que nosotros denominamos *estrellas circumpolares*; las consideraban almas bendecidas de «aquellas personas de las que se ha dicho: no has muerto la muerte» (Krauss, «Egyptian Calendars and Astronomy», pág. 133).

6. Krupp, *Beyond the Blue Horizon*, pág. 220.

7. Citado en Krauss, «Egyptian Calendars and Astronomy», pág. 131.

8. Citado en Duke, «Hipparchus' Coordinate System», pág. 428.

9. Citado en Burton, *The History of Mathematics*, pág. 26.

10. Los racionalistas de la Revolución Francesa intentaron reformar la

tradición de la medición sexagesimal del tiempo introduciendo el tiempo decimal en 1794: diez horas al día, cien minutos decimales por hora, cien segundos decimales por minuto decimal. Su uso obligatorio terminó después de apenas siete meses.

11. Bedini y Maddison, «Mechanical Universe», pág. 18.

12. Citado en Bedini y Maddison, «Mechanical Universe», pág. 18. [El ciudadano en cuestión era Angelo Portenari, quien en su *Dalla felicità di Padova* (1623), escribió: «è una bellissima torre coperta di piombo, nella quale è quello artificiosissimo horologio, il quale oltre il battere, e il mostrar dell'hore, mostra il giorno del mese, il corso del Sole nelli dodeci segni del Zodiaco, li giorni della luna, gli aspetti d'essa col sole, ed il suo crescere, e scemare» (libro III, cap. 9). *(N. del T.)*]

13. de Solla Price, *Science Since Babylon*, pág. 28.

14. A pesar de su ingenio, Hooke era considerado poco más que un sirviente por los altivos miembros de la Royal Society que lo habían contratado. En una época en la que hacer ciencia era un pasatiempo intelectual para los caballeros adinerados y por lo demás ociosos, un «filósofo experimental» en nómina no encajaba fácilmente en el panorama social al uso (Shapin, «Who Was Robert Hooke?»).

15. Bennett, «Robert Hooke as Mechanic», pág. 36. Hooke también perfeccionó la bomba de aire y la utilizó para experimentar con aves, peces y consigo mismo y así investigar qué le sucedería a una persona dentro de un recipiente hermético cuando se bombeara el aire hacia el exterior (los animales murieron y él se mareó antes de detener el experimento). Su sed de experimentación no se limitó al mundo de la física: su primer informe en el que explicaba cómo mantuvo vivo a un perro mientras cortaba todas las costillas y el diafragma de la pobre víctima fue recibido con escepticismo, lo que le molestó hasta el punto de repetir la espantosa vivisección con la «noble compañía» de la Royal Society como testigos (Shapin, «Who Was Robert Hooke?», pág. 284).

16. Citado en Shapin, «Who Was Robert Hooke?», pág. 274.

17. Lawson Dick, *Aubrey's Brief Lives*, pág. 164.

18. Citado en Bedini y Maddison, «Mechanical Universe», pág. 15.

19. Citado en Bedini y Maddison, «Mechanical Universe», pág. 25.

20. Citado en Bedini y Maddison, «Mechanical Universe», pág. 26.

21. de Solla Price, «Leonardo Da Vinci and the Clock».

22. de Solla Price, *Science Since Babylon*, pág. 29.

23. de Solla Price, *Science Since Babylon*, pág. 12.

24. Citado en Frank, *About Time*, pág. 85.

25. Citado en Bedini y Maddison, «Mechanical Universe», pág. 20.

26. Todos los fascinantes detalles de este hallazgo se describen en Throckmorton, *Shipwrecks and Archaeology*, cap. 4.

27. de Solla Price, «The Prehistory of the Clock», pág. 157.

28. Cicerón, *Disputaciones tusculanas*, I, 63, citado en de Solla Price, «Gears from the Greeks», pág. 57.

29. Dejando a un lado la ecuación del tiempo, la precisión máxima de un reloj de sol es de alrededor de un minuto, debido a la falta de nitidez de la sombra del gnomon causada por el tamaño finito del disco solar.

30. Citado en Bedini, «Along Came a Spider, Part 2», pág. 7.

31. Citado en Turner, «Spiders in the Crosshairs», pág. 10.

32. Citado en Turner, «Spiders in the Crosshairs», pág. 12. A principios de la década de 2000, una empresa biotecnológica emergente que buscaba producir seda de araña en masa implantó con éxito el gen productor de seda en cabras montesas, con el objetivo de extraer el valioso hilo de la leche de las cabras. La empresa se declaró en quiebra en 2009 (Levy, «The Race to Put Silk»).

33. Charlot *et al.*, «The Third Realization of the International Celestial Reference Frame».

34. En Caligo, el cálculo del tiempo es primitivo: más allá de la alternancia del día y la noche (los Fulgores) y de los ciclos anuales de la naturaleza, sus habitantes no tienen otros medios naturales (y quizá tampoco la necesidad) de medir el tiempo. El Pueblo de Foucault lleva las cosas al extremo opuesto, obsesionándose con el péndulo y descubriendo así accidentalmente la rotación de la Tierra. El plano de oscilación de un péndulo permanece constante mientras la Tierra gira bajo él, algo que el físico francés Léon Foucault demostró en 1851 con un péndulo de sesenta y siete metros de largo que colgaba de la cúpula del Panteón de París, donde todavía se puede ver en la actualidad.

6. Roble y tres capas de bronce

Acerca del personaje de Tupaia, véase Salmond, «Tupaia, the Navigator-Priest» y Druett, *Tupaia*. Sobre el premio de la longitud, además del excelente relato de Sobel, *Longitude*, véase también Perkins, «Edmond Halley, Isaac Newton». Los relatos en primera persona de Cook, *Captain Cook's Journal*, y Banks, *Journal*, son fascinantes y reveladores de sus interacciones con los pueblos que encontraban. Acerca de las habilidades navegacionales de Cook y la expedición para observar el tránsito de Venus, véase Deacon y Deacon, «Captain Cook as a Navigator»; Woolley, «Captain Cook»; Beaglehole, «On the Character». Sobre Maskelyne, véase Howse, *Nevil Maskelyne*. Sobre los métodos tradicionales de navegación polinesia, véase Low, *Hawaiki Rising*, y Lewis, *We, the Navigators*. Acerca de la elaboración e interpretación del mapa de Tupaia, véase Finney, «Nautical Cartography»; Eckstein y Schwarz, «The Making of Tupaia's Map»; Di Piazza y Pearthree, «A New Reading». Sobre el establecimiento de un meridiano cero, véase Howse, *Greenwich Time*.

1. Horacio, *Odas*, I, 3 [*Illi robur et aes triplex / circa pectus erat, qui fragilem truci / commisit pelago ratem*]

2. Es posible que los nombres Europa y Asia deriven de los términos fenicios 'región del Sol poniente' (*ereb*) y 'orto' (*as.ū*), respectivamente.

3. Calímaco, *Yambos* I, 52, citado en Kirk, Raven y Schofield, *The Presocratic Philosophers*, pág. 84. Tales estaba tan absorto con las estrellas que, según Platón, una vez cayó en un pozo mientras caminaba con los ojos girados hacia el cielo.

4. Homero, *La Odisea*, V.269-278 traducido en Boitani, «Poetry of the Stars», pág. 289. Homero, incorrectamente, señala a la Osa Mayor como la única constelación que nunca se esconde bajo el horizonte («la única privada de los baños en el Océano»). En realidad, otras constelaciones, como la Osa Menor o Casiopea, también son circumpolares vistas desde una ubicación mediterránea, tanto ahora como en el momento en que se desarrolla el mito. Tal vez Homero simplemente toma a la Osa Mayor como representación de todas las constelaciones que pueden usarse como ayuda para orientarse durante todo el año.

5. Bryant, «Hymn to the North Star».

6. Shakespeare, *Julio César*, acto 3, escena 1.

7. Allen, *Star Names*, pág. 454.

8. Incluso hoy en día, Polaris no permanece fija con exactitud, ya que todavía se encuentra a un grado (el doble del diámetro de la Luna llena) del verdadero polo norte celeste, por lo que describe un pequeño círculo a su alrededor.

9. Polaris, α Ursae Minoris, al contrario de lo que a veces se cree, no es una estrella especialmente prominente, pero encontrarla es sencillo: busca las dos estrellas al final del cucharón de la Osa Mayor (o, si eliges ver un Gran Carro, busca la parte trasera del carro), sigue la dirección que marcan al unirlas durante unas seis veces su separación y llegarás a Polaris.

10. Aotearoa era el nombre que los maorís daban a la isla Norte del archipiélago y hoy en día designa a Nueva Zelanda al completo en idioma maorí.

11. Rodman y Stokes, en «The Sacred Calabash», afirmaron que los navegantes hawaianos utilizaban una calabaza llena de agua como espejo para medir la altitud de Polaris y así determinar la latitud al navegar de regreso desde Tahití. Sin embargo, es un planteamiento discutido (Richards-Jones, «The Myth of the Sacred Calabash»). Otra interpretación es que la calabaza sagrada tenía una función mágica más que navegacional: bloqueaba todos los vientos excepto los favorables (Makemson, *The Morning Star Rises*, pág. 147).

12. Andía y Varela, «An Account of Traditional», 2.282. Joseph Banks (*Journal*, pág. 159 ss.) describe con detalle las canoas de navegación de las islas de la Sociedad, llamadas *pahi*: una de ellas tenía 15 metros y medio de eslora y una manga máxima de un metro. Se unían dos canoas entre sí para lograr estabilidad y se equipaban con uno o dos mástiles, provistos de velas triangulares. Un banderín hecho de plumas recorría toda la longitud del mástil, casi ocho metros; espectacular cuando soplaba el viento. [El texto de Andía y Varela se ha transcrito a partir del manuscrito original, titulado *Relación del viaje hecho a la isla de Amat y sus adyacentes*, consultable en línea en la Biblioteca Nacional de España, pág. 86-88. *(N. del T.)*]

13. Lewis *et al.*, «Voyaging Stars», pág. 133.

14. Se cuenta que un navegante tongano ciego salvó una flotilla perdida al pedir a su hijo que le dijera la posición de algunas estrellas y, después de sumergir su mano en el agua, indicó correctamente la posición de Fiji, justo después del horizonte. (Lewis *et al.*, «Voyaging Stars»).

15. Lewis *et al.*, «Voyaging Stars», pág. 141.

16. Andía y Varela, «An Account of Traditional», 2:284. [Páginas 91-92 del manuscrito original. *(N. del T.)*]

17. Citado en Turnbull, «(En)-countering Knowledge Traditions», pág. 68.

18. Por ejemplo, las observaciones de eclipses lunares que realizó mientras estaba anclado en el Caribe arrojaron unos enormes errores de longitud de veintidós grados (en 1494) y treinta y ocho grados (en 1504), correspondientes a miles de millas (Randles, «Portuguese and Spanish Attempts», pág. 236).

19. Costa Canas, «The Astronomical Navigation in Portugal»; Laguarda Trías, «Las longitudes geográficas», pág. 172-173.

20. El premio de la longitud se planteó después de que William Whiston (sucesor de Newton como catedrático lucasiano) y el matemático Humphrey Ditton propusieran con toda seriedad anclar una flota de barcos de señales a intervalos de seiscientas millas a lo largo de los océanos, que dispararan cañones a medianoche para que los marineros pudieran ajustar sus relojes con ellos (Perkins, «Edmond Halley, Isaac Newton», pág. 128; Sobel, *Longitude*, pág. 48).

21. Gingerich, «Cranks and Opportunists», pág. 135.

22. Citado en Sobel, *Longitude*, pág. 52.

23. Para obtener más detalles acerca de la historia del intento de Galileo de resolver el problema de la longitud, véase De Grijs, «European Longitude Prizes». Si bien en el mar nunca funcionó, en tierra firme el método de Galileo acabó por arrojar unos resultados magníficos, pero requería que expertos observadores cronometraran simultáneamente los eclipses de las lunas de Júpiter en diferentes lugares. Cuando el astrónomo Gian Domenico Cassini le presentó a Luis XIV un mapa nuevo y más preciso de Francia que había elaborado en 1693 utilizando el método de Galileo, se dice que el rey francés lamentó estar perdiendo más territorio por culpa de sus astrónomos que por culpa de sus enemigos (Van Helden, «Longitude and the Satellites of Jupiter»).

24. El rey mismo había financiado la expedición con 4.000 libras de su propio bolsillo, picado en su orgullo por la astutamente formulada petición de la Royal Society: «La nación británica ha sido justamente celebrada en el mundo ilustrado por su conocimiento de la astronomía, en relación con la cual no son inferiores a ninguna nación de la Tierra, antigua o moderna; y sería una deshonra si descuidaran hacer observaciones correctas de este importante fenómeno» (Carter, «The Royal Society», pág. 251).

25. Hamilton, *Captain James Cook*, sin número de página.

26. Cook, *Captain Cook's Journal*, pág. 317 (23 de agosto de 1770).

27. Banks, *Journal*, pág. 73 (13 de abril de 1769). Banks consideró el via-

je del *Endeavour* como el gran viaje de su vida y gastó el equivalente a 2 millones de libras esterlinas actuales en salarios, equipo y suministros para su aventura alrededor del mundo en el barco de Cook.

Como siempre fue de los que viajaban con estilo, su séquito a bordo del *Endeavour* estaba formado por un botánico, un dibujante, dos artistas y cuatro sirvientes (además de dos galgos); las delicias para su mesa incluían cerveza fina, oporto, vino, pasteles de manzana y queso de Cheshire.

28. Cook, *Captain Cook's Journal*, pág. 76 (3 de junio de 1769).

29. «Secret Instructions to Captain Cook», pág. 1.

30. Cook, *Captain Cook's Journal*, pág. 87 (13 de julio de, 1769).

31. Banks, *Journal*, pág. 109 (12 de julio de 1769). En 1774, Cook trajo consigo de su segundo viaje a un joven llamado Mai, de la misma isla de Tupaia y a quien Banks tomó bajo su protección, como había planeado hacer con Tupaia. Banks lo presentó ante la sociedad londinense y Mai se convirtió en una celebridad: el exótico visitante era recibido a menudo en la corte por el rey Jorge y la reina Carlota, invitado a la ópera y a las cenas de la Royal Society, e incluido en expediciones de caza del zorro; aprendió a jugar al ajedrez y al *backgammon* y fue el tema de una obra representada en el Teatro Real. Después de la agitación inicial, Banks se aburrió de su protegido, hasta el punto de que un erudito escribió que Banks parecía «mantenerlo como un objeto de curiosidad, para observar el funcionamiento de una mente sin instrucción ni iluminación» (citado en Salmond, *The Trial of the Cannibal Dog*, pág. 298; véase también Shapin, «Keep Him as a Curiosity»).

32. Banks, *Journal*, pág. 110 (13 de julio de 1769).

33. Cook, *Captain Cook's Journal*, pág. 118 (31 de julio de 1769).

34. Citado en Williams, «Tupaia, Polynesian Warrior», pág. 40.

35. Marra, *Journal*, pág. 217.

36. Banks, *Journal*, pág. 162 (capítulo VII).

37. Banks, *Journal*, pág. 124 (9 de agosto de 1769).

38. Cook, *Captain Cook's Journal*, pág. 121 (15 de agosto de 1769).

39. Todo lo que se sabe sobre el proceso por el cual se creó el mapa de Tupaia proviene de la descripción de segunda mano de Johann Forster, el naturalista que reemplazó a Banks en el segundo viaje de Cook y según el cual «Tupaia había percibido el significado y uso de los mapas, dio instrucciones para hacer uno según su relato, y siempre señaló la parte del cielo donde estaba situada cada isla, mencionando

al mismo tiempo si era más grande o más pequeña que [Tahití] y, también, si era alta o baja, si estaba poblada o no, agregando de vez en cuando algún relato curioso relativo a algunas de ellas» (citado en Finney, «Nautical Cartography», pág. 447).

40. Turnbull, «(En)-countering Knowledge Traditions», pág. 69.

41. El mapa de Tupaia no es el único testimonio que sobrevive de sus habilidades. Tupaia también se dedicó a la pintura y realizó algunas acuarelas asombrosas, entre ellas, de nativos australianos remando en sus canoas, músicos tahitianos tocando la flauta con sus fosas nasales, el Jefe de los Dolientes con su colorido vestido tradicional y una deliciosa caricatura de Banks, con su levita, tricornio y zapatos con hebillas, que intercambia cautelosamente un pañuelo por un enorme cangrejo rojo que le ofrece un lugareño vestido solo con tela de corteza (Smith, «Tupaia's Sketchbook»).

42. Citado en O'Brian, *Joseph Banks*, pág. 109.

43. Cook, *Captain Cook's Journal*, pág. 229 (marzo de 1770).

44. Citado en Williams, «Tupaia», pág. 40.

45. Citado en Salmond, *The Trial of the Cannibal Dog*, pág. 188.

46. Hornsby, «LIII. The Quantity of the Sun's Parallax».

47. Citado en Howse y Hutchinson, *Clocks and Watches*, pág. 194.

48. James Cook emprendió luego un último viaje alrededor del mundo, durante el cual murió en Hawái en febrero de 1779, en una escaramuza con los lugareños a los que había provocado en exceso. Su cuerpo fue desmembrado y su carne asada en el ritual tradicional para los jefes vencidos. Su legado es cuestionado hoy por el pueblo polinesio. El K-1 dejó de funcionar a los dos meses de la muerte de Cook.

49. Brumfiel, «U.S. Navy Brings Back Navigation».

50. Citado en Low, «Polynesian Navigation».

51. La piedra de imán es un mineral escaso, con magnetización natural, que atrae el hierro y puede usarse como brújula magnética (su nombre tradicional en inglés es *lodestone*, que significa 'piedra de ruta', del inglés antiguo *lode*, que significa 'camino'). La piedra de imán se reportó por primera vez en China en el siglo IV a. C., aunque los hallazgos arqueológicos sugieren que sus propiedades magnéticas pueden haber sido identificadas mil años antes (Carlson, «Lodestone Compass»). Los minerales de piedra de imán a menudo se confunden con meteoritos, dada su apariencia negra.

NOTAS 377

7. DE LA BELLEZA, EL ORDEN

Sobre las figuras de Brahe y Kepler, véase la doble biografía, *The Noble-man*. Para una biografía de Copérnico, véase O'Connor y Roberts, «Nicolaus Copernicus». Acerca de la relación entre Galileo y Kepler, véase Peterson, *Galileo's Muse*, cap. 8. Sobre la figura de Newton, véase Westfall, *Never at Rest*; More, *Isaac Newton*. Acerca del papel de las mujeres astrónomas en el Observatorio Harvard, véase Sobel, *The Glass Universe*. Sobre la estética de las imágenes del telescopio espacial, véase Kessler, *Picturing the Cosmos*; Castello, «The Art Behind».

1. Prescod-Weinstein *et al.*, «The James Webb», sostiene que Webb fue corresponsable de la política discriminatoria contra los homosexuales, un período que se conoció como «el miedo lila»; un informe del historiador jefe de la NASA no encontró evidencia que involucrara a Webb directamente con el miedo lila (Odom, «NASA Historical Investigation»).

2. La combinación de una lente cóncava (más delgada en el centro) y una convexa (más gruesa en el centro) para hacer que «los objetos tanto distantes como cercanos sean más grandes de lo que parecerían de otro modo» ya se menciona en un libro de 1589 del erudito napolitano Giambattista della Porta, quien, sin embargo, nunca llevó tal idea a la práctica. Cuando Lippershey presentó su invento ante los Estados Generales de los Países Bajos con la intención de patentarlo, otros dos fabricantes de vidrio, James Metius y Zacharias Jansen, plantearon en vano reclamaciones de haber tenido la misma idea de forma independiente (King, *The History of the Telescope*, pág. 30-32).

3. Citado en Rosen, «Galileo and the Telescope», pág. 180.

4. *Salmos* 104:5 (*Biblia de Jerusalén*, 3.ª ed.).

5. Corán 21:33 (trad. de Juan Vernet).

6. Citado en Hoskin, *The Cambridge Illustrated History*, pág. 92.

7. Citado en Hoskin, *The Cambridge Illustrated History*, pág. 97.

8. Copernicus, *De revolutionibus*, pág. 528 [El fragmento es del libro I, capítulo 10, pág. 10 de la edición de 1543: Inuenimus igitur sub hac ordinatione admirandam mundo symmetriam, ac certum harmoniae nexum motus et magnutidinis orbium, qualis alio modo reperiri non potest. *(N. del T.)*]

9. Del fabuloso Uraniborg, con su fuente, sus jardines, su observatorio, su papelera, sus talleres, sus dependencias para los visitantes, no que-

da nada. Después de que Brahe se exiliara en 1597 debido a una disputa con el nuevo rey, a quien había provocado sin cesar, los habitantes de Hven celebraron su recuperada libertad de su odiado señor desmantelando su magnífico castillo, el símbolo de todos sus trabajos forzados. Al cabo de un siglo, las ovejas, ajenas a todo, pastaban de nuevo en los restos de lo que había sido el primer y mejor centro astronómico del mundo. [A partir de 1950, varios trabajos de excavación han sacado a la luz los restos del Uraniborg y del Stjerneborg y se han ido haciendo reconstrucciones parciales. En la actualidad, se puede visitar una reconstrucción con la mitad de los jardines y las murallas de Uraniborg y de parte de Stjerneborg. *(N. del T.)*]

10. Citado en Ferguson, *The Nobleman*, pág. 183.
11. Johannes Kepler, citado en Ferguson, *The Nobleman*, pág. 189. [El fragmento es del «Prefacio a los lectores» del *Mysterium Cosmographicum*, pág. 10 de la edición de 1596: Terra est circulus mensor omnium; illi circumscribe Dodecaedron: circulus hoc comprehendens erit Mars. Marti circumscribe Tetraedron: circulus hoc comprehendens erit Iuppiter. Ioui circumscribe Cubum: circulus hunc comprehendens erit Saturnus. Iam terra inscribe Icosaedron: illi inscriptus circulus erit Venus. Veneri inscribe Octaedron: illi inscriptus circulus erit Mercurium. Habes rationem numeri planetarum. *(N. del T.)*]
12. «Tycho Brahe Wasn't Poisoned After All»
13. Ferguson, *The Nobleman*, pág. 279.
14. Ferguson, *The Nobleman*, pág. 320.
15. Galilei, *The Sidereal Messenger*, pág. 44-45. [Die itaque septima Ianuarii, instantis anni millesimi sexcentesimi decimi, hora sequentis noctis prima, cum celestia sidera per Perspicillum spectarem, Iuppiter sese obuiam fecit; cumque admodum excellens mihi parassem instrumentum (quod antea ob alterius organi debilitatem minime contigerat), tres illi adstare Stellulas, exiguas quidem, ueruntamen clarissimas, cognoui. *(N. del T.)*]
16. Citado en Sobel, *Galileo's Daughter*, pág. 35.
17. Galilei, *The Sidereal Messenger*, pág. 69-70.
18. Citado en Partridge y Whitaker, «Galileo's Work», pág. 411.
19. Galileo también encriptó el descubrimiento de Saturno como «smaismrmilmepoetaleumibunenugttaurias», que se descifra como «Altissimum planetam tergeminum observavi» (recordemos que *u* y *v* son la misma letra en latín), es decir, «He observado el más alto de los planetas, de triple cuerpo». El anuncio codificado llegó a manos de

NOTAS   379

Kepler en la corte de Rodolfo II, y tanto el astrónomo como el emperador «se volvieron locos tratando de entender la clave» (Marcus y Findlen, «Deciphering Galileo», pág. 965). Tres meses después, Kepler lo descifró como «Salve umbistineum geminatum Martia proles», o «Salve, satélites, hijos de Marte» (*ibid.*, pág. 966), creyendo que era el anuncio de que Marte tenía dos lunas, algo que en realidad fue descubierto por el astrónomo Asaph Hall en 1877 (Bodifée, «La découverte»).

20. *Josué* 10:13 (*Biblia de Jerusalén*, 3.ª ed.).
21. Citado en Rosen, «Galileo and Kepler», pág. 264.
22. Abbot, «Discovery of Galileo's Long- Lost Letter».
23. Wisan, «Galileo and God's Creation», pág. 479.
24. D'Amico, *Giordano Bruno*, pág. 385.
25. Citado en Wisan, «Galileo and God's Creation», pág. 482.
26. La famosa historia según la cual Galileo murmuró: «Y sin embargo, se mueve», se considera una leyenda. Sin embargo, un retrato de Galileo pintado apenas trece años después de los hechos muestra precisamente esas palabras legendarias (Eva, «Galileo y la historia científica»).
27. Gattei, *On the Life of Galileo*, pág. 47.
28. Newton, «Two Letters from Humphrey Newton». El ayudante de Isaac Newton se llamaba Humphrey Newton (sin ninguna relación de parentesco), un joven de la misma escuela secundaria en Grantham (Westfall, *Never at Rest*, pág. 343).
29. Macomber, «Glimpses of the Human Side», pág. 304.
30. Hacia el final de su vida, Newton contó la historia de la manzana a por lo menos cuatro personas diferentes. Esta es la versión que relata Richard Conduitt, el marido de la media sobrina de Newton, en un recordatorio sobre la vida de Newton escrito en 1727-1728 (Westfall, *Never at Rest*, pág. 154).
31. Westfall, *Never at Rest*, pág. 403.
32. Westfall, *Never at Rest*, pág. 405.
33. Westfall, *Never at Rest*, pág. 406.
34. Westfall, *Never at Rest*, pág. 460.
35. Byron, *Lord Byron*, Canto 10.
36. Newton, «Two Letters from Humphrey Newton», pág. 1.
37. Citado en Westfall, *Never at Rest*, pág. 470.
38. Citado en Westfall, *Never at Rest*, pág. 473.
39. Séneca, *Naturales quaestiones*, 7 (6), XXVII, 2.

40. Citado en Broughton, «The First Predicted Return», pág. 125.

41. Halley compuso el original en latín, el mismo idioma en que están escritos los *Principia* newtonianos: Quae toties animos veterum torsere Sophorum, / quaeque Scholas frustra rauco certamine vexant / obvia conspicimus nubem pellente Mathesi. / Iam dubios nulla caligine praegravat error, / queis Superum penetrare domos atque ardua Caeli / scandere sublimis Genii concessit acumen.

42. Séneca, *Naturales quaestiones*, 7 (6), XXV, 7.

43. Carta de Tommaso Campanella a Galileo Galilei, 5 de agosto de 1632; citado en Lipking, *What Galileo Saw*, pág. 11. El original en italiano se halla en el Archivio Tommaso Campanella, carta n.º 92, <https://www.iliesi.cnr.it/ATC/testi.php?tp=1&iop=Lettere&pg=92> (consultado el 23 de abril de 2023).

44. Galilei, *The Sidereal Messenger*, pág. 42-43.

45. Descartes, *The World*, cap. 6, p. 26.

46. Hoskin, *The Cambridge Illustrated History*, pág. 211.

47. Citado en Hoskin, «Newton, Providence», pág. 82-84.

48. Wright, *An Original Theory*, pág. 76.

49. Herschel, «Address Delivered», pág. 453.

50. Bessel, «A Letter from Prof. Bessel», pág. 71.

51. Hafez, «Abd Al-Rahman Al-Sūfi», pág. 351.

52. Citado en *Encyclopedia Britannica*, «Simon Marius»,

53. Citado en Sobel, *The Glass Universe*, pág. 13.

54. Leavitt, «1777 Variables», pág. 107.

55. Entre los defensores de esta última teoría se encontraba el recién nombrado director del Observatorio Harvard, Harlow Shapley, que irónicamente había perfeccionado la calibración de la ley de Leavitt. Así, resultó apropiado que cuando le llegó la carta de Hubble en la que anunciaba triunfalmente su descubrimiento definitivo («Querido Shapley, te interesará saber que he encontrado una variable cefeida en la nebulosa de Andrómeda», empezaba), Cecilia Payne, una graduada de Cambridge que había ocupado el antiguo escritorio de Leavitt, fuera testigo de la reacción de Shapley: «He aquí la carta que ha destruido mi universo», declaró (Sobel, *The Glass Universe*, pág. 204).

56. Citado en Hoskin, «Newton, Providence», pág. 96.

57. Newton, *Optics*, citado en Snobelen, «The Myth of the Clockwork Universe», pág. 160.

58. Citado en Snobelen, «The Myth of the Clockwork Universe», pág. 165.

59. Carta de Galileo a G. Gallanzoni, 16 de julio de 1611, citada en Olschki, «Galileo's Philosophy», pág. 354.

60. Citado en Lubbock, *The Herschel Chronicle*, pág. 310-311.

61. Resulta que la conclusión de Laplace no era del todo correcta: Poincaré introdujo a finales del siglo XIX la noción de *caos dinámico*, la idea de que pequeñísimas diferencias en las condiciones iniciales pueden llevar a resultados finales drásticamente diferentes para ciertos sistemas físicos, siendo el sistema solar un claro ejemplo de ello: las perturbaciones aleatorias se amplifican con el tiempo.

62. Kornei, «How Many of the Moon's Craters».

8. EL DIABLO DESATADO

Acerca del demonio de Laplace (y otros), véase Canales, *Bedeviled*. Sobre Babbage, véase Snyder, *The Philosophical Breakfast Club* y Swade, *The Difference Engine*. Entorno a cómo podría haber cambiado la época victoriana si Babbage hubiese tenido éxito, véase la novela contrafactual de Gibson y Sterling, *The Difference Engine*. Sobre Laplace, véase Gillispie, *Pierre-Simon Laplace*; sobre su contribución a la estadística, véase Stiegler, *The History of Statistics*. Acerca de los vínculos entre una concepción mecanicista del cosmos, la geología y la teoría de la evolución de Darwin, véase Eiseley, *The Firmament of Time*.

1. Citado en Newcomb, *Navaho Folk Tales*, pág. 83.

2. Se puede consultar una investigación detallada del origen de la frase en «Lies, Damned Lies and Statistics».

3. Laplace, *A Philosophical Essay*, pág. 2.

4. Citado en Burton, *The History of Mathematics*, pág. 433.

5. Lovering, «The Méchanique Céleste», pág. 186.

6. Citado en Simmons, *Calculus Gems*, pág. 161.

7. Citado en Hoskin, *The Cambridge Illustrated History*, pág. 187.

8. Citado en Foderà Serio, Manara y Sicoli, «Giuseppe Piazzi», pág. 21.

9. Citado en Foderà Serio, Manara y Sicoli, «Giuseppe Piazzi», pág. 20-21.

10. Teets y Whitehead, «The Discovery of Ceres», pág. 84.

11. Citado en Dunnington, *Carl Friedrich Gauss*, pág. 44.

12. Stiegler, *The History of Statistics*, pág. 158.

13. Jahoda, «Quetelet and the Emergence», pág. 1.

14. Texto de Dickens en la revista *Household Works*, citado en Porter, «From Quetelet to Maxwell», pág. 354.

15. Citado en Stiegler, *The History of Statistics*, pág. 171.

16. Citado en Jahoda, «Quetelet and the Emergence», pág. 3.

17. Citado en Jahoda, «Quetelet and the Emergence», pág. 3.

18. Laplace, *A Philosophical Essay*, pág. 4.

19. Fourier, *Oeuvres de Fourier*, Discours préliminaire, XIV.

20. Locke, *The Conduct*, pág. 7-8.

21. Citado en Burton, *The History of Mathematics*, pág. 311.

22. Lardner, «Babbage's Calculating Engine», pág. 274.

23. Citado en Swade, *The Difference Engine*, pág. 13.

24. Babbage, *Passages from the Life*, pág. 42.

25. Babbage, *Passages from the Life*, pág. 34.

26. «Fellows Deceased: Charles Babbage», pág. 107.

27. Dreyer, *History*, pág. 6.

28. Citado en Buxton y Hyman, *Memoir of the Life*, pág. 46. Así es como Babbage recordaba la situación en noviembre de 1839, aunque en versiones anteriores del relato no estaba seguro de si fue él o Herschel quien propuso una solución mecánica. Para obtener más detalles, véase Collier, «The Little Engines», cap. 2.

29. Citado en Snyder, *The Philosophical Breakfast Club*, pág. 92.

30. Citado en Wilkes, «Herschel, Peacock», nota 29.

31. Citado en Schaffer, «Babbage's Intelligence», pág. 207.

32. Swade, *The Difference Engine*.

33. En 1834, Whewell escribió: «No había un término general con el que estos caballeros [miembros de la Asociación Británica para el Avance de la Ciencia] pudieran describirse a sí mismos en relación con sus actividades. Se consideraba que *filósofos* era un término demasiado amplio y elevado; [...] *savans* [*sic*] era un término bastante pretencioso, además de ser francés en lugar de inglés; algún ingenioso caballero propuso que, por analogía con el término *artista*, podrían formar el término *científico* [...] pero no tuvo mucha aceptación». (Whewell, «On the Connexion», pág. 59). [La analogía entre *artista* y *científico* no se da en castellano, pero sí en inglés, donde a partir de *artist*, Whewell acuña *scientist (N. del T.)*] El «ingenioso caballero» era el propio Whewell; había propuesto *científico* después de que el poeta y filósofo Samuel Coleridge expresara su consternación por «prostituir el nombre de Filósofo [atribuyéndolo] a cada colega que ha logrado un experimento afortunado» (Schaffer, «Scientific Discove-

ries», pág. 409-410). El término *scientman*, propuesto en 1661, nunca tuvo éxito. Para un relato de las veladas de Babbage, véase Ticknor, *Life*, *Letters*, pág. 144; Schweber, «The Origin», pág. 286; Somerville, *Personal Recollections*, pág. 140; Goldman, *Victorians and Numbers*, pág. 45.

34. Han sobrevivido siete cartas de Darwin a Babbage del período entre el 14 marzo de 1837 y el 26 de mayo de 1840, en las que Darwin o bien se lamenta por tener que declinar la invitación («Le estoy muy agradecido por su amable invitación para mañana por la tarde, y ya fuera por la belleza o por las ostras, me habría sido de gran gusto aceptarla si no hubiera estado ya comprometido», carta n.º 349, *Darwin Correspondence Project*, consultado el 8 de febrero de 2023, <https://www.darwinproject.ac.uk/letter/?docId=letters/DCP-LETT-349.xml>) o bien pide permiso para presentarse con algún acompañante («En estos momentos, mi hermana se encuentra con nosotros; le pediría que fuera tan amable de permitirme llevarla a su fiesta del sábado, para que vea mundo», carta n.º 479, *Darwin Correspondence Project*, consultado el 8 de febrero de 2023, <https://www.darwinproject.ac.uk/letter/?docId=letters/DCP-LETT-479.xml>).

35. Babbage, *The Ninth Bridgewater Treatise*, pág. 44-46.

36. Darwin, *Charles Darwin's Notebooks*, cuaderno rojo, pág. 127-130. La entrada del cuaderno no está fechada, pero es probable que la escribiera hacia mediados de marzo de 1837 (Darwin, *Charles Darwin's Notebooks*, introducción, pág. 18). Según su correspondencia (Darwin, «To Caroline Darwin, 27 February 1837»), Darwin asistió a su primera fiesta en casa de Babbage el 4 de marzo de 1837.

37. «Charles Babbage», pág. 28.

38. Snyder, *The Philosophical Breakfast Club*, pág. 354.

39. Citado en Woodhouse, «Eugenics», pág. 129.

40. «Documenting the Numbers of Victims».

41. Citado en Canales, «Exit the Frog», pág. 178.

42. Citado en Mollon y Perkins, «Errors of Judgement», pág. 102.

43. Canales, «Exit the Frog», pág. 181-186.

44. Citado en Mumford, *Technics and Civilization*, pág. 146.

45. Poincaré, *The Value of Science*, pág. 88.

46. Citado en McPhee, *Annals*, pág. 73.

47. La relevancia de los eventos catastróficos, como impactos de asteroides o cometas, en la configuración de la geología y la biología de la Tierra está siendo reevaluada hoy en día a la luz de los recientes des-

384 NACIDOS DE LAS ESTRELLAS

cubrimientos sobre la frecuencia de las colisiones importantes con objetos extraterrestres (Sweatman, «The Younger Dryas Impact Hypothesis»).

48. Herschel a Lyell, 20 de febrero de 1836, citado en la nota 5 en Darwin, «To Caroline Darwin».

49. Darwin, «To Caroline Darwin».

50. Darwin, «To W. D. Fox».

51. Joly, *The Birth-Time of the World*, pág. 3.

52. Citado en Becker, «Halley on the Age of the Ocean», pág. 461.

53. Stacey, «Kelvin's Age of the Earth»; Lord Kelvin citado en Darwin, «Radio-Activity and the Age of the Sun», pág. 496.

54. Darwin, «Radio-Activity and the Age of the Sun».

55. Galilei, *Il saggiatore*.

56. Citado en Rosenthal-Schneider, Braun y Miller, *Reality and Scientific Truth*, pág. 74.

57. Dirac, «Quantised Singularities», pág. 60.

58. Wigner, «The Unreasonable Effectiveness».

59. Anderson, «The End of Theory».

60. Poincaré, *The Value of Science*, pág. 84.

9. UN ESPEJO ANTE NOSOTROS

Sobre la historia de la astrología, véase Campion, *A History of Western Astrology*. Acerca de la mitologia vinculada al Sol, véase Frazer, *The Worship of Nature*; en relación con la Luna, véase Cashford, *The Moon*. Sobre el culto de Mitra en Roma, véase Adrych *et al.*, «Reconstructions».

1. Frazer, *The Worship of Nature*, pág. 465 ss. [Esta batalla, conocida como segunda batalla de Cremona o de Bedriacum, está narrada con detalle en Tácito, *Historias*, III.1-35, y este episodio concreto en III.24-25: «Se levantó un clamor por doquier y, según es costumbre en Siria, saludaron al sol naciente. En esas circunstancias surgió un rumor, no se sabe si casual o urdido a propósito, de que había llegado Muciano [...] Así avanzaron, como si hubieran recibido tropas de refresco, contra la ya casi completamente desordenada formación de los vitelianos que, sin ninguna cabeza rectora, avanzaba o retrocedía según le impulsaba su empuje o su miedo». *(N. del T.)*]

2. Frazer, *The Worship of Nature*, pág. 491. Acerca de la etimología, véase Curtius y Windisch, *Grundzüge*, pág. 399-400.
3. San Agustín, «Sermon 190», pág. 24.
4. Barnes, «The First Christmas Tree».
5. Berger, *Palace of the Sun*, pág. 2-3.
6. Jung, «The Archetypes», párrafo 87.
7. Citado en Hirsch, «Coming Out into the Light», pág. 13.
8. Citado en Cashford, *The Moon*, pág. 65.
9. Citado en Cashford, *The Moon*, pág. 65.
10. *Mateo* 12:40 (Biblia de Jerusalén).
11. Frazer, *The Worship of Nature*, pág. 561.
12. Anaxágoras, fragmento 18.
13. Citado en Cashford, *The Moon*, pág. 179. [El fragmento es del capítulo VI de *Sobre la República*, el llamado «Sueño de Escipión». *(N. del T.)*]
14. *Apocalipsis* 12:1 (Biblia de Jerusalén).
15. Jung, «The Archetypes», párrafo 6.
16. Cashford, *The Moon*, pág. 67.
17. Citado en Cashford, *The Moon*, pág. 158.
18. Emerson, *Nature*, pág. 9-10.
19. Jung, *Jung on Astrology*, pág. 23-24.
20. Ripat, «Expelling Misconceptions», pág. 117 nota 9.
21. Campion, *Astrology and Cosmology*, pág. 95.
22. Tácito, *Historias*, I.22.
23. Walker, *Spiritual and Demonic Magic*, pág. 206-208.
24. Citado en Kollerstrom, «Galileo's Astrology», pág. 427. El original en latín se puede consultar en Galilei, «Astrologica Nonnulla», pág. 119-120. Véase también Favaro, «Galileo, Astrologer».
25. Campion, *Astrology and Cosmology*, pág. 169.
26. Así lo relata Conduitt, citado en Whiteside, «Isaac Newton», pág. 58.
27. Relatado por Conduitt, en Whiteside, Hoskin y Prag, *The Mathematical Papers*, 1:15-19.
28. Tácito, *Historias*, I.22.
29. Ciardi y Williams, *How Does a Poem Mean?*, pág. 9.
30. Citado en Copeland, «Sources of the Seven-Day Week», pág. 175.
31. Citado en Lista, *La stella d'Italia*, pág. 42-43.
32. Mendelson, «Baedeker's Universe».
33. *Handbook for Visitors to Paris*, pág. 37.

34. El origen del Paseo de la Fama se pierde entre mitos. El *Los Angeles Magazine* (Rozbrook, «The Real Mr. Hollywood», pág. 19-20) afirma que fue la creación del empresario y agente teatral de Hollywood Harry Sugarman, inspirado en 1953 por el menú de bebidas de uno de sus bares, en el que se mostraban fotos de los rostros de diversas celebridades enmarcadas por estrellas doradas. El número de estrellas dedicadas hasta la fecha, doscientas setenta, es aproximadamente igual a la cantidad de estrellas de verdad que uno puede llegar a ver a simple vista en un cielo muy oscuro, muchas más de las que en realidad se pueden ver desde el contaminado y brillante cielo nocturno de Los Ángeles.

35. «Early New York City Police 'Badges'».

10. CONTEMPLAR DE NUEVO LAS ESTRELLAS

1. Rilke, *Elegías de Duino*, Elegía 1.
2. Schechner, *Comets*, pág. 151-152.
3. «Double Negative. 1969».
4. Gillieron, «La Tour Eiffel de l'espace».
5. Notarbartolo, «Some Proposals for Art Objects», pág. 140.
6. O'Connor, «Apollo 17 Coverage».
7. Tuckner, «One Man's Mission».
8. Brown, «Pi in the Sky».
9. Cohen, *Villes éteintes*.
10. La actividad extravehicular en la Luna por parte de las tripulaciones de los Apollo 11 al 17 totalizó ochenta horas y treinta y dos minutos («Extravehicular Activity»).
11. Lawrence, *Losing the Sky*.
12. Rawls *et al.*, «Satellite Constellation».
13. Lawrence *et al.*, «The Case for Space Environmentalism», pág. 5; McDowell, «The Low Earth Orbit».
14. En respuesta a las quejas de los astrónomos, SpaceX reorientó los paneles solares de sus satélites para minimizar los reflejos y agregó una protección solar desplegable a los nuevos para reducir su brillo. Estas medidas han tenido un éxito parcial (Mallama, «The Brightness of VisorSat-Design»; Horiuchi *et al.*, «Multicolor and Multispot Observations»).
15. El *JWST*, que orbita a 1,5 millones de kilómetros, por suerte, no se ve afectado por este problema.

16. Venkatesan *et al.*, «The Impact of Satellite Constellations», pág. 1043.

17. Emerson, *Nature*, pág. 9.

18. Turner, «Chinese Scientists».

19. Kessler y Cour-Palais, «Collision Frequency». Los modelos actuales para la frecuencia de colisiones en el caso de cuarenta mil satélites en órbita muestran que es muy probable que el número de colisiones incapacitantes supere el ritmo al que se reemplazan los satélites (Lawrence *et al.*, «The Case for Space Environmentalism»).

20. Mallick y Rajagopalan, «If Space Is 'the Province of Mankind'», pág. 7.

21. Roulette, «How Much Does a Ticket to Space on New Shepard Cost?».

22. Shatner, «William Shatner».

23. Yaden *et al.*, «The Overview Effect».

24. Citado en Weibel, «The Overview Effect», pág. 11.

25. Worden, *Hello Earth*, pág. 27-30.

26. Citado en Homans, «The Lives They Lived».

27. Citado en Weibel, «The Overview Effect», pág. 20.

28. Sanders *et al.*, «A Meta-analysis of Biological Impacts».

29. Van Doren *et al.*, «High-Intensity Urban Light Installation».

30. Berry, Booth y Limpus, «Artificial Lighting and Disrupted Sea-Finding Behaviour».

31. Knop *et al.*, «Artificial Light at Night».

32. Citado en Lister, «Seeing the Northern Lights».

33. Darwin, *The Autobiography*, pág. 139.

34. McPhee, *Annals*, pág. 89.

35. Einstein, «The 1932 Disarmament Conference».

36. Powers, *The Overstory*, pág. 482.

37. Harvey, «UN Says».

38. Carrington, «Flying Insect Numbers».

39. Bodio, «A Feathered Tempest».

40. Eiseley, *The Firmament of Time*, pág. 203.

41. «About Blue Origin».

42. Heath, «How Elon Musk».

43. Sagan, *Pale Blue Dot*, pág. 312. Los partidarios del «largoplacismo» consideran que el propósito más alto de la existencia humana es colonizar la galaxia y proporcionar «vidas netamente positivas» al mayor número posible de seres sentientes, ya sean biológicos, cibernéticos

o simulados en un ordenador. En pos del objetivo de realizar el «potencial» de la humanidad, los largoplacistas sostienen que el sufrimiento humano a corto plazo (de unos pocos milenios) e incluso la destrucción de todo el ecosistema son un precio que vale la pena pagar. El expansionismo espacial y la creación de una superinteligencia todopoderosa y benévola son los pilares centrales de su plan (Torres, «Against Longtermism»).

44. Los físicos teóricos han propuesto ideas especulativas para sortear la barrera de la velocidad de la luz, como el llamado *motor de Alcubierre*, en el que el espacio-tiempo se deforma alrededor de la hipotética nave espacial, logrando así un desplazamiento más rápido que la luz (Alcubierre, «Letter to the Editor»; Van Den Broek, «A 'Warp Drive'»). Este sistema de propulsión, inspirado en *Star Trek*, que requiere una cantidad de «energía negativa» equivalente a la masa del Sol para crear una burbuja de curvatura con un radio de cien metros, es tan fantástico como el imaginario reactor de dilitio de la nave espacial *Enterprise* (Sternbach y Okuda, *Star Trek: The Next Generation*).

45. Los optimistas tecnológicos, que son una gente que no se desanima con facilidad, replican con la fantasía de la terraformación: hacer que Marte sea un lugar habitable mediante la reingeniería de toda su biosfera. Pero no es más que eso: una fantasía.

46. Mumford, *The Myth of the Machine*, pág. 11-12.

47. Osnos, «Doomsday Prep».

48. Salk, «Are We Being Good Ancestors?»; «Could You Patent the Sun?».

49. Shakespeare, *Julio César*, acto I, escena 2.

50. Eiseley, *The Immense Journey*, pág. 10.

EPÍLOGO

1. Acerca de la creación de la grabación de las *Voyager*, véase Sagan, *Murmurs of the Earth*. Parte del contenido de las grabaciones se puede consultar en goldenrecord.org.

2. Carter, «Voyager Spacecraft Statement».

BIBLIOGRAFÍA

Abbot, Alison. «Discovery of Galileo's Long-Lost Letter Shows He Edited His Heretical Ideas to Fool the Inquisition», *Nature* 561 (2018), pág. 441-442. <https://doi.org/10.1038/d41586-018-06769-4>.

Abbot, C. G. «The Habitability of Venus, Mars, and Other Worlds». *Annual Report of the Board of Regents of the Smithsonian Institution for 1920*, Washington, DC: Government Printing Office, 1922.

«About Blue Origin», Blue Origin. Consultado el 11 de febrero de 2023. <https://www.blueorigin.com/about-blue>.

Adrych, Philippa, Robert Bracey, Dominic Dalglish, Stefanie Lenk y Rachel Wood. «Reconstructions: Mithras in Rome». En: *Images of Mithra* (ed. Jas Elsner), Oxford: Oxford University Press, 2017.

Alcubierre, Miguel. «Letter to the Editor: The Warp Drive: Hyper-Fast Travel Within General Relativity», *Classical and Quantum Gravity*, 11 (1994): L73-L77. <https://doi.org/10.1088/0264-9381/11/5/001>.

Alighieri, Dante. *The Divine Comedy* (trad. Henry Longfellow), Boston: Ticknor and Fields, 1867.

Allen, Richard H. *Star Names: Their Lore and Meaning*, Nueva York: Dover, 1963.

Anaxágoras. Fragmento 18. En: David Warmflash. «An Ancient Greek Philosopher Was Exiled for Claiming the Moon Was a Rock, Not a God», *Smithsonian Magazine*. 20 de junio de 2019. <https://www.smithsonianmag.com/science-nature/ancient-greek-philosopher-was-exiled-claiming-moon-was-rock-not-god-180972447>.

Anderson, Chris. «The End of Theory: The Data Deluge Makes the Scientific Method Obsolete», *Wired*, 23 de junio de 2008. <https://www.wired.com/2008/06/pb-theory>.

Andía y Varela, José Ramón. «An Account of Traditional Tahitian Navigation (Journal 1774)». En: *The Quest and Occupation of Tahiti by Emissaries of Spain During the Years 1772-6* (ed. B. G. Corney), 3 vol. Londres: Hakluyt Society, 1913-1919. Consultado el 4 de febrero de 2023. <https://archive.hokulea.com/ike/hookele/ancient_tahitian_navigation.html> (original en esp.: *Relación del viaje hecho a la isla de Amat y sus adyacentes.* Consultable en línea en el sitio web de la Biblioteca Nacional de España).

Andrews, M. *The Seven Sisters of the Pleiades: Stories from Around the World*, North Geelong, Australia: Spinifex Press, 2004.

Antonello, Elio. «The Palaeolithic Sky». En: *The Light, the Stones and the Sacred: Proceedings of the XVth Italian Society of Archaeoastronomy Congress* (ed. Andrea Orlando), Cham: Springer, 2017. <https://doi.org/10.1007/978-3-319-54487-8>.

Arato. *Phenomena.* En: *Callimachus: Hymns and Epigrams, Lycophron and Aratus* (trad. A. W. Mair y G. R. Loeb), Loeb Classical Library 129. Londres: William Heinemann, 1921.

Arianrhod, Robyn. *Seduced by Logic: Émilie du Châtelet, Mary Somerville and the Newtonian Revolution*, Oxford: Oxford University Press, 2012.

Ashrafian, H. «Ancient Genetics—Was Gilgamesh a Mosaic?» *Genetics in Medicine*, 10, n.º 11 (2008), pág. 843.

Ashworth, William J. «The Calculating Eye: Baily, Herschel, Babbage and the Business of Astronomy», *British Journal for the History of Science*, 27 (1994), pág. 409-441. <https://doi.org/10.1017/s0007087400032428>.

Asimov, Isaac. *Nightfall and Other Stories*, Garden City, Nueva York: Doubleday & Company, 1969. Publicado originalmente en 1941.

Babbage, Charles. *The Ninth Bridgewater Treatise* (2.ª ed.), Londres: John Murray, 1838. <http://darwin- online.org.uk/converted/Ancillary/1838_Bridgewater_A25/1838_Bridgewater_A25.html>.

—. C. *Passages from the Life of a Philosopher*, Londres: Longman, Green, Longman, Roberts, & Green, 1864. <https://books.google.it/books?id=Fa1JAAAAMAAJ>.

Bailey, Regina. «Extremophiles—Extreme Organisms», *ThoughtCo*, última modificación 7 de abril de 2020. <https://www.thoughtco.com/extremophiles-extreme-organisms-373905>.

Banks, Joseph. *Journal of the Right Hon. Sir Joseph Banks During Captain*

Cook's First Voyage in H.M.S. Endeavour in 1768–71 (ed. J. D. Hooker), Cambridge: Cambridge University Press, 2011.

Barlow, James William. *The Immortals' Great Quest. Translated From an Unpublished Manuscript in the Library of a Continental University*, Londres: Forgotten Books, 2017. Publicado originalmente en 1909; <https://archive.org/details/immortalsgreatquoobarl>.

Barnes, Alison. «The First Christmas Tree», *History Today*, 56, n.º 12 (diciembre de 2006). <https://www.historytoday.com/archive/history-matters/first-christmas-tree>.

Bauer, S. W. *The History of the Ancient World*, Nueva York: W. W. Norton & Company, 2007 (hay trad. esp.: *Historia del mundo antiguo: Desde el origen de las civilizaciones hasta la caída de Roma*, Barcelona: Paidós, 2023).

Beaglehole, J. C. *The Life of Captain James Cook*, Palo Alto, California: Stanford UniversityPress, 1992.

—-. «On the Character of Captain James Cook», *Geographical Journal*, 122, n.º 4 (1956), pág. 417-429. <https://doi.org/10.2307/1790186>.

Beck, Julie. «The Caves of Forgotten Time», *The Atlantic*, 9 de noviembre de 2015. <https://www.theatlantic.com/health/archive/2015/11/the-caves-of-forgotten-time/414894>.

Becker, George F. «Halley on the Age of the Ocean», *Science*, 31, n.º 795 (1910), pág. 459-461. <https://doi.org/10.1126/science.31.795.459.b>.

Bedini, Silvio A. *The Pulse of Time: Galileo Galilei, the Determination of Longitude, andthe Pendulum Clock*, Florencia: Olshki, 1991.

Bedini, Silvio A., y Francis R. Maddison. «Mechanical Universe: The Astrarium of Giovanni De' Dondi», *Transactions of the American Philosophical Society*, 56, n.º 5 (1966), pág. 1-69. <https://doi.org/10.2307/1006002>.

Bedini, Silvio. «Along Came a Spider—Spinning Silk for Cross-Hairs: The Search for Cross-Hairs for Scientific Instrumentation, Part 1», *American Surveyor* (marzo/abril de 2005).

Bedini, Silvio. «Along Came a Spider—Spinning Silk for Cross-Hairs: The Search for Cross-Hairs for Scientific Instrumentation, Part 2», *American Surveyor* (mayo de 2005).

Bennett, J. A. «Robert Hooke as Mechanic and Natural Philosopher», *Notes and Records of the Royal Society of London*, 35, n.º 1 (1980), pág. 33-48. <https://doi.org/doi:10.1098/rsnr.1980.0003>.

Berger, R. W. *Palace of the Sun: The Louvre of Louis XIV*, University Park: Pennsylvania State University Press, 2010. <https://books.google.it/books?id=1IkUHp8efo4C>.

Berry, Megan, David T. Booth y Colin J. Limpus. «Artificial Lighting and Disrupted Sea-Finding Behaviour in Hatchling Loggerhead Turtles (*Caretta caretta*) on the Woongarra Coast, South-East Queensland, Australia», *Australian Journal of Zoology*, 61, n.º 2 (2013), pág. 137-145.

Beson, Michael. *Cosmigraphics: Picturing Space Through Time*, Nueva York: Abrams, sin fecha de edición.

Bessel, Friedrich William. «A Letter from Prof. Bessel to Sir J. Herschel, Bart., Dated Königsberg, Oct 23, 1838». En: *The London and Edinburgh Philosophical Magazine and Journal of Science* 14 (enero-junio de 1839), pág. 68-72. <https://books.google.it/books?id=UdChCg32-aoC>.

Bickel, Susanne y Rita Gautschy. «Eine Ramessidische Sonnenuhr Im Tal Der Könige», *Zeitschrift für Ägyptische Sprache und Altertumskunde*, 141, n.º 1 (2014), pág. 3-14. <https://doi.org/doi:10.1515/zaes-2014-0001>.

Bigdeli, Mohammad, Rajat Srivastava y Michele Scaraggi. «Dynamics of Space Debris Removal: A Review», arXiv, 12 de abril de 2023. <https://doi.org/10.48550/arXiv.2304.05709>.

«Bio: Edgar Mitchell's Strange Voyage», *People Weekly*, 8 de abril de 1974, pág. 20-23.

Bird, Michael I., Scott A. Condie, Sue O'Connor, Damien O'Grady, Christian Reepmeyer, Sean Ulm, Mojca Zega, Frédérik Saltré y Corey J. A. Bradshaw. «Early Human Settlement of Sahul Was Not an Accident», *Scientific Reports* 9, n.º 1 (2019), pág. 8220. <https://doi.org/10.1038/s41598-019-42946-9>.

Bodifée, G. «La découverte des satellites de Mars», *L'Astronomie*, 91 (1977), pág. 235. <https://ui.adsabs.harvard.edu/abs/1977LAstr..91..235B>.

Bodio, Stephen J. «A Feathered Tempest: The Improbable Life and Sudden Death of the Passenger Pigeon», Cornell Lab of Ornithology, 15 de abril de 2010. <https://www.allaboutbirds.org/news/a-feathered-tempest-the-improbable-life-and-sudden-death-of-the-passenger-pigeon/#>.

Boitani, P. «Poetry of the Stars». En: *The Inspiration of Astronomical Phenomena VI* (ed. E. M. Corsini), pág. 289-309. Astronomical Society of the Pacific Conference Series 441. San Francisco, California: Astronomical Society of the Pacific, 2011.

Bonechi, Sara. *How They Make Me Suffer*... *A Short Biography of Galileo Galilei* (trad. Anna Teicher), Florencia: Istituto e Museo di Storia della Scienza, 2008.

Botley, C. M. y R. E. White. «Halley's Comet in 1066», *Leaflet of the Astronomical Society of the Pacific*, n.º 10 (1967), pág. 9-16.

Bradbury, Ray. «The Long Rain». En: *The Illustrated Man*, Nueva York: Doubleday, 1951 (hay trad. esp.: «La larga lluvia», en: *El hombre ilustrado*, Barcelona, Planeta, 2020).

Bridgman, Tim. «Who Were the Cimmerians?», *Hermathena*, 164 (1998), pág. 31-64. <http://www.jstor.org/stable/23041189>.

Brooke-Hitching, Edward. *The Sky Atlas*, Londres: Simon & Schuster, 2019 (hay trad. esp.: *Atlas del cielo*, Barcelona: Blume, 2023).

Broughton, Peter. «The First Predicted Return of Comet Halley», *Journal for the History of Astronomy*, 16, n.º 2 (1985), pág. 123-133. <https://doi.org/10.1177/002182868501600203>.

Brown, Fredric. «Pi in the Sky». En: *The Best of Fredric Brown* (ed. Robert Bloch), pág. 86-112, Nueva York: Nelson Doubleday, 1977. Publicado originalmente en 1945.

Brumfiel, Geoff. «U.S. Navy Brings Back Navigation by the Stars for Officers», *NPR*. Última modificación 22 de febrero de 2016. <https:// www.npr.org/2016/02/22/467210492/u-s-navy-brings-back-navigation-by-the- stars-for-officers>.

Brush, Stephen G. «Poincaré and Cosmic Evolution», *Physics Today*, 33, n.º 3 (1980), pág. 42-49. <https://doi.org/10.1063/1.2913 996>.

Bryant, William Cullen. «Hymn to the North Star», <https://quod.lib. umich.edu/a/amverse/BAD0508.0001.001/1:95?rgn=div1;view =fulltext>.

Burke-Gaffney, W. «Kepler and the Star of Bethlehem», *Journal of the Royal Astronomical Society of Canada*, 31 (1937), pág. 417. <https:// ui.adsabs.harvard.edu/abs/1937JRASC..31..417B>.

Burroughs, Edgar Rice. *Pirates of Venus*, Londres: New English Library, 1972. Publicado originalmente en 1932 (hay trad. esp.: *Piratas de Venus*, Pulp Books, 2004).

Burton, David M. *The History of Mathematics: An Introduction*, Nueva York: McGraw-Hill, 2007.

Buxton, H. W. y A. Hyman. *Memoir of the Life and Labours of the Late*

Charles Babbage Esq. F.R.S. Cambridge, Massachusetts: MIT Press, 1988. <https://books.google.it/books?id=_EDYswEACAAJ>.

Byron, George Gordon. *Lord Byron: The Complete Poetical Works. Vol. 5: Don Juan* (ed. Jerome J. McGann), Oxford: Oxford University Press, 1986 (hay trad. esp.: *Don Juan*, Madrid: Cátedra, 2009).

Campion, Nicholas. *A History of Western Astrology. Vol. 1: The Ancient and Classical Worlds*, Nueva York: New York University Press, 2012.

—. *Astrology and Cosmology in the World's Religions*, Nueva York: Continuum, 2008.

Campion, N. y N. Kollerstrom (ed.). «Galileo's Astrology», número especial, *Culture and Cosmos* 7, n.º 1 (primavera/verano de 2003).

Canales, Jimena. «Exit the Frog, Enter the Human: Physiology and Experimental Psychology in Nineteenth-Century Astronomy», *British Journal for the History of* Science, 34, n.º 2 (2001), pág. 173-197. <https://doi.org/10.1017/S0007087401004356>.

—. *Bedeviled: A Shadow History of Demons in Science*, Princeton, Nueva Jersey: Princeton University Press, 2020.

Carlson, John B. «Lodestone Compass: Chinese or Olmec Primacy?», *Science*, 189, n.º 4205 (1975), pág. 753-760. <https://doi.org/doi:10.1126/science.189.4205.753>.

Carrington, Damian. «Flying Insect Numbers Have Plunged by 60% Since 2004, GB Survey Finds», *The Guardian*, 4 de mayo de 2022. <https://www.theguardian.com/environment/2022/may/05/flying-insect-numbers-have-plunged-by-60-since-2004-gb-survey-finds>.

Carter, Harold B. «The Royal Society and the Voyage of HMS 'Endeavour' 1768–71», *Notes and Records of the Royal Society of London*, 49, n.º 2 (1995), pág. 245-260. <http://www.jstor.org/stable/532013>.

Carter, Jimmy. «Voyager Spacecraft Statement by the President», *American Presidency Project*, 29 de julio de 1977. <https://www.presidency.ucsb.edu/node/243563>.

Cashford, Jules. *The Moon: Symbols of Transformation*, Carterton: Greystones Press, 2003 (hay trad. esp.: *La Luna: símbolo de transformación*, Vilaür: Atalanta, 2018).

Castello, Jay. «The Art Behind NASA's Scientific Space Photos», *The Verge*, 10 de octubre de 2022. <https://www.theverge.com/2022/10/10/23393194/nasa-image-processing-jwst-astrophotography>.

Chambers, G. F. *The Story of Eclipses Simply Told for General Readers*, Londres: George Newnes Ltd., 1899. <https://www.gutenberg. org/files/24222/24222-h/24222-h.htm>.

«Charles Babbage», *Nature*, 5, n.º 106 (1871), pág. 28-29. <https://doi. org/10.1038/005028a0>.

Charlot, P., C. S. Jacobs, D. Gordon, S. Lambert, A. de Witt, J. Böhm, A. L. Fey, *et al.* «The Third Realization of the International Celestial Reference Frame by Very Long Baseline Interferometry», *Astronomy & Astrophysics*, 644 (2020), A159. <https://doi.org/10.1051/ 0004-6361/202038368>.

Chatley, H. «Ancient Egyptian Star Tables and the Dekans», *The Observatory*, 65 (1 de diciembre de 1943), pág. 121. <https://ui.adsabs. harvard.edu/abs/1943Obs....65..121C>.

Chevalier, Jean y Alain Gheerbrant (ed.). *The Penguin Dictionary of Symbols*, Londres: Penguin Books, 1996.

Christianson, Gale E. *Edwin Hubble: Mariner of the Nebulae*, Chicago: University of Chicago Press, 1996.

—. *The Wild Abyss: The Story of the Men Who Made Modern Astronomy*, Nueva York: The Free Press, 1978.

Ciardi, John y Miller Williams. *How Does a Poem Mean?*, Boston: Houghton Mifflin, 1959.

Close, Frank. *Eclipses: What Everyone Needs to Know*, Nueva York: Oxford University Press, 2019.

Cohen, Thierry. *Villes éteintes*, París: Marval, sin fecha de edición.

Colagè, Ivan y Francesco d'Errico. «Culture: The Driving Force of Human Cognition», *Topics in Cognitive Science*, 12 (22 de julio de 2018). <https://doi.org/10.1111/tops.12372>.

Collier, Bruce. «The Little Engines That Could've: The Calculating Machines of Charles Babbage.», tesis doctoral, Harvard University, 1970. <http://robroy.dyndns.info/collier/index.html>, consultado el 8 de febrero de 2023.

Cook, James. *Captain Cook's Journal During His First Voyage Round the World, Made in H.M. Bark Endeavour, 1768–71* (ed. W. J. Lloyd Wharton), Cambridge: Cambridge University Press, 2014.

Cooper, J. C. *An Illustrated Encyclopaedia of Traditional Symbols*, Londres: Thames & Hudson, 2017.

Copeland, Leland S. «Sources of the Seven- Day Week», *Popular Astronomy*, 47 (1 de abril de 1939), pág. 175. <https://ui.adsabs.harvard. edu/abs/1939PA.....47..175C>.

Copernicus, Nicolaus. *De revolutionibus orbium coelestium* (trad. Charles Glenn Wallis), Britannica Great Books 16, Chicago: Encyclopaedia Britannica, 1955. Publicado originalmente en 1543 (hay trad. esp.: *Sobre las revoluciones de los orbes celestes* (trad. Carlos Mínguez), Madrid: Tecnos, 2009).

Costa Canas, António. «The Astronomical Navigation in Portugal in the Age of Discoveries», *Cahiers François Viète* III-3 (2017), pág. 15-36. <https://doi.org/10.4000/cahierscfv.752>.

«Could You Patent the Sun?», YouTube, Global Citizen, 12 de abril de 1955. <https://www.youtube.com/watch?v=erHXKP386Nk>.

Crawford, Kate. *Atlas of AI*, New Haven, Connecticut: Yale University Press, 2021 (hay trad. esp.: *Atlas de IA: Poder, política y costes planetarios de la inteligencia artificial*, Barcelona: Ned, 2023).

Croarken, Mary. «Providing Longitude for All», *Journal for Maritime Research*, 4, n.º 1 (2002), pág. 106-126.

Curtius, G. y E. Windisch. *Grundzüge der griechischen Etymologie*, Leipzig: B. G. Teubner, 1879. <https://books.google.it/books?id=4oITAAAAYAAJ>.

D'Amico, Matteo. *Giordano Bruno: Avventure e misteri del grande mago nell'Europa del Cinquecento*, Casale Monferrato: Edizioni Piemme, 2003.

«Dark and Quiet Skies for Science and Society», United Nations Office for Outer Space Affairs, 2020. <https://www.iau.org/static/publications/dqskies-book-29-12-20.pdf>.

d'Errico, Francesco, Luc Doyon, Shuangquan Zhang, Malvina Baumann, Martina Láznicková-Galetová, Xing Gao, Fuyou Chen y Yue Zhang. «The Origin and Evolution of Sewing Technologies in Eurasia and North America», *Journal of Human Evolution*, 125 (2018), pág. 71-86. <https://doi.org/10.1016/j.jhevol.2018.10.004>.

Darwin, Charles. «To Caroline Darwin, 27 February 1837», Darwin Correspondence Project. Consultado el 8 de febrero de 2023. <https://www.darwinproject.ac.uk/letter/?docId=letters/DCP-LETT-346.xml>.

—. «To W. D. Fox [9– 12 August] 1835», Darwin Correspondence Project. Consultado el 8 de febrero de 2023. <https://www.darwinproject.ac.uk/letter/?docId=letters/DCP- LETT- 282.xml>.

—. *Charles Darwin's Notebooks, 1836–1844: Geology, Transmutation of Species, Metaphysical Enquiries* (ed. Paul H. Barrett, Peter J. Gautrey, Sandra Herbert, David Kohn y Sydney Smith), Cambridge: Cambridge University Press, 1998.

—. *The Autobiography of Charles Darwin, 1809–1882* (ed. Nora Barlow), Nueva York: W. W. Norton & Co, 1993 (hay trad. esp.: *Autobiografía*, Madrid: Nórdica Libros, 2019).

Darwin, George. H. «Radio-Activity and the Age of the Sun», *Nature*, 68, n.º 1769 (1903), pág. 496.

de Grijs, Richard. «European Longitude Prizes. I: Longitude Determination in the Spanish Empire», *Journal of Astronomical History and Heritage*, 23 (2020), pág. 465-494. <https://ui.adsabs.harvard.edu/abs/2020JAHH...23..465D>.

de Jong, T. y W. H. van Soldt. «The Earliest Known Solar Eclipse Record Redated», *Nature*, 338, n.º 6212 (1989), pág. 238-240. <https://doi.org/10.1038/338238a0>.

de Solla Price, Derek J. «Gears from the Greeks. The Antikythera Mechanism: A Calendar Computer from Ca. 80 B. C.», *Transactions of the American Philosophical Society*, 64, n.º 7 (1974), pág. 1-70. <https://doi.org/10.2307/1006146>.

—. «The Prehistory of the Clock», *Discovery*, 17 (1957), pág. 153-1157.

—. *Science Since Babylon*, New Haven, Connecticut: Yale University Press, 1961.

—. «Leonardo Da Vinci and the Clock of Giovanni De Dondi», *Antiquarian Horology*, n.º 2, junio de 1958, pág. 127-128.

Deacon, G. E. R. y Margaret Deacon. «Captain Cook as a Navigator», *Notes and Records of the Royal Society of London* 24, n.º 1 (1969), pág. 33-42. <http://www.jstor.org/stable/530739>.

DeLillo, Don. *Underworld*, Nueva York: Scribner, 1997 (hay trad. esp.: *Submundo*, Madrid: Austral, 2014).

Department of Ancient Near Eastern Art. «The Phoenicians (1500–300 B.C.)». En: *Heilbrunn Timeline of Art History*, octubre de 2004. <http://www.metmuseum.org/toah/hd/phoe/hd_phoe.htm>.

Descartes, René. *The World, or Treatise on Light* (trad. Michael S. Mahoney). 1629-1633. <https://www.princeton.edu/~hos/mike/texts/descartes/world/worldfr.htm> (hay trad. esp.: *El Mundo o el Tratado de la luz* (trad. Ana María Roja), Madrid: Alianza, 2019).

Di Piazza, Anne y Erik Pearthree. «A New Reading of Tupaia's Chart», *Journal of the Polynesian Society*, 116, n.º 3 (2007), pág. 321-340. <http://www.jstor.org/stable/20707400>.

—. «Il Cartografo Tupaia, James Cook e il Confronto Tra Due Saperi Geografici», *Quaderni Storici* (2008), pág. 575-592. <https://hal.archives-ouvertes.fr/hal-00412208>.

Dion Casio. *Roman History* (trad. Earnest Cary), Cambridge, Massachusetts: Harvard University Press, 1925 (hay trad. esp.: *Historia romana*, Madrid: Gredos, 2016).

«Documenting the Numbers of Victims of the Holocaust and Nazi Persecution». United States Holocaust Memorial Museum Holocaust Encyclopaedia, última modificación 8 de diciembre de 2020. <https://encyclopedia.ushmm.org/content/en/article/documenting-numbers-of-victims-of-the-holocaust-and-nazi-persecution>.

«Double Negative. 1969». Museum of Contemporary Art, consultado 10 de febrero de 2023. <https://www.moca.org/collection/work/double-negative-2>.

Dirac, Paul Adrien Maurice. «Quantised Singularities in the Electromagnetic Field», *Proceedings of the Royal Society of London. Series A, Containing Papers of a Mathematical and Physical Character*, 133, n.º 821 (1931), pág. 60-72. <https://doi.org/doi:10.1098/rspa.1931.0130>.

Dreyer, J. L. E. *History of the Royal Astronomical Society*, Londres: Royal Astronomical Society, 1923.

Druett, Joan. *Tupaia: Captain Cook's Polynesian Navigator*, Westport, Connecticut: Praeger, 2011.

Duke, Dennis W. «Hipparchus' Coordinate System», *Archive for History of Exact Sciences*, 56 (2002), pág. 427-433. <https://ui.adsabs.harvard.edu/abs/2002AHES...56..427D>.

Dunkin, Edwin. *The Midnight Sky: Familiar Notes on the Stars and Planets with Star-Maps and Other Illustrations*, Londres: Religious Tract Society, 1869.

Dunnington, Guy Waldo. *Carl Friedrich Gauss: Titan of Science*, Whitefish, Montana: Literary Licensing, 2012.

Eagleton, Katie. «An Islamic Astrolabe», Whipple Museum of the History of Science, Universidad de Cambridge, última actualización 1999. <http://www.sites.hps.cam.ac.uk/starry/isaslabe.html>.

«Early New York City Police 'Badges' & Emblems of Office— 1800–1845», NYP DHistory.com. 11 de octubre de 2020. <https://nypd history.com/staves>.

Eckstein, Lars y Anja Schwarz. «The Making of Tupaia's Map: A Story of the Extent and Mastery of Polynesian Navigation, Competing Systems of Wayfinding on James Cook's *Endeavour*, and the Invention of an Ingenious Cartographic System», *Journal of Pacific History*, 54, n.º 1 (2019), pág. 1-95. <https://doi.org/10.1080/002233 44.2018.1512369>.

Editores de la Encyclopedia Britannica. «Simon Marius», *Britannica*, 6 de enero de 2023. <https://www.britannica.com/biography/Simon-Marius>.

Einstein, Albert. «The 1932 Disarmament Conference», *The Nation*, 23 de agosto de 2001. <https://www.thenation.com/article/archive/1932-disarmament-conference-0>.

Eiseley, Loren. *The Firmament of Time*. En: *Loren Eiseley: Collected Essays on Evolution, Nature and the Cosmos*, vol. 1, Nueva York: Library of America, 2016. Publicado originalmente en 1946.

—. *The Immense Journey*. En: *Loren Eiseley: Collected Essays on Evolution, Nature and the Cosmos*, vol. 1, Nueva York: Library of America, 2016. Publicado originalmente en 1946.

Eliade, Mircea. *Patterns in Comparative Religion*, Nueva York: Sheen and Ward, 1958 (hay trad. esp.: *Tratado de historia de las religiones: morfología y dialéctica de lo sagrado*, Madrid: Ediciones Cristiandad, 2001).

Emerson, Ralph Waldo. *Nature*, Boston: James Munroe and Company, 1836 (hay trad. esp.: *Naturaleza*, Madrid: Nórdica Libros, 2020).

—. «Fragments on Nature and Life, Nature». En: *The Complete Works of Ralph Waldo Emerson: Poems*, Boston: Houghton, Mifflin, 1903-1904.

Enheduanna. *Princess, Priestess, Poet: The Sumerian Temple Hymns of Enheduanna* (ed. Betty De Shong Meador), Austin: University of Texas Press, 2009.

Eve, A. S. «Galileo and Scientific History: The Leaning Tower and Other Stories», *Nature*, 137, n.º 3453 (936), pág. 8-10. <https://doi.org/10.1038/137008a0>.

«Extravehicular Activity». NASA, consultado 25 de abril de 2023. <https://history.nasa.gov/SP-4029/Apollo_18-30_Extravehicular_Activity.htm>.

Favaro, A. «Galileo, Astrologer». En: «Galileo's Astrology», número especial, *Culture and Cosmos*, 7, n.º 1 (primavera/verano de 2003), pág. 9-19. Publicado originalmente en 1881.

«Fellows Deceased: Charles Babbage, F. R. S.». *Monthly Notices of the Royal Astronomical Society*, 32 (1872), pág. 101. <https://doi.org/10.1093/mnras/32.4.101>.

Ferguson, Kitty. *The Nobleman and His Housedog: Tycho Brahe and Johannes Kepler: The Strange Partnership That Revolutionised Science*, Londres: Review, 2002.

Finney, Ben R. «Nautical Cartography and Traditional Navigation in Oceania». En: *The History of Cartography: Cartography in the Traditional African, American, Arctic, Australian, and Pacific Societies* (ed. Woodward y G. Malcolm Lewis), vol. 2, libro 3, pág. 443-494, Chicago: University of Chicago Press, 1998.

Foderà Serio, G., A. Manara y Piero Sicoli. «Giuseppe Piazzi and the Discovery of Ceres». En: *Asteroids III* (ed. W. F. Bottke Jr., A. Cellino, P. Paolicchi y R. P. Binzel), pág. 17-24. Tucson: University of Arizona Press, 2002. <https://ui.adsabs.harvard.edu/abs/2002 aste.book...17F>.

Foster, James J., Jochen Smolka, Dan- Eric Nilsson y Marie Dacke. «How Animals Follow the Stars», *Proceedings of the Royal Society B: Biological Sciences*, 285, n.º 1871 (2018), 20172322. <https://doi. org/10.1098/rspb.2017.2322>.

Fourier, Jean-Baptiste Joseph. *Oeuvres de Fourier: Théorie analytique de la chaleur*, París: Gauthier- illars et fils, 1888. <https://books.google. com.bn/books?id=JZNWAAAAMAAJ>.

Frank, Adam. *About Time: Cosmology and Culture at the Twilight of the Big Bang*, Nueva York: Free Press, 2012.

Frazer, James George. *The Worship of Nature*, Londres: Macmillan, 1926.

Freeth, T., Y. Bitsakis, X. Moussas, J. H. Seiradakis, A. Tselikas, H. Mangou, M. Zafeiropoulou, *et al.* «Decoding the Ancient Greek Astronomical Calculator Known as the Antikythera Mechanism», *Nature*, 444, n.º 7119 (2006), pág. 587-591. <https://doi.org/10.1038/ natureo5357>.

Freeth, Tony, David Higgon, Aris Dacanalis, Lindsay MacDonald, Myrto Georgakopoulou y Adam Wojcik. «A Model of the Cosmos in the Ancient Greek Antikythera Mechanism», *Scientific Reports*, 11, n.º 1 (2021), pág. 5821. <https://doi.org/10.1038/s41598-021-84310-w>.

Fuller, R. S., R. P. Norris y M. Trudgett. «The Astronomy of the Kamilaroi and Euahlayi Peoples and Their Neighbours», *Australian Aboriginal Studies*, n.º 2 (2014), pág. 3-27.

Fuller, Robert S., Michelle Trudgett, Ray P. Norris y Michael G. Anderson. «Star Maps and Travelling to Ceremonies: The Euahlayi People and Their Use of the Night Sky», *Journal of Astronomical History and Heritage*, 17 (2014), pág. 149-160. <https://ui.adsabs.harvard.edu/ abs/2014JAHH...17..149F>.

Galilei, Galileo. *The Assayer*. En: *Discoveries and Opinions of Galileo* (trad. Stillman Drake), pág. 229-280, Garden City, Nueva York: Doubleday Anchor, 1957. Publicado originalmente en 1623.

—. «Astrologica Nonnulla». En: *Le opere di Galileo Galilei: Appendice, Volume III* (ed. Andrea Battistini, Michele Camerota, Germana Ernst, Romano Gatto, Mario Otto Helbing y Patrizia Ruffo), pág. 108-193, Florencia: Giunti Editore, 2017.

—. *The Sidereal Messenger* (trad. E. S. Carlos), Londres: Rivingtons, 1880. Publicado originalmente en 1610 (hay trad. esp.: *La gaceta sideral*, Madrid: Alianza, 2021).

Galluzzi, Paolo (ed). *Galileo: Images of the Universe from Antiquity to the Telescope*, Florencia: Giunti, 2009.

Galway-Witham, Julia y Chris Stringer. «How Did *Homo sapiens* Evolve?», *Science*, 360, n.º 6395 (2018), pág. 1296. <https://doi.org/10. 1126/science.aat6659>.

Gattei, Stefano. *On the Life of Galileo: Viviani's Historical Account and Other Early Biographies*, Princeton, Nueva Jersey: Princeton University Press, 2019.

Gibbons, Ann. «Neanderthals Carb Loaded, Helping Grow Their Big Brains», *Science* (2021). <https://doi.org/10.1126/science.abj4 012>.

Gibson, Bruce y William Sterling. *The Difference Engine*, Nueva York: Bantam Books, 1992.

Gillieron, Philippe. «La Tour Eiffel de l'espace», *La Jaune et la Rouge*, 425 (1989), pág. 13-20.

Gillispie, Charles Coulston. *Pierre-Simon Laplace, 1749–1827: A Life in Exact Science*, Princeton, Nueva Jersey: Princeton University Press, 2021.

Gingerich, Owen. «Cranks and Opportunists: 'Nutty' Solutions to the Longitude Problem». En: *The Quest for Longitude: The Proceedings of the Longitude Symposium, Harvard University, Cambridge, Massachusetts, November 4–6, 1993* (ed. William J. H. Andrewes), Cambridge, Massachusetts: Collection of Historic and Scientific Instruments, Harvard University, 1996.

Glaz, Sarah. «Enheduanna: Princess, Priestess, Poet, and Mathematician», *Mathematical Intelligencer*, 42, n.º 2 (2020), pág. 31-46. <https:// doi.org/10.1007/s00283-019-09914-7>.

Goldman, Lawrence. *Victorians and Numbers: Statistics and Society in Nineteenth Century Britain*, Oxford: Oxford University Press, 2022.

Gosline, Anna. «Do Women Who Live Together Menstruate Together?»,

Scientific American. Última modificación 7 de diciembre de 2007. <https://www.scientificamerican.com/article/do-women-who-live-together-menstruate-together>.

Gould, Stephen J. «The Evolution of Life on the Earth», *Scientific American*, 271, n.º 4 (octubre de 1994), pág. 84-91. <http://doi.org/10.1038/scientificamerican1094-84.PMID: 7939569>.

Grafton, Anthony. «Some Uses of Eclipses in Early Modern Chronology», *Journal of the History of Ideas*, 64, n.º 2 (2003), pág. 213-229. <https://doi.org/10.2307/3654126>.

Greaves, J. S., A. M. S. Richards, W. Bains, P. B. Rimmer, H. Sagawa, D. L. Clements, S. Seager, *et al.* «Phosphine Gas in the Cloud Decks of Venus», *Nature Astronomy*, 5 (2021), pág. 655-664. <https://doi.org/10.1038/s41550-020-1174-4>.

Green, Judith A. *Henry I, King of England and Duke of Normandy*, Cambridge: Cambridge University Press, 2006.

Gryspeerdt, Edward. «Where Is the Cloudiest Place on Earth?», *Clouds and Climate*. Última modificación 24 de enero de 2021. <https://www.cloudsandclimate.com/blog/where_is_the_cloudiest>.

—. «Where Is the Cloudiest Place on Earth? (Part 2—Satellites)», *Clouds and Climate*. Última modificación 30 de marzo de 2021. <https://www.cloudsandclimate.com/blog/where_is_cloudiest_part2>.

Hafez, Ihsan. «Abd Al- Rahman Al-S.ūfi and His Book of the Fixed Stars: A Journey of Re-discovery», tesis doctoral, James Cook University, 2010. <https://researchonline.jcu.edu.au/28854>.

Hamacher, Duane Willis. «On the Astronomical Knowledge and Traditions of Aboriginal Australians», tesis doctoral, Macquarie University, 2012. <http://hdl.handle.net/1959.14/268547>.

Hamacher, Duane. *The First Astronomers*, Crows Nest, Australia: Allen & Unwin, 2022.

Hamblyn, Richard. *The Invention of Clouds: How an Amateur Meteorologist Forged the Language of the Skies*, Londres: Picador, 2001.

Hamilton, J. C. *Captain James Cook and the Search for Antarctica*. Barnsley, UK: Pen & Sword Books, 2020. https://books.google.it/books?id=oRnhDwAAQBAJ.

Handbook for Visitors to Paris, Londres: John Murray; París: Galignani, 1879. <https://archive.org/details/handbookforvisitoolond/page/n5/mode/2up>.

Hardy, Karen, Stephen Buckley, Matthew J. Collins, Almudena Estalrrich, Don Brothwell, Les Copeland, Antonio García-Tabernero, *et al.* «Neanderthal Medics? Evidence for Food, Cooking, and Medicinal Plants Entrapped in Dental Calculus», *Naturwissenschaften*, 99, n.º 8 (2012), pág. 617-626. <https://doi.org/10.1007/s00114-012-0942-0>.

Hare, Brian y Vanessa Woods. *The Survival of the Friendliest: Understanding Our Origins and Rediscovering Our Common Humanity*, Nueva York: Random House, 2020.

Hartmann, Dennis L., Maureen E. Ockert-Bell y Marc L. Michelsen. «The Effect of Cloud Type on Earth's Energy Balance: Global Analysis», *Journal of Climate*, 5, n.º 11 (1992), pág. 1281-1304.

Harvey, Fiona. «UN Says Up to 40% of World's Land Now Degraded», *The Guardian*, 27 de abril de 2022. <https://www.theguardian.com/environment/2022/apr/27/united-nations-40-per-cent-planet-land-degraded>.

Hawkins, Richard. «Barlow, James William». En: *Dictionary of Irish Biography*. Última modificación junio de 2021. <https://doi.org/10.3318/dib.000376.v1>.

Hayden, B. y S. Villeneuve. «Astronomy in the Upper Palaeolithic?», *Cambridge Archaeological Journal*, 21, n.º 3 (2011), pág. 331-355.

Heath, Chris. «How Elon Musk Plans on Reinventing the World (and Mars)», *GQ*, 12 de diciembre de 2015. <https://www.gq.com/story/elon-musk-mars-spacex-tesla-interview>.

Helfrich-Forster, C., S. Monecke, I. Spiousas, T. Hovestadt, O. Mitesser y T. A. Wehr. «Women Temporarily Synchronize Their Menstrual Cycles with the Luminance and Gravimetric Cycles of the Moon», *Science Advances*, 7, n.º 5 (2021). <https://doi.org/10.1126/sciadv.abe1358>.

Helling, Christiane. «Clouds in Exoplanetary Atmospheres». En: *Exofrontiers: Big Questions in Exoplanetary Science* (ed. N. Madhusudhanm), 20-1–20-7, Bristol, Reino Unido: IOP Publishing, 2021.

Heródoto. *Histories* (trad. R. Godley), Cambridge, Massachusetts: Harvard University Press, 1920 (hay trad. esp.: *Historia* (trad. M. Balasch), Madrid: Cátedra, 2006).

Herschel, John. «Address Delivered at the General Meeting of the Royal Astronomical Society, February 12, 1842, on Presenting the Honorary Medal to M. Bessel», *Memoirs of the Royal Astronomical Society*, 12 (1842), pág. 442-454.

Hintz, Eric G., Maureen L. Hintz y Jeannette M. Lawler. «Prior Knowledge Base of Constellations and Bright Stars Among Non–Science Majoring Undergraduates and 14–15 Year Old Students», *Journal of Astronomy & Earth Sciences Education*, 2 (2015). <https://doi.org/10.19030/jaese.v2i2.9515>.

Hirsch, Edward. «Coming Out into the Light: W. B. Yeats's 'The Celtic Twilight' (1893, 1902)», *Journal of the Folklore Institute*, 18, n.º 1 (1981), pág. 1-22. <https://doi.org/10.2307/3814184>.

Homans, Charles. «The Lives They Lived: Edgar Mitchell», *New York Times Magazine*, 21 de diciembre de 2016. <https://www.nytimes.com/interactive/2016/12/21/magazine/the-lives-they-lived-edgar-mitchell.html>.

Homero. *The Odyssey* (trad. A. T. Murray), Cambridge, Massachusetts: Harvard University Press; Londres: William Heinemann, Ltd., 1919 (hay trad. esp.: *Odisea*, Madrid: Gredos, 2014).

Hooper, John. «Three Years in a Cave-and Trying for Six». *The Guardian*, 13 de octubre de 2006. <https://www.theguardian.com/world/2006/oct/13/italy.mainsection>.

Horacio. *The Odes* (trad. A. S. Kline), Poetry in Translation. Consultado 25 de abril de 2023. <https://www.poetryintranslation.com/PITBR/Latin/HoraceOdesBkIV.php> (hay trad. esp.: *Odas y Epodos*, Madrid: Cátedra, 2004).

Horiuchi, Takashi *et al.* «Multicolor and Multi-spot Observations of Starlink's Visorsat», Publications of the Astronomical Society of Japan, 8 de abril de 2023. <https://doi.org/10.1093/pasj/psad021>.

Hornsby, Thomas. «LIII. The Quantity of the Sun's Parallax as Deduced from the Observations of the Transit of Venus, on June 3, 1769», *Philosophical Transactions of the Royal Society of London*, 61 (1771), pág. 574-579. <https://doi.org/10.1098/rstl.1771.0054>.

Hoskin, M. A. «Newton, Providence and the Universe of Stars», *Journal for the History of Astronomy*, 8 (1977), pág. 77. <https://doi.org/10.1177/002182867700800203>.

Hoskin, Michael (ed.). *The Cambridge Illustrated History of Astronomy*, Cambridge: Cambridge University Press, 1996.

Howse, Derek. *Greenwich Time and the Longitude*, Londres: Philip Wilson Publishers, 2003.

——. *Nevil Maskelyne: The Seaman's Astronomer*, Cambridge: Cambridge University Press, 1989.

Howse, Derek y Beresford Hutchinson. *Clocks and Watches of Captain James Cook, 1769–1969*, Londres: Antiquarian Horological Society, 1970.

Humphreys, Colin y Graeme Waddington. «Solar Eclipse of 1207 BC Helps to Date Pharaohs», *Astronomy & Geophysics*, 58, n.º 5 (2017), pág. 5.39-5.42. <https://doi.org/10.1093/astrogeo/atx178>.

—. «Dating the Crucifixion», *Nature*, 306, n.º 5945 (22 de diciembre de 1983), pág. 743-746.

Hunt, Lucas R., Megan C. Johnson, Phillip J. Cigan, David Gordon y John Spitzak. «Imaging Sources in the Third Realization of the International Celestial Reference Frame», *Astronomical Journal*, 162, n.º 3 (2021), pág. 121. <https://doi.org/10.3847/1538-3881/ac135d>.

Irwin, Geoffrey. *The Prehistoric Exploration and Colonisation of the Pacific*, Cambridge: Cambridge University Press, 1992.

Jahoda, G. «Quetelet and the Emergence of the Behavioral Sciences», *SpringerPlus*, 4 (2015), pág. 473. <https://doi.org/10.1186/s40064-015-1261-7>.

Jeguès-Wolkiewiez, C. «Aux racines de l'astronomie ou l'ordre caché d'une oeuvre paléolithique», *Antiquités Nationales*, 37 (2005), pág. 43-52.

Jensen, F. y S. Mullen. *C. G. Jung, Emma Jung and Toni Wolff: A Collection of Remembrances*, San Francisco, California: Analytical Psychology Club of San Francisco, 1982. <https://books.google.it/books?id=ETcQAQAAIAAJ>.

Johnson, Dianne. «Interpretations of the Pleiades in Australian Aboriginal Astronomies», *Proceedings of the International Astronomical Union*, 7, n.º S278 (2011), pág. 291-297. <https://doi.org/10.1017/s17439 21311012725>.

Johnson, George. *Fire in the Mind: Science, Faith and the Search for Order*, Nueva York: Vintage: 1996.

Joly, John. *The Birth-Time of the World and Other Scientific Essays*, Londres: T. Fisher Unwin Ltd., 1915.

Jung, C. G. *Jung on Astrology* (ed. S. Rossi y K. L. Grice), Milton Park, Reino Unido: Taylor & Francis, 2017.

—.. «The Archetypes and the Collective Unconscious» (1936). En: *Collected Works of C. G. Jung*, vol. 9, parte 1 (trad. Gerhard Hadler y R. F. C. Hull), Princeton, Nueva Jersey: Princeton University Press, 1959 (hay trad. esp.: «Los arquetipos y lo inconsciente colectivo». En: *Obra Completa*, vol 9/1, Madrid: Trotta, 2013).

Kaiho, Kunio, Naga Oshima, Kouji Adachi, Yukimasa Adachi, Takuya Mizukami, Megumu Fujibayashi y Ryosuke Saito. «Global Climate

Change Driven by Soot at the K-Pg Boundary as the Cause of the Mass Extinction», *Scientific Reports*, 6, n.º 1 (2016), pág. 28427.

Keith, Arthur. «Whence Came the White Race?», *New York Times*, 12 de octubre de 1930.

Kelley, David H. y Eugene F. Milone. *Exploring Ancient Skies: A Survey of Ancient and Cultural Astronomy*, Nueva York: Springer, 2011.

Kepler, Johannes. *Kepler's Conversation with Galileo's Sidereal Messenger* (ed. y trad. Edward Rosen), The Sources of Science, n.º 5, Nueva York: Johnson Reprint Corporation, 1965. <https://gwern.net/doc/science/1965-kepler-keplersconversationwithgalileossiderealmessenger.pdf> (hay trad. esp.: *Conversación con el mensajero sideral*, Madrid: Alianza, 2021).

Kessler, Donald J. y Burton G. Cour-Palais. «Collision Frequency of Artificial Satellites: The Creation of a Debris Belt», *Journal of Geophysical Research*, 83 (1978), pág. 2637-2646. <https://doi.org/10.1029/JA083iA06p02637>.

Kessler, Elizabeth. *Picturing the Cosmos: Hubble Space Telescope Images and the Astronomical Sublime*, Minneapolis: University of Minnesota Press, 2012.

Kidger, Mark. *The Star of Bethlehem*, Princeton, Nueva Jersey: Princeton University Press, 1999.

King, Arden R. «Review: [Untitled]: Reviewed Works: *The Roots of Civilization: The Cognitive Beginnings of Man's First Art, Symbol and Notation* by Alexander Marshack; *Notation dans les gravures du Paléolithique supérieur: Nouvelles méthodes d'analyse* by Alexander Marshack», *American Anthropologist*, 75, n.º 6 (diciembre de 1973), pág. 1897-1900. <http://www.jstor.org/stable/673696>.

King, Henry C. *The History of the Telescope*, Mineola, Nueva York: Dover Publications, 2003. Publicado originalmente en 1955.

Kipping, David M. y David S. Spiegel. «Detection of Visible Light from the Darkest World», *Monthly Notices of the Royal Astronomical Society: Letters*, 417, n.º 1 (2011), pág. L88-L92. <https://doi.org/10.1111/j.1745-3933.2011.01127.x>.

Kirk, G. S., J. Raven y Malcolm Schofield. *The Presocratic Philosophers: A Critical History with a Selection of Texts*, Cambridge: Cambridge University Press, 1983.

Klugler, Jeffrey. «Why the SpaceX Falcon Heavy Rocket Is Such a Big Deal for Elon Musk», *Time*, 6 de febrero de 2018. <https://time.com/5133813/elon-musk-spacex-falcon-heavy-launch/>.

Knight, Chris. *Blood Relations*, New Haven, Connecticut: Yale University Press, 1995.

—. «Menstruation and the Origins of Culture», tesis doctoral, University College London, 1987.

Knop, Eva, Leana Zoller, Remo Ryser, Christopher Gerpe, Maurin Hörler y Colin Fontaine. «Artificial Light at Night as a New Threat to Pollination», *Nature*, 548, n.º 7666 (2017), pág. 206-209. <https://doi.org/10.1038/nature23288>.

Kollerstrom, Nick. «Galileo's Astrology». En: *Largo campo di filosofare: Eurosyposium Galileo 2001* (ed. J. Montesinos y C. Solís), pág. 421-431, La Orotava: Fundación Canaria Orotava de Historia de la Ciencia, 2001.

Kornei, Katherine. «How Many of the Moon's Craters Are Named for Women?», *The Independent*, 3 de mayo de 2021. <https://www.independent.co.uk/news/science/moon-crater-names-women-space-b1840157.html>.

Krauss, Rolf. «Egyptian Calendars and Astronomy». En: *The Cambridge History of Science*, vol. 1: *Ancient Science* (ed. Alexander Jones y Liba Taub), pág. 131-143. Cambridge: Cambridge University Press, 2018.

Kreidberg, Laura, Jacob L. Bean, Jean- Michel Désert, Björn Benneke, Drake Deming, Kevin B. Stevenson, Sara Seager, *et al.* «Clouds in the Atmosphere of the Super-Earth Exoplanet Gj 1214b», *Nature*, 505, n.º 7481 (1 de enero de 2014), pág. 69-72. <https://doi.org/10.1038/nature12888>.

Krupp, Edward. *Beyond the Blue Horizon*, Oxford: Oxford University Press, 1991.

Laguarda Trías, Rolando. «Las longitudes geográficas de la membranza de Magallanes y del primer viaje de circunnavegación». En: *A viagem de Fernão de Magalhães e a questão das Molucas: Actas do II Colóquio Luso-Espanhol de história ultramarina* (ed. Avelino Teixeira da Mota), pág. 135-178. Lisboa: Junta de Investigações Científicas do Ultramar, 1975.

Langley, M. «Re-analysis of the 'Engraved' Diprotodon Tooth from Spring Creek, Victoria, Australia», *Archaeology in Oceania*, 55 (2020), pág. 1-9.

Laplace, Pierre Simon. *A Philosophical Essay on Probabilities* (trad. F. W. Truscott y F. L. Emory), Londres: Chapman & Hall, 1902. Publicado originalmente en 1825 (hay trad. esp.: *Ensayo filosófico sobre las probabilidades*, Madrid: Alianza, 1985).

—. *Théorie analytique des probabilités*, París: Courcier, 1820. <https://gdz.sub.uni-goettingen.de/download/pdf/PPN585523401/PPN585523401.pdf>.

Lardner, Dyonisus. «Babbage's Calculating Engine», *Edinburgh Review* (julio de 1834), pág. 263-327.

Laskar, J., F. Joutel y P. Robutel. «Stabilization of the Earth's Obliquity by the Moon», *Nature*, 361, n.º 6413 (1993), pág. 615-617. <https://doi.org/10.1038/361615a0>.

Launius, Roger D. «Venus-Earth-Mars: Comparative Climatology and the Search for Life in the Solar System», *Life*, 2, n.º 3 (2012), pág. 255-273. <https://www.mdpi.com/2075-1729/2/3/255>.

—. «Visions of Venus at the Dawn of the Space Age», *Roger Launius's Blog*, 7 de noviembre de 2014. <https://launiusr.wordpress.com/2014/11/07/visions-of-venus-at-the-dawn-of-the-space-age>.

Lauterjung, Isabel. «Powders of Sympathy», *The Royal Society Blog*, última modificación 25 de enero de 2022. <https://royalsociety.org/blog/2022/01/powders-of-sympathy>.

Lawrence, Andy. *Losing the Sky*, Edimburgo: Photon Productions, 2021.

Lawrence, Andy, Meredith L. Rawls, Moriba Jah, Aaron Boley, Federico Di Vruno, Simon Garrington, Michael Kramer, *et al.* «The Case for Space Environmentalism», *Nature Astronomy* (2022). <https://doi.org/10.1038/s41550-022-01655-6>.

Lawson Dick, Oliver. *Aubrey's Brief Lives*, Londres: Secker and Warburg, 1950.

Leavitt, Henrietta S. «1777 Variables in the Magellanic Clouds», *Annals of Harvard College Observatory*, 60 (1908), pág. 87-108. <https://ui.adsabs.harvard.edu/abs/1908AnHar..60...87L>.

Leavitt, Henrietta S. y Edward C. Pickering. «Periods of 25 Variable Stars in the Small Magellanic Cloud», *Harvard College Observatory Circular*, 173 (1912), pág. 1-3. <https://ui.adsabs.harvard.edu/abs/1912HarCi.173....1L>.

Leopardi, Giacomo. *La storia dell'astronomia*. En: *Tutte le opere di Giacomo Leopardi. Le poesie e le prose* (ed. W. Binni), 2:585-750, Florencia: Sansoni, 1969.

Levy, Max G. «The Race to Put Silk in Nearly Everything», *Wired*, 28 de junio de 2021. <https://www.wired.com/story/the-race-to-put-silk-in-nearly-everything>.

Lewis, David. *We, the Navigators: The Ancient Art of Landfinding in the Pacific*, Honolulú: University of Hawaii Press, 1972.

Lewis, D., P. W. Gathercole, David George Kendall, S. Piggott, Desmond George King- Hele, I. E. S. Edwards y F. R. Hodson. «Voyaging Stars: Aspects of Polynesian and Micronesian Astronomy», *Philosophical Transactions of the Royal Society of London. Series A, Mathematical and Physical Sciences*, 276, n.º 1257 (1974), pág. 133-148. <https://doi.org/doi:10.1098/rsta.1974.0015>.

Libby-Roberts, Jessica E., Zachory K. Berta-Thompson, Jean-Michel Désert, Kento Masuda, Caroline V. Morley, Eric D. Lopez, Katherine M. Deck, *et al.* «The Featureless Transmission Spectra of Two Super-Puff Planets», *Astronomical Journal*, 159, n.º 2 (2020), pág. 57. <https://doi.org/10.3847/1538-3881/ab5d36>.

«Lies, Damned Lies and Statistics», Department of Mathematics, University of York. Última modificación 19 de julio de 2012. <https://www.york.ac.uk/depts/maths/histstat/lies.htm>.

Linge, Mary Kay. «How Ronald Reagan's Wife Nancy Let Her Astrologer Control the Presidency», *New York Post*, 18 de octubre de 2021. <https://nypost.com/article/ronald-reagans-wife-nancy-astrologer-joan-quigley>.

Lipking, L. *What Galileo Saw: Imagining the Scientific Revolution*, Ithaca, Nueva York: Cornell University Press, 2014.

Lissauer, Jack J., Jason W. Barnes y John E. Chambers. «Obliquity Variations of a Moonless Earth», *Icarus*, 217, n.º 1 (2012), pág. 77-87. <https://doi.org/10.1016/j.icarus.2011.10.013>.

Lista, G. *La stella d'Italia*, Milán: Mudima, 2010.

Lister, Elizabeth. «Seeing the Northern Lights over East London», *WW2 People's War*, BBC, 4 de julio de 2005. <https://www.bbc.co.uk/history/ww2peopleswar/stories/48/a4354148.shtml>.

Locke, John. *The Conduct of the Understanding*, Londres: Scott, Webster, and Geary, 1838. Publicado originalmente en 1706 (hay trad. esp.: *Compendio del ensayo sobre el entendimiento humano*, Madrid: Alianza, 2018).

London, Jack. *The People of the Abyss*, Londres: Pluto Press, 2001. Publicado originalmente en 1903 (hay trad. esp.: *La gente del abismo*, Barcelona: Gatopardo, 2016).

«'Lone' Longitude Genius May Have Had Help», *New Scientist*, última modificación 12 de mayo de 2009. <https://www.newscientist.com/gallery/dn17119-lone-longitude-pioneer-had-help>.

Lovering, Joseph. «The Méchanique Céleste by Laplace, and Its Translation with a Commentary by Bow-Ditch». En: *Proceedings of the American Academy of Arts and Sciences* (1846), pág. 185-201.

Low, Sam. *Hawaiki Rising: Hōkūle'a, Nainoa Thompson, and the Hawaiian Renaissance*, Honolulú: University of Hawaii Press, 2018.

—. «Polynesian Navigation», *Soundings Magazine*, noviembre de 2003. <http://www.samlow.com/sail-nav/starnavigation.htm>.

Lubbock, Constance Ann. *The Herschel Chronicle: The Life-Story of William Herschel and His Sister Caroline Herschel*, Cambridge: Cambridge University Press, 2013.

MacCarthy, Fiona. *Gropius: The Man Who Built the Bauhaus*, Cambridge, Massachusetts: Harvard University Press, 2019 (hay trad. esp.: *Walter Gropius: la vida del fundador de la Bauhaus*, Madrid: Turner Publicaciones, 2019).

MacDonald, John. *The Arctic Sky: Inuit Astronomy, Star Lore, and Legend*, Toronto e Iqaluit: Royal Ontario Museum and Nunavut Research Institute, 1998.

Macomber, Henry P. «Glimpses of the Human Side of Sir Isaac Newton», *Scientific Monthly*, 80, n.º 5 (1955), pág. 304-309. <http://www.jstor.org/stable/21590>.

Makemson, Maud W. *The Morning Star Rises*, New Haven, Connecticut: Yale University Press, 1941.

Mallama, Anthony. «The Brightness of VisorSat- Design Starlink Satellites», arXiv, 2 de enero de 2021. <https://doi.org/10.48550/arXiv.2101>.

Mallick, Senjuti y Rajeswari Pillai Rajagopalan. «If Space Is 'the Province of Mankind Who Owns Its Resources? An Examination of the Potential of Space Mining and Its Legal Implications», ORF Occasional Paper 182, Observer Research Foundation, enero de 2019. <https://www.orfonline.org/research/if-space-is-the-province-of-mankind-who-owns-its-resources-47561>.

Mann, G. S. «The Polynesian, Master Mariner and Astronomer», *Irish Astronomical Journal*, 1 (1950), pág. 114. <https://ui.adsabs.harvard.edu/abs/1950IrAJ....1..114M>.

Marchant, Jo. «Archimedes' Legendary Sphere Brought to Life», *Nature*, 526, n.º 7571 (2015), pág. 19. <https://doi.org/10.1038/nature.2015.18431>.

Marcus, Hannah y Paula Findlen. «Deciphering Galileo: Communication and Secrecy Before and After the Trial», *Renaissance Quarterly*, 72, n.º 3 (2019), pág. 953-995. <https://www.jstor.org.iclibezp1.cc.ic.ac.uk/stable/26845908>.

Marra, John. *Journal of the Resolution's Voyage, in 1772, 1773, 1774, and 1775* (ed. D. Henry y F. Newbery), Rex Nan Kivell Collection; NK913, Londres: Printed for F. Newbery, 1775.

Marshack, Alexander. «Lunar Notation on Upper Paleolithic Remains», *Science*, 146, n.º 3645 (1964), pág. 743-745. <https://doi.org/10.1126/science.146.3645.743>.

—. *The Roots of Civilization: The Cognitive Beginnings of Man's First Art, Symbol and Notation*, Nueva York: McGraw-Hill, 1971.

—. «The Taï Plaque and Calendrical Notation in the Upper Palaeolithic», *Cambridge Archaeological Journal*, 1, n.º 1 (1991), pág. 25-61. <https://doi.org/10.1017/S095977430000024X>.

—. «Upper Paleolithic Notation and Symbol», *Science*, 178, n.º 4063 (1972), pág. 817-828. <http://www.jstor.org/stable/1734899>.

Maslin, Mark. *The Cradle of Humanity*, Oxford: Oxford University Press, 2019.

Mathews, R. H. «Message-Sticks Used by the Aborigines of Australia» *American Anthropologist* 10, n.º 9 (1897), pág. 288-298. <http://www.jstor.org/stable/658501>.

McClintock, Martha K. «Menstrual Synchrony and Suppression», *Nature* 229, n.º 5282 (1971), pág. 244-245. <https://doi.org/10.1038/229244a0>.

McDowell, Jonathan C. «The Low Earth Orbit Satellite Population and Impacts of the SpaceX Starlink Constellation», *Astrophysical Journal Letters*, 892:L36, n.º 2 (2020). <https://doi.org/10.3847/2041-8213/ab8016>.

McPhee, John. *Annals of the Former World*, Nueva York: Farrar, Straus and Giroux, 1998.

Mendelson, Edward. «Baedeker's Universe», *Yale Review*, 74 (primavera 1985), pág. 386-483.

Milton, John. *Paradise Lost*, Londres: Samuel Simmons, 1667 (hay trad. esp.: *El paraíso perdido*, Madrid: Cátedra, 2019).

Mitchell, Stephen (trad.). *Gilgamesh: A New English Version*, Nueva York: Atria, 2013.

Mithen, Stephen J. *After the Ice Age: A Global Human History, 20,000–5,000 BC*, Cambridge, Massachusetts: Harvard University Press, 2006.

—. *The Prehistory of the Mind: A Search for the Origins of Art, Religion and Science*, Londres: Thames & Hudson, 1996 (hay trad. esp.: *Arqueología de la mente: orígenes del arte, de la religión y de la ciencia*, Barcelona: Crítica, 1998).

Mollon, J. D. y A. J. Perkins. «Errors of Judgement at Greenwich in 1796», *Nature*, 380, n.º 6570 (1996), pág. 101-102. <https://doi. org/10.1038/38010120>.

More, Louis Trenchard. *Isaac Newton: A Biography*, Londres: Charles Scribner's Sons, 1934.

Moses, Julianne. «Cloudy with a Chance of Dustballs», *Nature*, 505, n.º 7481 (2014), pág. 31-32. <https://doi.org/10.1038/505031a>.

Mumford, Lewis. *The Myth of the Machine: Technics and Human Development*, San Diego, California: Harcourt, Brace & World, 1967 (hay trad. esp.: *El mito de la máquina, técnica y evolución humana*, Logroño: Pepitas de calabaza, 2013).

—. *Technics and Civilization*, Chicago: University of Chicago Press, 2010. Publicado originalmente en 1934 (hay trad. esp.: *Técnica y civilización*, Madrid: Alianza, 1971).

Murray, Andrew y Derek Howse. «Lieutenant Cook and the Transit of Venus, 1769», *Astronomy & Geophysics*, 38, n.º 4 (1997), pág. 27-30. <https://doi.org/10.1093/astrog/38.4.27>.

Neugebauer, O. «The Egyptian 'Decans'». En: *Astronomy and History Selected Essays*, pág. 205-209, Nueva York: Springer, 1983.

—. «The History of Ancient Astronomy Problems and Methods», *Journal of Near Eastern Studies*, 4, n.º 1 (1945), pág. 1-38. <https://doi. org/10.1086/370729>.

Newcomb, F. J. *Navaho Folk Tales*, Albuquerque: University of New Mexico Press, 1990.

Newton, Humphrey. «Two Letters from Humphrey Newton to John Conduitt, Dated 17 January and 14 February 1727/8», Keynes Ms. 135, King's College, Cambridge, Reino Unido, The Newton Project. Consultado 7 de febrero de 2023. <https://www.newtonproject.ox.ac.uk/view/texts/normalized/THEM00033>.

Nichols, Peter. *Evolution's Captain: The Story of the Kidnapping That Led to Charles Darwin's Voyage Aboard the Beagle*, Nueva York: Harper Perennial, 2004.

«Niels Ryberg Finsen—Facts», The Nobel Prize. Consultado 1 de febrero de 2023. <https://www.nobelprize.org/prizes/medicine/1903/finsen/facts>.

Nordgren, Tyler. *Sun Moon Earth: The History of Solar Eclipses from Omens of Doom to Einstein and Exoplanets*, Nueva York: Basic Books, 2016.

Norris, Ray P. «Dawes Review 5: Australian Aboriginal Astronomy and

Navigation», *Publications of the Astronomical Society of Australia*, 33 (2016). <https://doi.org/10.1017/pasa.2016.25>.

Norris, Ray P. y Barnaby R. M. Norris. «Why Are There Seven Sisters?». En: *Advancing Cultural Astronomy: Studies in Honour of Clive Ruggles* (ed. Efrosyni Boutsikas, Stephen C. McCluskey y John Steele), pág. 223-235, Cham: Springer International Publishing, 2021.

Norris, Ray P. y Cilla Norris. *Emu Dreaming: An Introduction to Australian Aboriginal Astronomy*, Sídney: Emu Dreaming, 2009.

Norris, Ray P. y Bill Yidumduma Harney. «Songlines and Navigation in Wardaman and Other Australian Aboriginal Cultures», *Journal of Astronomical History and Heritage*, 17, n.º 2 (2014), pág. 141-148.

Norton, John D. «Chasing the Light: Einstein's Most Famous Thought Experiment». En: *Thought Experiments in Philosophy, Science and the Arts* (ed. James Robert Brown, Mélanie Frappier y Letitia Meynell), pág. 123-140, Nueva York: Routledge, 2013.

Notarbartolo, Albert. «Some Proposals for Art Objects in Extraterrestrial Space», *Leonardo*, 8, n.º 2 (1975), pág. 139-141. <https://doi.org/10.2307/1572957>.

O'Brian, P. *Joseph Banks: A Life*. Chicago: University of Chicago Press, 1997. https://books.google.it/books?id=polB4qYDvGgC.

O'Connell, James F. y Jim Allen. «The Restaurant at the End of the Universe: Modelling the Colonisation of Sahul», *Australian Archaeology*, n.º 74 (2012), pág. 5-17. <http://www.jstor.org/stable/2362 1508>.

O'Connell, James F., Jim Allen y Kristen Hawkes. «Pleistocene Sahul and the Origins of Seafaring». En: *The Global Origins and Development of Seafaring* (ed. A. Anderson, J. H. Barrett y K. V. Boyle), pág. 57-68. Cambridge, Reino Unido: McDonald Institute for Archaeological Research, 2010.

O'Connor, John J. «Apollo 17 Coverage Gets Little Viewer Response», *New York Times*, 14 de diciembre de 1972.

O'Connor, J. J. y E. F. Robertson. «Nicolaus Copernicus», MacTutor, University of St Andrews. Última modificación noviembre de 2002. <https://mathshistory.st-andrews.ac.uk/Biographies/Copernicus>.

Odom, Brian C. «NASA Historical Investigation into James E. Webb's Relationship to the Lavender Scare», consultado 6 de febrero de 2023. <https://www.nasa.gov/sites/default/files/atoms/files/nasa_historical_investigation_james_webb_0.pdf>.

Olschki, Leonardo. «Galileo's Philosophy of Science», *Philosophical Review*, 52, n.º 4 (1943), pág. 349-365. <https://doi.org/10.2307/2180 669>.

Olson, Donald W., Russell L. Doescher y Marilynn S. Olson. «When the Sky Ran Red: The Story Behind *The Scream*», *Sky & Telescope* (febrero de 2004), pág. 29-35.

Orchiston, Wayne. «Cook, Green, Maskelyne and the 1769 Transit of Venus: The Legacy of the Tahitian Observations», *Journal of Astronomical History and Heritage*, 20 (2017), pág. 35-68.

——. «James Cook's 1769 Transit of Venus Expedition to Tahiti», *Proceedings of the International Astronomical Union*, IAUC196 (junio de 2004), pág. 52-66. <doi:10.1017/S1743921305001262>.

«Origin of the Name Subaru», Web Archive, consultado 2 de febrero de 2023. <https://web.archive.org/web/20100411083646/http:/ www.subaru-global.com/origin_name.html>.

Osnos, Evan. «Doomsday Prep for the Super-rich», *New Yorker*, 22 de enero de 2017. <https://www.newyorker.com/magazine/2017/ 01/30/doomsday-prep-for-the-super-rich>.

Ossendrijver, M. «Ancient Babylonian Astronomers Calculated Jupiter's Position from the Area Under a Time- Velocity Graph», *Science*, 351, n.º 6272 (2016), pág. 482-484.

Panek, Richard. *Seeing and Believing: How the Telescope Opened Our Eyes and Minds to the Heavens*, Nueva York: Viking, 1998.

Partridge, E. A. y H. C. Whitaker. «Galileo's Work on Saturn's Rings», *Popular Astronomy*, 3 (1896), pág. 408-414. <https://ui.adsabs.harvard.edu/abs/1896PA......3..408P>.

Peggy V. Beck, Anna Lee Walters y Nia Francisco. *The Sacred*, Tsaile, Arizona: Navajo Community College Press, 1992.

Perkins, Adam J. «Edmond Halley, Isaac Newton and the Longitude Act of 1714». En: *The History of Celestial Navigation: Rise of the Royal Observatory and Nautical Almanacs* (ed. P. Kenneth Seidelmann y Catherine Y. Hohenkerk), pág. 69-143, Cham: Springer, 2020. <https://doi.org/10.1007/978-3-030-43631-5>.

Perryman, Michael. «The History of Astrometry», *European Physical Journal*, H 37, n.º 5 (2012), pág. 745-792. <https://doi.org/10.1140/ epjh/e2012-30039-4>.

Peterson, Mark A. *Galileo's Muse*, Cambridge, Massachusetts, Harvard University Press, 2011.

Poincaré, Henri. *The Value of Science* (trad. George Halsted), Nueva

York: The Science Press, 1907. Publicado originalmente en 1905 (hay trad. esp.: *El valor de la ciencia*, Oviedo: KRK, 2008).

Ponting, Gerald. *Callanish and Other Megalithic Sites of the Outer Hebrides*, Glastonbury, Reino Unido: Wooden Books, 2007.

Porter, Theodore M. «From Quetelet to Maxwell: Social Statistics and the Origins of Statistical Physics». En: *The Natural Sciences and the Social Sciences: Some Critical and Historical Perspectives* (ed. I. Bernard Cohen), pág. 345-362, Boston Studies in the Philosophy of Science 150. Dordrecht: Springer Netherlands.

—: «The Mathematics of Society: Variation and Error in Quetelet's Statistics», *British Journal for the History of Science*, 18, n.º 1 (1985), pág. 51-69. <https://doi.org/10.1017/S0007087400021695>.

Powell, James Lawrence. «Premature Rejection in Science: The Case of the Younger Dryas Impact Hypothesis», *Science Progress*, 105, n.º 1 (2022). <https://doi.org/10.1177/00368504211064272>.

Powers, Richard. *The Overstory*, Londres: Vintage, 2019 (hay trad. esp.: *El clamor de los bosques*, Madrid: Alianza, 2020).

Prescod-Weinstein, Chanda, Sarah Tuttle, Lucianne Walkowicz y Brian Nord. «The James Webb Space Telescope Needs to Be Renamed», *Scientific American*, última modificación 1 de marzo de 2021. <https://www.scientificamerican.com/article/nasa-needs-to-rename-the-james-webb-space-telescope>.

Price, Michael. «Africans Carry Surprising Amount of Neanderthal DNA», *Science*, 30 de enero de 2020. <https://www.doi.org/10.11 26/science.abb0984>.

Quetelet, Adolphe. «Des lois concernant le développement de l'homme», *Bulletin de l'Académie Royale des Sciences, des Lettres et des Beaux-Arts de Belgique*, 29 (1870), pág. 669-680.

Randall, Lisa y Matthew Reece. «Dark Matter as a Trigger for Periodic Comet Impacts», *Physical Review Letters*, 112, n.º 16 (2014), pág. 161301. <https://doi.org/10.1103/PhysRevLett.112.161301>.

Randles, W. G. L. «Portuguese and Spanish Attempts to Measure Longitude in the 16th Century», *Vistas in Astronomy*, 28 (1 de enero de 1985), pág. 235-241. <https://doi.org/10.1016/0083-6656(85)90031-5>.

Rappenglück, M. «The Pleiades in the 'Salle des Taureaux,' Grotte de Lascaux. Does a Rock Picture in the Cave of Lascaux Show the Open Star Cluster of the Pleiades at the Magdalénien Era (Ca 15.300 BC)?». En: *Actas del IV Congreso de la SEAC "Astronomía en la Cul-*

tura" celebrado en Salamanca (1996) (ed. C. Jaschek y F. Atrio Barandela), pág. 217-225. Salamanca: Universidad de Salamanca, 1997. <https://ui.adsabs.harvard.edu/abs/1997ascu.conf..217R>.

Rawls, Meredith L., Heidi B. Thiemann, Victor Chemin, Lucianne Walkowicz, Mike W. Peel y Yan G. Grange. «Satellite Constellation Internet Affordability and Need», *Research Notes of the AAS*, 4, n.º 10 (2020), pág. 189. <https://doi.org/10.3847/2515-5172/abc48e>.

Reiser, Oliver L. «The Evolution of Cosmologies», *Philosophy of Science*, 19, n.º 2 (1952), pág. 93-107. <http://www.jstor.org/stable/185 818>.

Renne, Paul R., Alan L. Deino, Frederik J. Hilgen, Klaudia F. Kuiper, Darren F. Mark, William S. Mitchell, Leah E. Morgan, Roland Mundil y Jan Smit. «Time Scales of Critical Events Around the Cretaceous-Paleogene Boundary», *Science*, 339, n.º 6120 (2013), pág. 684-687. <https://doi.org/doi:10.1126/science.1230492>.

Richards-Jones, P. «The Myth of the Sacred Calabash», *Journal of Navigation*, 26, n.º 4 (1973), pág. 480-481. <https://doi.org/10.1017/S0373463300021603>.

Ridpath, Ian. *Star Tales: Revised and Expanded Edition*, Cambridge, Reino Unido: Lutterworth Press, 2018.

Rietbergen, Peter. «Urban VII Between White Magic and Black Magic, or Holy and Unholy Power». En: *Power and Religion in Baroque Rome: Barberini Cultural Policies*, pág. 336-376, Leiden: Brill, 2006.

Rigaud, Stephen Peter. *Some Account of Halley's Astronomiae cometicae synopsis*, Oxford y Londres: J. H. Parker and Whittaker & Co., 1835. <https://doi.org/10.3931/e-rara-1299>.

Rilke, Rainer Maria. *Duino Elegies* (trad. Stephen Mitchell), Berkeley, California: Shambhala Publications, 1992 (hay trad. esp.: *Elegías de Duino* (trad. José María Valverde), Barcelona: Lumen, 1980).

Ripat, Pauline. «Expelling Misconceptions: Astrologers at Rome», *Classical Philology*, 106, n.º 2 (2011), pág. 115-154. <https://doi.org/10.1086/659835>.

Robinson, Deena. «15 Most Polluted Cities in the World», Earth.org, última modificación 26 de marzo de 2022. <https://earth.org/most-polluted-cities-in-the-world>.

Robinson, Judy. «Not Counting on Marshack: A Reassessment of the Work of Alexander Marshack on Notation in the Upper Palaeolithic», *Journal of Mediterranean Studies*, 2 (1992), pág. 1-17. <https://muse.jhu.edu/article/669979>.

Robson-Mainwaring, Laura. «The Great Smog of 1952», *The National Archives Blog*, última modificación 19 de julio de 2022. <https://blog.nationalarchives.gov.uk/the-great-smog-of-1952>.

Rodman, Hugh y John F. G. Stokes. «The Sacred Calabash», *Journal of the Polynesian Society*, 37, n.º 1 (145) (1928), pág. 75-87. <http://www.jstor.org/stable/20702185>.

Rosen, Edward. «Galileo and Kepler: Their First Two Contacts», *Isis*, 57, n.º 2 (1966), pág. 262-264. <https://doi.org/10.1086/350119>.

—. «Galileo and the Telescope», *Scientific Monthly*, 72, n.º 3 (1951), pág. 180-182. <http://www.jstor.org/stable/20225>.

Rosenthal-Schneider, I., T. Braun y A. I. Miller. *Reality and Scientific Truth: Discussions with Einstein, Von Laue, and Planck*, Detroit, Michigan: Wayne State University Press, 1980. <https://books.google.it/books?id=7tHaAAAAMAAJ>.

Roulette, Joey. «How Much Does a Ticket to Space on New Shepard Cost? Blue Origin Isn't Saying», *New York Times*, 13 de octubre de 2021. <https://www.nytimes.com/2021/10/13/science/space/blue-origin-ticket-cost.html>.

Rozbrook, Roslyn. «The Real Mr. Hollywood», *Los Angeles Magazine*, 43, n.º 2 (febrero de 1998), pág. 19-20.

Russell, Stuart. «Artificial Intelligence: The Future Is Superintelligent», *Nature* 548, n.º 7669 (2017), pág. 520-521. <https://doi.org/10.1038/548520a>.

Sagan, Carl. *Murmurs of the Earth—The Voyager Interstellar Record*, Nueva York: Ballantine Books, 1979 (hay trad. esp.: *Murmullos de la tierra: el mensaje interestelar del Voyager*, Barcelona: Planeta, 1981).

—. *Pale Blue Dot*, Nueva York: Ballantine Books, 1997. Publicado originalmente en 1994 (hay trad, esp: *Un punto azul pálido: una visión del futuro humano en el espacio*, Barcelona: Planeta, 2006).

—. «The Planet Venus», *Science*, 133, n.º 3456 (1961), pág. 849-858.

Salk, Jonas. «Are We Being Good Ancestors?», *World Affairs: The Journal of International Issues*, 1, n.º 2 (1992), pág. 16-18. <http://www.jstor.org/stable/45064193>.

Salmond, Anne. «Tupaia, the Navigator-Priest». En: *Tangata O Le Moana: New Zealand and the People of the Pacific* (ed. S. Mallon, K. U. Mahina-Tuai y D. I. Salesa), Wellington, Nueva Zelanda: Te Papa Press, 2012.

—. *The Trial of the Cannibal Dog: Captain Cook in the South Seas*, New Haven, Connecticut: Yale University Press, 2003.

Sanders, Dirk, Enric Frago, Rachel Kehoe, Christophe Patterson y Kevin J. Gaston. «A Meta-analysis of Biological Impacts of Artificial Light at Night», *Nature Ecology & Evolution*, 5 (2020), pág. 74-81. <https://doi.org/10.1038/s41559-020-01322-x>.

Sawyer Hogg, Helen. «Out of Old Books (the Callanish Stones)», *Journal of the Royal Astronomical Society of Canada*, 60 (1966), pág. 80. <https://ui.adsabs.harvard.edu/abs/1966JRASC..60...80S>.

Schaefer, Bradley E. «Lunar Eclipses That Changed the World», *Sky and Telescope* (diciembre de 1992), pág. 639-642.

—. «Lunar Visibility and the Crucifixion», *Quarterly Journal of the Royal Astronomical Society*, 31 (1990), pág. 53-67.

Schaffer, Simon. «Babbage's Intelligence: Calculating Engines and the Factory System», *Critical Inquiry*, 21, n.º 1 (1994), pág. 203-227. <http://www.jstor.org/stable/1343892>.

—. «Scientific Discoveries and the End of Natural Philosophy», *Social Studies of Science*, 16, n.º 3 (1986), pág. 387-420. <http://www.jstor.org/stable/285025>.

Schechner, Sara. *Comets, Popular Culture, and the Birth of Modern Cosmology*, Princeton, Nueva Jersey: Princeton University Press, 1997.

Schweber, Silvan S. «The Origin of the 'Origin' Revisited», *Journal of the History of Biology*, 10, n.º 2 (1977), pág. 229-316. <http://www.jstor.org/stable/4330676>.

Seager, Sara. *Exoplanet Atmospheres: Physical Processes*, Princeton, Nueva Jersey: Princeton University Press, 2010.

«Secret Instructions to Captain Cook, 30 June 1768», Museum of Australian Democracy. Consultado 5 de febrero de 2023. <https://www.foundingdocs.gov.au/resources/transcripts/nsw1_doc_1768.pdf>.

Séneca. *Naturales quæstiones*. En: John Clarke, *Physical Science in the Time of Nero: Being a Translation of the Quaestiones naturales of Seneca*, Londres: Macmillan and Co., 1910 (hay trad. esp.: *Cuestiones naturales*, Madrid: Gredos, 2013).

Shapin, Steven. «Keep Him as a Curiosity», *London Review of Books*, 16, n.º 42 (13 de agosto de 2020).

—. «Who Was Robert Hooke?». En: *Robert Hooke: New Studies* (ed M. Hunter y S. Schaffer), pág. 253-285, Woodbridge, Reino Unido: Boydell Press, 1989. <http://nrs.harvard.edu/urn-3:HUL.InstRepos:3415435>.

Sharkey, Joe. «Helping the Stars Take Back the Night», *New York Times*,

30 de agosto de 2008. <https://www.nytimes.com/2008/08/31/business/31essay.html>.

Shatner, William. «William Shatner: My Trip to Space Filled Me with 'Overwhelming Sadness'», *Variety*, 6 de octubre de 2022. <https://variety.com/2022/tv/news/william-shatner-space-boldly-go-excerpt-1235395113>.

Shayegan, M. Rahim. «Aspects of History and Epic in Ancient Iran: From Gaumāta to Wahnām», Hellenic Studies Series 52, Washington, DC: Center for Hellenic Studies, 2012.

Sheynin, O. B. «A. Quetelet as a Statistician», *Archive for History of Exact Sciences*, 36, n.º 4 (1986), pág. 281-325. <http://www.jstor.org/stable/41133805>.

Shields, A. L. «The Climates of Other Worlds: A Review of the Emerging Field of Exoplanet Climatology», *Astrophysical Journal Supplement Series*, 243, n.º 2 (2019).

Simmons, George F. *Calculus Gems: Brief Lives and Memorable Mathematics*. Providence: American Mathematical Society, 2007.

Smith, Keith Vincent. «Tupaia's Sketchbook», *Electronic British Library Journal*, 10 (2005), pág. 1-6.

Snobelen, Stephen. «The Myth of the Clockwork Universe: Newton, Newtonianism, and the Enlightenment». En: *The Persistence of the Sacred in Modern Thought* (ed. Chris L. Firestone y Nathan A. Jacobs), pág. 149-184, Notre Dame, Indiana: University of Notre Dame Press, 2012.

Snyder, Laura J. *The Philosophical Breakfast Club: Four Remarkable Friends Who Transformed Science and Changed the World*, Nueva York: Broadway Books, 2011.

Sobel, Dava. *Galileo's Daughter: A Historical Memoir of Science, Faith, and Love*, Londres: Walker Books, 1999 (hay trad. esp.: *La hija de Galileo*, Barcelona: Debate, 1999).

—. *The Glass Universe: How the Ladies of the Harvard Observatory Took the Measure of the Stars*, Nueva York: Penguin, 2016 (hay trad. esp.: *El universo de cristal. La historia de las mujeres de Harvard que nos acercaron a las estrellas*, Madrid: Capitán Swing, 2018).

—. *Longitude*, Londres: Harper Perennial, 2011 (hay trad. esp.: *Longitud. La verdadera historia de un genio solitario que resolvió el mayor problema científico de su tiempo*, Barcelona: Anagrama, 2023).

Soltis, Joseph, Robert Boyd y Peter J. Richerson. «Can Group-Functional Behaviors Evolve by Cultural Group Selection? An Empirical

Test», *Current Anthropology*, 36, n.º 3 (1995), pág. 473-494. <https://doi.org/10.1086/204381>.

Somerville, M. *Personal Recollections, from Early Life to Old Age, of Mary Somerville with Selections from Her Correspondence*, Charleston, Carolina del Sur: BiblioBazaar, 2010. Publicado originalmente en 1873; <https://books.google.ws/books?id=3AaIcgAACAAJ>.

Soressi, Marie, Shannon P. McPherron, Michel Lenoir, Tamara Dogandžić, Paul Goldberg, Zenobia Jacobs, Yolaine Maigrot, *et al.* «Neandertals Made the First Specialized Bone Tools in Europe», *Proceedings of the National Academy of Sciences*, 110, n.º 35 (2013), pág. 14186. <https://doi.org/10.1073/pnas.1302730110>.

San Agustín. «Sermon 190». En: *Sermons on the Liturgical Seasons*. The Fathers of the Church 38 (trad. Sister Mary Sarah Muldowney), pág. 3-48. Washington, DC: Catholic University of America Press, 1959. <https://www.jstor.org/stable/j.ctt32b3nc> (hay trad. esp.: *Obras de San Agustín*, Biblioteca de Autores Cristianos, 2014).

Stacey, Frank D. «Kelvin's Age of the Earth Paradox Revisited», *Journal of Geophysical Research: Solid Earth*, 105, n.º B6 (10 de junio de 2000), pág. 13155-13158. <https://doi.org/10.1029/2000JB900028>.

Stahl, Saul. «The Evolution of the Normal Distribution», *Mathematics Magazine*, 79, n.º 2 (2006), pág. 96-113. <https://doi.org/10.2307/27642916>.

Stephenson, F. Richard. «How Reliable Are Archaic Records of Large Solar Eclipses?», *Journal for the History of Astronomy*, 39, n.º 2 (1 de mayo de 2008), pág. 229-250. <https://doi.org/10.1177/0021828660803900205>.

Sternbach, Rick y Michael Okuda. *Star Trek: The Next Generation: Technical Manual*, Nueva York: Pocket Books, 1991.

Stiegler, Stephen M. *The History of Statistics: The Measurement of Uncertainty Before 1900*, Cambridge, Massachusetts: Belknap Press, 1990.

Still, C. J., W. J. Riley, S. C. Biraud, D. C. Noone, N. H. Buenning, J. T. Randerson, M. S. Torn, *et al.* «Influence of Clouds and Diffuse Radiation on Ecosystem-Atmosphere CO_2 and $CO18O$ Exchanges», *Journal of Geophysical Research*, 114, n.º G1 (2009). <https://doi.org/10.1029/2007jg000675>.

Swade, Doron. *The Difference Engine: Charles Babbage and the Quest to Build the First Computer*, Nueva York: Viking, 2001.

Sweatman, Martin B. «The Younger Dryas Impact Hypothesis: Review of the Impact Evidence», *Earth-Science Reviews*, 218 (julio de 2021), pág. 103677. <https://doi.org/10.1016/j.earscirev.2021.103677>.

«Sympathetic Vibrations», *Royal Museums Greenwich Blog*. Última modificación 3 de marzo de 2011. <https://www.rmg.co.uk/stories/blog/sympathetic-vibrations>.

Tácito. *Historiæ* (trad. Clifford H. Moore), Loeb Classical Library 111. Cambridge, Massachusetts: Harvard University Press, 1925 (hay trad. esp.: *Historias* (trad. J. Soler), Zaragoza: Institución Fernando el Católico, 2015).

Taylor, E. G. R. «Navigation in the Days of Captain Cook», *Journal of Navigation* 21, n.º 3 (1968), pág. 256-276. <https://doi.org/10.1017/S0373463300024735>.

Teets, Donald y Karen Whitehead. «The Discovery of Ceres: How Gauss Became Famous», *Mathematics Magazine*, 72, n.º 2 (1999), pág. 83-93. <https://doi.org/10.2307/2690592>.

Teilhard de Chardin, Pierre. «The Evolution of Chastity». En: *Toward the Future* (trad. René Hague), Nueva York: Harcourt Brace Jovanovich, 1975. <https://books.google.it/books?id=LqNqqOH3Lq YC>.

Thoreau, Henry David. *Walden, or: Life in the Woods*, Boston: Ticknor and Fields, 1854 (hay trad. esp.: *Walden*, Madrid: Cátedra, 2005).

Thoren, Victor E. *The Lord of Uraniborg: A Biography of Tycho Brahe*, Cambridge: Cambridge University Press, 2007.

Throckmorton, Peter. *Shipwrecks and Archaeology*, Boston: Little, Brown and Co., 1969.

Ticknor, G. *Life, Letters, and Journals of George Ticknor*, Londres: Osgood, 1876. <https://books.google.it/books?id=7jppAAAAcAAJ>.

Torres, Émile P. «Against Longtermism», *Aeon*, 19 de octubre de 2021. <https://aeon.co/essays/why-longtermism-is-the-worlds-most-dangerous-secular-credo>.

Tracy, Gene. «Sky Readers», *Aeon*, 23 de diciembre de 2015. <https://aeon.co/essays/what-have-we-lost-now-we-can-no-longer-read-the-sky>.

Trinkhaus, Erik y Pat Shipman. *The Neandertals: Changing the Image of Mankind*, Nueva York: Alfred A. Knopf, 1993.

Tuckner, Ian. «One Man's Mission to Conquer Space», *The Guardian*, 11 de febrero de 2018. <https://www.theguardian.com/science/2018/feb/11/one-mans-mission-to-conquer-space-peter-beck-humanity-star>.

Turnbull, David. «(En)- countering Knowledge Traditions. The Story of Cook and Tupaia», *Humanities Research*, 7, n.º 1 (2000), pág. 55-76.

Turner, Ben. «Chinese Scientists Call for Plan to Destroy Elon Musk's Starlink Satellites», *Live Science*, 28 de mayo de 2022. <https://www.livescience.com/china-plans-ways-destroy-starlink>.

Turner, H. D. «Robert Hooke and Boyle's Air Pump», *Nature*, 184, n.º 4684 (1959), pág. 395-397. <https://doi.org/10.1038/184395a0>.

Turner, Steven. «Spiders in the Crosshairs: Cobwebs, Instrument Makers, and the Search for the Perfect Line», *Journal of the Antique Telescope Society*, 1 (1992), pág. 10. <https://ui.adsabs.harvard.edu/abs/1992JATSo...1...10T>.

«Tycho Brahe Wasn't Poisoned After All», *The History Blog*. Última modificación 19 de noviembre de 2012. <http://www.thehistory-blog.com/archives/21535>.

Van Den Broeck, Chris. «A 'Warp Drive' with More Reasonable Total Energy Requirements», *Classical and Quantum Gravity*, 16, n.º 12 (1999), pág. 3973. <https://dx.doi.org/10.1088/0264-9381/16/12/314>.

Van der Waerden, B. L. «Babylonian Astronomy. II. The Thirty-Six Stars», *Journal of Near Eastern Studies*, 8, n.º 1 (1949), pág. 6-26. <http://www.jstor.org/stable/542436>.

Van Doren, Benjamin M., Kyle G. Horton, Adriaan M. Dokter, Holger Klinck, Susan B. Elbin y Andrew Farnsworth. «High-Intensity Urban Light Installation Dramatically Alters Nocturnal Bird Migration», *Proceedings of the National Academy of Sciences of the United States of America*, 114, n.º 42 (2017), pág. 11175-11180. <https://doi.org/10.1073/pnas.1708574114>.

Van Helden, Albert. «Longitude and the Satellites of Jupiter». En: *The Quest for Longitude: The Proceedings of the Longitude Symposium, Harvard University, Cambridge, Massachusetts, November 4–6, 1993* (ed. William J. H. Andrewes), pág. 86-100. Cambridge, Massachusetts: The Collection of Historic and Scientific Instruments, Harvard University, 1996.

Vanderwal, R. y R. Fullagar. «Engraved Diprotodon Tooth from the Spring Creek Locality, Victoria», *Archaeology in Oceania*, 24, n.º 1 (1989), pág. 13-16.

Venkatesan, Aparna, James Lowenthal, Parvathy Prem y Monica Vidaurri. «The Impact of Satellite Constellations on Space as an Ancestral

Global Commons», *Nature Astronomy*, 4, n.º 11 (2020), pág. 1043-1048. <https://doi.org/10.1038/s41550-020-01238-3>.

Villanueva, G. L., M. Cordiner, P. G. J. Irwin, I. de Pater, B. Butler, M. Gurwell, S. N. Milam, *et al*. «No Evidence of Phosphine in the Atmosphere of Venus from Independent Analyses», *Nature Astronomy*, 5 (2021), pág. 631-635. <https://doi.org/10.1038/s41550-021-01422-z>.

Walker, D. P. *Spiritual and Demonic Magic: From Ficino to Campanella*, University Park: Pennsylvania State University Press, 2000.

Weibel, Deana L. «The Overview Effect and the Ultraview Effect: How Extreme Experiences in/of Outer Space Influence Religious Beliefs in Astronauts», *Religions*, 11, n.º 8 (2020), pág. 418. <https://doi.org/10.3390/rel11080418>.

Westfall, Richard. *Never at Rest: A Biography of Isaac Newton*, Cambridge: Cambridge University Press, 1980 (hay trad. esp.: *Isaac Newton: una vida*, Barcelona: Akal, 2011).

Whewell, William. «On the Connexion of the Physical Sciences. By Mrs Somerville», *Quarterly Review*, 51 (1834), pág. 54-67.

Whiteside, D. T. «Isaac Newton: Birth of a Mathematician», *Notes and Records of the Royal Society of London*, 19, n.º 1 (1964), pág. 53-62. <http://www.jstor.org/stable/3519861>.

Whiteside, D. T., M. A. Hoskin y A. Prag (ed.). *The Mathematical Papers of Isaac Newton*, Cambridge: Cambridge University Press, 1967.

Whitman, Walt. «When I Heard the Learn'd Astronomer», Poetry Foundation. <https://www.poetryfoundation.org/poems/45479/when-i-heard-the-learnd-astronomer>.

Whittaker, Ian. «Is SpaceX Being Environmentally Responsible?», *Smithsonian Magazine*, 7 de febrero de 2018. <https://www.smithsonianmag.com/science-nature/spacex-environmentally-responsible-180968098>.

Wigner, Eugene P. «The Unreasonable Effectiveness of Mathematics in the Natural Sciences». En: *Mathematics and Science* (ed. Ronald E. Mickens), pág. 291-306, Singapur: World Scientific, 1990.

Wikander, Ola. «The Burning Sun and the Killing Resheph: Proto-astrological Symbolism and Ugaritic Epic». En: *Sky and Symbol: Proceedings of the Ninth Annual Sophia Centre Conference* (ed. Liz Greene y Nicolas Campion), pág. 73-83, Bristol: Sophia Centre Press, 2013.

Wilkes, M. V. «Herschel, Peacock, Babbage and the Development of the Cambridge Curriculum», *Notes and Records of the Royal Society of*

London, 44, n.° 2 (1990), pág. 205-219. <http://www.jstor.org/stable/531607>.

Williams, Glyndwr. «Tupaia, Polynesian Warrior, Navigator, High Priest—and Artist». En: *The Global Eighteenth Century* (ed. F. A. Nussbaum), pág. 38-51, Baltimore: Johns Hopkins University Press, 2003.

Williams, J. E. D. *From Sails to Satellites: The Origin and Development of Navigational Science*, Oxford: Oxford University Press, 1993.

Wilx, Andy y Anita Ganeri. *Star Stories: Constellation Tales from Around the World*, Londres: Templar Books, 2018.

Wisan, Winifred Lovell. «Galileo and God's Creation», *Isis*, 77, n.° 3 (1986), pág. 473-486. <http://www.jstor.org/stable/231609>.

Woodhouse, Jayne. «Eugenics and the Feeble- Minded: The Parliamentary Debates of 1912–14», *History of Education* (Tavistock), 11, n.° 2 (1982), pág. 127-137. <https://doi.org/10.1080/0046760820110205>.

Woolley, Richard. «Captain Cook and the Transit of Venus of 1769», *Notes and Records of the Royal Society of London*, 24, n.° 1 (1969), pág. 19-32. <http://www.jstor.org/stable/530738>.

Worden, Alfred M. *Hello Earth; Greetings from Endeavour*, Los Angeles, California: Nash Pub., 1974.

World Meteorological Organization. *International Cloud Atlas*, Ginebra: World Meteorological Organization, 1956.

Wragg Sykes, Rebecca. *Kindred: Neanderthal Life, Love, Death and Art*, Londres: Bloomsbury Sigma, 2020 (hay trad. esp.: *Neandertales: La vida, el amor, la muerte y el arte de nuestros primos lejanos*, Barcelona: GeoPlaneta, 2021).

Wright, Thomas. *An Original Theory or New Hypothesis of the Universe. Founded upon the Laws of Nature*, Cambridge: Cambridge University Press, 2014. Publicado originalmente en 1750.

Yaden, David B., Jonathan Iwry, Kelley J. Slack, Johannes C. Eichstaedt, Yukun Zhao, George E. Vaillant y Andrew B. Newberg. «The Overview Effect: Awe and Self-Transcendent Experience in Space Flight», *Psychology of Consciousness: Theory, Research, and Practice*, 3 (2016), pág. 1-11. <https://doi.org/10.1037/cns0000086>.

Yeomans, D. K., J. Rahe y R. S. Freitag. «The History of Comet Halley», *Journal of the Royal Astronomical Society of Canada*, 80 (1986), pág. 62-86. <https://ui.adsabs.harvard.edu/abs/1986JRASC..80...62Y>.

ÍNDICE ALFABÉTICO

ÍNDICE

PASADO & PRESENTE

El título original de esta obra de Roberto Trotta es *Starborn. How the Stars Made Us (and Who We Would Be Without Them)*

Su primera edición en lengua inglesa fue publicada por Basic Books, un sello de Hachette Book Group, Inc.

Los derechos originales de esta obra pertenecen a:

© Roberto Trotta, 2023.

La traducción de esta obra se ha realizado en acuerdo con Roberto Trotta, Curious Minds Agency GmbH y Louisa Pritchard Associates.

Los derechos exclusivos de publicación en lengua castellana pertenecen a:

© Ediciones de Pasado y Presente, S.L., 2025
Mallorca, 237 bis, principal 1B, 08008 Barcelona
ediciones@pasadopresente.com
www.pasadopresente.com

Esta primera edición de *Nacidos de las estrellas* ha sido compuesta en tipos Fournier por La Letra, S.L., y Gonzalo Pontón ha realizado la corrección de pruebas. Se ha impreso sobre papel marfil de 80 g y encuadernado en rústica por Romanyà Valls. El 10 de marzo de 2025 fue puesta a la venta a través de la distribuidora UDL.

ISBN: 978-84-128995-1-1
Depósito legal: B 3833-2025

Muchas gracias por leer este libro.
Esperamos que su lectura haya sido enriquecedora y placentera.

Le animamos a seguir descubriendo nuestras novedades y el catálogo
de Pasado & Presente a través de nuestra web: pasadopresente.com
y comentar sus opiniones en nuestras redes sociales.

Instagram ⃝: @pasadopresenteeditor
🆇: @Pasado_Presente
🦋: pasadopresente.bsky.social